城市单位型老旧小区交通空间更新整合设计研究

张彦庆 / 著

中国纺织出版社有限公司

图书在版编目（CIP）数据

城市单位型老旧小区交通空间更新整合设计研究 / 张彦庆著. --北京：中国纺织出版社有限公司，2023.4
ISBN 978-7-5229-0372-9

Ⅰ.①城… Ⅱ.①张… Ⅲ.①城镇－居住区－交通规划－研究 Ⅳ.①TU984.191

中国国家版本馆CIP数据核字（2023）第038224号

责任编辑：郭　婷　　责任校对：高　涵　　责任印制：储志伟

中国纺织出版社有限公司出版发行
地址：北京市朝阳区百子湾东里A407号楼　邮政编码：100124
销售电话：010—67004422　传真：010—87155801
http://www.c-textilep.com
中国纺织出版社天猫旗舰店
官方微博 http://weibo.com/2119887771
三河市宏盛印务有限公司印刷　　各地新华书店经销
2023年4月第1版第1次印刷
开本：787×1092　1/16　印张：20.75
字数：360千字　定价：99.00元

前言

目前我国城市发展从增量建设转变为存量提质改造和增量结构调整并重。据住建部统计，全国约有老旧小区近17万个，楼龄20年以上的占比高达40%，老旧小区不仅是城市存量的主要构成，而且关乎着百姓民生，其住房条件和居住环境品质低下的普遍问题受到国家政府高度重视。国务院办公厅明确提出要按照高质量发展要求，大力改造提升城镇老旧小区。近年来汽车保有量的急剧增加，对老旧小区的居住环境带来巨大冲击，小区静态交通空间“见缝停车”使小区没有了公共绿化和活动用地；动态交通空间也被停车侵占，以及原有道路不满足需求造成拥堵的现象十分普遍，严重影响了老旧小区的居住空间环境品质。因此，探讨老旧小区交通空间的整合更新设计方法十分必要和紧迫，对提升老旧小区整体空间环境品质具有重要价值和意义。

本书选取西安老旧小区主体类型——单位型老旧小区为研究对象，对其不同类型及其动态的和静态的交通空间进行系统研究。研究内容包括以下三大部分：

第一，单位型老旧小区交通空间类型划分及现状特征研究。首先，基于现状调查从交通空间视角划分单位型老旧小区类型。动态交通空间依据小区与街区的空间位置关系分为跨越型、整体型、嵌入型三类，静态交通空间依据老旧小区停车空间对街区停车空间的依赖程度分为自足型、依赖型、过渡型三类。其次，针对上述单位型老旧小区动态及静态不同类型空间现存主要问题，通过分析其交通空间现状特征及主要影响要素，运用层次分析法创新构建了单位型老旧小区交通空间现状特征评价体系，从停车空间数量、分布、使用效率、类型4个维度下13个指标项描述评价老旧小区的静态交通空间特征，从路网结构、人车交通组织、道路空间、出入口空间4个维度下12个指标项描述评价老旧小区的动态交通空间特征。

第二，单位型老旧小区交通空间更新整合技术框架建构研究。首先，采用空间句法对街区道路轴网及道路与小区公共空间的关系进行分析，通过建立轴线模型、线段模型及凸空间模型剖析老旧小区的动态与静态现状交通空间，诊断出交通空间的问题所在。其次，运用主成分分析法和多元回归分析法建立停车需求预测模型，对企业型和高校型两类老旧小区的停车需求进行预测分析，得出不同类型老旧小区各自的近期及远期静态交通空间需求。再次，基于小区与街区交通空间联系紧密、相互影响的现状特征，以及小区与街区协同优化的可能性分析，创新提出了“共营、共建、共享”的街区融合导向下整合小区交通空间的规划设计理念。最后，在此理念下基于单位型老旧小区现状分析及现状特征评价，结合停车需求预测与空间句法分析交通空间优化导向，创新建构了单位型老旧小区交通空间更新整合的技术框架。

第三，更新整合技术框架下单位型老旧小区交通空间的优化设计方法与案例实证研究。首先，借鉴住区更新、住区交通规划、住区交通空间设计相关理论和国内外交通空间更新整合设计优秀案例的经验智慧，探讨更新整合技术框架下的5种动态交通和6种静态交通空间的优化设计方法。其次，针对不同类型老旧小区动静态交通空间分别从小区和街区层面提出相应的优化对策。最后，结合依赖型和自足型两类典型实际案例，应用更新整合技术框架及动态与静态交通优化设计方法，进行实证研究。

研究成果以期对住区交通空间规划设计理论有补充作用，对西安老旧小区交通空间问题解决和居住空间环境品质提升具有提供直接指导作用，对国内其他老旧小区的整体改造和居住空间环境品质提升有理论指导和实践借鉴意义。

著者
2023年1月

目 录

1 绪论

1.1 研究背景

1.1.1 政策背景

1.1.1.1 老旧小区改造的政策背景

近年来，我国城市发展进入以城市更新为主的新时期，城市化发展趋向平稳增长，进入城市化进程的中后期，住房问题由总量短缺转向结构性供给不足，居住需求从“有没有”转向“好不好”，急需通过推动城市更新，有效提升城市发展质量来满足人民群众的期待。党中央、国务院高度重视城市更新及老旧小区改造工作，明确老旧小区综合治理及更新整合工作的重要性（表 1–1）。老旧小区改造相关的政策及会议包括：2015 年 12 月，中央城市工作会议首次提出加快老旧小区改造；2016 年提出已建成的单位大院将逐步开放；2017 年住房和城乡建设部提出要统筹利用多方资金加快老旧住宅改造，开展老旧小区综合整治工作，并在 15 个城市开展试点工作，更新水电暖等配套，健全便民市场、停车场、步行街等生活服务设施，并开展摸底和深化试点工作；2020 年国务院办公厅也将老旧小区改造作为城镇发展的重要任务。由此可见，老旧小区改造已经成为我国现阶段城市建设中亟待解决的重要问题之一。

1.1.1.2 老旧小区停车问题的政策背景

城市停车设施是现代城市发展的重要支撑，是实现人民美好生活的重要保障，近年来，我国停车设施规模不断扩大。到 2021 年 3 月为止，我国汽车保有量达 2.87 亿辆。72 个城市汽车保有量超过 100 万辆，其中有 16 个城市超过 300 万辆。随着汽车保有量的快速增长，城市停车资源严重失衡，“停车难、乱停车”的问题层出不穷，引起党中央、国务院的高度重视。

2020 年 7 月，中共中央政治局会议上明确将城市停车场纳入补短板工程。2020 年 11 月，习近平总书记明确指出，城市旧城和老旧小区改造，停车场建设有巨大的需求和发展空间。国家发展改革委等部门于 2021 年提出的《关于推动城市停车设施发展的意见》中指出，保障基本停车需求，鼓励城市更新行动结合老旧小区、老旧厂区、老旧街区、老旧楼宇等改造。停车方面的措施包括：充分挖掘停车资源，新建立体停车楼等机械停车设备；完善停车管理，推行共享停车等智慧化停车措施。

表 1-1　老旧小区改造政策及会议

时间	政策或会议名称	内容
2015年	中央城市工作会议	深化城镇住房制度改革，加快城镇棚户区和危房改造，加快老旧小区改造
2016年	《中共中央国务院关于进一步加强城市规划建设管理工作的若干意见》(中共中央国务院印发〔2016〕7号)	有序推进老旧住宅小区综合整治、危房和非成套住房改造。已建成的住宅小区和单位大院要逐步打开，实现内部道路公共化。打通各类“断头路”，形成完整路网，提高道路通达性。合理配置停车设施，鼓励社会参与，放宽市场准入，逐步缓解停车难问题
2017年	《住房和城乡建设部关于推进老旧小区试点工作的通知》(建城函〔2017〕322号)	在15个城市开展老旧小区试点工作，探索老旧小区改造新模式
2019年	《政府工作报告》	大力进行城镇老旧小区提升改造
	国务院常务会议	将社区医疗、养老、家政等生活设施纳入老旧小区改造范围
	《关于做好2019年老旧小区改造工作的通知》(建城函〔2019〕243号)	摸排全国城镇老旧小区基本情况，指导地方因地制宜提出当地城镇老旧小区改造的内容和标准
	《城镇老旧小区改造试点工作方案》	组织山东、浙江两省和上海、青岛、宁波、合肥、福州、长沙、苏州、宜昌8个城市开展深化试点工作
	中央经济工作会议	确定加强城市更新和存量住房改造提升，做好城镇老旧小区改造
2020年	中共中央政治局常务委员会	补齐老旧小区卫生防疫、社区服务的短板
	《政府工作报告》	改造老旧小区3.9万个，支持管网改造、加装电梯等
	《国务院办公厅关于全面推进城镇老旧小区改造工作的指导意见》(国办发〔2020〕23号)	大力改造提升城镇老旧小区，到“十四五”期末，结合各地情况重点改造2000年前建成的老旧小区
	《关于开展城市居住社区建设补短板行动的意见》(建科规〔2020〕7号)	到2025年基本补齐既有社区设施短板
2021年	《关于推动城市停车设施发展的意见》(国办函〔2021〕46号)	保障基本停车需求；充分挖掘停车资源；完善停车管理

(资料来源：根据中国政府网资料整理)

1.1.2 实践背景

1.1.2.1 我国老旧小区改造实践进程

截至2019年7月，通过汇总各地数据，全国范围内，有近32.7万个老旧小区亟待改造完善，涉及范围内的居民约7323.3万户，总建筑面积65亿平方米。老旧小区改造在各地已开展多年，少数省市在2010年前开始，大多数省份在2010年后开始全面开展老旧小区改造工作，改造内容以单项改造为主。2017—2019年，开展老旧小区更新整合的试点与摸底阶段，重在深化试点工作，在全国范围内进行摸底调研，完善改造机制，更新改造内容包括配套基础设施的改造提升、存量资源整合利用等；2019—2020年，我国老旧小区改造进入全面改造阶段，改造范围涉及全国的老旧小区，更新改造内容涉及市政配套、环境配套以及公共服务设施配套相关的提升与改造（表1–2）。

表1–2 我国老旧小区改造进程

改造阶段	改造进程	涉及省市	相关政策	主要改造内容
2017—2019年：试点与摸底阶段	在15个试点城市共改造老旧小区106个，惠及5.9万户居民，为其他城市提供可复制经验	秦皇岛、张家口、呼和浩特、沈阳、鞍山、淄博、宁波、厦门、许昌、宜昌、长沙、广州、韶关、柳州、攀枝花	《住房和城乡建设部关于推进老旧小区试点工作的通知》	完善老旧小区配套设施，包括供水、供电、供气改造提升项目，楼道修缮，绿化美化，建设停车设施
	对老旧小区改造情况进行摸底调研，根据数据统计，全国有改造需求的小区32.7万个，涉及居民7323.3万户	全国30个省、自治区、直辖市和新疆生产建设兵团	《关于做好2019年老旧小区改造工作的通知》	—
	开展深化试点工作，完善改造机制	山东、浙江两省及上海、青岛、宁波、合肥、福州、长沙、苏州、宜昌8市	《城镇老旧小区改造试点工作方案》	实现片区共建共享，存量资源整合利用，利用闲置空间新建或扩建停车场
2019—2020年：全面改造阶段	改造老旧小区3.9万个，惠及居民736万户，各地区出台法规及方案，对当地老旧小区进行规范和规划	全国各省市	《国务院办公厅关于全面推进城镇老旧小区改造工作的指导意见》	基础类：市政配套基础设施改造提升以及建筑物公共部位维修；完善类：环境及配套设施改造建设、建筑节能改造、加装电梯等；提升类：公共服务设施配套建设及其智慧化改造

（资料来源：根据网站公示资料整理）

近年来，西安老旧小区改造工作在全市大面积展开。2013年试点开展到2015年底，西安市共改造了23个老旧小区，改造内容主要集中在老旧小区外立面优化及管网更新等；2016—2018年，共改造老旧小区100万平方米，改造内容上注重老旧小区的基础设施改造与风貌改造，总体上以局部改造为主，未形成体系化的改造内容；2020年，全市计划改造老旧小区1100个，共计1900万平方米，改造内容包括环境整治、民生设施提升、完善小区公共设施、屋面立面改造等方面。截至目前，已开工建设921个小区，共计1651.9万平方米，惠及群众18万余户。西安老旧小区改造试点至今，共增设停车位2400个，更新改造绿地20万平方米。西安老旧小区改造在数量上经历了局部试点到全面提升的转变，在改造内容上经历了局部改造到全面改造的转变。

1.1.2.2 老旧小区交通空间问题突出

西安老旧小区的分布大多位于二环以内，随着私家车数量的快速增长并大量入驻老旧小区，原本以行人为主的规划结构系统逐步向人车交通并重的规划结构系统转变，并对适宜的人居环境提出了新的规划设计要求。老旧小区交通空间现状存在以下问题：

(1) 车位供求矛盾突出

在老旧小区的建设中，没有充分考虑未来静态交通的发展，通常极其缺乏机动车停车位，必要的交通设施也极度匮乏，老旧小区的现状已经无法满足居民基本的停车需求。老旧小区多数家庭存在拥有机动车但无位可停的状态，导致机动车随意停放，大量占用了小区道路、公共绿地和居民的活动场所等公共空间，人车矛盾日益突出。

(2) 老旧小区道路拥堵严重

老旧小区的道路系统在建设之初，主要以非机动车和行人的通行为主。近年来，私家车数量随着经济社会的发展而增加，私家车通行宽度不足、缺乏停车位等问题导致老旧小区内拥堵情况的产生，通行效率低下、无序等弊端逐渐凸显。交通拥堵发生地点主要在住区的出入口和靠近出入口的交叉路口处，尤其是上下班时段，由于老旧小区内部道路不像城市道路交通具有转移性，可由其他相连的道路网分担，因此小区内部一旦规划设计与交通量不匹配，拥堵就会发生。

(3) 人车流线混乱

老旧小区内以行人交通为主的规划结构系统逐渐向人车交通并重的规划结构系统转变后，原有道路结构和停车空间设计难以适应机动车激增，造成机动车对小区其他空间的侵占，人车秩序混乱。解决人车混行问题是为营造安全舒适的居民生活环境，成为整治和设计交通环境问题不可或缺的一部分。

除上述主要问题以外，还涉及车辆管理不足，停车位权属矛盾等问题亟待解决。所以老旧小区的改造势在必行，研究老旧小区的交通空间也有其必要性和紧迫性。

1.2 研究的目的与意义

1.2.1 研究的目的

目的一：建立能够评价老旧小区交通空间现状特征的客观的量化评价体系，从而科学诊断交通空间的问题所在，并能够把控老旧小区交通空间优化和改造的方向。

以往对老旧小区交通空间的研究多是从定性的角度出发，缺乏对老旧小区交通空间定量的研究。对老旧小区交通空间现状描述包括动态交通空间和静态交通空间两方面，动态交通方面涉及路网结构、交通组织、道路空间、出入口空间等因素，静态交通方面涉及停车空间数量、分布、使用效率、类型等因素，从定性的角度不能准确诊断出问题所在，无法掌握不同类型老旧小区现状的差异性，因此从定量的评价把握老旧小区交通空间具体方面的问题，能够准确诊断出问题所在，把握解决问题的方向和路径。本研究应用层次分析法对老旧小区交通空间进行系统性研究，从定性和定量相结合的角度建立指标集，寻找影响的子因素，评价老旧小区的动态交通空间和静态交通空间特征，分析各类老旧小区交通空间现状特征的差异，诊断各类老旧小区交通空间的问题所在，进而分析优化路径。

目的二：构建街区融合导向下单位型老旧小区交通空间更新整合的技术框架，从小区和街区融合共同解决问题的视角，站在提升小区整体居住环境空间品质的立场上，提出系统整体的改造策略，实现小区的可持续发展。

老旧小区交通空间包括静态和动态交通空间两大部分，交通空间的问题从小区内部影响到整个街区。静态交通空间涉及停车规模、方式、类型并与周边交通站点、居民出行方式等诸多要素关联，随着停车需求的增长，停车空间无序扩张导致小区地面空间达到饱和，侵占居民的绿地、公共活动、动态交通空间等其他空间，进而外溢影响到街区空间。因此小区交通空间的更新是一个复杂的系统工程，需要在街区融合导向下整体解决。本研究基于单位型老旧小区现状分析及现状特征评价，结合停车需求预测与空间句法分析交通空间优化导向，在“共营、共建、共享”的街区融合导向思路下建构单位型老旧小区交通空间更新整合的技术框架。

目的三：基于单位型老旧小区交通空间更新整合的技术框架下，提出单位型老旧小区交通空间更新整合优化设计的策略和方法。

在更新整合设计技术框架下，结合单位型老旧小区交通空间的现状特征，借鉴住区交通空间更新相关理论、国内外住区交通空间整合优化设计的先进方法，梳理总结交通空间整合设计的理论和实践方面的方法，分别探讨老旧小区动态、静态交通空间更新设计方法与对策。在街区融合理念导向下，应用单位型老旧小区交通空间更新整合设计技术框架和优化方法，选取不同类型典型案例进行实证研究，以展示单位型老旧小区的交通空间整合设计技术框架和方法的实际解决问题过程。

综上，本研究针对不同类型的单位型老旧小区通过交通空间评价体系进行评价，获得不同类型老旧小区的交通空间现状特征，诊断出交通空间问题所在。依据建立的停车需求模型预测近期和远期的停车需求和规模，基于空间句法和现状分析得到交通空间的优化导向，在"共营、共建、共享"的街区融合导向整合设计小区交通空间的思路下，建构单位型老旧小区交通空间更新整合的技术框架，借鉴国内外先进的理论方法和经验智慧方法。结合具体案例，在更新整合设计技术框架下，站在提升小区整体居住环境空间品质的视角，探讨不同类型交通空间的实际优化策略和方法。

1.2.2 研究的意义

老旧小区不仅是城市存量的主要构成，而且关乎着百姓民生，老旧小区周围城市交通拥堵、居住空间环境品质低下的问题成为阻碍城市健康有序发展的严重社会问题。老旧小区原有规划没有考虑到机动车激增的趋势，造成现状"停车难、行车难"的问题，解决老旧小区自身交通空间问题，是提升老旧小区整体空间环境品质的关键一环，对全国老旧小区整体改造、可持续发展具有理论和实践层面的指导意义。

1.2.2.1 理论层面

城市更新是目前城市发展的重要任务和方向，目前老旧小区交通空间是一个较为复杂的系统，受到多种学科的影响，本研究基于建筑学、城市规划、城市设计、交通工程等多学科交叉的视角，开展老旧小区交通空间和提升空间品质改造研究的思路，对住区改造理论的内容有补充意义。

1.2.2.2 实践层面

本研究建立单位型老旧小区交通空间更新整合设计的技术框架，在街区融合导向下，从老旧小区静态交通空间需求预测、动态交通空间优化导向方面进行技术性研究，探讨老旧小区动态、静态交通空间更新设计方法与对策。从老旧小区空间环境品质提升的目标对交通空间进行更新设计，对国内外老旧小区改造和提升方法具有现实的指导意义。

1.3 相关概念及研究对象界定

1.3.1 社区、住区、居住区

"住区"一词是在20世纪70年代末由日本学者提出的，同济大学的朱锡进教授最早在中国引入"住区"概念。与"住区"接近的概念有城市规划学科范畴的"居住区"概念和社会学中的"社区"概念等。

1.3.1.1 社区

“社区”一词最早由德国社会学家 F. 滕尼斯（Ferdinand Tonnies）在 19 世纪 80 年代发表的《社区与社会》中提出。他将社区定义为由共同价值取向、情感基础和生活习俗相似的人口组成的社会关系和社会团体。后来美国社会学界吸收了他的观点，用英文“社区”（community）代替了 F. 滕尼斯的“gemeinschaft”。其内涵引申为人们生活、工作的共同体。“社区”的概念在国内最早于 20 世纪 30 年代由我国社会学家吴文藻先生提出，后将国外“community”一词翻译为“社区”。

自 F. 滕尼斯提出社区概念至今这一百多年中，随着社会的快速变迁，“社区”的内涵更加多元化。美国学者 G.A. 希莱里（G.A.Hillery）1955 年对已有研究进行总结，提出地域、社会交往及共同的纽带是构成社区必须的三点共同要素。他将社区定义为：“包括有一个或多个共同因素并在同一地理区域保持社会联系的人”。美国社会学家杨庆堃在 1981 年对社区定义进行统计，社区定义的数量已经多达 140 余种，社区的含义在不同的地域文化、历史背景下不断朝着多元化发展。

国内学术界在对社区进行界定时，比较重视地域要素。其中，《中国大百科全书》对社区的定义是：“基于特定地理区域、有一定数量、居民有共同的意识、共同的利益和密切的社会交往的社会群体”。郑杭生（2003）提出，“社区是人类群体进行着一定的社会活动，具有互动关系，由共同的文化维系的活动领域”。方明（2008）认为，“社区是指聚集在特定地区的社会群体和社会组织，按照一套规范和制度组合起来的社会单位，它是一个区域性的社会共同体”。

随着规划师、建筑师对人居环境方面关注度的持续升高，社区的理念也逐步引至城市规划领域中。社会学和城市规划学对社区的研究在研究范围、要素、目的等方面侧重不同（见表 1–3）。社会学中的社区与社会概念形成对比，城市规划领域中的社区与城市和住宅概念相联系，后者指的是城市特定区域内居民和空间的聚集。

表 1–3　社会学与城市规划学的社区研究比较

研究因素		社会学	城市规划学
研究范围		从农村到社会连续统中的所有类型	城市居住社区
研究重点		社区中的社会关系及冲突	社区中人与人、人与环境的互动
要素	人口	特定时间内的人口数量、构成和分布关系	某段时期（规划期）内动态人口数量、构成和分布，包括对未来人口的预测
	地域	有地域概念，但地域界限无严格限制	研究对象的地域界限明确
	区位	社区自身生活的时间、空间因素分布形式	社区与周边区域的相互关系
	结构	社区内各种社会群体和制度组织相互间关系	社区内各种社会群体、制度组织及物质空间的相互关系

续表

研究因素		社会学	城市规划学
要素	社会心理	社区群体心理及行为方式，社区成员对社区的归属感	社区成员群体行为方式及共同需求，社区的归属感及共同意识的环境
研究目的		解析社区中的各种现象	建成或改善社区物质环境

（资料来源：赵民，赵蔚．社区发展规划——理论与实践）

1.3.1.2 住区

"住区"的英文同样也是"community"。《中国大百科全书》中指出"住区是城市居民居住和日常活动区域"。目前，国内对住区的概念大致分为两类，一个是居住区的简称，即从物质层面对居住区的定义；另一个是不同于社会学中的"社区"，即城市规划领域中的"社区"。

在城乡规划学领域，王笑梦（2009）给住区的定义为："指具有一定物理空间规模的区域，主要关注人们日常生活的居住功能，与其他建筑形式或设施相比，相应的公共服务设施大量存在，这对该地区的角色定位起着至关重要的作用"。在城市规划学领域，杨贵庆（2000）认为，"住区是一定规模的人口遵从社会的法律规范，通过设计的组织方式定居所形成的日常生活意义上地理归属的范围"。在建筑学领域，王静（2006）、朱玲（2013）认为，"住区是一个区域的概念，由住宅、相关道路、绿地以及公建配套设施等组成，尺度范围包括居住区、居住小区、居住组团等"。天津大学的张祥智（2014）对住区界定为："具有一定规模的居民生活聚居地，是城市中相对独立的空间类型"。

本书以建筑学学科知识体系为主体，以城市规划学科知识为辅助，认为本书所谈论的"住区"具有以下特点：①强调居住的功能；②不强调用地性质单一性和人口规模等级化；③强调的是一种空间地域概念，强调物质空间性。

综合以上相近概念的定义以及本书的研究领域，将住区的概念界定为：城市空间中相对独立，以居住功能为主，拥有相配套的公共服务设施，具有一定规模的居民生活聚居地。

1.3.1.3 居住区

我国居住区概念的形成及发展已有一定的历史。在新中国成立初期，我国在苏联专家的参与和帮助下完成了一大批重点城市的城市规划编制工作。在此背景下，我国早期的居住区建设发展深受苏联的影响，以公共服务设施服务范围为基础进行住区规模控制。

《城市居住区规划设计规范（GB 50180—1993）》提出，"居住区是指城市中空间上相对独立的各种类型、各种规模的生活居住区域的统称。广义上的居住区指不同居住人口规模的居住生活聚集地；狭义上的居住区指被城市干道或自然分界线所围合，并与30000～50000人的人口规模相对应，配建完善的公共服务设施的居住生活聚居地”。

但因“93版”《规范》有着强烈的计划经济的特点，致使20世纪90年代的住宅小区出现了封闭性强、公服设施配比失衡、居住区缺乏与城市空间的联系、街道空间单调等城市问题。居住区的配给型规划已不再适用于当今的住区建设。于是，在《城市居住区规划设计标准（GB 50180—2018）》中重新调整了居住区分级。

从“2018版”《规范》中对于居住区定义和规模划分标准的转变可以看出，居住区的界限划分经历了封闭独立到开放融合的过程，更加强调居住区与城市空间的联系，注重公服设施的共享。

1.3.2 老旧小区、单位型老旧小区

1.3.2.1 老旧小区

老旧小区，从字面意思上来理解就是“陈旧老化的小区”。从已有研究来看，老旧小区的概念通常通过时间和状态两个维度进行界定。我国国家层面和不同城市对老旧小区的定义如表1-4，从国家以及不同城市对老旧小区定义的文件及实践来看，当前政府界定的老旧小区基本上是指房屋年久失修、配套设施缺损、环境脏乱差的老旧住宅小区。

表1-4 国家层面和不同城市对老旧小区的定义

界定者	文件	定义
国家住建部	《建设部关于开展旧住宅区整治改造的指导意见》（建住房〔2007〕109号）	房屋年久失修、配套设施缺损、环境脏乱差的住宅区
国务院办公厅	《国务院办公厅关于全面推进城镇老旧小区改造工作的指导意见》	城市或县城建成年代较早、失养失修失管、市政配套设施不完善、社区服务设施不健全、居民改造意愿强烈的住宅小区（含单栋住宅楼），重点改造2000年之前建成的老旧小区
西安市政府	《西安市老旧小区改造工作实施方案》（市政办函〔2019〕225号）	西安市绕城高速范围以内，2000年以前建成入住，环境条件差、配套设施不全或破损严重、管理服务机制不健全，具有合法产权、未列入危房及棚户区拆迁范围的小区
北京市政府	《北京市人民政府关于印发北京市老旧小区综合整治工作实施意见的通知》	第一，1990年（含）以前建成的、建设标准不高、设施设备落后、功能配套不全、没有建立长效管理机制的老旧小区（含单栋住宅楼），市政府为主整治。第二，1990年以后建成、存在上述问题的老旧小区，由各区县政府另行制定综合整治方案，并加快组织实施
上海市政府	《上海市住宅修缮工程管理试行办法》	房龄在50年以上的，由于建造标准低、结构简单、年久失修等因素，房屋严重老化，危房比例高的住宅

（资料来源：根据相关政策资料整理）

1.3.2.2 单位型老旧小区

单位具体指的是自新中国成立以来，我国城市中建立起来的，性质为全民所有制和集体所有制的工作单位，是计划经济时期中国社会组织普遍采用的组织形式。单位型老旧小区是单位的物质空间载体，单位型老旧小区也有学者称之为单位大院、单位制老旧小区等。本书认为的单位型老旧小区是以单位为核心建设和使用，具有明显的界限和围墙，并有少数出入口与城市相联系，在用地范围内满足员工生产和生活的区域。

张丽梅（2004）提出单位型住区特指有单位统一开发，为单位员工建造的满足日常生活和发展的住区，在空间上表现为居住空间与工作场所联系紧密的生活聚居地。刘浩文（2018）提出单位型老旧小区是以单位为核心组织建设和使用，在用地范围内兼顾多种用途和功能，具有明确的界限和围墙。梅磊（2020）等提出单位制老旧小区是单位在建立工厂时伴随的职工生活居住区，是社会主义中国城市基本的邻里单元，形成近似于中国传统的“熟人社会”的封闭社会结构。柴彦威（2009）、乔永学（2004）认为单位大院是单位的物质形态与空间载体，空间具有围合性、封闭性、完整性，单位内部有居住设施、生活设施及各项福利设施。李晨（2016）认为单位大院是单位的物质空间载体，具有明确的墙体围合或建筑实体围合，形成封闭内向的院落，有少数出入口与城市道路相连，集中工作、居住、生活服务、社会福利、社交活动等功能。吕飞（2017）等认为单位大院是单位提供给市民工作和生活的大院型空间，是计划经济时期城市化模式作用下的产物。

由于对本书主要研究内容“西安老旧小区交通空间”的考量，在政府文件定义的基础上本书研究的老旧小区具有以下特点：在时间维度上为1949—2000年建成入住的小区，根据西安市人民政府办公厅发布的《西安市老旧小区综合改造工作升级方案》，西安市2020年将2510个老旧小区纳入改造范围，对西安市现有研究对象的梳理可得，西安市老旧小区最早年代为1953年，所以本书认为的时间维度的西安市老旧小区为1953—2000年建成入住的小区。其特征包括：a. 在状态上表现为居住环境条件差、配套设施不全或破损严重的小区。b. 用地规模为2公顷以上的小区，不考虑规模过小的地块。根据《城市居住区规范标准》GB 50180—2018中的规定以及对现有研究对象的分析，居住街坊为城市基本居住单元，用地面积为2～4公顷，且2公顷以下的小区大多为独栋或几栋住宅楼组成，交通空间较为单一，交通要素较少，故2公顷以下的小区不作为本书研究对象。

本研究将单位型老旧小区按照单位功能分为企业型老旧小区、高校型老旧小区、部队型老旧小区和机关型老旧小区，由于部队和机关的特殊性，故本书中的单位型老旧小区指的是企业型老旧小区和高校型老旧小区。

1.3.3 住区交通空间

从城市公共空间方面来讲，交通空间可分为动态交通空间与静态交通空间。其中，动态交通空间指的是具有交通流的道路空间，包含道路、轨道线路等；静态交通空间包括停车场站、综合交通枢纽及附属设施等。

住区交通空间是指规划范围内、以人的流动性行为为主要承载内容，具有明确通行功能的空间体，连接住区内各个空间和住区外围的城市空间，是进行物质沟通的重要部分。在住区层面，住区交通空间包括的要素具体有住区出入口、道路、停车位、停车场及其他交通设施所占用的空间。其中人的流动性行为除了通行（上班、上学、购物等）之外，还包括居民日常生活中进行社会活动的主要区域，与机动车的“行与停”行为相关的交通空间停车位、停车场等停车空间。在街区层面，住区交通空间包括的要素有城市道路、公共交通设施，相邻住区或公共建筑的停车场、街区内的停车楼等。

1.4 国内外研究综述

1.4.1 国内研究综述

1.4.1.1 国内住区更新相关的研究

在“知网”数据下，以“住区更新”为主题进行精确查找，自2010年1月1日到2021年9月30日，共搜集到相关文献1265条。其中学术期刊共计358篇，硕士论文共计755篇，博士论文共计82篇，国内外会议共计62篇，其他共计8篇。涉及的学科主要包括：城市社会学17篇、经济与管理科学53篇、建筑学941篇、城乡规划213篇、地理学18篇，其他23篇，其中建筑学与城乡规划学的成果最多（图1-1）。

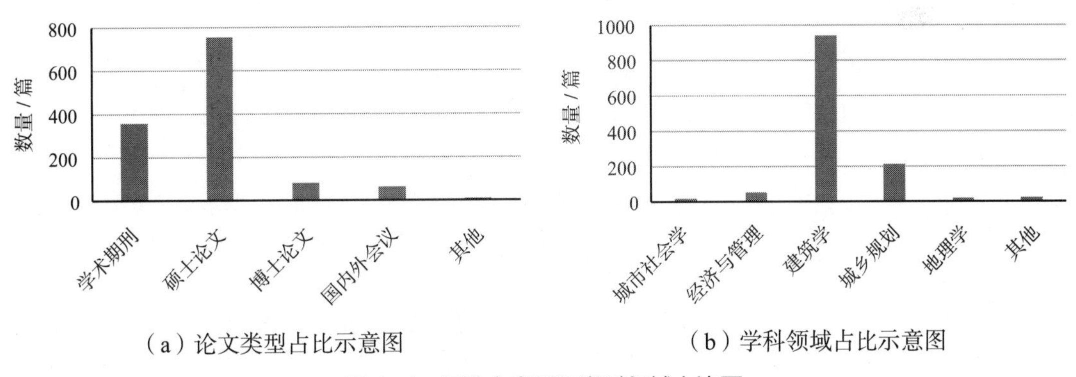

（a）论文类型占比示意图

（b）学科领域占比示意图

图1-1　各论文类型及学科领域占比图

基于以上知网数据库检索出的1265篇中文核心期刊参考文献，笔者将当前住区更新研究方向归纳为以下几个方面：a. 住区更新的具体社会过程；b. 关于经济运营及管理方式的研究；c. 住区更新相关的物理环境模拟及评价；d. 住区更新机制与模式探讨；e. 住区更新规划及城市空间形态研究。具体信息见图1-2。

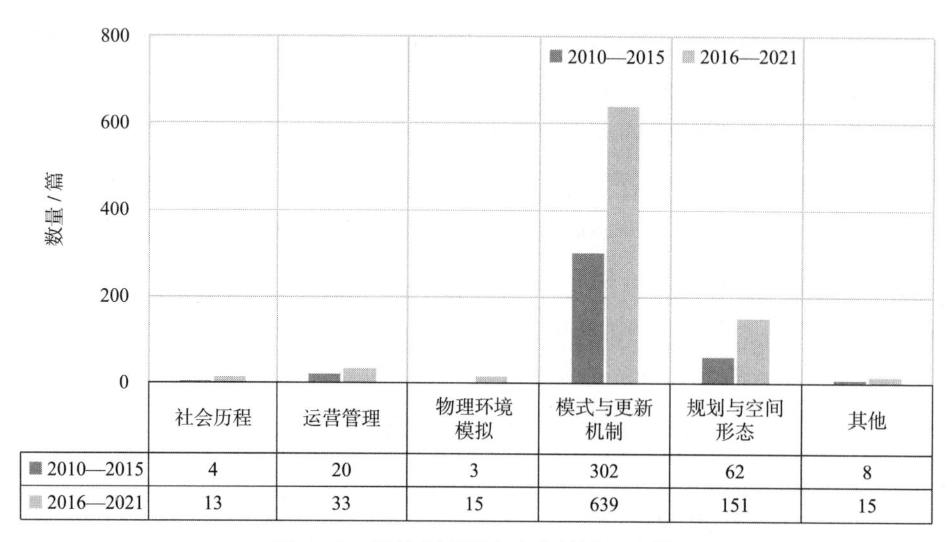

图 1–2　当前主要研究方向统计示意图

1.4.1.2　国内老旧小区改造相关的研究

近年来对老旧小区改造问题的研究可分为两个大的方向：一是老旧小区改造相关的机制与理念研究；二是老旧小区空间更新改造。主要研究内容见表 1–5 所述。

表 1–5　老旧小区更新研究

研究方向		研究内容
机制与理念研究	更新模式研究	徐明前（2007）、龙彬（2013）等学者提出延续传统风貌，完善居住功能的更新设计；代吉鹏（2008）、戴奕（2010）提出保护为主的既有住区更新模式
	更新机制研究	刘勇（2006）、倪炜（2017）强调“自上而下”与“自下而上”更新方式的结合；刘子琪（2020）从多元主体的视角切入，科学评价居民宜居需求，提出针对性的规划应对
小区空间更新改造	住宅内部空间或住宅立面改造	王峙（2004）、郭丹青（2010）从住宅的组合形式以及住宅立面构成要素，提出住宅的改建扩建方法；吴新杰（2018）从住宅界面的功能性入手，提出系统的老旧住宅界面重构策略
	居住区公共空间改造	从不同理念展开研究：曹姣姣（2019）、彭昊（2018）、盛帅（2019）、陈昶岑（2021）、卜雪旸（2011）、史文彬（2020）分别从社区营造理念、“城市修补”理念、开放式社区理念、韧性理念、可持续发展等理念相结合，展开老旧小区外部公共空间的优化研究；从不同视角展开研究：刘辰阳（2019）、舒平（2020）、周亦珩（2016）分别从“空间正义”、疗愈视角、宜居视角展开研究户外公共空间的更新策略与实施机制
小区空间更新改造	居住区停车空间改造	王倩（2009）、孙洪磊（2020）从“有机发展”的角度，通过挖掘停车资源，结合管理手段改造现有停车方式，缓解老旧小区停车问题；孙诗颖（2017）从空间和时间两个层面上，统筹挖潜以增加静态交通空间，并调控静态交通需求

结合国内学者对于老旧小区改造方面的研究，可以总结出以下要点：老旧小区改造相关的机制与理念研究中，学者们在住区更新的机制和更新的模式方面展开广泛的研究。一是更新机制方面的探讨，认为社区自组织和政府主导并重，提倡重视居民需求，结合"自上而下"与"自下而上"的更新机制；二是更新模式的探讨，呈现出以文化保护、传统延续、功能改善为主导的更新改造模式，这些理论为本研究的开展奠定了学术基础。老旧小区相关的实践研究中，由"小规模，渐进式"式转向社区综合更新，在更新实践中更加体现人本精神和人文关怀。此外，学者们对老旧小区改造实践研究从对住宅本体的改造转向对于住区外部环境的整体优化，在物质空间环境提升上，学者们从不同视角、不同理念展开对外部公共空间的研究。

1.4.1.3 国内单位住区更新的相关研究

单位作为组成中国城市社会与城市空间的基本要素，具有物质和社会双重属性。诸多学者对于单位住区的研究建立在单位问题探讨的基础上，国内学者对单位住区的研究大致可分为三个阶段：a. 单位制度下的基础性研究。此阶段的研究主要从改革开放时期至2000年。相关学者从城市制度切入，揭示单位的定义，通过整理不同阶段单位制度的变迁、起源，探讨单位社会的形成与变化、功能与运行（董卫 1996、柴彦威 1996）。此外，有关学者还从社会学、地理学、城市规划学等学科展开研究，通过梳理不同单位现象，探讨社区的整合与控制机制，归纳单位体制对城市社会与城市空间变革的影响（柴彦威 2007、李汉林 1994、于显洋 1991、赵晓凡 2006、陆翔 2003）。b. 城市转型背景下大院空间性研究。此阶段的研究主要从2000年至2016年，我国处于从计划经济体制向市场经济体制过渡的关键时期，城市空间格局与单位大院的物质空间产生变革。相关学者结合城市转型的背景下单位大院的分解以及空间重构，探讨单位大院的空间形态、特征以及变迁对城市空间格局的影响（张艳、张纯、柴彦威 2009，乔永学 2004，张帆 2004，王乐 2010，连晓刚 2015）。基于相关的实证研究，对单位大院集中地块的空间形态特征进行总结，使单位大院与其所处的城市用地空间进行整合（李晨 2011、任绍斌 2002、张姚钰 2015）。此外，低碳城市空间与低碳交通出行等绿色发展理念相继应用于单位住区的研究中（柴彦威 2010、陈锦富 2011）。c. 街区制导向下更新实践性研究。此阶段的研究主要是2016年至今。基于相关政策提出逐步打开单位大院，推广街区制，众多学者将街区制的理念与单位大院更新改造等实践性结合（李彦潼 2019、邓元媛 2020）。相关学者从城市特色、文脉的传承与保护出发，展开单位大院的更新改造研究（李阳 2019、张晓琳 2021）。此外，相关学者分别从人群的使用后评价以及老年人的需求层面对单位大院外部公共空间提出活力提升、适老化改造等优化策略（罗晶晶 2017、陈虹羽 2021、李小云 2017）。

综上所述，结合国内诸多学者对于单位大院研究历程的梳理，首先，初步阶段均是建立在单位制度的研究基础上，总结单位社会的形成与变化的动因，并开始专注单位现象城市制度、城市空间、城市土地利用模式之间的关系；其次，在政治经济转型所关联的城市空间重构的背景之下，引发了学者们研究单位大院空间特征与演变的热潮，此阶段学者们更重视以实证研究为基础，并以单位大院的空间属性为缩影，探究其对城市空间的影响；最后，在相关政策的引导下，学者们以单位大院为研究对象，展开了诸多层面的更新实践，结合街区视角、适老化改造等视角对单位大院进行更新优化。目前，已有学者关注到单位大院外部公共环境提升与低碳出行等相关理念，同时，老旧小区的停车问题逐渐引起学者的关注，提出挖掘静态交通空间停车资源、停车模式改造等优化策略，以此缓解住区的人车矛盾。然而，既有对老旧小区的研究尚未系统地从停车空间切入，对停车需求进行量化，讨论整体停车环境、居住品质的提升。故本研究结合前人的研究基础，构建交通空间评价体系与停车需求预测模型，量化停车需求“缺口”，力图针对不同类型单位住区提出近期和远期的优化策略，使住区协同街区实现可持续发展。

1.4.1.4 国内住区交通空间相关的研究

从已有研究成果来看，对交通空间的研究较少涉及老旧小区，所以本研究从动态交通空间与静态交通空间两方面总结了住区交通空间相关的研究内容（表 1–6、表 1–7）。动态交通空间研究中，研究对象主要有出入口、人车路权、住区路网形态、住区道路系统分析方法、步行空间优化、交通组织与布局等方面；静态交通空间研究中，对于停车空间优化研究的视角有居民需求分析、停车数量预测、停车共享管理、立体化停车技术等方面。

目前针对住区动态交通的研究中，对出入口空间的研究偏少，对道路空间的研究方向集中在以下几点：一是针对人车矛盾提出路权共享的理念；二是对道路系统进行量化分析的研究；三是对于“密路网、窄马路”的开放性住区的交通组织与布局研究；四是优化步行环境的研究。对住区静态交通空间的研究集中在以下几点：一是通过居民需求提出相应的停车空间改造措施；二是从土地容量或停车需求量出发，对停车数量进行预测；三是从共享管理角度解决停车问题；四是从立体化停车技术手段解决停车问题。

从以上研究可以看出，在动态交通的研究中，对道路空间的量化分析诊断出老旧小区动态交通在路网结构方面的不足，为老旧小区交通空间改造奠定研究基础；人车路权共享、“小街区、密路网”的理念也为本研究动态交通空间改造提供指导方向。在静态交通的研究中，从片区共享角度以及立体化的技术手段可以为老旧小区静态交通空间改造提供启示，但是现有的研究仅从管理的角度提出了片区共享的可能性，并未从近期和远期停车量增长的需求角度验证方案的可实施性，也没有从街区融合的视角对交通空间体系及构成要素进行系统研究；立体化的技术手段也仅分析了各类立体停车库的特点和适应性，并未从量的角度提出解决停车难的具体实施手段，未解决老旧小区空间被停车侵占的现实问题。

表 1-6　住区动态交通研究综述

研究对象		研究内容
出入口		刘改林（2011）、罗昊（2014）对出入口空间组织方式、设计方法进行研究；刘丽华（2013）研究西安住区主入口空间的文化内涵；丁百明（2017）针对住区出入口间距、交通运行现状等存在的问题进行研究
住区道路	人车路权	霍俊青（2004）、顾伟华等（2004）针对居住区道路系统进行研究；刘丙乾（2018）、张建（2018）研究机动车增长背景下老旧小区慢行网络的优化；张茜（2018）等、李思等（2021）以提升老旧小区居住环境为目标，对道路系统进行研究
	住区路网形态	陈飞（2006）、孙晖等（2008）分析住区道路空间形态类型特征，提出住区道路交通模式选择的原则
	住区道路系统分析方法	张献发等（2019）对老旧小区道路空间进行空间视域分析，从而研究空间导向性；罗雕（2017）建立住区交通微循环综合效率评价体系，得出影响因素及各指标的理想值
	步行空间优化	申洁（2019）分析了影响不同类型住区建成环境步行性的因素，建立城市住区建成环境步行性评价体系；陈铭（2020）对老旧小区潜力空间进行挖掘，以交通环境改善为目标，研究步行系统空间重构策略
	交通组织与布局	卓健等（2022）对“小街区、密路网”的空间布局模式进行系统剖析，提炼开放街区交通组织的规划设计策略

表 1-7　住区静态交通研究综述

研究视角	研究内容
居民需求分析	蒋碧冰（2017）对老旧小区停车安全性、便捷性、舒适性需求进行分析，分层级探讨住区挖掘停车空间的方法；单伟娜等（2019）分析总结了老旧小区的人口组成、职业分布、交通出行等特征，提出相应的停车改造措施
停车数量预测	郭妮（2005）用假设标准化模型的方式论证了小区土地可容纳的停车数量；高雪松等（2018）对近期停车需求量进行预测，将老旧小区空间重新分配整合，并对动态交通进行重新设计
停车共享管理	段满珍（2017）、朱勋等（2010）结合共享停车理论，探讨停车位实施共享管理的可能性；韩兆鑫（2015）总结老旧小区停车难的原因以及国外小区先进经验，提出“互联网+”智慧停车方案；刘洪营（2009）研究小区所在大的片区建设公共停车场的相应理论；李星星等（2018）、王海波等（2020）提出了交通与片区综合改造的治理措施
立体化停车技术	张磊等（2017）、林伟通等（2020）提出运用机械式停车设备破解停车难问题的思路；彭康（2015）、许定源等（2020）将停车库分为自走式停车库和机械式停车库，并总结不同立体停车设施的适用情况

1.4.2 国外研究综述

1.4.2.1 国外住区更新相关的研究

在知网、万方等外文数据库下，以“community renewal”“residential renovation”“neighborhood renewal”为主题进行精确查找，自2010年1月1日到2021年9月30日，共搜集到相关外文文献199条。基于检索出的199篇英文期刊文献，笔者将当前国外住区更新有关研究归纳为以下几个方向：a. 住区更新的治理与策略；b. 住区更新与可持续发展；c. 住区更新的政策与主体；d. 住区更新的综合评估；e. 住区更新的现象与反思；f. 其他。具体文献信息详见图1-3。

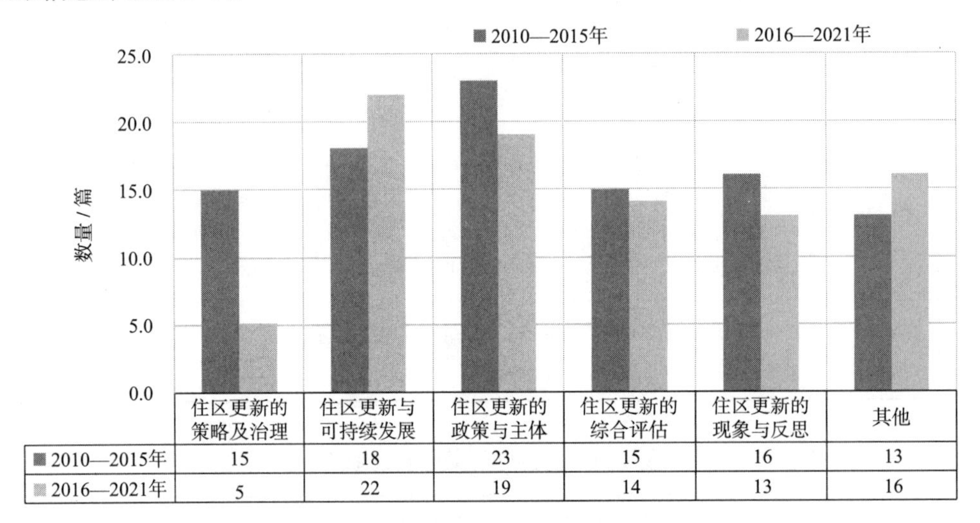

	住区更新的策略及治理	住区更新与可持续发展	住区更新的政策与主体	住区更新的综合评估	住区更新的现象与反思	其他
■ 2010—2015年	15	18	23	15	16	13
■ 2016—2021年	5	22	19	14	13	16

图1-3 前主要研究方向统计示意图

国外对于旧住区更新的研究与“住区更新”相关的研究存在一定的关联性，笔者依据归纳国外住区更新的主要研究方向，提炼住区更新相关的主要研究内容。首先，在住区更新的治理与策略方面，有学者提出将“文化恢复”“大数据技术”与社区治理相结合，推进社区更新治理的改革。有学者从维持独立生活和鼓励社会互动的角度，探讨了社区更新策略，试图提高老年社区的质量；在住区更新与可持续发展方面，学者着眼于应对气候变化减缓策略，在规划和设计阶段，将能源效率作为住宅更新改造的一部分；在住区更新的政策与主体方面，提出“参与式组织更新”，强调参与式社区更新决策机制中组织者和建筑师的作用；在住区更新的综合评估方面，有学者对于住区更新的前期设计进行评估，提出性价比最高的住宅改造方案。评估住宅更新改造过程中空间质量变化，达到多方利益平衡；在住区更新的现象与反思方面，有学者研究住区更新中推倒重建现象的主要驱动因素及直接影响。住宅在更新及改造过程中，要关注住宅工程建设的合规性，考虑住宅翻新材料使用与人的健康之间的关系（见表1-8）。

表 1-8 国外旧住区更新的主要研究方向及内容

研究方向	研究内容
住区更新的治理与策略	Brian Tokar，Tamra Gilbertson 提出了“文化恢复，社区修复”的社区更实施新策略。旨在强调文化与社区的互动，通过文化的运用提升社区更新质量，通过社区更新促进文化发展；Anonym 将视角放在社区治理上，将大数据技术与城市社区治理相结合，旨在提高城市社区应急管理能力，推进城市社区管理模式改革；Tang X，Ying Z 从维持独立生活和鼓励社会互动的角度探讨了社区更新策略，以此提高老年人的独立生活能力，促进老年人的互助和社会融合，提高老年社区的质量，实现老龄化目标
住区更新与可持续发展	Gavin Killip 着眼于低能耗住宅改造的创新，通过英国和法国两个低能耗改造案例，响应居住者的需求和行为，整合不同使用者的反馈机制，实现有效节能和可持续发展，应对气候变化减缓策略；Elena Aparicio-Gonzalez，Silvia Domingo-Irigoyen 等学者以节能减排为目标，开发了一种改造现有住宅建筑的方法，最大程度发挥更新改造的价值和潜力，减少对于存量住宅更新改造的能耗；Jenny Palm，Katharina Reindl 研究以降低能耗为明确目标的改造过程，考虑如何在规划和设计阶段，将能源效率作为改造过程的一部分
住区更新的政策与主体	Haeyeon Yoo，Jungdae Park 探讨了住房再开发区的公营机构和社区组织对居住环境的更新现状、挑战和影响，以期提出一个模块化系统，指导住区更新的实施；Xiang Duan 将“海绵城市”的概念引入旧住区更新，采用多元回归分析法研究了不同因素在预测居民在海绵式更新改造项目满意度中的作用，提出了相关政策建议与更新策略，引入多方主体，协同进行海绵式旧住区更新；Tao M 选取了三种参与式组织更新，即社会组织、设计师和行政组织，在分析决策机制的基础上，提出了参与式社区更新决策机制中组织者和建筑师的作用
住区更新的综合评估	Yovko Ivanov Antonov，Per Heiselberg 等学者针对住区更新的前期设计，提出一种新的评估方法，试图探寻一种成本最优、性价比最高的住区改造方案；Fernanda Acre，Annemie Wyckmans 通过确定受住宅更新影响的空间质量决定因素，并对改造过程中空间质量的变化进行评估，提出了住宅更新前后需要考虑的空间质量评估，确保多方利益相关者收益；Anonymo 根据社区更新项目的效益评估，提供了一种综合的定量方法。决策者可以利用能值分析对社区更新活动进行全面评估，并就旧社区更新做出知情决定
住区更新的现象与反思	Pinnegar Simon，Randolph Bill 针对业主主导的一对一逐步拆除的更新模式，在原本市场主导的大环境下，探讨悉尼住区更新中推倒重建现象的主要驱动因素及直接影响；Mahya Ghanaee，Ali Asghar Pourezzat 将研究视角放在更新项目的建成、运营成功的因素，根据这些有效因素进行广泛研究，指导未来住区更新项目的实施；Blando James D，Antoine Nickita 等学者提出住宅在更新及改造过程中，要关注住宅工程建设的合规性，考虑住宅翻新材料使用与人的健康之间的关系，采用邮寄等调查方式，试图建立翻新工程的建设准则，实现对环境及人体健康的最大保护

1.4.2.2 国外住区交通空间相关的研究

国外对于住区交通空间的研究，在动态交通空间上多研究社区道路的通行安全。Luria Gil，Boehm Amnon 提出“社区安全道路气候”概念，探讨社区内对道路安全的影响因素，提升道路安全属性。Lim Joonbeom，Lee Sooil，Choi 通过分析社区生活道路上行人和车辆的通行状况，比较研究行人的交通行为与交通事故发生率之间的关系；通过实证研究得出社区生活道路相比普通道路更易发生交通事故，通过对社区内的具体交通行为进行研究，提升社区生活道路的安全性。Konovalova，Nadiryan 通过分析居住区中高层住宅楼的建设趋势、社区街道的交通强度和行人流量增加影响到居住区行人的步行安全问题，构建基于最短通行路线的连接网络，表示生成节点以及行人路径，对住区的行人交通进行路径分析，提出居住区的步行交通优化措施。在静态交通空间上国外学者多研究停车资源的管理。Dainotti Alberto 提出建立一种面向社区的交通分类平台，实现不同利益方的资源共享，统筹交通资源。

1.4.2.3 国外主要城市住区停车政策及法规发展

2016 年，纽约汽车户均拥有量 1.97 辆 / 户。到 2020 年，纽约机动车保有量为 259 万辆，机动车拥有水平较高。纽约在停车政策层面经历了供给政策到控制停车需求的转变。20 世纪 70 年代施行鼓励小汽车政策使得小汽车销量激增，美国各个城市将配件标准纳入区划法规，采用下限控制的方法，要求必须满足配件标准，其中居住公寓的停车配件指标为 1～2 车位 / 户，政府大量建设停车泊位，停车矛盾逐渐突出。20 世纪 80 年代政府开始大规模建设轨道交通，鼓励居民采用公共交通出行，在市中心不鼓励建设大规模停车场。2010 年以来，纽约等美国城市倡导取消停车配件下限指标，政府将停车位配建指标最低值改为限定最高值，抑制停车位建设。

东京城市面积小，人口密度高，土地利用率高，因此采用基于轨道交通的发展模式。东京从 20 世纪 50 年代之后经济迅速发展，汽车数量激增，政府采取一系列措施控制停车需求：①大力推行轨道交通出行，提高轨道交通服务水平；②实施“购车自备车位”政策，鼓励路外停车；③提高停车价格，减少汽车出行率。到 20 世纪 90 年代初，为了应对居住区的停车问题，日本政府提出相关政策法规，要求商品房住宅区停车泊位数达到居民户数的 100%，出租房停车泊位数达到居民户数的 70%。

新加坡国土面积小，人口密度高，截至 2017 年底，新加坡汽车保有量 90.7 万辆，每 1000 人约保有汽车 162 辆。新加坡政府在停车位数量指标制定和停车方式上做了以下规定。①在停车位数量指标上，新加坡建屋发展局中心（HDB）针对不同收入群体，不同户型规定不同的分配比率，实现停车位的合理分配。②在停车政策上，组屋用户每个月花费约 80～110 新加坡元购买月票，社区停车场能满足居民 1 个车位 / 户的标准。为了适应临时停车需求，会在社区停车场设置“半小时停车位”。政府根据当年的汽车保有量来决定当年拥车证的价格，且拥车证具有时效性，以保证社区的停车问题在可控范围内。③在停车方式上，经历了从地面停车到停车楼和地下停车的转变。主要以与组屋邻里组团相结合的集中式停车为主，通常在小区入口处或邻里中心集中设置停车位，保证居住环境的安静。

1.4.2.4 经验总结

日本、欧美等发达国家和城市很早就制定了完善的停车法规，目前，我们国家尚无独立的停车法规，对于我国老旧小区“停车难、行车难”的问题，应建立符合我国国情的停车政策及相关管理措施。首先，应该合理控制停车位数量，提高停车位的价值和相关收费水平，重点保障老旧小区有位可停。其次，根据中国香港特区政府对于停车运营管理的经验，且我国内地城市拥有更多的停车资源，应有效进行停车运营的管理，推进职能化的建设与管理。最后，应该推动停车立法，严格管理违规停车，加强公众“停车有位”的意识，控制停车需求及停车设施建设。

1.4.3 研究综述小结

综上所述，国外住区更新在研究内容上主要关注住区更新与可持续发展之间的关系，将节能减排理念融入存量住宅的更新改造上。着眼于住区的有效治理与策略的提出，以及政策导向下的住区更新实践，平衡多方主体的利益以及运用科学且前沿的评估方法，实现住区更新的最大价值化。在停车空间的政策上通过提倡公共交通出行、鼓励路外停车、控制停车位配比、购车者自备车位等政策抑制停车需求。

国内住区更新经历了产权更新、大拆大建、多元综合改造的历程，城市社会学、经济与管理科学、地理学科围绕住区更新开展了深入全面的研究，总结了社会空间、管理模式、住区环境等方面的结论，在建筑学和城乡规划学的研究主要体现在居住模式、可持续更新、适老化、住宅形态、住区开放、环境品质等方面。对老旧小区更新方面的研究主要体现在更新模式、规划设计、适老化、文化传承等方面，对老旧小区交通空间的研究主要体现在住区开放、步行环境、停车管理和技术、居民需求等方面，较少涉及空间整合层面。

1.5 研究内容及拟解决的关键科学问题

1.5.1 研究内容

本书研究内容主要包括三个方面（见图 1–4）：

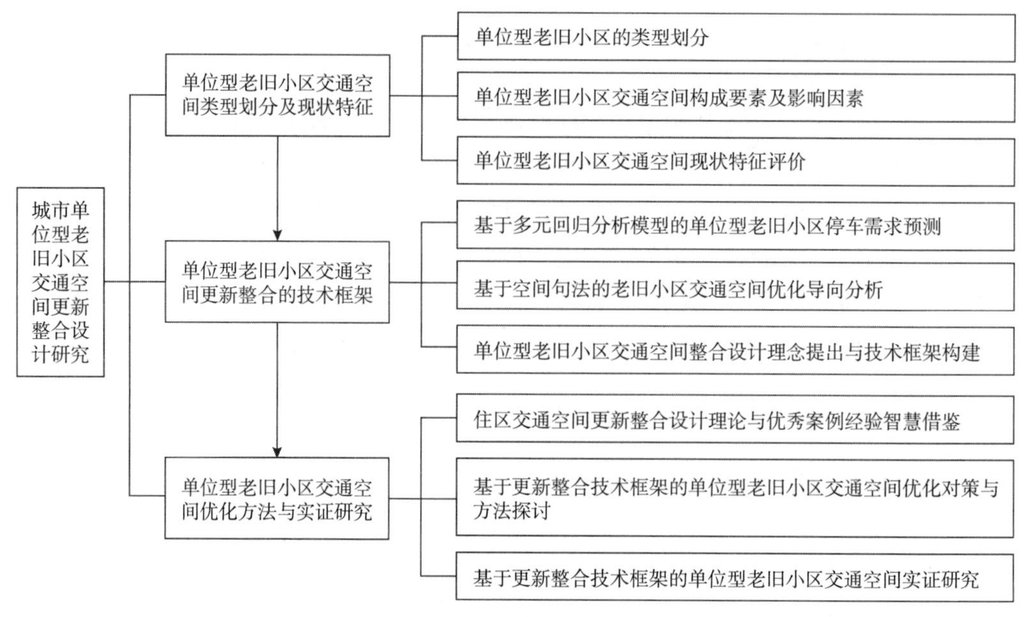

图 1-4　研究内容框图

1.5.1.1　单位型老旧小区交通空间类型划分及现状特征

(1) 单位型老旧小区的类型划分

基于对西安老旧小区交通空间的现状调查，从老旧小区的数量、建设年份、空间分布规律入手，结合西安单位型老旧小区的数量与分布、规模、住宅建筑布局类型，总结西安单位型老旧小区主要特征，选择出主要研究类型。从交通空间视角划分单位型老旧小区类型，动态交通空间根据单位型老旧小区与街区的空间位置关系、静态交通空间依据单位型老旧小区停车空间对街区的依赖程度两个层面进行划分。

(2) 单位型老旧小区交通空间构成要素及影响因素

通过对老旧小区改造历程、老旧小区中交通空间相关的改造内容，以及现有住区交通空间改造的规范与标准的梳理，得到单位型老旧小区动态及静态交通空间的要素构成关系及各构成要素的内涵。基于交通空间构成要素体系，对单位型老旧小区动态与静态交通空间的现状展开系统分析，剖析不同类型单位型老旧小区交通空间的现状特征及主要问题，得到老旧小区交通空间的影响要素。

(3) 单位型老旧小区交通空间现状特征评价

基于单位型老旧小区交通空间的构成要素及影响因素，结合使用者对老旧小区动态及静态交通空间的需求调查，运用层次分析法建立单位型老旧小区交通空间现状特征评价体系，通过对各类老旧小区交通空间特征的评价，分析各类老旧小区交通空间现状特征的差异，诊断各类老旧小区交通空间的问题所在，进而分析优化路径。

1.5.1.2 单位型老旧小区交通空间更新整合的技术框架

(1) 基于多元回归分析模型的单位型老旧小区停车需求预测

运用主成分分析法和多元回归分析法建立停车需求预测模型，对企业型和高校型两类老旧小区的停车需求进行预测，获得不同类型老旧小区交通空间的近期及远期需求。

(2) 基于空间句法的老旧小区交通空间优化导向分析

应用空间句法对街区道路轴网及道路与小区公共空间的关系进行分析，选取不同类型的老旧小区为研究样本，通过建立轴线模型、线段模型及凸空间模型剖析老旧小区的动态与静态现状交通空间，诊断出交通空间的问题所在。动态交通方面应用空间句法通过模型进一步分析合理的路网结构可能性，提出路网结构的优化方向；静态交通方面应用空间句法通过模型筛选可作为静态集中停车的合理区域。

(3) 单位型老旧小区交通空间整合设计理念提出与技术框架建构

基于小区与街区交通空间联系紧密、相互影响的现状特征，以及小区与街区协同优化的可能性分析，探讨“共营、共建、共享”的街区融合导向下整合设计小区交通空间的思路。在此思路下，基于单位型老旧小区现状分析及现状特征评价，结合停车需求预测与空间句法分析交通空间优化导向，从而建构出单位型老旧小区交通空间更新整合的技术框架。

1.5.1.3 单位型老旧小区交通空间优化方法与实证研究

(1) 住区交通空间更新整合设计理论与优秀案例经验智慧借鉴

分析住区更新、住区交通规划和住区交通空间设计相关理论，梳理理论上的交通空间整合优化设计方法。挖掘值得借鉴的国内外老旧小区更新整合设计优秀案例的经验智慧，探讨来源于实践的方法。从住区动态交通空间层面，剖析住区出入口规划及道路空间更新整合的优秀案例；在住区静态交通空间层面，剖析住区层面及街区层面进行停车资源的挖掘、利用与整合的优秀案例。

(2) 基于更新整合设计技术框架的单位型老旧小区交通空间优化对策与方法探讨

更新整合设计技术框架下，结合单位型老旧小区交通空间的现状特征，借鉴住区交通空间更新相关理论、国内外住区交通空间整合优化设计的先进方法，分别探讨老旧小区动态、静态交通空间更新设计方法与对策。静态交通空间着重从停车空间规模、停车空间位置、停车方式、停车管理等主要影响要素方面探讨优化方法与更新对策。动态交通空间着重从路网结构、道路空间功能、出入口数量与位置、交通流线组织等主要影响要素方面，探讨单位型老旧小区动态交通空间的优化方法与更新对策。

(3) 基于更新整合设计技术框架的单位型老旧小区交通空间实证研究

街区融合理念导向下，应用单位型老旧小区交通空间更新整合设计技术框架和优化方法，选取企业型老旧小区与高校型老旧小区典型案例进行实证研究。通过案例实地调查交通空间的现状问题、应用模型预测和空间句法分析交通空间优化导向、基于居住空间环境品质整体提升的目标、提出满足近期和远期停车需求及合理的路网结构和道路空间功能方案等流程，展示单位型老旧小区的交通空间整合设计技术框架和方法的实际解决问题过程。

1.5.2 拟解决的关键科学问题

本研究属于解决问题的基础性研究，属于技术方面，就现在的研究来看拟解决的技术难点包含以下四个方面：

(1) 单位型老旧小区交通空间要素特征的提取与类型划分

本书对于西安市单位型老旧小区交通空间的要素特征提取，依据已有文献研究、现行规范标准、实地案例的分析以及优秀案例的改造经验，将单位型老旧小区交通空间分为动态交通空间和静态交通空间，其中动态交通空间包括小区的出入口空间和道路空间，静态交通空间主要包含室外停车空间与其他停车空间。在明确单位型老旧小区交通空间构成要素的基础上，对其进行分类研究是本书关键要点。因此，从交通空间的角度对不同类型单位型老旧小区进行科学的分类是本研究的关键科学问题。

(2) 单位型老旧小区交通空间现状特征评价及静态交通空间需求分析

本书建立单位型老旧小区交通空间现状特征评价体系，在对单位型老旧小区交通空间现状分析的客观调研基础上，结合专家及使用者的主观评价，建立影响单位型老旧小区动态和静态交通空间的影响因素合集，并结合对单位型老旧小区的已有分类，分别对不同类型单位型老旧小区交通空间进行评价。因此，如何建立科学性的老旧小区交通空间评价体系，并对不同类型的单位型老旧小区交通空间进行评价是本研究的一个关键科学问题。

停车位供需问题对解决老旧小区静态交通空间问题至关重要，通过单位型老旧小区静态交通空间需求分析，建立针对单位型老旧小区的停车预测模型，运用技术手段预测未来短时间内小区停车位需求量上的变化，并通过自足型、过渡型、依赖型三类老旧小区未来的停车需求与现状的对比中，确定各类型老旧小区未来静态交通空间优化的方向与侧重点，为未来单位型老旧小区静态交通改造提供客观的数据支撑。因此，如何确保停车需求预测模型的准确性和科学性是本研究的一个关键科学问题。

(3) 单位型老旧小区交通空间更新整合技术框架构建

构建单位型老旧小区交通空间更新整合的技术框架，有利于指导不同类型单位型老旧小区交通空间更新整合的原则与理念、对策与方法的提出。本研究基于小区与街区交通空间联系紧密、相互影响的现状特征，以及小区与街区协同优化的可能性分析，探讨“共营、共建、共享”的街区融合导向下整合设计小区交通空间的思路。在此思路下，基于单位型老旧小区现状分析及现状特征评价，结合停车需求预测与空间句法分析交通空间优化导向，从而建构出单位型老旧小区交通空间更新整合的技术框架。因此，如何构建典型单位型老旧小区交通空间更新整合的技术框架是本研究的关键科学问题。

(4) 单位型老旧小区交通空间优化对策与方法提出

本研究旨在让单位型老旧小区联合所在街区共同融入城市发展，提出单位型老旧小区交通空间更新优化方法，有效缓解单位型老旧小区交通空间“停车难、行车难”的问题。本研究分析不同类型的单位型老旧小区交通空间的现状特征，构建单位型老旧小区交通空间更新整合的技术框架，结合国内外优秀案例智慧经验，从而指导单位型老旧小区交通空间优化理念与优化方法的提出。因此，如何以街区融合为导向归纳单位型老旧小区交通空间优化对策与方法是一个关键性的问题。

1.6 研究方法及技术路线

1.6.1 研究方法

1.6.1.1 文献研究

在论文方面，通过知网、万方等数据库，以“住区更新”“老旧小区改造”“交通空间”“更新整合”等为主题，对近10年所有建筑学类、规划学类、交通学类的博士和硕士学位论文，期刊，著作及会议论文等进行查询与搜集；利用UCB图书馆数据库查找国外“住区更新”“住区交通空间整合”等主题的相关国外书籍、文献和案例资料，整理相关理论和研究方法，明确住区更新及老旧小区改造等相关研究的发展趋势和主要研究成果，从而定位本研究的发展和方向。

1.6.1.2 实地研究

本研究通过与西安市建委、统计局、规划管理部门等进行联系，获取了西安市老旧小区的一手资料，并进行数据整理及归纳，以实例研究弥补文献研究的不足。本研究调研分为三个阶段（表1–9）：初步调研阶段，从西安市住建局提供的2510个老旧小区的名录中筛选出规模在2公顷以上的单位型老旧小区，在城六区范围内确定103个单位型老旧小区进行初步调研。

本研究初步调研阶段主要关注单位型老旧小区的总体特征，初步调研内容包括：社会经济、空间要素、建筑环境及小区交通空间（表1–10）；从初步调研中选取47个样本，通过现状问题的典型性，依据停车空间对街区的依赖程度确定5个深入调研对象，依据小区与其所在街区的位置关系确定6个深入调研对象。根据访谈、跟踪调查、问卷等形式，赴实地调研其街区现状、住区现状以及使用者对交通空间的需求进行调查（表1–11）；补充调研主要是验证并提升已有优化方法，需要对西安市内其他老旧小区的动静态交通空间要素、建筑现状、人员结构及出行方式进行调查。

表 1-9　各阶段老旧小区调研框架

调研阶段	初步调研	深入调研	补充调研
调研对象	西安市城六区范围内的103个单位型老旧小区	选取47个调研样本，依据现状问题突出性，确定典型老旧小区进行深入调研	西安市其他老旧小区
调研目的	老旧小区所在街区位置；老旧小区所在街区要素特征；选取深入调研老旧小区	典型老旧小区的动态交通空间现状特征；典型老旧小区的静态交通空间现状特征；老旧小区交通空间现状问题的影响因素	验证优化方法并进一步提升
调研内容	城市道路等级及街区的划分；老旧小区的位置和数量	老旧小区道路空间、出入口、停车空间；老旧小区空间特点（街区产权、居民结构、私家车、建筑现状等）	老旧小区内部道路空间、居民结构、私家车、停车位使用现状等
数据获取	老旧小区的基础数据资料； 搜集关于老旧小区交通空间方面的数据资料		
调研方式	利用高德大数据平台获取基础数据； 利用地图软件获取街区地形图； 现场踏勘、访谈等方式获得其他数据资料		

表 1-10　初步调研框架

<table>
<tr><th colspan="3" rowspan="2">调研内容</th><th colspan="2">调研程度</th><th rowspan="2">调研目的</th><th rowspan="2">数据获取</th><th rowspan="2">调研方式</th></tr>
<tr><th>一般调查</th><th>重点调查</th></tr>
<tr><td rowspan="5">单位型老旧小区的总体特征</td><td colspan="2">社会经济</td><td>●</td><td></td><td rowspan="5">(1) 把握单位型老旧小区的现状特征
(2) 提供分析单位型老旧小区交通空间的可靠依据</td><td rowspan="5">(1) 与西安市建委、统计局、规划管理部门联系，获取西安市单位型老旧小区相关资料
(2) 走访获取小区产权、街区环境等相关数据</td><td rowspan="5">(1) 现场踏勘（拍照、记录等）
(2) 与工作人员进行访谈
(3) 发放调查问卷、拍照、现场图纸记录
(4) 对使用者进行观察、跟踪调查</td></tr>
<tr><td colspan="2">空间要素</td><td></td><td>★</td></tr>
<tr><td colspan="2">建筑环境</td><td></td><td>★</td></tr>
<tr><td rowspan="2">交通空间</td><td>动态</td><td></td><td>★</td></tr>
<tr><td>静态</td><td></td><td>★</td></tr>
</table>

注：★表示研究的重点调查；●表示在已有研究基础上进行的一般调查。

1. 表中“社会经济”包括社会经济文化属性，如人口数量、人口结构、家庭规模、收入状况、受教育程度等；2. 表中“空间要素”包括典型单位型老旧小区所在的区位、街区环境等；3. 表中“建筑环境”包括典型老旧小区所在的区位、公服设施、基础设施、建筑性质、指标（容积率、高度、密度）建设情况等；4.“动、静态交通空间”包括典型单位型老旧小区内部及所在街区的道路空间、出入口现状和停车空间等。

表 1-11 深入调研框架

<table>
<tr><th colspan="3" rowspan="2">调研内容</th><th colspan="2">调研程度</th><th rowspan="2">调研目的</th><th rowspan="2">数据获取</th><th rowspan="2">调研方式</th></tr>
<tr><th>一般调查</th><th>重点调查</th></tr>
<tr><td rowspan="2">街区现状</td><td colspan="2">交通环境</td><td></td><td>★</td><td rowspan="11">(1) 明晰单位型老旧小区街区层面的交通空间特征及现状特征归纳
(2) 明晰单位型老旧小区住区层面交通空间现状问题及涉及因素
(3) 了解单位型老旧小区不同使用者对小区交通空间的使用需求</td><td rowspan="11">(1) 利用地图软件获取街区矢量图
(2) 在街办获取老旧小区产权地块数量、居住就业人数、交通空间使用现状等相关数据
(3) 相关单位部门获取停车位数量、私家车保有量等相关数据
(4) 跟踪调查获取出行方式等数据</td><td rowspan="11">(1) 现场踏勘(拍照、记录等)
(2) 与工作人员进行访谈
(3) 发放调查问卷、拍照、现场图纸记录
(4) 对不同使用者进行访问、观察以及跟踪调查</td></tr>
<tr><td colspan="2">停车分布</td><td></td><td>★</td></tr>
<tr><td rowspan="7">住区现状</td><td rowspan="4">动态交通空间</td><td>出入口数量</td><td></td><td>★</td></tr>
<tr><td>出入口布局</td><td></td><td>★</td></tr>
<tr><td>道路空间</td><td></td><td>★</td></tr>
<tr><td>人车流线</td><td></td><td>★</td></tr>
<tr><td rowspan="3">静态交通空间</td><td>停车方式</td><td>●</td><td></td></tr>
<tr><td>停车布局</td><td>●</td><td></td></tr>
<tr><td>停车空间</td><td></td><td>★</td></tr>
<tr><td rowspan="2">使用者需求</td><td colspan="2">停车情况</td><td></td><td>★</td></tr>
<tr><td colspan="2">出行情况</td><td></td><td>★</td></tr>
</table>

注：★表示研究的重点调查；●表示在已有研究基础上进行的一般调查。

1.6.1.3 比较研究

本书结合西安市单位型老旧小区的现状特征要素，根据单位型老旧小区与街区的空间位置关系以及单位型老旧小区停车空间对街区的依赖程度两个标准，展开对单位型老旧小区的类型划分。在动态交通空间方面，依据单位型老旧小区与街区的空间位置关系，划分为嵌入型、跨越型和整体型；在静态交通空间方面，依据单位型老旧小区停车空间对街区的依赖程度将单位型老旧小区划分为自足型、过渡型和依赖型。针对不同的研究内容，进行分类及比较研究。

1.6.1.4 量化研究

(1) 单位型老旧小区交通空间综合评价

交通空间评价体系通过深入分析影响单位型老旧小区交通空间的本质及内在联系，建立影响单位型老旧小区交通空间的因素集，利用层次分析法进行分析，构建层次模型，并向该领域的专家与老旧小区的居民发放调查问卷，将结果进行一致性检验，去除极值后进行平均，利用相关软件进行数据分析，得出影响单位型老旧小区交通空间因素的权重值，为未来单位型老旧小区交通空间更新与整合提供数据支撑。

(2) 建立停车需求预测模型

结合对西安单位型老旧小区的实地调研，收集单位型老旧小区的基础资料并整理后，得到影响单位型老旧小区停车的多个变量，利用主成分分析法进行变量的降维处理，最终确定构建回归方程的自变量与因变量，结合多元回归分析法建立关于单位型老旧小区停车需求的预测模型，对西安市未来五年单位型老旧小区停车需求数量进行预测。

1.6.1.5 成果归纳研究

通过大量调研和现状数据分析，对成果进行归纳总结，为西安城市单位型老旧小区的交通空间更新整合提供基础数据；探讨新的研究方法、并通过设计实践对研究成果进行验证、反馈、修正和完善。

1.6.2 技术路线

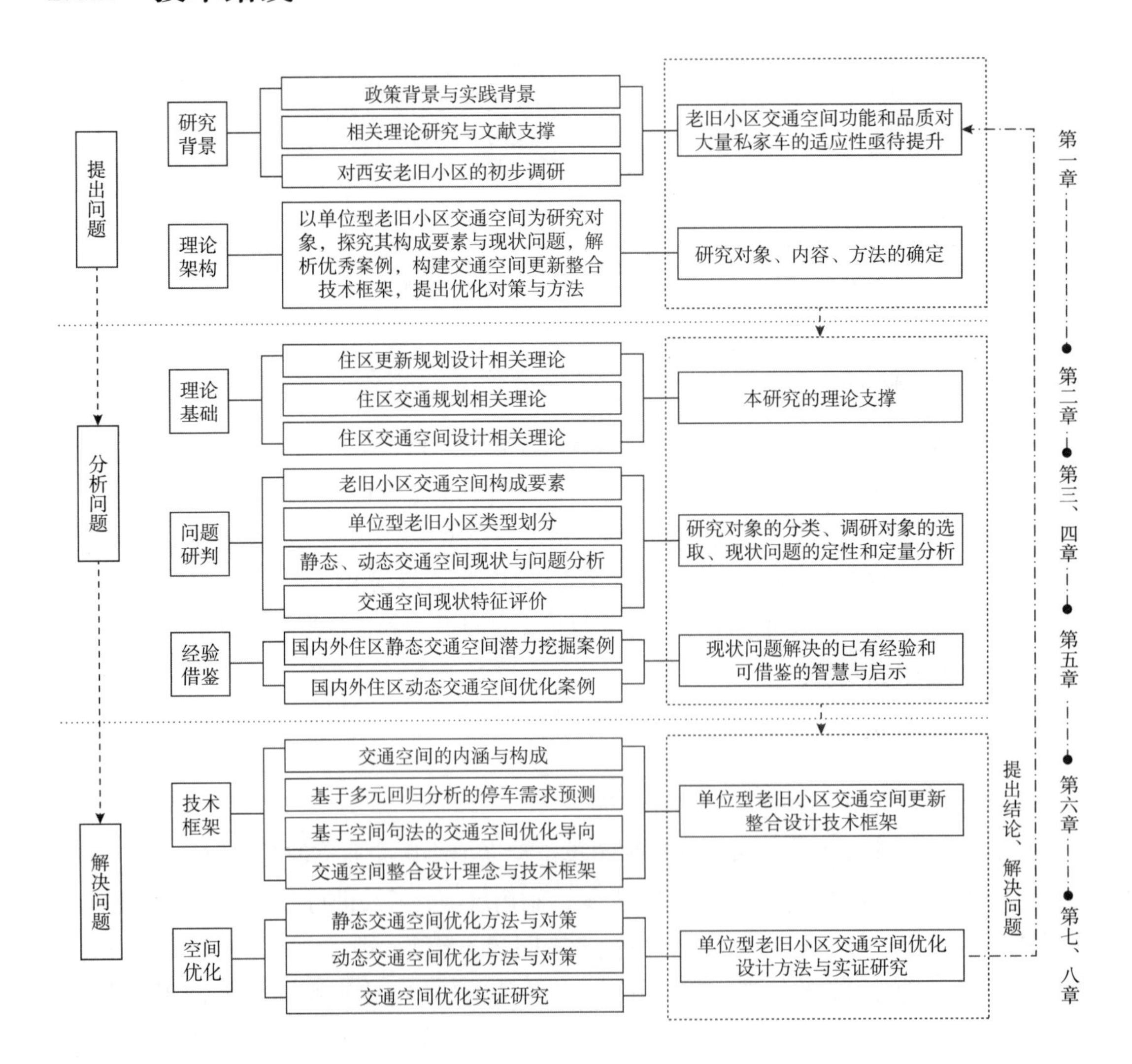

2 城市老旧小区交通空间更新规划设计研究的相关理论基础

2.1 国内外住区更新发展历程

2.1.1 国外住区更新发展进程

不同时期的住区更新同城市更新息息相关，住区更新是城市更新的起源。西方发达国家的城市更新发展过程主要分为物质化城市更新与综合性城市更新两个阶段。作为城市更新的主要内容，本书以20世纪60年代和90年代为界限，将国外住区更新分为三个阶段：第一个阶段，1960年以前现代主义思潮崛起时期的住区更新，注重住区空间的功能性和物质性；第二个阶段，1960—1990年人文主义主导下的住区更新，提倡功能复合的住区，促进社会交往；第三个阶段，20世纪90年代信息时代崛起时期的住区更新，注重可持续发展理念，减少对小汽车的依赖程度，追求住区的可持续性，同时加强人与人的联系。

2.1.1.1 1960年以前现代主义思潮崛起时期的住区更新——清除贫民窟

伴随着第二次工业革命，工业化及城市化快速发展，大量的人口涌入城市，因为此时欠缺有效的城市规划与治理手段，导致城市高密度发展，加快了城市化进程的同时，出现了一系列“城市病”的复杂问题，例如居住环境恶化、环境污染、贫富差距加大等社会问题。住区在工业化发展过程中，面临着住区和工业区功能混杂、配套设施不完善、居住环境恶劣等问题，引发了大量贫民窟的出现。因此，这一时期的住区更新对象就是工业化和城市化大发展时产生的第一代“贫民窟”“二战”期间催生的第二代“贫民窟”以及战后现代主义思潮下被认定为不适宜居住的第三代“贫民窟”。这一时期住区更新以物质空间改造为主，主要的更新理念是清理贫民窟建设新家园（拆旧建新），核心的目的是解决工业化、城市化以及战后重建需求下的居住问题。

住区更新涉及的理论包括1898年英国社会活动家霍华德提出的田园城市理论、1882年西班牙工程师索里亚·伊·玛塔提出的“带型城市”设想、1917年法国建筑师戈涅提出的“工业城市”规划理论、1933年雅典会议上提出的城市规划大纲《雅典宪章》和1932年法国建筑师勒·柯布西耶提出的光辉城市。与住区交通空间相关的理论包括1929年美国社会学家克拉伦斯·佩里提出的邻里单位和1928年美国人科拉伦斯·斯坦提出的雷德伯恩模式。这一时期的住区交通空间规划主要是控制外部车辆不穿越居住区内部，形成内部具有必要公共设施的、安全的、居住环境良好的居住空间。居住单元边界被外部城市道路限定，城市道路应有足够的宽度保证过境交通畅通。邻里单元内部拥有自己的道路系统，路网规划为一个系统，住区内部道路为尽端道路结构。邻里单位和雷德伯恩模式都是美国早期住区规划的经典理论，并且在欧洲许多城市得到广泛发展，较早地从理论上将居住区域作为城市基本构成单元。两者都是基于机动车日益增长带来的问题而提出的解决方案，旨在改善居住条件，为住区提供安静、优美的环境。

2.1.1.2 1960—1990年人文主义主导下的住区更新——住区邻里更新

20世纪60年代市民社会开始觉醒，住区更新也进入了新的时代。随着“二战”后欧美国家的城市重建、经济恢复和发展，住房短缺、居住条件恶劣等问题得到解决，快速工业化引发的负面影响开始暴露。现代主义规划思想将人的情感排除在外，城市高密度发展带来的孤独、割裂、拥挤等心理问题开始出现。忽视城市物质形态与社会生活之间的关联，传统街巷尺度和社区感消失，城市结构体现为绝对理性的土地分区，城市逐渐向外扩张，高效便捷的交通方式使得每天奔波于城市居住区和工作区两地的居民出行造成周期性钟摆式的交通模式，加剧了城市的拥堵。机械、单一的功能分区和人车分流的形式带来的只是物质形态上的清晰，后果却是社会生活的缺失。西方学者开始对纯粹物质功能主义导向的理念进行反思，住区更新理念以人本主义为主。

这一时期出现了刘易斯·芒福德的《城市发展史》(1961)、简·雅格布斯的《美国大城市的死与生》(1961)等一系列论述和著作，均倡导“人文主义”的理念。同时，从20世纪60年代开始，道萨迪亚斯的人类聚居学(Ekistics)理论和雅各布斯的“多样性城市”理论等，也开始强调以人为主的功能主义思想，提倡小规模城市更新。住区更新以社区层面的更新为目标，如邻里更新、营造归属感等，同时倡导多元主体参与等方式。与住区交通空间相关的理论包括1963年英国研究小组提出的交通安宁理论、1963年荷兰波尔提出的共享街道理论。这一时期的住区交通空间规划主要是解决机械式功能主义带来的住区问题而提出的解决措施，从住区的角度转而着眼于街道本身活力的营造，减少机动车对于住区环境的影响，提倡人车共存，保障步行者在街道使用上的平等权，激发社区活力。

2.1.1.3 20世纪90年代信息时代崛起时期的住区更新——社区综合复兴

20世纪90年代，随着互联网时代的崛起，人们的生活方式和工作方式都开始发生改变，住区功能也开始多元化起来。社区综合复兴是城市复兴在社区层面的响应，随着时间的推移，人们越来越认识到社区可持续发展的重要性。“二战”后美国城市化进程加快，汽车的快速发展导致中心城区面临着城市环境恶化、贫富差距加大、交通拥堵严重、社会生活空间减少等方面的问题，在汽车产业和电车革命的推动和人们对于“美国梦”的向往下，郊区田园生活吸引大量富人阶级迁出城区，使美国率先出现了郊区化发展的新特征。郊区独栋住宅使得社区缺乏有机联系，居民公共生活空间和场所精神缺失，居民出行过度依赖小汽车，造成环境污染和资源浪费，以“可持续发展理念”为导向的住区规划理论应运而生。

这一阶段出现的理论包括1996年诞生的美国新城市主义理论、在英国推行的与新城市主义相似的城市村庄理论、“精明增长”理论和欧洲的紧凑型城市理论。与住区交通有关的理论为新城市主义理论，新城市主义希望通过公共交通引导人的出行方式和土地资源利用，从而创造多功能、紧凑型、高密度、高品质生活环境的城市住宅，达到控制无序郊区化蔓延的状态。放弃传统的大尺度社区和单级路网系统，强调小尺度街区和高密度路网以及对步行环境的营造。

经过对西方国家住区更新发展的梳理，我们可以发现：西方国家住区规划的理念从关注住区物质形态环境逐渐转向关注社会文化及生活交往；住区的规模从以交通干道限定的大街区逐渐转向小街区；讲求清晰的功能分区，道路分级、人车分流、住区内部路网密度低的尽端路模式逐渐被连通性高、路网密度高的网格路模式所取代。住区规划的发展受到社会发展的影响，住区交通空间的变化受到小汽车快速发展背景下人车矛盾需求的影响，邻里结构一直被沿用，邻里由居住和相应的社会服务设施构成，公共服务设施所能维持的范围是确定邻里规模和密度的关键因素，无论是邻里单位还是新城市主义，对于有一定规模的住区来说，都强调每个邻里单元内提供居民日常生活的学校、商业、居住、休闲等功能的公共设施。

2.1.2 我国住区更新发展历程

自新中国成立以来，学界对于住区更新的研究一直持续至今。其更新发展历程大致可分为以下几个阶段：第一阶段为1949—1978年，以产权更新为主要内容的住区更新；第二阶段为1978年—20世纪末，以大规模拆旧建新为主导的旧城住区更新；第三阶段为20世纪末至今，多元综合改造的住区更新。

2.1.2.1 1949—1978年，以产权更新为主要内容的住区更新

新中国成立之初，中国开始了大规模的工业化建设。在计划经济体制下，我国形成了以“单位”为基本单元的空间，这种单元空间具有政治、经济及社会结构三种属性，对社会公共资源进行控制和分配。因此，新中国成立以后，以产权更新为主的住房社会主义改造开始。城市住房依据产权的划分可以分为单位、房管局以及私人所有三种所有制形式，自此，大量单位房、房改房以及房管局所属的“公房”开始在城市中大量出现。

20世纪50年代初步形成了“小区规划”理论。20世纪50年代正值我国计划经济时期，“一五”计划和苏联援建使得国民经济初步恢复，住区建设主要为了工业区建设大量配套住宅，受邻里单位和苏联“大街坊”模式影响下的街坊式住区，布局形式呈现围合状

态，封闭性较强，追求轴线对称，以公服设施作为服务中心；1956年社会主义改造完成后，初步形成中国特色的小区规划理论，提出“居住区—居住小区—住宅组团”的三级规划结构，住宅布局打破封闭形态，不强调构图上的轴线对称，内部不设公共服务设施，保证安静的居住环境。住宅建设和更新较少关注到住区室外空间环境上，这一阶段私家车还未出现在家庭单元中，因此对交通空间的关注更是少之又少。

2.1.2.2 1978年—20世纪末，以大规模拆旧建新为主导的旧城住区更新

改革开放后，随着大量农村人口涌入城市，福利分房制度导致的住房供给不足问题日渐突出。1980年，邓小平同志提出了房改的问题，由此开启了我国住房制度的改革，我国的住区更新也进入了一个新的历史阶段。一方面国家和单位共同增加住房投资，另一方面使住房向生产领域转变，允许私人建房，新房可补贴出售。这一时期，住房更新领域开启了以拆旧建新为主导的大规模旧城更新阶段。

改革开放后，我国的居住区建设进入新的发展时期。我国私人汽车出现于20世纪80年代，到2003年期间开始呈现激增，私人汽车社会保有量达到1219万辆。1993年，《城市居住区规划设计规范》明确提出“居住区—居住小区—居住组团”的三级规划结构，居住空间形成“小区—组团—院落”的三级组织结构以及改良形成的“小区—院落”二级组织结构，以一个小区的服务人口限定居住规模，以居住小区为基本单元，形成居住空间组织模式等级化的树形结构形态。住区建设和更新开始涉及交通空间方面的内容，我国1993年颁布的《城市居住区规划设计规范》(以下简称《规范》)中关于交通空间的要素规定比较单一，由道路空间、停车空间以及出入口组成。从整体上来看，交通空间的配建要求较低，道路按照居住区级、小区级以及组团级进行划分，仅对道路宽度以及密度进行限定，并未对各级居住区的停车位配建做出规定，仅要求居住区内的公共活动中心以及人流较多的公共建筑必须配建公共停车场，且配建指标较低，出入口空间分为人行与车行出入口，其配建要求主要考虑消防与人行便利的需求。

2.1.2.3 20世纪末至今，多元综合改造的住区更新

20世纪末，国务院建立了市场化的住房体制，住区更新进入了多元综合改造的新阶段。随着经济和城市的发展，居民的生活日趋丰富，传统居住区规划理论的问题逐渐暴露出来，不能满足多元化的物质和心理需求。设计者和开发商提出很多新的住区规划模式和实践，例如开放式住区理论、生活圈理念。中国汽车市场以我国加入世界贸易组织为契机，实行对外开放措施，国家出台的鼓励轿车进入家庭的政策，使得消费市场发生相应转变，从公车消费为主转变为以私人消费为主，国内汽车产业继而迅速发展。住区对交通空间的规划逐步系统和完善。2002年、2016年、2018年《规范》在旧版的基础上最终形成了道路、停车、交通设施以及出入口四部分要素，交通空间的设置要求在道路与交通设施方面更加细化；提倡居住区交通空间由封闭转向开放以及“小街区、密路网”的模式，有

利于住区公服设施之间的共享，使住区交通空间与城市空间有机联系。

通过梳理国内住区更新的历程可以发现，国内的住区更新及规划理论并没有形成完整的体系。改革开放后，学界对传统的居住区规划理论的不足进行了反思和补充，借鉴了国外丰富的理论基础，越来越多的学者开始关注到城市问题、社会发展、人居环境等方面的问题。

2.2 住区更新规划设计的相关理论

2.2.1 有机更新理论

改革开放后，随着市场经济的确立，住房市场化运营趋于成熟。城市化的进程推动了住房的建设，进行了大规模针对老城区和既有住区的功能和空间品质提升的社区更新运动。有机更新理论是最先在北京旧城居住区大规模改造过程中，吴良镛教授对中西方城市发展历史和理论的认识基础上，结合1987年菊儿胡同改造工程的实践，根据实际情况提出的。由于此前北京大面积的老住区和四合院遭到拆除，旧城风貌遭到严重的破坏，因此对老城区的传统民居提出系统的保护和更新策略。

有机更新理论认为城市和建筑应该像有机生物体一样相互联系、和谐共生，城市更新应该顺应其秩序和肌理，针对性地提出不同的建筑更新方式。有机更新理论主张采用适当的规模、合理的尺度，对新发展条件不断调整、适应和改变，在可持续发展的基础上进行统筹性规划，使城市改造区的环境得到整体提高。有机更新原则有以下几点：第一，城市整体的有机性，城市的发展应该像人体组织一样互相协调；第二，城市发展的持续性，城市发展是一个长期的过程，应该像生物体的新陈代谢一样，持续更新；第三，城市更新应该遵循小规模、渐进式的原则，采用“自上而下”和“自下而上”两种模式并行。

北京菊儿胡同是运用有机更新理论的典型案例。在吴良镛的方案中，并没有对这片区域进行大规模的改造，而是遵循原有的城市肌理，保留传统的胡同和院落空间格局，在此基础上进行小规模、渐进式的更新和整改，满足居民需要的基本需求，优化环境品质。具体改造方法有：在空间布局上延续传统合院格局和胡同体系；在交通体系上延续传统的方格网布局，具有开放性的街巷空间，密集的路网系统，住区内部道路与城市道路相连，有效缓解了城市拥堵，在原有路网的基础上考虑人车分流，以不同的材质铺装区分流线，根据住区内车道是否环通来确定进出住区的车道是否合并，增加道路安全设施，丰富道路景观；在停车空间上结合地上与地下的闲置空间，以及住区的其他公共空间。

有机更新理论的提出虽然最初只是针对北京旧城更新问题所提出的发展策略，但是其原则和思想理念对全国范围内的城市更新、旧城改造、老旧小区更新运动都具有指导意义，有效地解决了20世纪80年代大拆大建更新理念带来的诸多问题，并且基于有机更新理论的基础，在住区更新领域进一步提出“小规模、渐进式”的更新模式，对本研究老旧小区现状改造和更新具有指导作用。但是由于旧城区或老旧小区所处的地理位置十分优越，在有机更新的过程中，会给社区带来“绅士化”现象，住区的环境质量和空间品质都有所提升，使居住门槛提高，原有的低收入住户被较高收入群体置换，使低收入人群边缘化，随之带来住区内的社会结构和生活方式产生了变化，传统文化和社区活力得不到延续，同时中高收入群体的入住会对旧居住区带来新的功能需求，可能会加剧旧城区拥堵现象。

2.2.2 生活圈理念

生活圈理论最早源于日本，在20世纪60年代提出，将生活圈定义为“一定社会地域内，人群日常生产生活的平面分布”，之后对韩国、中国台湾等亚洲国家和地区产生影响。日本首先在区域尺度提出“广域生活圈”的概念，随后将城市尺度分成定居圈—定住圈—邻里—街坊四个层面。韩国的生活圈从区域层面提出地域生活圈的开发战略，城市层面以“邻里单位”和日本“分级理论”为基础，建立居住区、邻里、组团三级体系。中国台湾将整个地区划分为18个生活圈，其中有4个都会生活圈，14个一般地区生活圈和2个群岛地区生活圈。由此可见，生活圈理念提出的目的是合理安排基础设施，促进区域均衡发展。

近年来，随着我国经济社会的转型，城市发展面临一系列问题：人口结构日益复杂，居民生活水平不断提高，许多城市在经济发展的同时忽视基层社区服务设施等。传统的“大路网、大街坊”式空间格局使得住区规模与配套设施不匹配，导致居民出行距离增大，居民出行以汽车为主导，加剧了城市拥堵，同时忽视了慢行系统的环境，传统“自上而下”的规划实施方式较少关注到公共民众的实际需求。我国于20世纪90年代引入生活圈的概念，并开展了相关研究，以生活圈作为住区基本单元，在步行可达的范围内提供能满足居民日常生活需求的服务，建设“以人为本”的宜居环境。目前，国内已有上海、海口、广州、北京、长沙、杭州、武汉、济南、郑州和厦门等城市提出了当地的生活圈建设目标。

我国于2018年发布的《城市居住区规划设计标准》GB 50180—2018（下文称《标准》）明确提出:“‘生活圈’是根据城市居民的出行能力、设施需求频率及其服务半径、服务水平的不同，划分出的不同的居民日常生活空间，并据此进行公共服务、公共资源（包括公共绿地等）的配置”。除此之外,《标准》中还规定了具体的居住区规模分级，具体见表2-1。

表2-1 居住区分级控制规模

距离与规模	15分钟生活圈	10分钟生活圈	5分钟生活圈	居住街坊
步行距离（m）	800～1000	500	300	—
居住人口（人）	50000～100000	15000～25000	5000～12000	1000～3000
住宅数量（套）	17000～32000	5000～8000	1500～4000	300～1000
规模（公顷）	130～200	32～50	8～18	2～4

生活圈理念从城市生活的角度出发，旨在为居民提供便捷、高效的公共服务设施和日常生活空间，在空间层面关注小尺度的微观调整，社会结构关注不同类型的居民多元需求，为城市发展提供了新的思路。生活圈理念提出了居住区规模分级控制、公共设施和空间的共享，在街区层面上打破了老旧小区的围墙边界，使得老旧小区与城市之间的联系更加密切，对实现街区内停车资源的共享等方面具有一定的指导作用。但是，2018 版《标准》中没有涉及相邻生活圈之间的设施共享、城市中的新老建成区和不同类型的住区问题，因而在未来的研究中需关注到这些问题。

综上所述，有机更新理论与生活圈理念均是基于城市快速扩张背景下对居民需求的思考。城市更新是目前我国住区发展的重要方向，有机更新理论提出的有机性与持续性，以及生活圈理念所强调的以人为本的理念，从住区规划的宏观层面指出目前的住区建设以及更新的方向逐渐从“功能分区”的模式转变为“多区域协调发展”，更多地考虑如何创造更宜居的居民生活圈。所以，如何建设宜人的住区交通体系以及未来住区交通方式的发展模式，还需要进一步研究。

2.3 住区交通规划的相关理论

新城市主义借鉴第二次世界大战前美国城镇规划的优秀传统，塑造适宜步行的、紧凑的、混合使用的社区，以城镇生活来取代郊区蔓延的发展模式。新城市主义强调社区感和居住适宜性，寻找物质环境的社会意义以及人们对物质环境的认知感。新城市主义理论对城镇建设的指导分为区域层面、邻里层面和街道层面，包括公共交通主导模式（简称 TOD）和传统邻里区（简称 TND）。

2.3.1 TOD 模式

TOD 发展概念最早提出于 19 世纪末 20 世纪初，由于当时城市铁路和有轨电车的兴起，城市从“马车城市”“步行城市”向早期“公共交通城市”转变，城市发展范围沿着公交线路向外扩展，住区沿着公交站点分布以提高居民通勤的便利度。“二战”后汽车作为主要的交通工具，城市公交系统随之萎缩，TOD 做法被放弃。20 世纪 70 年代之后，人们出行过度依赖小汽车，造成城市无序蔓延，进而引发交通、能源和环境危机后，TOD 概念重新被启用，并逐渐趋于完善。

TOD 模式与住区交通空间有关的具体原则：一是建立区域、社区分层级公共网络体系，使用公共交通系统构建区域及区域内的街区，公共交通成为社区内的枢纽，保证 TOD 社区的尺度在居民日常生活步行范围内（图 2-1）；二是优化车行道、人行道和自行车道，通过合理的空间划分鼓励步行、自行车等低速交通方式，抑制汽车的使用。

TOD 模式旨在通过公共交通系统的构建提升居民出行的便利性，从而减少机动车的使用。老旧小区周边城市区域交通体系较为发达，街区层面交通系统的情况是影响居民

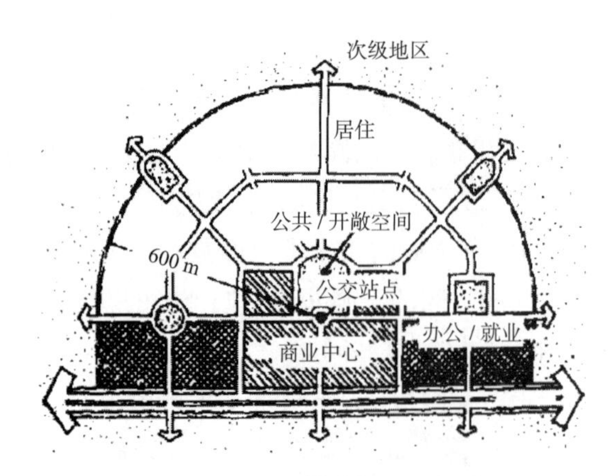

图 2-1　TOD 模式住区示意图

（图片来源：孙晨雪．城市开放性住区规划设计初探 [D]．山东建筑大学，2017.）

对老旧小区交通空间需求的重要因素。TOD 模式提出的抑制居民对机动车的需求、提高居民出行效率等策略可以对老旧小区交通空间需求的研判和优化方式具有指导作用。

2.3.2　TND 模式

TND 模式的提出是为了应对“二战”后郊区化发展无序扩张的趋势，重塑邻里关系。以现代主义为主导思想的城市规划理念过于强调功能分区，城市发展失去了小尺度的街巷空间和宜人的步行街区，缺乏邻里交往、玩乐的生活场景。城市人口的激增和膨胀导致城市住房短缺，城市住宅密度增加，住宅空间杂乱，居住品质低下。与之相对应的郊区住宅密度低，引发了社区邻里关系淡漠、活力丧失等问题，城市发展模式单一。TND 模式为解决这些社会问题，沿用传统的城镇发展模式，提倡小尺度的城镇内部街坊，将城市塑造成一个紧凑、适宜步行、功能复合的区域，将社区感、多样性、人性尺度等传统价值回归到城市设计和住区规划中。TND 模式从人性化角度出发，认为城市应是开放的，通过控制住区规模、连通路网、设计宜人的街道等方式促进邻里交往，追求“以人为本”的精神（图 2-2）。

TND 模式与住区交通空间有关的原则有：a. 控制住区规模，规模大概在距中心 5 分钟步行范围内，半径 400 米区域内。b. 连通住区道路系统，强调小尺度街区和高密度路网。放弃大尺度社区和单级路网系统，传统的道路分级模式以及尽端路或流线型街道被取消，注重相互连通的街道网络及高质量步行网络的连通性。c. 强调街道空间设计，注重步行环境的营造，最大程度地减少汽车对交通拥堵、环境恶化的影响。广泛采用窄街道（6～8.5m），加强道路外观和人行道的设计，例如种植行道树或设置景观绿化带，通过降低汽车行驶速度来提升街道品质，以促进步行、自行车、公共交通系统的发展。d. 减少地面上的大面积停车场，改用地下停车以及沿街停车的方式。增加地块内的巷道，并在巷道两侧增设停车位。停车场和车库门尽量少对着街道，设置在建筑后与小路连接。

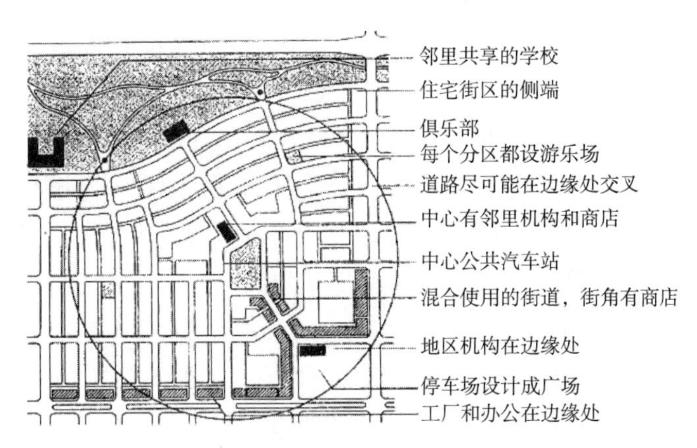

图 2-2 TND 模式住区示意图

（图片来源：大卫·沃尔特斯，琳达·路易丝·布朗. 设计先行：基于设计的社区规划 [M]. 北京：中国建筑工业出版社，2006.）

TND 模式提倡的小尺度、高密度路网为老旧小区传统尽端路网模式提供了优化方向，可以有效解决尽端路网带来的环境恶化、围墙横生、空间利用率低、步行系统不完善等问题，相互连通的路网能加强小区和城市之间的联系，缓解出入口拥堵问题。另外，TND 模式对街道空间的重视为老旧小区以机动车为主导的道路空间优化提供方向，对老旧小区道路节点空间设计及步行环境的营造有指导作用。

TOD 理念和 TND 理念的提出与步行建设密切相关，对步行友好、儿童友好等理念有指导作用，还改变了几十年来以汽车为出行导向的城市发展模式；对住区规划和建设提供了指导思想；对于因现代主义机械功能分区带来的邻里关系淡漠、街道活力丧失、出行方式单一、环境恶化等问题，提出了全新的解决方式，撼动了西方传统规划理念。

新城市主义对美国的城市运动产生了深远影响。2000 年以后，其核心思想逐渐传播到了其他国家，成为很多国家住区规划实践的思想准则，对欧洲、澳大利亚、南非等国家的规划都有一定影响。中国近年来提出的“小街区、密路网”“窄马路、密路网”“5—10—15 分钟生活圈”的住区规划模式都是在新城市主义核心思想的基础上结合我国城市发展需求提出的。然而，新城市主义在发展的过程中也反映出一些问题：为营造新城市主义社区高标准的公共服务设施，政府投入了高昂的成本，导致新城市主义社区的住房居高不下，超出了许多中产阶级和低收入家庭的承受范围，违背了当初为不同收入人群建造住区的初衷；任何新思想的提出必然面临着许多现实的挑战，新城市主义未能扭转人们出行选择汽车的习惯以及人们追求私人空间、良好居住环境、自我价值的愿望，低密度的郊区化发展仍是房地产企业和汽车制造商为追求利益而支持的发展模式，这都是难以忽略的现实。

2.3.3 雷德伯恩模式

工业革命打破了传统城市格局，城市结构和规模都发生了巨大的改变，乡村人口迅速向城市聚集，使得城市过度膨胀，人口过于集中，导致城市高密度发展，加快了城市化进程的同时，出现了一系列“城市病”，例如居住环境恶化、环境污染、贫富差距加大等社会问题。住区在工业化发展过程中，面临着住区和工业区功能混杂、配套设施不完善、居住环境恶劣等问题。以“功能主义理念”为导向的住区规划理念能够对这些问题起到缓解和改善的作用，包括1898年英国社会活动家霍华德提出的田园城市理论、1882年西班牙工程师索里亚·伊·玛塔提出的“带型城市”设想、1917年法国建筑师戈提出的“工业城市”规划理论、1933年雅典会议上提出的城市规划大纲《雅典宪章》、1932年法国建筑师勒·柯布西耶提出的光辉城市、1929年美国社会学家克拉伦斯·佩里提出的邻里单位以及1928年美国人科拉伦斯·斯坦提出的雷德伯恩模式。

随着机动车剧增和交通事故频发，人与车之间的矛盾逐渐体现出来，原先“人车混行”的道路形式带来交通秩序混乱、环境恶化、出行安全隐患等问题。1928年，美国人科拉伦斯·斯坦将英国的田园城市理论与美国小汽车增长的社会情况结合，在邻里单位理论的基础上，于新泽西州的雷德伯恩进行了成功的实践，充分考虑了私家车对现代城市发展的影响，采用人车分离的道路体系创造安静、安全、适合邻里交往的住区空间。在后来的规划理论中，人们将这种对区域规划进行整体设计而形成的居住社区的做法称为雷德伯恩模式（图2-3）。

图2-3　雷德伯恩居住区总平面图

（图片来源：迈克尔·索斯沃斯，伊万·本－约瑟夫，索斯沃斯，等. 街道与城镇的形成[M]. 北京：中国建筑工业出版社，2006.）

雷德伯恩模式提倡在平面上完全人车分流的系统，将步行交通和机动车交通在平面上完全分隔，保证居民的安全。该模式与住区交通空间相关的内容如下。

①控制住区规模：用超级街区取代原来小规模的建筑，形成没有大量汽车穿越的大街坊，用地面积12～20ha，以邻里为单位，每个邻里单位半径为0.8km，人口规模为7500～10000人。

②区分住区外部道路等级：城市道路按不同功能分类区分等级，道路只为某一种功能和用途而设计，从而实现有秩序的功能分区方式。

③住区内部道路体系人车分流：将机动车交通和步行交通分流，发生交叉式，通过立体交叉在高度上分隔开，步行道与居住区公共绿地结合，创造更多的住区交流空间，设置独立的步行系统。道路分级，为树型道路系统，住区内主要道路是外围的贯通路，次要道路深入内部，为尽端道路结构，防止过境交通。尽端道路系统可以有效优化住区环境，营造安静的住区氛围（图2–4）。

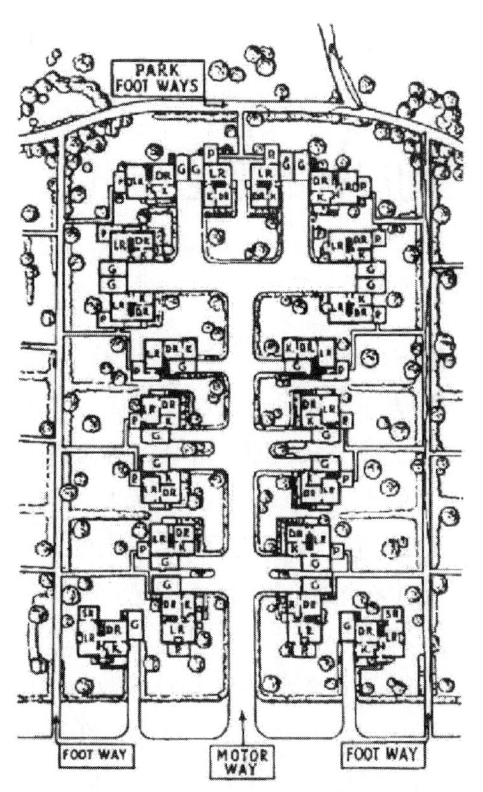

图2–4　雷德伯恩住区街道细部图

（图片来源：迈克尔·索斯沃斯，伊万·本－约瑟夫，索斯沃斯，等．街道与城镇的形成[M]．北京：中国建筑工业出版社，2006.）

雷德伯恩模式在一定程度上解决了新时代机动车剧增背景下的人车矛盾，保证了老人、儿童的出行安全，塑造了一个环境优美的社区，提供了19世纪20年代的住区模式并被许多西方国家借鉴，成为当时解决住区交通问题最有效的方案。老旧小区道路体系在建设之初未考虑到机动车的需求，在目前的发展中显露出了较大弊端，呈现出人车流线混乱的问题，雷德伯恩模式提出的道路分级和人车分流对梳理老旧小区路网、区分人车流线具有指导作用。但是人车分流的系统在实践中也暴露出来一些问题，例如在土地利用和造价上不经济；基于功能主义下理性的人车分流系统完全将步行活动空间和机动车活动空间分离，使得机动车活动空间变得消极，机械式的分区侧面肯定了机动车的快速行驶的方式，疏远了行人与机动车之间的距离，导致车行空间失去活力；另外，街区规模较大、内部道路网密度较低等因素导致行人步行距离过长。

综上所述，机动车的快速增长是目前城市以及住区交通空间问题的主要诱因，在此背景之下，人们开始关注居民的步行环境塑造，关注人车矛盾的解决。目前理论界具体提出的措施主要有通过发展公共交通限制机动车发展、优化慢行系统、限制街道尺度、提升街道品质、鼓励建设地下停车等措施。人车分离的交通组织方式，在新住区取得了较为良好的效果，但考虑到老旧住区的交通空间的现状，将融合的两套系统重新分开比较困难，该方式如何应用到老旧小区改造上，为老旧小区交通空间优化提供参考是目前住区交通空间规划研究的方向。

2.4 住区交通空间设计的理论

2.4.1 交通安宁理论

汽车的迅速发展对欧洲城市环境、交通、公共空间等方面造成了巨大影响。雷德伯恩模式为解决人车矛盾而提出的人车分流的方法在住区规划实践中产生了一系列问题，由于机械式的功能分区忽略人的交往方式，原本留给人活动的街道空间被快速行驶的机动车占据，街道的使用功能由于缺乏人的参与而变得单调，街道空间失去活力，城市生活的多样性和丰富性丧失，因此20世纪50年代后学者提出的思想开始着眼于街道活力的塑造，重新肯定街道的价值，通过减小街区尺度，反对人车分流，注重步行环境的建设，激发社会交往。

交通安宁理论（Traffic Calming）来自1963年英国政府交通部发布的《布恰兰报告》（Buchnan），是以英国的科列恩和布恰南为首的研究小组针对城市机动车交通问题提出的一种新的规划理念。报告提出的交通安宁区指在社区内部步行者拥有道路优先权，汽车则规定以步行的速度行驶。

《布恰兰报告》提出的理念目的在于解决机动交通为街道带来的负面影响，探讨居住区道路在机动车迅速增长的背景下的设计对策。该理念认为道路的功能不应该只承担交通功能，还应包括社会交往。报告从城市的角度提出“集散道路网”和“居住环境区”两个概念，并将它们比作“细胞”和“循环系统”的关系：城市由居住环境区也就是“细胞”构成，而合理规划的集散道路网就像“循环系统”，是“细胞”赖以生存的条件，集散道路网应该根据承担的交通量进行分级，形成干路到支路的分级体系。而对于“居住环境区”本身，报告提出居住区内部的道路功能，在保证正常交通功能的基础上要包括“可达性”和“交往空间”，首先居住环境区是一个没有外来交通的区域，其次在居住环境区内应该把对人的出行环境和交往空间的考虑置于汽车使用之上，通过居民对于居住、工作、交流不同功能的需求，营造良好的住区街道品质，还原街道本身的价值，达到以人为本的理念 (图 2-5) 。

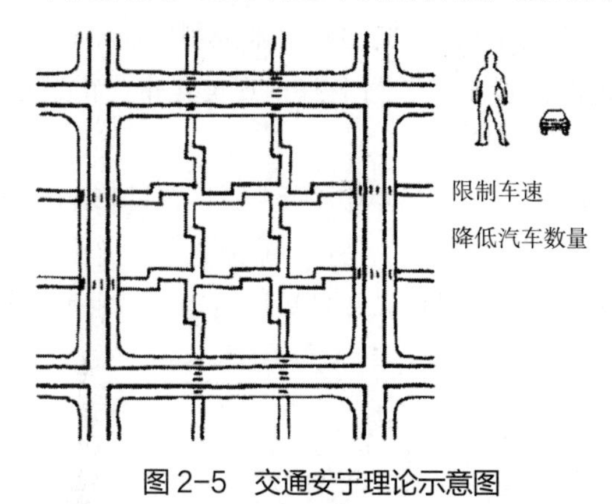

图 2-5 交通安宁理论示意图

(图片来源：孙靓．机动化时代的城市步行化——基于城市设计视角的研究 [D]．上海：同济大学，2008.)

交通安宁理论具体的方法包括：道路平面设计为曲线形或锯齿形以控制车速；在道路中交错种植树木以减少不必要的车辆进入；在道路交叉口设计减速带以降低机动车速度。

交通安宁理论从人在街道中的使用感受出发，以一种全新的切入点弥补理性功能主义规划上的不足，它的落脚点以给予街道使用者平等使用权以及创造街道良好的生态环境为主，通过在道路之中设置不同的设施来限制车流，控制车速，保证更多、更高品质的居民活动空间。与 20 世纪 50 年代之前提出的理论相比，交通安宁理论从更微观的角度提出了居住区交通空间规划的方式，给其他国家和地区带来了可实施的规划模式。除了荷兰、德国、英国等较早实施这种理念的国家外，澳大利亚、美国、加拿大、日本也将此理论作为居住区交通规划的重要准则。

2.4.2 共享街道理论

现代主义忽视了街道空间与人行为影响下的多样化空间，将街道看作是单一的功能性空间，不断有学者提出弱化机动车交通而重视步行者空间的理论，街道的社会性和复合性得以体现，有大量的关于共享型街道和生活型街道住区规划理论或模式出现。共享街道是基于解决街道空间机动车和儿童玩耍之间的矛盾而提出的。

共享街道是埃蒙大学城市规划教授波尔于 1963 年在进行荷兰新城埃门规划时，提出一种人车共存的模式，被称之为“共享街道”理论，也被称为“温奈尔弗”(Woonerf，意为居住庭院) 法则，指的是行人和机动车共用道路断面的居住区街道，目前已成为世界上许多国家居住区街道设计的主流形式。

“共享街道”理论从街道空间出发，重新设计道路平面，以儿童游戏、行人在街道上的使用为出发点，迫使机动车在街道上减速，为行人创造安全、舒适的出行环境，以实现机动车和行人在街道上的平衡(图2-6)。具体的方法包括：采用口袋式尽端路的形式，行人和汽车共享路面，行人具有优先权；共享街道在居住区的公共空间设置，避免过境交通的产生，街道入口处有明确的标识；车行道与人行道处于同一连续面上，道路截面设计上没有明显边界，通过设计有弯曲和波动的道路，来限制机动车行驶速度，使其略高于步行速度；汽车须停放在规定的位置上；道路上有景观美化带、街道设施、不同形式的铺装，旨在为步行者创造舒适的步行环境。

“共享街道”理论在荷兰及西欧其他国家产生了广泛的影响，该法则的创新点在于针对传统街道人车分离带来的矛盾提供了一种全新的模式，优化街道步行环境达到人车共存的和谐场景。但是这种模式造价昂贵，并且只适用于人口密度比较低的住区。

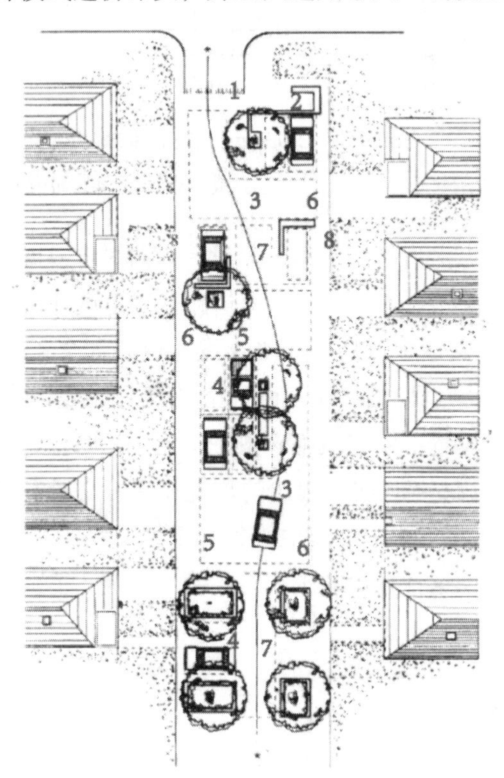

1. 有明显标志的入口　4. 停车区　7. 障碍物 / 植被带
2. 休息区 / 坐凳　5. 铺料材料变化　8. 典型道路边线
3. 车道转弯　6. 非连续路沿石

图2-6　荷兰 Woonerf 实施街道改造示意图

(资料来源：迈克尔·索斯沃斯，伊万·本－约瑟夫，索斯沃斯，等. 街道与城镇的形成[M]. 北京：中国建筑工业出版社，2006.)

综上所述，在解决人车组织的问题后，街道空间的问题也逐渐暴露，交通安宁理论与共享街道理论从街道空间本身的设计作为出发点，通过对街道的设施布置、道路的曲折设计等措施使人与机动车能够共同使用街道空间，且人的步行环境不被机动车打扰，创造一种人车共享的交通体系，对比人车分离的交通组织模式，该模式不需重新组织住区的交通流线，更多的是针对交通空间设计的做法。老旧小区道路空间由于历史原因大多为人车共存的情况，交通安宁理论和共享街道理论对老旧小区道路空间的优化改造提供了一种思路，将原本被机动车侵占的道路空间还给步行者，实现机动车和行人路权合理划分。

2.5 本章小结

本章内容一是对国内外住区更新发展历程进行了梳理，二是对住区更新和规划、住区交通规划和住区交通空间设计方面的国内外理论进行总结，国外对于住区规划的理论研究出现较早，受到城市发展、交通工具变革、居民心理需求等因素影响，不同阶段、不同流派的学者对于住区规划理论的探索也各有侧重，对于社会发展带来的问题和矛盾有深入的思考，理论体系和相应的实践经验较为丰富。国内居住区规划理论并没有形成像国外一样完整的体系，理论研究主要集中在改革开放之后，主要借鉴国外的先进经验，关注内容从对物质空间形态的关注逐渐转到对人居环境、心理需求的关注；住区规划理论也经历了从单一到多样化的转变。总体来说，住区理论研究缺乏系统性和针对性。因此，本章选取对住区交通空间更新有指导作用的理论进行论述。

3　老旧小区交通空间构成要素

3.1　各地老旧小区改造历程中交通空间相关内容

3.1.1　各地老旧小区改造历程梳理

国内各地区老旧小区的改造进程并不统一，本章通过对各地老旧小区的改造政策进行对比，分析其改造进程和改造内容的差异，从而进一步总结各地老旧小区改造过程中交通空间的改造标准与规范。下面选择北京、西安、广州与杭州的老旧小区改造进行对比分析。

从改造时间上看，北京市早在2008年就开始对部分老旧小区进行立面改造，如表3-1所示，北京老旧小区改造主要经历了三个阶段：

表3-1　北京市老旧小区改造历程示意表

<table>
<tr><th>改造阶段</th><th>时间</th><th>政策文件</th><th>改造进程</th><th>改造内容</th></tr>
<tr><td rowspan="2">试点改造</td><td rowspan="2">2008—2011年</td><td>—</td><td>改造329个老旧小区</td><td>供热管网改造</td></tr>
<tr><td>—</td><td>改造18个老旧小区</td><td>供电改造</td></tr>
<tr><td rowspan="2">专项改造</td><td rowspan="2">2012—2016年</td><td>《北京市老旧小区综合整治实施意见》</td><td>2012年底前完成1500万平方米老旧小区改造</td><td rowspan="2">抗震节能改造；节能改造以及部分小区增设电梯；道路改造</td></tr>
<tr><td>—</td><td>2012—2015年完成1582个、5850万平方米老旧小区改造</td></tr>
<tr><td rowspan="3">综合改造</td><td rowspan="3">2017—2021年</td><td>《老旧小区综合整治工作方案2017—2020》</td><td>计划未来4年进行老旧小区改造，1990年以后的老旧小区被纳入改造范围</td><td rowspan="2">分为基础类与自选类；自选类包括建筑本体改造，小区公共区域整治以及完善小区治理体系</td></tr>
<tr><td>《2020年老旧小区综合整治工作方案》</td><td>计划80个老旧小区项目开工，完成50个老旧小区改造</td></tr>
<tr><td>《2021年北京市老旧小区综合整治方案》</td><td>计划启动300个老旧小区项目，完成100个老旧小区改造</td><td>推行“菜单式”改造内容，基础类、完善类、提升类分类推进</td></tr>
</table>

注：—表示该年度未发布相关具有指导性的政策文件。

2008—2011年为试点改造阶段，对老旧小区的供热、供电以及外立面进行单独改造，未涉及交通空间要素的改造；2012—2016年为专项改造阶段，这一阶段在改造内容上有所拓展，主要涉及老旧小区节能改造内容，还未涉及老旧小区的居住环境与服务设施等要素，在交通空间要素中提出道路方面的相关改造措施；2017年，北京市提出了“菜单式”的综合改造方案，在改造内容上更加全面，且采取分类推进的方式将改造内容分为自选类与基础类，在综合改造内容中，涉及老旧小区的建筑本体改造和公共服务设施改造，并且提出对老旧小区的交通空间相关要素进行更新改造。整体上看，该阶段老旧小区改造数量不多，但改造内容范围更广，改造方式更加合理有序。

从改造时间上看，西安市老旧小区改造始于2013年。如表3-2所示，2013—2014年为试点改造阶段，主要进行了少量老旧小区改造的试点工作，对建筑外立面以及管网进行改造，涉及道路要素的改造；2015—2018年为专项改造阶段，西安市发布了新一轮的老旧小区改造计划，改造内容上注重老旧小区的基础设施改造与风貌改造，改造数量较少，总体上以局部改造为主，未形成体系化的改造内容，涉及少量交通空间相关要素的更新改造；2019年开始进入综合改造阶段，首先西安市建立了老旧小区数据库，对建于2000年以前的老旧小区进行记录，在改造数量上有了全面的提升，在改造范围上以城六区为主带动周边郊区县协同推进，在改造内容上更加复合全面。除了基础和配套设施改造以外，还包括房屋质量、居住功能、景观环境、公共服务设施等，该阶段的改造内容提出了对老旧小区交通空间相关要素进行优化提升。

表3-2 西安市老旧小区改造历程表

<table>
<tr><th>改造阶段</th><th>时间</th><th>政策文件</th><th>改造进程</th><th>改造内容</th></tr>
<tr><td>试点改造</td><td>2013—2014年</td><td>—</td><td>2013—2014年进行老旧小区试点改造</td><td>管网、道路以及建筑外立面改造</td></tr>
<tr><td rowspan="2">专项改造</td><td rowspan="2">2015—2018年</td><td>《西安市老旧住宅小区更新完善工程实施方案的通知》</td><td>2015计划完成10个、建筑面积130万平方米，共计18851户老旧小区改造</td><td>拆除违建；设施配套改造；绿化景观修缮；建筑风貌改造</td></tr>
<tr><td>《进一步加强和深化老旧住宅小区综合提升改造工作》</td><td>2015—2017完成城六区中1995年以前、建筑面积5000平方米以上、5年内未列入危改和旧改的老旧小区改造</td><td>设施配套改造；违建、大门围墙、绿化等；建筑外立面和楼梯改造</td></tr>
<tr><td rowspan="2">综合改造</td><td rowspan="2">2019—2021年</td><td>《西安市老旧小区改造工作实施方案》</td><td>计划2021年6月前完成绕城以内80%建于2000年以前的老旧小区改造</td><td rowspan="2">基础及配套设施、房屋质量与居住功能、景观环境与公共服务设施改造</td></tr>
<tr><td>—</td><td>计划改造城六区1735个；郊区县644个；开发区113个</td></tr>
</table>

注：—表示该年度未发布相关具有指导性的政策文件。

如表3-3所示，对广州市老旧小区的改造历程进行分析，主要分为三个阶段：2016—2017年为试点改造阶段，主要以“三线整治”为主，结合改造小区内部部分公共环境。该阶段老旧小区改造数量较少，涉及了少量交通空间相关要素的改造；2018—2020年广州市全面展开了老旧小区微改造专项计划，与前一阶段相比，改造内容更加侧重老旧小区内的公共环境改造，交通空间要素也在微改造范围之内；2021年开始，广州市老旧小区改造进入了综合改造阶段，改造内容按照基础、完善、提升、统筹四类分别推进，改造内容更加全面系统，涉及更加全面的交通空间相关要素的改造提升。整体上看，广州市老旧小区改造的数量不多，但改造程度较深，改造内容呈现体系化的特点。

表3-3　广州市老旧小区改造历程表

改造阶段	时间	政策文件	改造进程	改造内容
试点改造	2016—2017年	《广州市老旧小区微改造实施方案》	计划至2020年，完成702个老旧小区的微改造	外立面、建筑管线设施以及“三线整治”改造为主，辅助改善公共环境
		—	住建部将广州市纳入老旧小区试点改造城市	包括建筑本体和小区环境，水电气、道路以及配套设施
专项改造	2018—2020年	《广州市老旧小区改造三年行动计划》	计划2018—2020年改造779个老旧小区	包括基础完善类与优化提升类；基础类主要以“三线改造”以及房屋本体为主，提升类主要为小区公共环境
		—	计划推进100个以上老旧小区改造	
综合改造	2021年	《广州市老旧小区改造工作实施方案》	计划至2021年12月完成2016年摸查在册的484个小区；2025年12月基本完成2000年前的老旧小区改造	分为基础类、完善类、提升类以及统筹类

注：—表示该年度未发布相关具有指导性的政策文件。

如表3-4所示，杭州市老旧小区改造起步较晚，2019年以前只是进行了局部的专项改造活动，包括屋面、背街小巷及庭院改善，还未涉及交通空间相关要素的改造；至2019年，在国家政策的影响下，杭州市制定了四年老旧小区改造计划与实施方案，计划完成950个老旧小区的改造，改造内容包含五个方面，以完善基础设施与优化居住环境为主，涉及少量道路停车等交通空间要素的改造措施。整体来看，杭州老旧小区改造数量较少，改造进程比较缓慢。

表 3-4　杭州市老旧小区改造历程表

改造阶段	时间	政策文件	改造进程	改造内容
专项改造	2019 年以前	—	至 2018 年完成超过 4000 万平方米老旧小区改造	屋面整治、背街小巷改善、庭院改善及物业改善等
综合改造	2019—2021 年	《杭州市老旧小区综合改造提升工作实施方案》《杭州市老旧小区综合改造提升四年计划 2019—2022 年》	2019 年计划改造 65 个老旧小区，涉及 724 万平方米，7.9 万套；至 2022 年底，计划完成 950 个，3300 万平方米老旧小区改造	完善基础设施；优化居住环境；提升服务功能；打造小区特色；强化长效管理
			计划改造 344 个老旧小区，涉及 13 万平方米，5.9 万套	
			计划改造 341 个老旧小区，涉及 854 万平方米，11.6 万套	

注：—表示该年度未发布相关具有指导性的政策文件。

3.1.2　各地老旧小区交通空间改造内容对比

通过对国内各地老旧小区的改造历程进行梳理对比，进一步总结各地老旧小区交通空间改造阶段，可将各地老旧小区交通空间的改造阶段统一为三个阶段，即试点改造阶段、专项改造阶段和综合改造阶段。

如表 3-5 所示，通过对各地老旧小区交通空间改造内容进行对比可以看出，第一阶段单项改造阶段中：各地对老旧小区交通空间的改造较少，西安市包括单项的路面铺装改造，广州市包括道路照明设施和增设停车位改造。第二阶段专项改造阶段中：各地对老旧小区交通空间逐渐重视，对基础设施类进行改造，但在交通空间上总体上以局部改造为主，未形成体系化的改造内容。其中北京、西安和广州改造内容都涉及了交通空间要素改造，包括消防通道、停车位布置和路面整治，广州市还考虑到了步行系统的优化设置。第三阶段综合改造阶段中：各地区对老旧小区交通空间的改造更加重视且改造内容相对统筹全面，各地在基础设施类改造基础之上进行了提升类改造，关注到了各部门的相互联动，统筹完善小区基本公共服务体系。如北京市首次提出挖掘老旧小区周边企、事业单位停车资源，建立错时停车机制，促进停车设施有偿错时共享；提高停车泊位利用率，缓解居住停车矛盾。西安市提出对老旧小区交通空间相关要素进行优化提升，合理布置平面停车位，并增设立体停车位。广州市改造内容更加全面系统，重视停车场的建设和改造。整体来看，各地对老旧小区交通空间改造经历了从忽略到逐渐重视，从以局部改造到形成较为体系化的统筹改造的过程。

表 3-5 各地老旧小区交通空间改造内容表

改造阶段	城市	改造时间	改造内容
试点改造	北京	2008—2011 年	—
	西安	2013—2014 年	道路铺装整治
	广州	2016—2017 年	完善道路照明设施；增设停车位；打通消防通道
	杭州	—	—
专项改造	北京	2012—2016 年	消防设施改造；道路改造；组织机动车和非机动车停车位改造
	西安	2015—2018 年	打通消防通道；通过破损路面修补；停车位合理布设
	广州	2018—2020 年	小区步行系统设置；消防通道；停车位配置
	杭州	2019 年以前	—
综合改造	北京	2017—2021 年	充分利用老旧小区周边企业、事业单位的停车资源，建立错时停车机制；修复受损的道路；为电动汽车增建停车场和充电设施；促进停车设施有偿错时共享；提高停车位的利用率
综合改造	西安	2019—2021 年	改造破损道路及附属设施；完善停车设施，合理布置平面停车位，增建立体停车位
	广州	2021 年	道路整治；停车场建设和改造
	杭州	2019—2021 年	完善消防、停车设施；优化道路

注：—表示该年度无相关改造内容。

总的来说，通过对国内各地区老旧小区改造历程梳理和老旧小区交通空间改造内容的对比与分析，从中可以看出以下几个方面的特征和趋势：

第一，在改造进程上，受各地区政策和实际条件的影响，老旧小区改造启动时间并不统一，北京市最早，杭州市最晚。但各地区在 2019 年基本全部进入了综合改造阶段。各地改造数量和涉及范围不一，北京市涉及老旧小区改造范围最广，改造数量最多，杭州老旧小区改造数量较少，改造进程比较缓慢。由于受国家政策的影响，在交通空间相关要素的改造上也逐步得到重视。

第二，在改造内容上，各地都经历了单项类到基础类再到提升类的改造，单项类改造阶段注重管线、外立面整治，几乎不涉及对交通空间的改造；基础类改造阶段对居住环境更加关注，并涉及部分交通空间相关要素的改造，但未形成体系化；提升类改造阶段涉及要素逐渐扩展，更加注重公共空间环境的综合提升，交通空间要素基本在该阶段被列入全面改造计划中。

第三，在交通空间改造上，各地经历了从试点改造阶段、专项改造阶段逐步过渡到综合改造阶段。试点改造阶段中各地区主要是改造建筑本身，几乎不涉及对老旧小区交通空间的相关要素的修改；各地区开始重视老旧小区中交通空间相关要素的改造，涉及道路整治、停车规范相关的改造提升；近年来各地开始逐步进入综合改造阶段，统筹提升完善老旧小区的改造，对老旧小区公共服务体系和交通空间进行协同推进。

3.2 居住区规范中相关交通空间的对比

3.2.1 新旧版居住区设计规范和标准

我国的《城市居住区规划设计规范》(以下简称《规范》)分为新旧两个版本，旧版的居住区规范自 1993 年开始发布实施，于 2002 年与 2016 年分别进行了局部的修订，2008 年开始发布实施新版城市居住区规划。由于 2002 年对居住区规范的局部修订主要集中在交通空间方面，因此本节选择 1993 年、2002 年以及 2018 年版本的《规范》中交通空间的构成要素、配建要求等因素进行比较分析。

如表 3-6 所示，1993 年版颁布的《规范》中关于交通空间的要素规定比较单一，由道路空间、停车空间以及出入口组成。从整体来看，交通空间的配建要求较低，道路按照居住区级、小区级以及组团级进行划分，仅对道路宽度以及密度进行限定；在停车空间方面，1993 年版《规范》并未对各级居住区的停车位配建做出规定，仅要求居住区内的公共活动中心以及人流较多的公共建筑必须配建公共停车场，且配建指标较低；出入口空间分为人行与车行出入口，其配建要求主要考虑消防与人行便利的需求。

表 3-6 1993 年版《城市居住区设计规范》交通空间配建要素

交通空间构成要素		居住区规模等级			配建要求
		居住区	居住小区	居住组团	
道路空间		▲	▲	▲	占总面积比例：居住区 8%～15%，居住小区 7%～13%，居住组团 5%～12%
					宽度：居住区级不宜小于 20 米，小区路路面宽 5～8 米，组团路 3～5 米，宅间小路不宜小于 2.5 米
					居住区内外联系通而不畅，小区避免过境车辆穿行
停车空间		▲	—	—	居住区内人流较多的公共建筑必须配建相应的公共停车场
出入口空间	车行出入口	▲	▲	▲	小区：至少两个出入口；居住区：至少两个不同方向出入口，间距大于 150 米；建筑长度大于 160 米时增设消防车道
出入口空间	人行出入口	▲	▲	▲	间距不应超过 80 米，建筑物超过 80 米增设人行通道

注：▲表示应配建的交通要素；—表示可不配建要素。

如表 3-7 所示，2002 年修订的《规范》中交通空间的构成要素与配建都有更进一步的细化与要求。在交通空间构成要素方面，停车空间要素更加完善，并且增加了居住区交通设施的相关规定。在配建要求方面，居住区内部的配建规定更加完善，从停车空间来看，2002 版《规范》不仅对居住区内的公共建筑提出配建停车场的要求，还对居住小区以及居住组团配建标准做出规定，但其设置标准较低，机动车停车率大于 10%，地面停车率小于 10%。在道路空间与出入口空间方面的配建内容变化不大，仅在部分配建数值上提高了要求，如道路仅在占地比例与宽度要求方面提高了少量数值。总体来看，与 1993 年的《规范》相比，2002 年修订版居住区《规范》主要对停车空间的内容进行了增补和完善，新增了城市空间中的交通设施要素，其余交通空间要素仅进行了局部调整。

表 3-7　2002 版《城市居住区设计规范》交通空间配建要素

<table>
<tr><th colspan="2" rowspan="2">交通空间构成要素</th><th colspan="3">居住区规模等级</th><th colspan="2" rowspan="2">配建要求</th></tr>
<tr><th>居住区</th><th>居住小区</th><th>居住组团</th></tr>
<tr><td rowspan="3">道路空间</td><td rowspan="3">各级道路</td><td rowspan="3">▲</td><td rowspan="3">▲</td><td rowspan="3">▲</td><td colspan="2">占总面积比例：占居住区用地 10%～18%，居住小区 9%～17%，居住组团 7%～15%</td></tr>
<tr><td colspan="2">居住区级不宜小于 20 米，小区路路面宽 6～9 米，组团路 3～5 米，宅间小路不宜小于 2.5 米</td></tr>
<tr><td colspan="2">小区内道路通而不畅，避免过境车辆穿行；居住区内尽端路不宜超过 120 米</td></tr>
<tr><td rowspan="2">停车空间</td><td>非机动车存车处</td><td>—</td><td>—</td><td>▲</td><td>宜设于居住组团入口附近，按 1～2 辆 / 户进行设置</td><td rowspan="2">居住区内人流较多的公共建筑必须配建相应的公共停车场</td></tr>
<tr><td>机动车停车</td><td>▲</td><td>▲</td><td>▲</td><td>停车率不应小于 10%；居住区内地面停车率不应大于 10%；服务半径不宜大于 150 米</td></tr>
<tr><td rowspan="2">出入口空间</td><td>车行出入口</td><td>▲</td><td>▲</td><td>▲</td><td>间距不应小于 150 米，沿街建筑超过 150 米时增设消防车道</td><td rowspan="2">小区最少两个出入口，居住区至少两个不同向的出入口</td></tr>
<tr><td>人行出入口</td><td>▲</td><td>▲</td><td>▲</td><td>间距不宜超过 80 米，沿街建筑大于 80 米时增设人行通道</td></tr>
<tr><td>交通设施</td><td>公交始末站</td><td>△</td><td>△</td><td>—</td><td colspan="2">根据具体情况设置</td></tr>
</table>

注：▲表示应配建的交通要素；△表示按需配建要素；—表示可不配建要素。

2018 年在原有《规范》的基础上发布与实施了新版的《规范》，新版《规范》调整了居住区分级控制方式，将原有的居住区、居住小区与居住组团三级结构调整为以生活圈理念为基准的居住区分级方式，形成四个等级范围的居住区。

如表 3-8 所示，新版《规范》中交通空间的构成要素更加系统化，分为道路空间、停车空间、交通设施以及出入口空间四大部分。

表 3-8　2018 版《城市居住区设计规范》交通空间配建要素

<table>
<tr><th colspan="2" rowspan="2">交通空间构成要素</th><th colspan="4">居住区规模等级</th><th colspan="2" rowspan="2">设置要求</th></tr>
<tr><th>15 分钟</th><th>10 分钟</th><th>5 分钟</th><th>居住街坊</th></tr>
<tr><td rowspan="5">道路空间</td><td rowspan="4">城市道路</td><td rowspan="4">▲</td><td rowspan="4">▲</td><td rowspan="4">▲</td><td rowspan="4">—</td><td colspan="2">占总面积比例：占总用地 15%～20%</td></tr>
<tr><td colspan="2">在密度层面：不应小于 8 千米 / 平方米</td></tr>
<tr><td colspan="2">在间距层面：为 150～250 米，不应超过 300 米</td></tr>
<tr><td colspan="2">组织：小街区，密路网</td></tr>
<tr><td>住区内部道路</td><td>▲</td><td>▲</td><td>▲</td><td>▲</td><td colspan="2">宽度：主要附属道路不应小于 4 米；其他道路不宜小于 2.5 米</td></tr>
<tr><td rowspan="2">停车空间</td><td>非机动车</td><td>△</td><td>△</td><td>△</td><td>▲</td><td>宜设置于居住街坊出入口附近；1～2 辆 / 户</td><td rowspan="2">居住区内人流较多的配套设施应配建相应的公共停车场</td></tr>
<tr><td>机动车</td><td>△</td><td>△</td><td>△</td><td>▲</td><td>地面车位数不宜超过住宅套数的 10%</td></tr>
<tr><td>交通设施</td><td>轨道交通站点</td><td>△</td><td>△</td><td>—</td><td>—</td><td>服务半径小于 800 米</td><td>数 量：70～80 平方米 / 千人</td></tr>
<tr><td rowspan="2">交通设施</td><td>公交首末站</td><td>△</td><td>△</td><td>—</td><td>—</td><td>根据专业规划设置</td><td rowspan="2">数 量：70～80 平方米 / 千人</td></tr>
<tr><td>公交车站</td><td>▲</td><td>▲</td><td>△</td><td>—</td><td>服务半径小于 500 米</td></tr>
<tr><td rowspan="2">出入口空间</td><td>机动车出入口</td><td>▲</td><td>▲</td><td>▲</td><td>▲</td><td colspan="2">居住街坊内至少有两个车行出入口与城市道路相连</td></tr>
<tr><td>人行出入口</td><td>▲</td><td>▲</td><td>▲</td><td>▲</td><td colspan="2">间距不宜超过 200 米</td></tr>
</table>

注：▲表示应配建的交通要素；△表示按需配建要素；—表示可不配建要素。

在配建要求方面，新版《规范》更加强调住区与城市空间的相互联系与影响。从道路空间来看，新版《规范》对住区城市道路的占总面积的比例、密度以及间距等都做出了要求，提倡“小街区、密路网”的居住区模式。在停车空间方面，新版《规范》不再对机动车停车位的最低配建标准进行限定，而是依据居住区所处的城市、区位以及公共交通等条件因地制宜地设置相应的数量标准，提倡停车空间与城市空间进行联合建设。出入口空间设置要求与旧版《规范》相比仅在数值上有少量变化，对出入口的间距规定是为了提高住宅小区的开放性，强调住区与城市的联系，同时也是为了保证人行的疏散与便捷性。在交通场站设施中，除了对交通设施的服务半径与数量作了要求，提倡公共交通与住区的非机动车停车相互联系，距离控制在 15 分钟非机动车车程以内。

总体来看，通过对新旧《规范》的对比分析，其在住区交通空间方面的更新主要呈现以下几方面特征：一是交通空间的构成要素逐渐完善，呈现系统化的特征。新版《规范》在旧版的基础上最终形成了道路、停车、交通设施以及出入口四部分要素，各部分要素逐渐向城市街区空间进行延伸；二是交通空间的设置要求在道路与交通设施方面更加细化，提倡居住区交通空间由封闭转向开放以及“小街区、密路网”的模式；三是从交通空间的整体设置要求来看，新版《规范》更加强调住区与城市空间的联系，使住区交通空间与城市空间有机联系，形成“住区—街区”一体的交通空间体系。

3.2.2 住区交通空间改造相关技术规范的对比

国内各地区的老旧小区改造进程与改造侧重点不尽相同，本节整理归纳了五个省份、两个代表地级市在老旧小区交通空间改造设计导则中所列出的改造方向及类型，列表整理如表 3-9 所示，通过不同地区的对比分析，可以看出以下几个方面的特征及趋势：

表 3-9 各地区老旧小区交通空间改造方向及措施

交通空间构成要素		江西省	浙江省	陕西省	四川省	湖南省	青岛市	广州市
道路	路网结构		*	*	*	*	*	
	路网与城市空间衔接		*	*		*		
	路网开放				*			*
	人车分流				*	*	*	*
	路面宽度							*
	路面修缮	*	*	*	*	*	*	*
	降低车速						*	
	道路设施	*	*	*	*	*	*	*
	道路绿化		*	*	*	*	*	*
	消防车道	*	*	*	*	*	*	*
	步行系统与人行设施		*	*	*	*	*	*
	无障碍设施	*	*	*	*	*	*	*

续表

交通空间构成要素		江西省	浙江省	陕西省	四川省	湖南省	青岛市	广州市
出入口	出入口数量		*					
	与城市道路的空间关系		*					
	空间流线（人车分流）			*	*			*
	入口形象改善	*		*	*	*		*
	出入口功能增设		*		*			
	出入口设施	*	*	*	*	*	*	*
	出入口景观改造		*	*				
停车	增设停车数量	*	*				*	
停车	停车位置优化			*	*	*		
	停车布局方式优化				*		*	*
	停车流线优化							*
	停车位类型优化	*	*	*	*	*	*	*
	完善地下停车		*		*		*	
	共享停车	*			*	*	*	
	停车设施	*	*	*	*	*	*	*
	非机动车停车优化	*	*	*	*	*	*	*

注：* 代表各地在当地的老旧小区更新改造设计导则上提出过相应的措施。

第一，在老旧小区的道路空间改造方面：a. 7 个地区集中改造的地方多为小区内的道路空间本身，其中在道路路面修缮、道路的各类基础设施、消防车道的标识与美化、无障碍设施四个方面，7 个地区均在设计导则中提出了详细的优化策略，而在道路绿化和步行系统人行系统的优化两个方面，也仅有江西省未提出改造策略；b. 在路网设计和小区整体交通规划方面，改动的地区较少，且改动多集中于完善路网结构方面和对人车分流体系方面的优化，对路网开放性的改造措施，仅有广州市和四川省提出；c. 在小区路网与城市层面的衔接关系层面，浙江省、湖南省和陕西省三个省份率先提出了优化策略，对老旧小区交通体系考虑较为全面；d. 其余指标根据各地区的老旧小区具体情况的不同，分别提出了具有针对性的改造措施：广州市对老旧小区的路面宽度的改造提出了详细策略，青岛市则对老旧小区内部的道路进行了机动车降速的处理。

第二，在小区出入口改造方面：a. 各地区首先关注的是出入口设施的完善，7 个地区均在出入口设施层面提出了相应的改造策略，如完善路口的标识、照明等；b. 改造策略集中于小区出入口的形象的改善，除浙江省与青岛市，其他 5 个地区均对出入口形象改善提出了策略，而浙江省与陕西省在出入口景观方面提出了改造措施；c. 在出入口空间层面，广州市、陕西省、四川省三个地区在出入口空间流线层面提出了优化措施，其中浙江省与四川省还对出入口空间进行了功能增设，如增加专门的共享单车停放区域、增设物品暂存点等，而只有浙江省在出入口与城市道路的空间关系方面提出了相应的措施；d. 在小区出入口布局方面，只有浙江省在设计导则中对出入口数量提出了改造措施。

第三，在小区的静态交通改造方面：a. 各地区首要优化机动车停车位数量不足的情况，7 个地区均进行了停车位类型的优化，如加建机械停车位、结合绿地增设停车位等措施，其中浙江省、青岛市两地进行了地面停车位的增设与地下停车的完善，而江西省仅进行了地面停车位改造，四川省完善了地下停车。而除广州市、浙江省、陕西省之外，另外四地均进行了结合周边共享停车资源的改造措施；b. 除机动车停车问题优化外，7 个地区均对小区内的非机动车停车进行了优化，如对非机动车停车位置的布局、铺装的改造、充电桩的增设等措施；c. 在停车场位置及布局方面，广州市、四川省、青岛市三地对停车位布局的方式进行了调整与优化，陕西省、四川省、湖南省则对停车场的位置进行了优化，使之与周边环境相协调，而仅有广州市对停车的流线进行了优化。

通过上述对此 7 个地区对老旧小区交通空间的改造措施可以看出以下规律：

第一，老旧小区道路空间本身所存在的设施不完善、道路老化等问题为各地区大多数老旧小区的共性问题，小区整体交通空间改动较少，多集中于局部道路的修缮，只有少数地区考虑到了老旧小区路网设计层面的问题，且大多数小区未考虑小区与城市街区的衔接关系。

第二，各地对老旧小区的出入口部分的改造首先集中于出入口设施的增建与修缮，使之符合居民的需求，其次是对出入口形象的改善，部分省市对出入口空间进行了改造，但出入口作为老旧小区与城市街区的重要过渡区域，大多数省市对其与街区的空间关系考虑不足。

第三，停车方面的首要问题是如何解决机动车停车位数量不足的问题，各地区采取了不同的且带有针对性的解决措施，非机动车的停车空间也被大多数地区纳入改造措施中，此外部分地区对老旧小区进行了停车位置的布局和整合。

总体来看，目前进行的老旧小区的改造多集中于各个局部的增建、改造和修缮等，但对整个老旧小区交通空间的总体整合与规划考虑不足。

3.2.3 规范与标准对比的总体情况

本节整理归纳了 2018 版《居住区设计标准》中针对小区交通空间的配建指标与各地区针对老旧小区的改造措施和指标，如表 3-10 所示，通过二者的对比，可以发现以下特征：

表 3-10 各地区改造措施及指标对比 2018 版《居住区设计规范》示意表

构成要素	2018 版居住区规范相关标准	各地区相关改造指标	各地区老旧小区改造主要措施及指标总结
道路	宽度：主要附属道路不应小于 4 米；其他道路不宜小于 2.5 米 组织：小街区，密路网	道路空间	广州市：消防车道高 4 米净宽，车道转弯半径不小于 6 米 陕西省：消防通道净宽、净高不小于 4 米 四川省、广州市：人行通道宽度不小于 1.2 米 广州市、陕西省：道路绿化：小于 10 米的小区路，宜采用路侧双边绿化形式，大于 10 米小于 15 米，宜采用路侧双侧绿化，大于 15 米，宜采用中央绿化带 + 双侧绿化
		路网结构	广州市、四川省：根据小街区、路网密集的要求，减轻城市道路上人车压力，对外开放符合社会条件的小区内的道路 四川省：明确道路等级，优化路网系统
		交通组织	广州市：路宽大于 5m 的道路，考虑通过铺地区分人行道与车行道 四川省：对于路宽大于 4m 的道路，可考虑通过铺地区分人行道与车行道 青岛市：老旧小区改造宜做到人车分离；完善老旧小区内步行系统
出入口	数量：居住街坊内至少有两个车行出入口与城市道路相连 间距：不宜超过 200 米	出入口设施	广州市、四川省：添加门禁系统和保安岗亭；转弯处的标志应设置于道路的直线段，必须与转弯处保持 3 米以上的纯距离；在入口空间有限的住宅区，标识立柱在人视高度的最大宽度不能超过 1.5 米 四川省：入口标识可人车分流进行一体化设计
		出入口空间	浙江省：小区主出入口宜适当后退，与城市道路间设公共缓冲场地
		出入口数量	浙江省：主要道路应有两个车行出入口连通城市道路
停车	非机动车：宜设置于居住街坊出入口附近；1～2 辆 / 户 机动车：地面车位数不宜超过住宅套数的 10% 停车场配建：居住区内人流较多的配套设施应配建相应的公共停车场	停车类型	浙江省、青岛市：增加无障碍残疾人助力车位；整治非机动车集中停放棚（库）；鼓励建设地下停车场（库）；可改造绿化、宅间空地等可支空间增加停车位 四川省、青岛市：设立共享停车位 四川省：设置夜间临时停车位；考虑非机动车立体停车装置 青岛市：鼓励建立地上立体式机械停车楼
		停车设施	广州市：有条件的社区可实行智能车闸管理系统 浙江省：引入智慧停车系统
		停车位置及布局	浙江省：利用架空层、半地下空间、优化地面车位布局 广州市、四川省、青岛市：集中为主，分散为辅的非机动车停车系统

在2018版的《居住区设计规范》中，针对小区交通空间的措施在道路方面主要为宽度和道路组织，出入口方面主要为数量和间距的要求，停车方面主要针对机动车与非机动车的停车配比与停车场的配建做出要求。基于2018年的《居住区设计规范》在小区交通空间中的设计要求，各地区的改造措施也基本从道路、出入口和停车三个方面展开，其中道路方面的改造方向大致可以分为道路空间、路网结构和交通组织三个部分；出入口方面大致分为出入口空间、出入口设施、出入口数量的改造以及出入口形象的美化；停车方面大致分为停车类型、停车设施、停车位置及布局三个部分。

首先，在道路方面，各地区针对道路空间的改造措施主要为消防车道高度与宽度的要求以及人行道宽度的要求；路网结构的改造措施主要对应规范中“小街区、密路网”的要求，对有条件的小区进行路网开放处理，缓解城市拥堵；交通组织方面主要为明确车行与人行空间的边界、完善人行系统，以达到人车分离的目标。

其次，在出入口方面，只有浙江省对老旧小区出入口数量提出了改造要求，且改造指标与2018版《规范》中对新建小区提出的出入口数量要求一致；针对出入口设施的改造措施一是完善出入口基础设施，如门卫室、闸机、标识等；在出入口空间的改造措施主要为强调人车分流的出入口空间分隔，以及针对出入口与城市相衔接的区域设置必要的过渡空间。

最后，在停车方面，参考规范提出的停车位配件标准，各地老旧小区增加停车位的措施主要从停车类型的方面进行，一是加建地下停车库与立体式（机械）停车楼，二是与小区周边进行停车资源共享，三是挖掘小区内的各类可支空间用作停车空间；在停车设施方面，部分地区开始引入智能停车系统与智能停车管理系统，可以提高停车位的使用效率；位置布局方面主要是优化小区内的停车空间分布，避免乱停乱放现象。

3.3 单位型老旧小区交通空间构成要素

通过3.1节中对全国各地老旧小区改造历程中涉及交通空间改造的相关内容的整理，以及3.2节中关于新旧版本《居住区设计规范》中相关交通空间的对比，将其涉及的交通空间要素进行梳理，并按照本书对交通空间的划分，笔者将老旧小区交通空间的构成要素按照动态与静态两部分整理如下。

3.3.1 单位型老旧小区静态交通空间构成要素

改造历程和相关规范中涉及的静态交通空间，按照其机动车停车的所在位置可以划分为小区室外停车空间与小区其他停车空间两部分。室外停车空间分为路边停车空间、宅间停车空间、公共广场停车空间以及地面集中停车场空间，以上四类包含目前老旧小区内现存的所有室外停车方式，需要研究老旧小区内具体情况选取合适的停车方式；其他停车空间分为地下停车空间、立体停车楼空间以及机械式立体停车空间，是目前小区内增加停车位数量的主要方式，需根据小区总体情况选择与室外停车方式相互结合。静态交通空间各要素之间的层级关系与性质如表3-11所示。

表3-11 老旧小区内部既有静态交通空间构成要素

类型	构成要素1	构成要素2	构成要素3	性质与内涵
老旧小区内部既有静态交通空间	静态交通空间	普通地面停车空间	路边停车空间	与小区机动车道相结合的停车空间；空间形态依托于机动车道路分布
			宅间停车空间	分布于小区住宅前后的停车空间；空间形态一般与宅前公共空间和绿化相结合
			公共广场停车空间	原为小区的广场空间，后被规划为停车空间；空间形态多与居民广场交织在一起
			地面集中停车场空间	小区内集中规划的地面停车场
老旧小区内部既有静态交通空间	静态交通空间	其他停车空间	地下停车空间	地下停车库，多建于新建高层住宅之下；空间形态以服务范围为限点状分布于小区内
			立体停车楼空间	专门的建筑内停车空间；空间形态以服务范围为限点状分布于小区内
			机械式立体停车空间	一般与地下停车库和立体停车楼相结合衍生的停车空间

3.3.2 单位型老旧小区动态交通空间构成要素

改造历程和相关规范中涉及的动态交通空间，大致可以分为出入口空间与道路空间两个主要部分。出入口空间分为门体空间、内部过渡空间与外部过渡空间三个部分，其中对小区出入口门体空间的设计与改造可以使小区进出车更加有秩序，内外过渡空间的优化也可以避免发生出入口拥堵。道路空间可分为机动车空间、非机动车空间、步行空间以及各个道路的交叉口空间四个部分。对道路空间的细部设计主要是为了明确路权边界，避免流线交叉。动态交通空间各要素之间的层级关系与性质如表3-12所示。

表3-12 老旧小区内部既有动态交通空间构成要素

类型	构成要素1	构成要素2	构成要素3	性质与内涵
老旧小区内部既有动态交通空间	动态交通空间	出入口空间	门体空间	控制小区人车进出的空间；根据具体人车出入口的组合方式与行驶方向划分为不同类型
			内部过渡空间	出入口门体至大院内部车行小区级道路间的空间；用于疏散进入住区内部的人流与车流

续表

类型	构成要素 1	构成要素 2	构成要素 3	性质与内涵
老旧小区内部既有动态交通空间	动态交通空间	出入口空间	外部过渡空间	出入口门体至道路边线间的空间；为城市与小区之间的缓冲地带
		道路空间	机动车空间	小区内机动车主要行驶空间；与机动车行驶路段的尺度、道路拥挤程度及机动车流组织方式相关
			非机动车空间	小区内非机动车主要行驶空间；与非机动车空间的尺度、舒适度以及非机动车流组织方式相关
			步行空间	小区内居民主要的步行空间；与步行空间的尺度、舒适度以及人流组织方式相关
			道路交叉口空间	路网结构的节点空间，人车系统的交汇处；为主要的人车系统矛盾点，人车流线易相互干扰

3.4 本章小结

本章首先对全国各地老旧小区改造历程涉及的交通空间以及小区交通空间规划的现行规范与相关标准进行对比与梳理，具体包括：a. 选择西安、北京、广州与杭州的老旧小区改造进行对比分析，并从改造时间、数量和改造内容三方面总结。b. 对比 1993 年、2002 年和 2018 年的《城市居住区规划设计规范》，并总结小区交通空间更新的主要特征。c. 归纳 5 个省份、2 个代表地级市在老旧小区交通空间改造设计导则中所列出的改造方向及类型；其次将其涉及的交通空间要素进行梳理，并按照本书对交通空间的划分，将老旧小区交通空间的构成要素按照层级关系进行系统的整理，为后面调研对象现状问题分析的展开奠定基础。

4 西安老旧小区交通空间现状分析及问题研判

4.1 西安单位型老旧小区的类型划分与调研对象的选取

4.1.1 西安老旧小区特征

城市老旧小区的建设与城市空间的发展特征紧密相关，其现状特征是在城市发展与演进过程中逐渐积淀形成的。因此，对于老旧小区的总体特征研究，必须从城市空间发展的角度入手，分析各阶段老旧小区的建设特征，进而才能准确把握老旧小区的现状特点，为分析单位型老旧小区交通空间提供可靠依据。

根据城市空间与老旧小区的建设特点，西安城市空间发展可划分为以下三个阶段：第一阶段：1949—1978 年，该阶段呈现工业组团布局引导的城市空间发展特征。在城市空间结构方面，由于该时期西安市主要的工业空间布局在城市的东、西方向，城市空间呈东西方向的组团式发展。至 1958 年，城市南面的文教区逐步建设完善，城市空间由东西方向的发展格局转变为东、西、南三面发展的“T”形空间结构。在此期间，城市住宅建设以单位住房建设为主，主要分布在旧城区内以及沿旧城区向东、西、南三个方向扩展，在东西方向形成了“旧城—住区—工业区”的布局形态，南面的文教区与居住区发展呈现混合状态。第二阶段：1979—2000 年，该阶段城市空间结构由“T”形的组团发展逐渐转变为沿东、西、南三个方向全面建设的扇形结构，至 1995 年左右，城市北面开始大规模建设，城市空间结构转变为向各个方向建设的圈层式发展。该阶段单位住房在城市东、西方向主要以“内部填充”的方式进行建设。第三阶段：2000 年至今，该阶段城市的中心城区与外围的多个副中心组团共同发展，形成了同心圆式的棋盘布局模式。城市住区以商品房开发为主。

为全面概括老旧小区的类型以及各类型老旧小区交通空间的现状问题，科学地对其交通空间进行更新整合，需要把握老旧小区空间的整体特征。下面将通过数量特征、建设年份以及空间分布三个方面对西安市老旧小区的现状总体特征进行分析与梳理。

4.1.1.1 西安老旧小区数量概况

根据西安市人民政府办公厅发布的《西安市老旧小区综合改造工作升级方案》，西安市2020年将2510个老旧小区纳入改造范围，基本将西安市的老旧小区进行了全面的覆盖。如表4-1所示，城六区范围内纳入老旧小区改造的小区数量为1735个，涉及户数285387户，楼栋数6381栋，建筑面积2445.64万平方米，其中改造的老旧小区数量主要集中在城市中心区，碑林区老旧小区的数量最多(图4-1)。

表4-1　西安2020年老旧小区改造数据统计表

区域	小区数量(个)	总户数(户)	总楼栋数(栋)	总建筑面积(万平方米)
新城区	310	43035	1063	329.86
碑林区	661	90672	1859	741.82
莲湖区	462	64299	1341	561.45
雁塔区	205	54987	1152	531.46
未央区	77	22956	762	209.31
灞桥区	20	9508	204	71.74
总计	1735	285387	6381	2445.64

注：2020年西安城六区范围内纳入改造的老旧小区数量为1735个，至2021年改造完成1238个。
(资料来源：根据西安市老旧小区改造办公室数据整理)

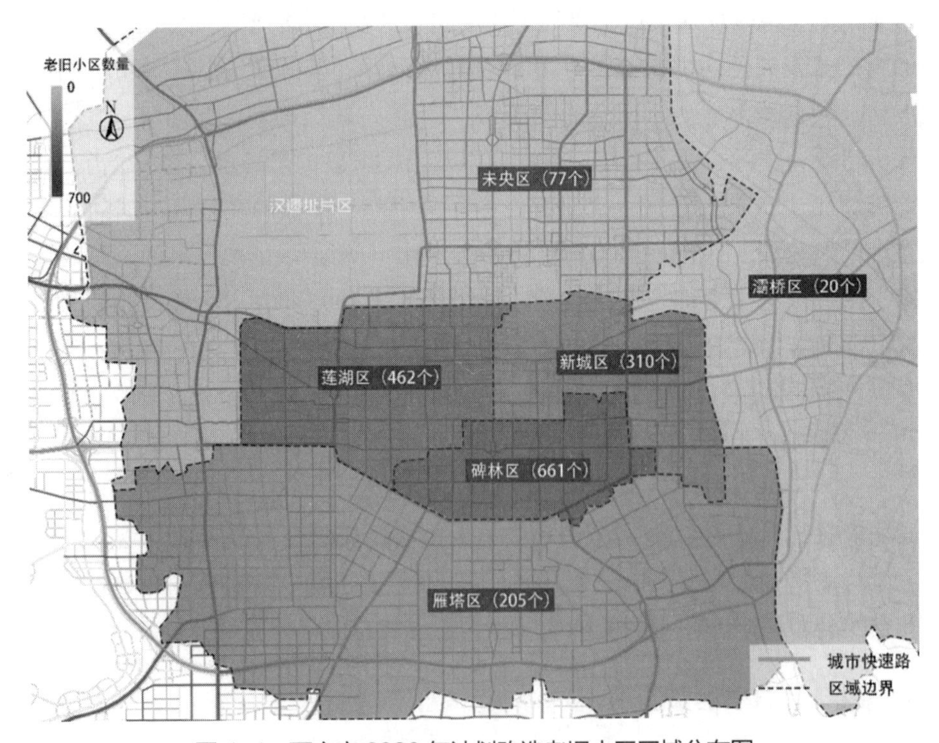

图4-1　西安市2020年计划改造老旧小区区域分布图

依据老旧小区的“社会—空间”性质属性不同，西安的老旧小区可分为单位型老旧小区、商品型老旧小区以及安置型老旧小区。至2021年，西安城六区范围内已经完成改造的各类老旧小区总数为1238个，其中单位型老旧小区最多，数量为966个，占老旧小区总数的78%；商品型老旧小区228个，占老旧小区总数的18.4%；安置型老旧小区数量为44个，仅占老旧小区总数的3.6%（图4–2）。

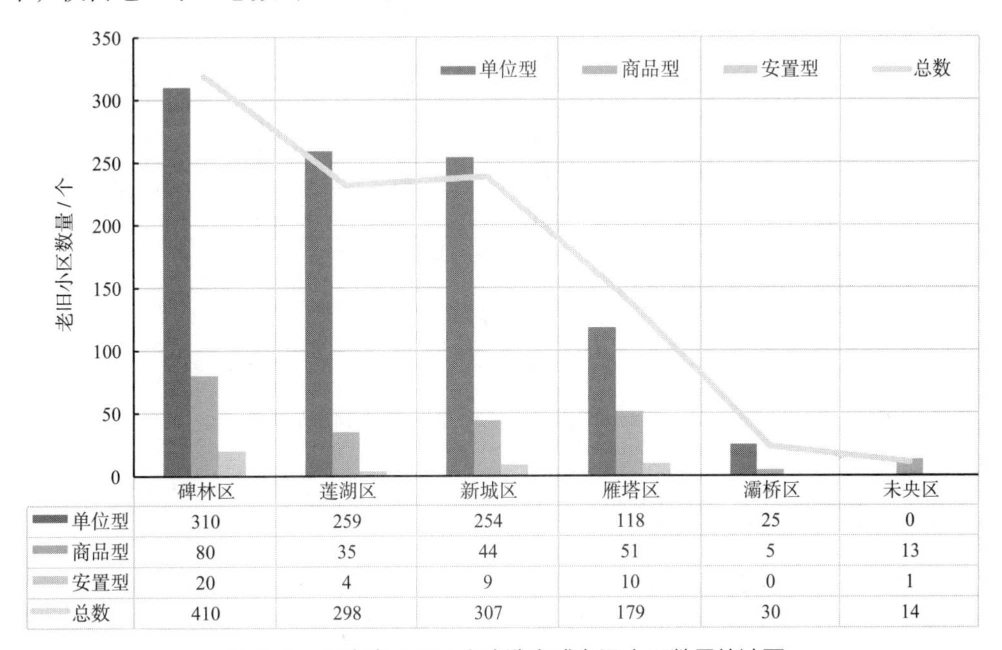

	碑林区	莲湖区	新城区	雁塔区	灞桥区	未央区
单位型	310	259	254	118	25	0
商品型	80	35	44	51	5	13
安置型	20	4	9	10	0	1
总数	410	298	307	179	30	14

图4–2　西安市1238个改造完成老旧小区数量统计图

4.1.1.2　西安老旧小区建设年份

对1238个改造完成的老旧小区建设年份进行分析，如图4–3所示，老旧小区数量随着时间推移总体上呈现上升的趋势。1980年以前建设的老旧小区最少，数量为199个，占小区总数的16.1%；1981—1990年期间建设的老旧小区数量为469个，占小区总数的37.8%；1990—2000年建设的老旧小区数量为570个，占小区总数的46.1%。

对不同类型老旧小区的建设年份进行分析，单位型老旧小区建设年份最早，现存的单位型老旧小区中建于1960年以前的数量最少，仅有17个，占单位型老旧小区总数的1.76%；1961—1980年期间的单位型老旧小区数量为173个，占单位型老旧小区总数的17.91%；1981—1990年期间的单位型老旧小区数量最多，共有402个，占单位型老旧小区总数的41.61%；1991—2000年期间的单位型老旧小区数量为374个，占单位型老旧小区总数的38.72%。商品型与安置型老旧小区全部建设于1980年以后，且商品型与安置型老旧小区数量随着时间推移呈现持续上升的趋势，在228个商品型老旧小区中，1996—2000年期间的小区数量为117个，占商品型老旧小区总数的51.32%。在44个安置型老旧小区中，1991—2000年期间的小区数量为29个，占安置型老旧小区总数的65.91%（图4–3）。

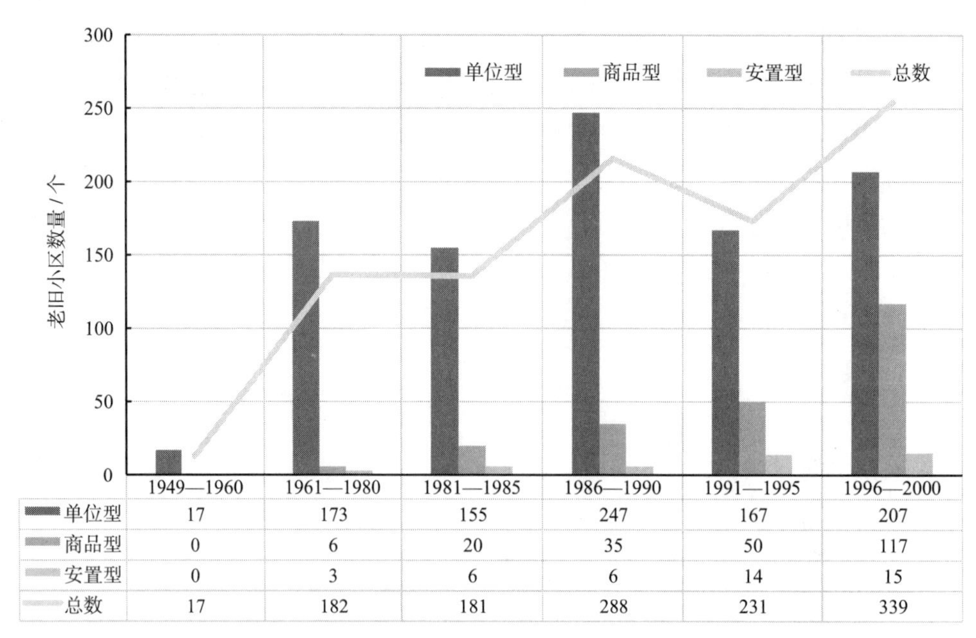

	1949—1960	1961—1980	1981—1985	1986—1990	1991—1995	1996—2000
单位型	17	173	155	247	167	207
商品型	0	6	20	35	50	117
安置型	0	3	6	6	14	15
总数	17	182	181	288	231	339

图 4-3　西安市 1238 个老旧小区建设年份统计图

4.1.1.3　西安老旧小区空间分布

在老旧小区的分布特征方面，笔者对改造完成的 1238 个老旧小区的空间分布进行统计，如图 4-4 所示，西安市老旧小区整体上主要分布在二环以内，城市中心区域的老旧小区密度最高，呈现明显的中心集中趋势，东、西、南三个方向的老旧小区分布密度也远高于城市北面。

单位型老旧小区的空间分布热力如图 4-5 所示，966 个小区全部分布在北二环以南区域，这与城市空间的建设特征息息相关，由于城市北面的未央区建设时间较晚，单位型老旧小区主要分布在城市中心区域以及沿城市的东、西、南三面扩展，总体呈现“T”形的空间布局形态。与单位型老旧小区相比，商品型老旧小区的空间分布更加分散。如图 4-6 所示，228 个商品型老旧小区主要分布在二环内，在城市空间的各个方向均有所扩展，主要集中在碑林区以及新城区等城市中心区域，在城市南面的雁塔区域分布也比较多，与单位型老旧小区相比，其空间分布更加分散。总体来看，单位型老旧小区的分布与西安老旧小区整体分布方向基本一致，主要分布在城市的东、西、南三个方向以及城市中心区域，商品型老旧小区在城市空间分布上更加均衡。

通过以上对老旧小区数量、建设年代以及空间分布等方面的分析整理，总结西安老旧小区的主要特征有以下几个方面：一是在数量方面，西安市老旧小区存量大，在改造的老旧小区中，单位型老旧小区数量最多；二是在建设年份方面，各类老旧小区的建设年份特征差异较大，单位型老旧小区开始建造的时间较早，建设时间跨度长。商品型与安置型老旧小区在 1980 年以后开始建设；三是在空间分布方面，西安老旧小区在城市空间中的整体分布范围较广，同时具有明显的向心集中趋势。综合以上对西安市老旧小区现状特征的梳理，可以看出西安市老旧小区具有存量多、空间分布广、建设时间跨度长等特点。

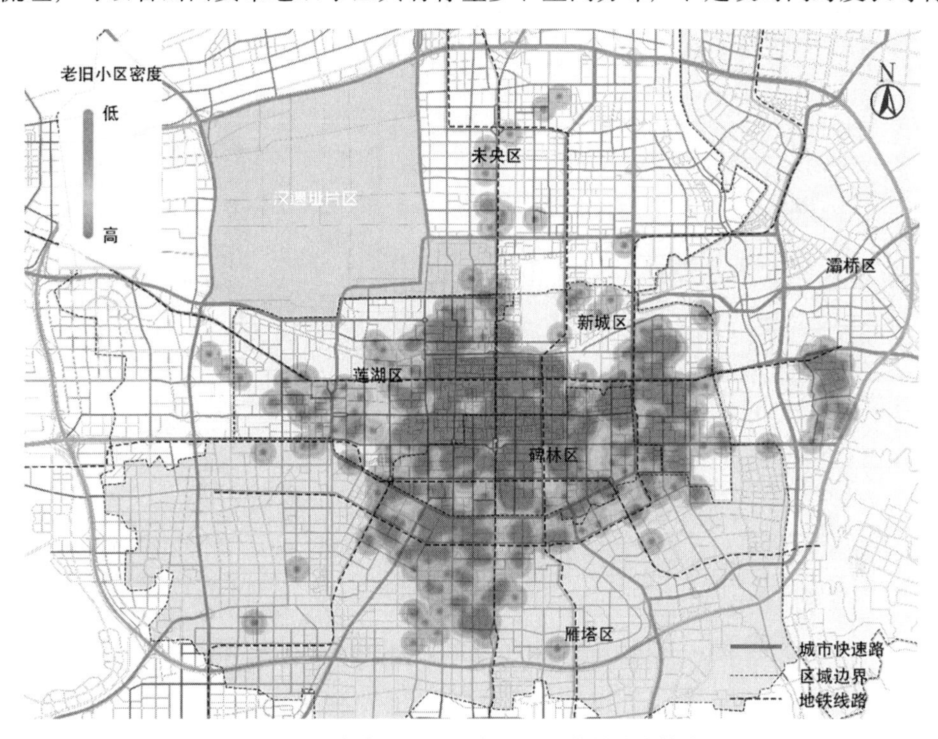

图 4-4　西安市 1238 个老旧小区总体分布热力图

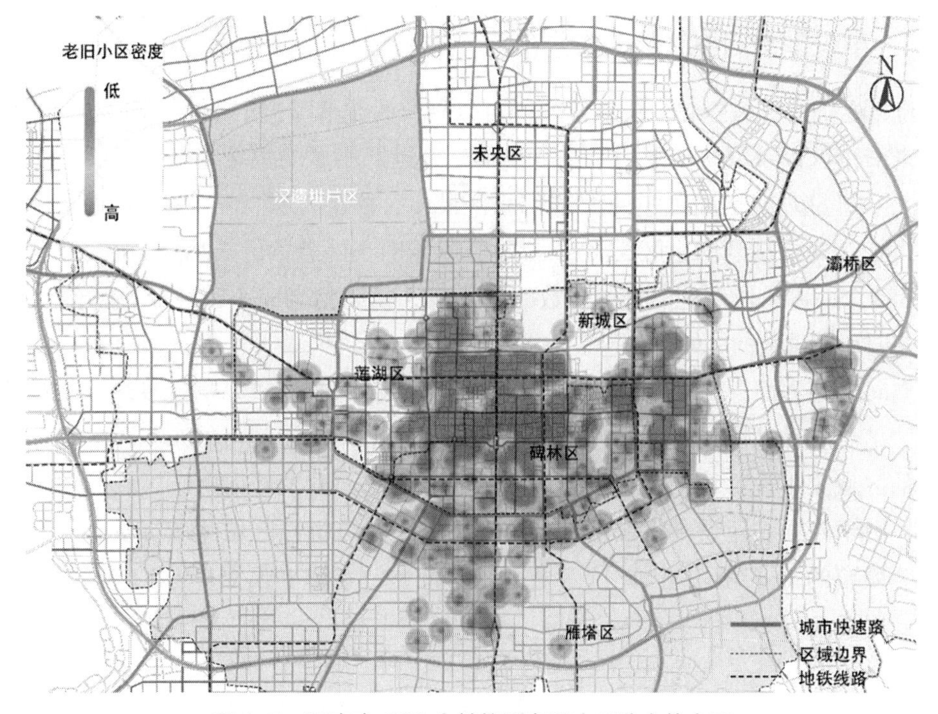

图 4-5　西安市 966 个单位型老旧小区分布热力图

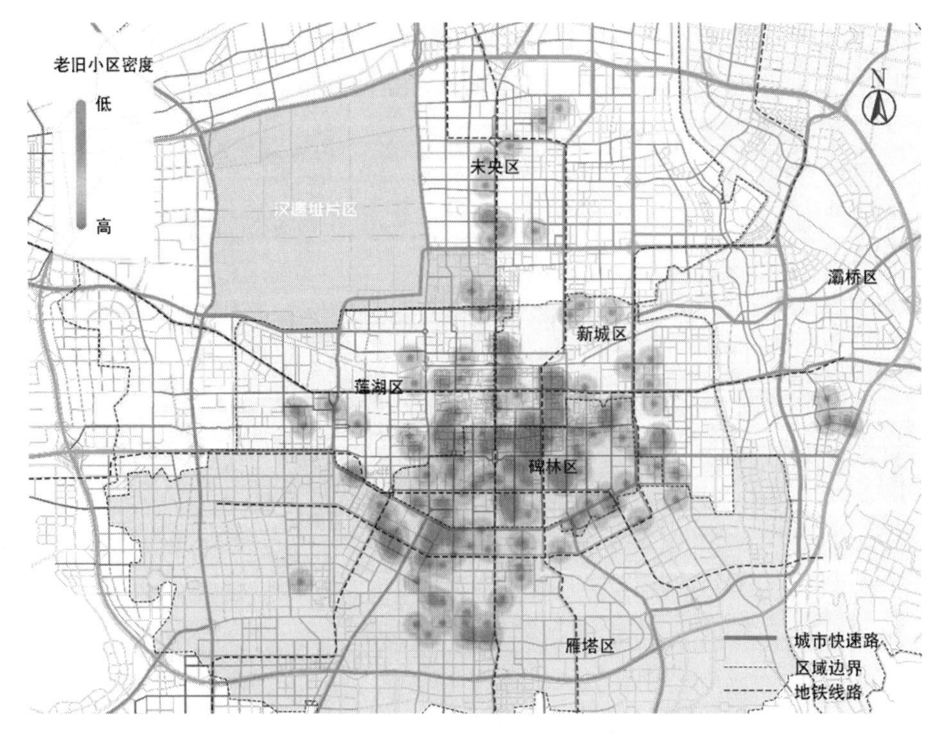

图 4-6　西安市 228 个商品型老旧小区分布热力图

4.1.2　西安单位型老旧小区类型

4.1.2.1　单位型老旧小区数量与分布

单位型老旧小区依据单位的职能不同可以划分为企业型老旧小区、高校型老旧小区、机关型老旧小区以及部队型老旧小区。在单位型老旧小区的数量特征方面，如图 4-7 所示，966 个单位型老旧小区中企业型老旧小区最多，数量为 507 个，占单位型老旧小区总数的 52.48%；高校型老旧小区 52 个，占单位型老旧小区总数的 5.38%；机关型老旧小区数量为 388 个，占单位型老旧小区总数的 40.17%；部队型老旧小区最少，仅有 19 个，占单位型老旧小区总数的 1.97%。

在空间分布方面，由于单位型老旧小区中企业型老旧小区数量最多，因此对其空间分布热力信息统计如图 4-8 所示，企业型老旧小区总体上沿城市的东、西方向分布，呈现明显的区域集中性。从企业型老旧小区的区域分布来看，城市中心区域的小区分布密度最高，由于西安在建设时将城市东面的幸福林带、纺织城区域和城市西面的大庆路一代规划为城市的工业组团，因此这两个区域的企业型老旧小区分布密度较高，呈现区域集中的分布特点。

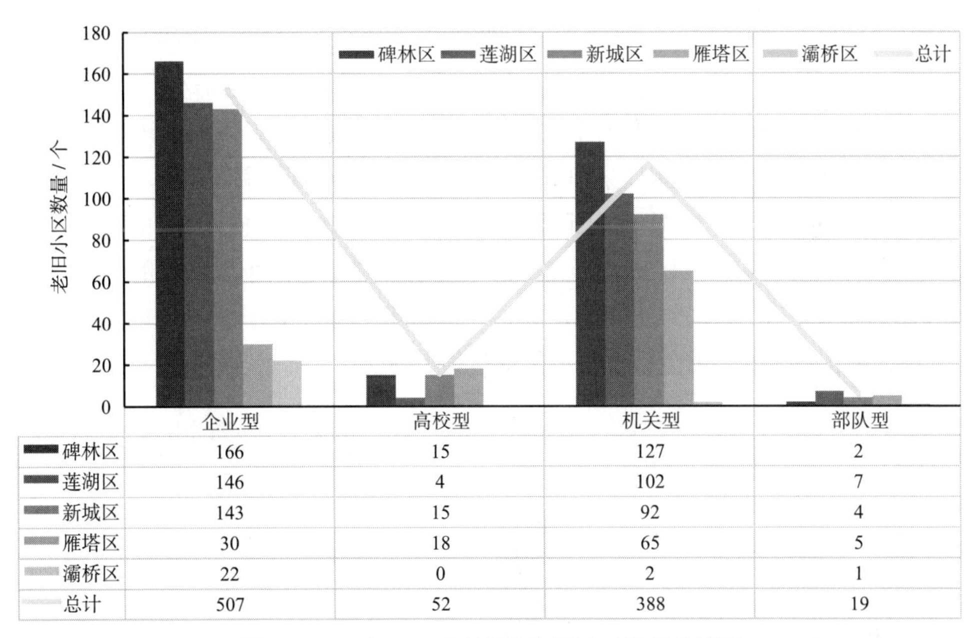

	企业型	高校型	机关型	部队型
碑林区	166	15	127	2
莲湖区	146	4	102	7
新城区	143	15	92	4
雁塔区	30	18	65	5
灞桥区	22	0	2	1
总计	507	52	388	19

图 4-7　西安 966 个单位型老旧小区数量统计图

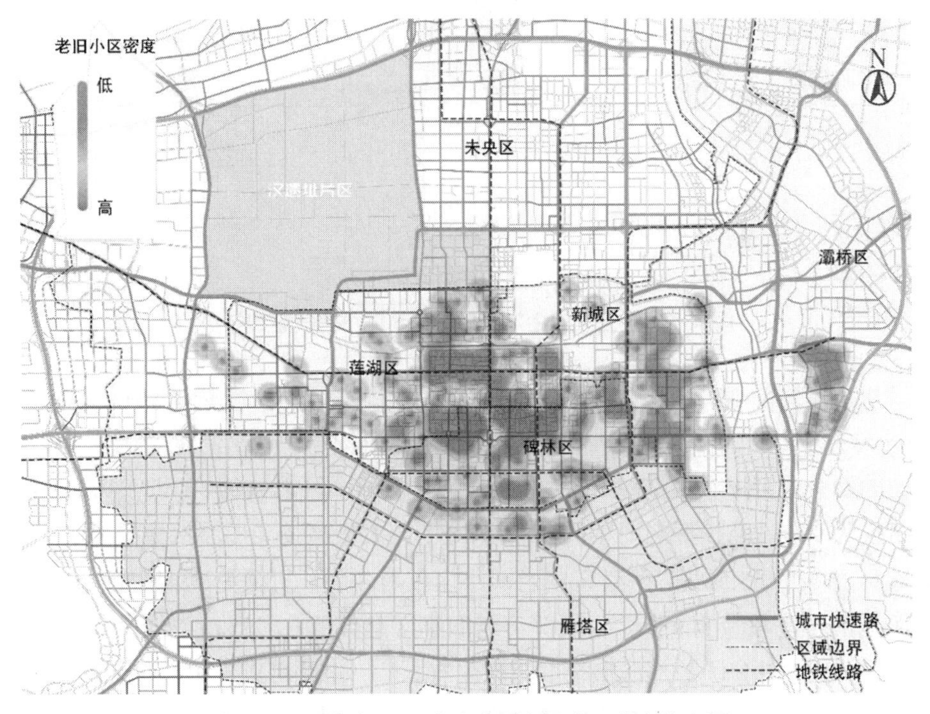

图 4-8　西安市 507 个企业型老旧小区分布热力图

4.1.2.2　单位型老旧小区规模

在规模特征方面，根据城市居住区规划设计标准，将用地面积 2～4 公顷的住区划分为最小的居住基本单元，将步行距离 300 米、步行时间 5 分钟内的住区定义为适合居民居住生活的 5 分钟生活圈居住区，其用地规模约为 9 公顷。由此将西安市用地规模 2 公顷以上的老旧小区划分为 2～4 公顷（小型老旧小区），4～9 公顷（中型老旧小区）和大于 9 公顷（大型老旧小区）。2 公顷以下的老旧小区由于交通空间特征单一，不在本研究范围内。

在 966 个单位型老旧小区中，用地规模 2 公顷以上的小区数量为 103 个，仅占单位型老旧小区总数的 10.66%。如图 4-9 所示，在 103 个用地规模大于 2 公顷的单位型老旧小区中，小型老旧小区的数量为 36 个，占 2 公顷以上单位型老旧小区总数的 34.95%；中型老旧小区共 47 个，占 2 公顷以上单位型老旧小区总数的 45.63%；大型老旧小区最少，数量为 20 个，占 2 公顷以上单位型老旧小区总数的 19.42%。

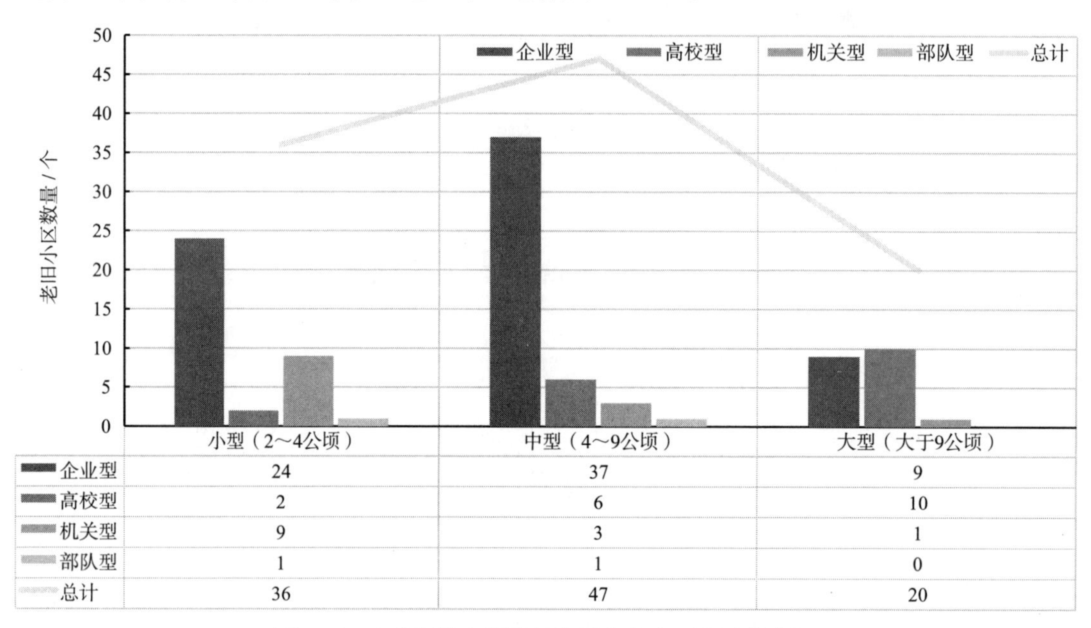

	小型（2～4公顷）	中型（4～9公顷）	大型（大于9公顷）
企业型	24	37	9
高校型	2	6	10
机关型	9	3	1
部队型	1	1	0
总计	36	47	20

图 4-9　2 公顷以上规模单位型老旧小区类型统计图

如图 4-10 所示，对大于 2 公顷的各类单位型老旧小区规模特征进行分析，企业型老旧小区总数为 70 个，小型企业型老旧小区数量为 24 个，占企业型老旧小区总数的 34.29%；中型企业老旧小区数量共 37 个，占企业老旧小区总数的 52.86%；大型企业老旧小区数量仅为 9 个。高校型老旧小区总数为 18 个，大型高校老旧小区数量为 10 个，占高校老旧小区总数的 55.56%；小型高校老旧小区仅有 2 个。机关型老旧小区总数为 13 个，小型机关老旧小区数量为 9 个，占机关型老旧小区总数的 69.23%。部队型老旧小区的规模总体偏小，大于 2 公顷的部队型老旧小区仅有 2 个。由此可以看出，企业型老旧小区以中、小型规模为主；高校型老旧小区的规模较大，以大型为主；机关型与部队型老旧小区规模以小型为主。

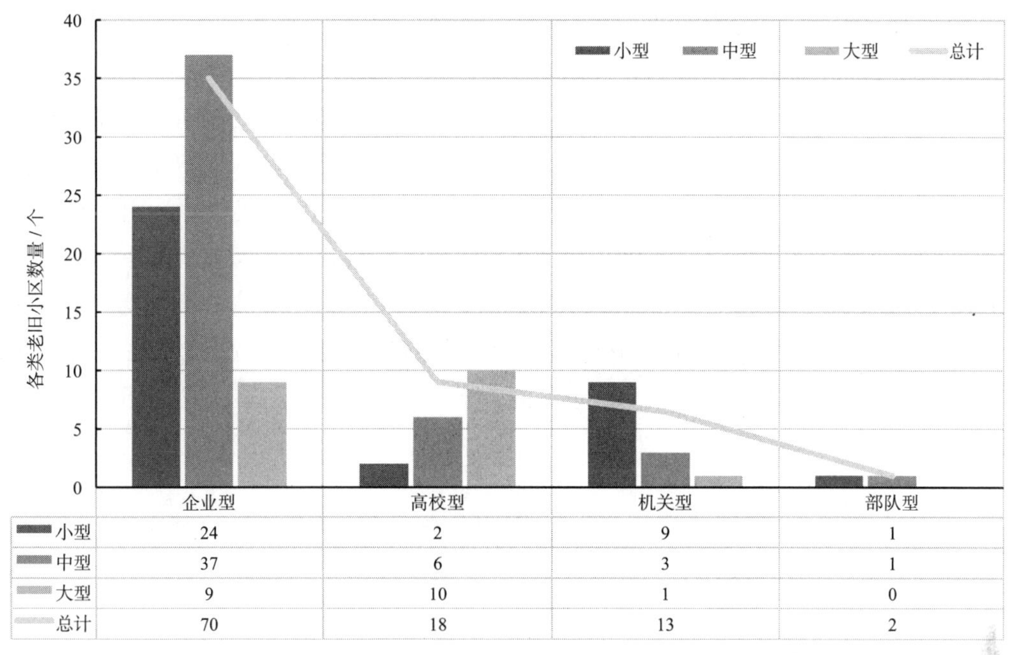

	企业型	高校型	机关型	部队型
小型	24	2	9	1
中型	37	6	3	1
大型	9	10	1	0
总计	70	18	13	2

图 4-10　各类单位型老旧小区规模统计图

4.1.2.3　单位型老旧小区住宅建筑布局类型

城市住宅小区的建筑布局根据住宅的组合方式可以分为街坊式、行列式、组团式以及混合式。如图 4-11 所示，单位型老旧小区的住宅建筑布局类型包含街坊式、行列式以及混合式。由于单位型老旧小区一直处于动态发展的过程中，因此混合式的单位型老旧小区最多，数量为 62 个，占 2 公顷以上单位型老旧小区数量的 60.19%；行列式老旧小区

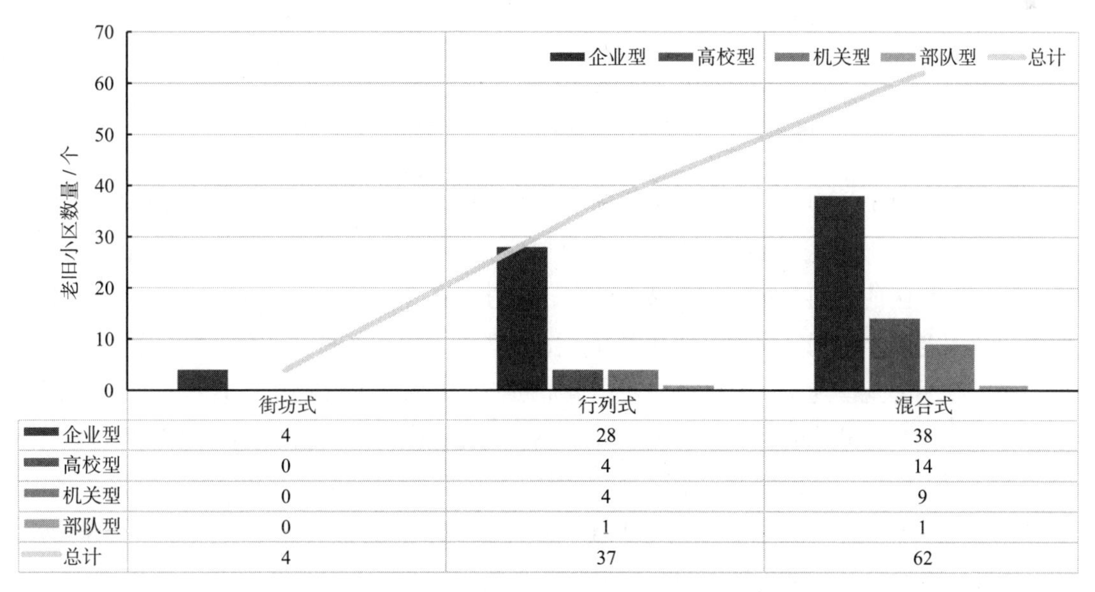

	街坊式	行列式	混合式
企业型	4	28	38
高校型	0	4	14
机关型	0	4	9
部队型	0	1	1
总计	4	37	62

图 4-11　不同住宅布局特征单位型老旧小区类型统计图

37个，占2公顷以上单位型老旧小区数量的35.92%；街坊式老旧小区数量最少，仅为4个，所占比例为3.89%。

如图4-12所示，对各类单位型老旧小区的住宅建筑布局特征进行分析。企业型老旧小区住宅布局特征以混合式与行列式为主，混合式的企业型老旧小区38个，占企业型老旧小区总数的54.3%，行列式的企业型老旧小区28个，所占比例为40%；由于高校单位主体的不断发展，高校型老旧小区自20世纪80年代左右开始了大规模的更新，其住宅建筑布局特征以混合式为主。混合式的高校型老旧小区共14个，占高校型老旧小区总数的77.8%；机关型与部队型老旧小区的发展模式与高校型老旧小区相似，住宅建筑布局特征以混合式为主，机关型老旧小区中，混合式小区共9个，占机关型老旧小区总数的69.2%。

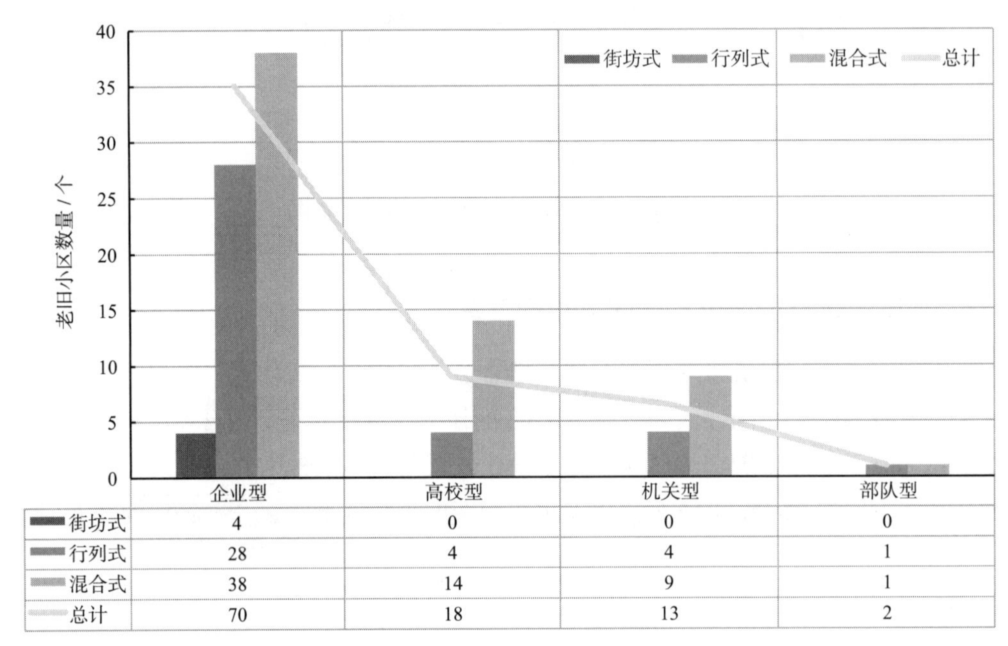

图4-12 各类单位型老旧小区住宅布局特征统计图

综合以上对单位型老旧小区数量、规模、住宅建筑布局特征的整理分析（表4-2），总结西安单位型老旧小区主要特征如下：一是单位型老旧小区中企业型老旧小区数量最多，企业型老旧小区的空间分布主要沿城市的东、西方向展开，具有明显的区域集中性；二是各类单位型老旧小区的规模具有明显差异，企业型老旧小区以中、小型规模为主，高校型老旧小区以大型规模为主；三是在住宅建筑布局特征方面，混合式在各类单位型老旧小区中数量最多，街坊式只存在于企业型老旧小区中。总体来看，企业型老旧小区数量较多，涵盖的规模范围广；高校型老旧小区规模较大，内部空间混合多样；机关型与部队型老旧小区规模过小，大于2公顷以上的老旧小区数量占比低，且部队型老旧小区具有保密性质，因此，本研究选取单位型老旧小区中的企业型与高校型老旧小区为研究对象。

表 4-2　大于 2 公顷单位型老旧小区各项特征数量统计表

性质		特征						
		老旧小区规模特征			老旧小区住宅布局特征			各类型老旧小区总计
		小型（个）	中型（个）	大型（个）	街坊（个）	行列（个）	混合（个）	
单位老旧小区	企业型	24	37	9	4	28	38	70
	高校型	2	6	10	0	4	14	18
	机关型	9	3	1	0	4	9	13
	部队型	1	1	0	0	1	1	2
各特征小区总计		36	47	20	4	37	62	103

4.1.2.4　西安单位型老旧小区类型划分

（1）已有的类型划分

单位型老旧小区数量较多、时间跨度长，且布局类型多样，有着复杂多样的表现形式。目前对单位型老旧小区的研究主要有以下四种分类方式（表 4-3）：一是从空间特征的角度进行分类，以李晨（2016）、操小晋（2019）等为代表，按照单位住区在城市中的区位不同将其划分为城郊型与城区型，或按照单位住区的街区空间特征将其划分为“肩并肩”型、“背靠背”型、独立型、串联型以及包围型；二是通过对形态特征的总结进行分类，以李晨（2016）为代表，依据单位大院自身的组合方式将其分为整体型、二分型、多分型以及主从型；三是从功能要素的角度进行分类，以张姚钰（2015）、舒平（2020）等为代表，如舒平以老旧小区内的设施完善程度为划分标准，将老旧小区划分为设施缺乏型、设施单一型、设施标准型以及设施完善型；四是从小区本身的单位属性出发对其进行类型划分，以连晓刚（2015）等人为代表，依据单位大院的功能性质将其分为部队型单位大院、学校型单位大院、机关型单位大院以及工厂型单位大院。

以不同角度展开的分类方式具有不同的特征，根据空间特征进行的分类可以阐述单位型老旧小区与城市空间结构的发展脉络关系及小区自身的空间特征；从形态特征出发的分类方式可以把握单位型老旧小区的整体形态及边界形态特征；根据功能要素进行的类型划分可以描述单位型老旧小区内部的物质特征及其组合规律；从小区单位属性出发的类型划分可以描述单位型老旧小区单位主体的功能属性。

表 4-3　单位型老旧小区相关的已有分类研究表

分类依据	分类对象	划分依据	类型	分类特点
根据空间特征进行分类	单位大院	在城市中的宏观区位	城郊型、城区型	阐述单位型老旧小区与城市空间的位置关系以及自身的空间特征
	单位大院	单位大院在街区中的空间组合方式	“肩并肩”型、“背靠背”型、独立型、串联型、包围型	
根据形态特征进行分类	单位大院	与城市道路的位置关系	单街型、双街型、多街型、街区型、尽端型	体现单位型老旧小区的整体形态特征及其边界形态特征
	单位大院	单位大院的空间形态特征	整体型、二分型、多分型、主从型	
根据功能要素进行分类	单位住区	生产功能与生活功能的组合特征	单一办公型、办公生活融合型、办公生活分割型、复合型	描述单位型老旧小区内部要素特点及不同功能区域的空间位置关系
	老旧小区	设施完善程度	设施缺乏型、设施单一型、设施标准型、设施完善型	
根据小区性质进行分类	单位住区	单位属性	生产型、办公型、教学型、服务型、生活型	有助于区分单位型老旧小区内与单位主体发展有关的要素特征
	单位大院	单位属性	部队型、学校型、工厂型、机关型	

(2) 本研究中单位型老旧小区的类型划分依据

本研究是探讨单位型老旧小区交通空间的问题，因此着重从小区交通空间的视角来划分类型。

单位型老旧小区交通空间包括静态交通和动态交通两个部分。老旧小区的内部动态交通空间特征与街区空间息息相关。小区在街区内的位置、所占空间大小、与街区的空间联系等要素都会对小区动态交通产生影响。因此，在动态交通空间方面，以小区与街区的空间位置关系为依据，对单位型老旧小区的类型进行划分。

老旧小区内部停车空间的规模、布局方式、停车方式等要素直接影响到小区的静态交通空间，当小区内部静态交通空间无法满足需求时，就会对街区的静态交通产生影响。因此，在静态交通空间方面，以老旧小区停车空间对街区停车空间的依赖程度为依据，对单位型老旧小区进行类型划分。

(3) 本研究中单位型老旧小区的类型

根据上述的划分依据，在静态交通空间方面是按照老旧小区停车空间对街区停车空间的依赖程度划分的，然而单位型老旧小区的汽车保有量一直处于增长的状态，停车位数量也因小区规模不同呈现不同的特征，仅用停车位的数值高低很难准确描述停车空间对街区停车空间的依赖程度，因此，准确判断停车空间对街区依赖程度可依靠以下两个指标：一是既有停车位数量与既有汽车保有量的差值；二是老旧小区停车位的现状配比。

根据上述两个指标可以将单位型老旧小区停车空间划分为三种类型（表 4–4）：一是自足型，小区内既有停车位数量大于既有汽车保有量，同时小区既有停车位配比大于规范要求的每 100 平方米建筑面积配置 1 个车位的配建要求[1]；二是依赖型，小区内既有停车位数量小于既有汽车保有量，同时小区既有停车位配比小于规范要求的每 100 平方米建筑面积配置 1 个车位的配建要求，小区停车供需矛盾需要依赖小区外部的街区停车空间进行缓解；三是过渡型，介于依赖型与自足型之间，既有停车位数量满足既有汽车保有量，但既有停车位配比低于配建标准。

表 4–4　单位型老旧小区停车空间类型特征总结表

类型	自足型	依赖型	过渡型
停车空间特征	停车空间数量大于汽车保有量；其配建标准高于普通商品住宅	停车空间数量小于汽车保有量；其配建标准低于普通商品住宅	停车空间数量大于汽车保有量；其配建标准低于普通商品住宅
性质特征	高校型老旧小区	主要为企业型老旧小区	主要为企业型老旧小区
典型案例	建科大社区片区	秦川 31 街坊	昆仑 36 街坊
规模特征	以大型老旧小区为主	以中、小型规模为主	以中、小型规模为主

注：经过数据筛选后，大于 2 公顷的单位型老旧小区中停车空间数据较为完善的小区数量为 47 个。

在动态交通空间方面，根据上述的划分依据，单位型老旧小区的街区[2]空间类型，可以从小区与所在街区的空间位置关系以及小区与相邻街区的空间联系强弱两个方面度量单位型老旧小区的空间特征（图 4–13）。

单位型老旧小区与所在街区有三种空间位置关系（表 4–5）：一是整体型，单位型老旧小区边界与街区边界重合；二是嵌入型，单位型老旧小区的边界范围完全涵盖于街区空间范围之内；三是跨越型，单位型老旧小区边界范围跨越单个街区，分布在不同的街区空间范围之内，跨越型依据小区边界范围是否与街区边界重合可以进一步划分为跨越整体型与跨越嵌入型。

单位型老旧小区与相邻街区通过城市道路进行分隔，由于设计时速以及道路空间设计的影响，城市主干道可以将相邻的两个街区空间进行隔离，使相邻街区的空间联系较弱，城市次干道与支路则能联系不同的城市街区，使相邻街区的空间联系较强。单位型老旧小区与相邻街区的空间联系有两种情况：一种是隔离型，单位老旧小区与相邻街区被城

[1] 根据《西安市建筑工程机动车非机动车停车位配建标准（2012 版）》，单位职工住房的车位配建标准最低为每 100 平方米建筑面积配置 0.6 个停车位，普通商品住房的停车位配建标准应达到每 100 平方米建筑面积配置 1 个停车位的标准。因此，如果单位型老旧小区的车位配比能够达到普通商品住房的配建标准，其停车空间的数量能够自给自足。

[2] 本研究关于街区的定义是由城市支路、次干道、主干道中的任意两种功能性道路围合而成的城市区域，或全部由次干道或主干道围合而成的城市区域。

市主干道分隔或两者并不相邻，小区与相邻街区空间处于隔离的状态；另一种是联系型，单位老旧小区与相邻街区之间通过城市次干道或城市支路进行联系，小区与相邻街区空间可以实现空间连接。

根据上述对单位型老旧小区街区空间类型的分析，将单位型老旧小区所在街区空间位置类型与相邻街区的空间联系类型进行交叉分类，最终形成六种类型（图4-13），西安单位型老旧小区涵盖其中嵌入型Ⅰ、嵌入型Ⅱ、整体型Ⅱ、跨越嵌入型Ⅱ以及跨越整体型Ⅱ五种类型。

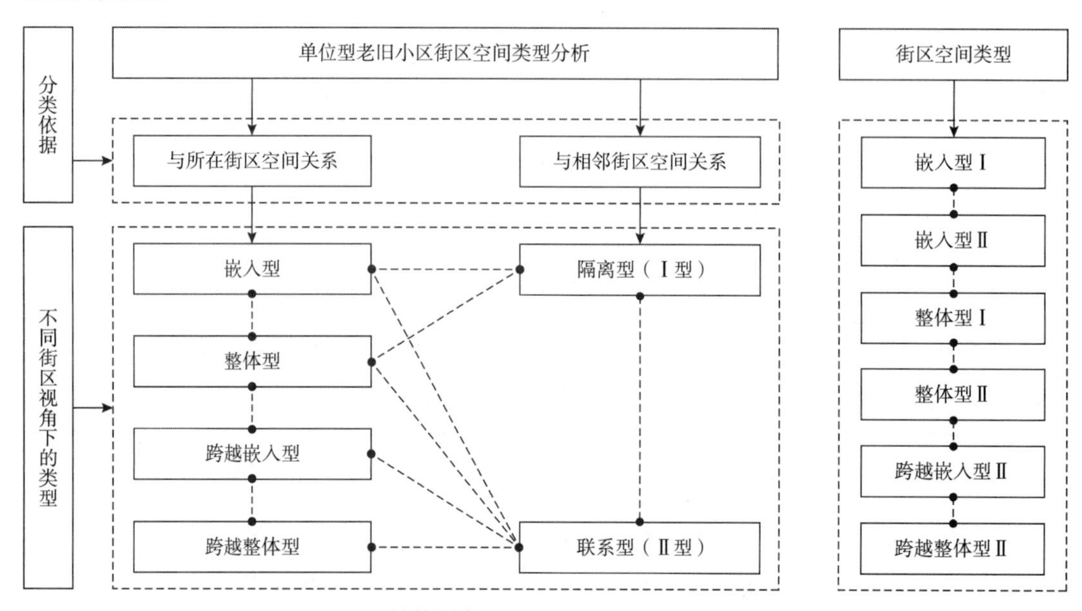

图4-13 单位型老旧小区街区空间类型划分示意图

表4-5 单位型老旧小区街区空间类型特征表

类型	嵌入型		整体型		跨越型	
	Ⅰ型	Ⅱ型	Ⅰ型	Ⅱ型	跨越整体型Ⅰ	跨越嵌入型Ⅱ
与街区的空间位置关系	街区边界包含小区边界	街区边界包含小区边界	与所在街区边界重合	与所在街区边界重合	小区边界跨越不同街区，且小区边界与街区边界重合	小区边界跨越不同街区，且街区边界大于小区边界
	与相邻街区无空间联系	与相邻街区有空间联系	与相邻街区无空间联系	与相邻街区有空间联系	小区各个部分之间有空间联系	小区各个部分之间有空间联系
与城市道路的关系	小区边界是城市主干道或其边界不与街区重合	小区与相邻街区有城市次干道或支路联系	小区与相邻街区被城市主干道分隔	小区与相邻街区有城市次干道或支路联系	小区各个部分之间有城市次干道或支路联系	小区各个部分之间有城市次干道或支路联系

续表

类型	嵌入型		整体型		跨越型	
	Ⅰ型	Ⅱ型	Ⅰ型	Ⅱ型	跨越整体型Ⅰ	跨越嵌入型Ⅱ
典型实例	秦川21街坊	陕西师范大学家属院	无	秦川29街坊	西安电子科技大学社区	西安建筑科技大学社区片区
类型图示	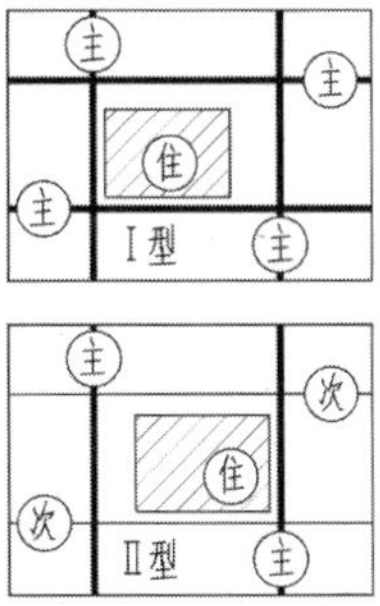 Ⅰ型 Ⅱ型		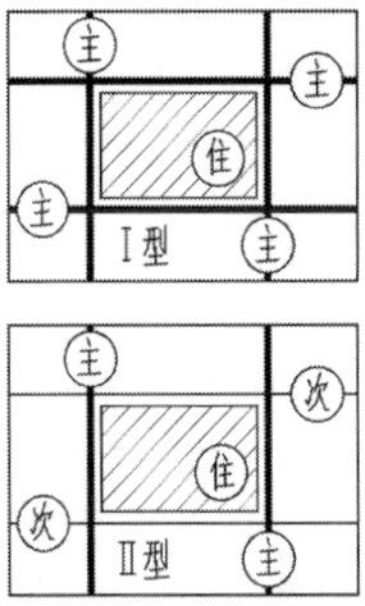 Ⅰ型 Ⅱ型		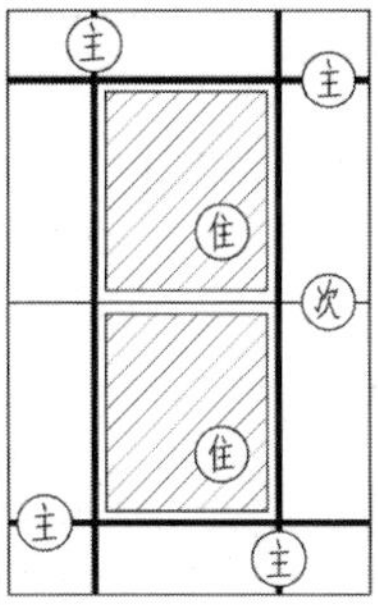	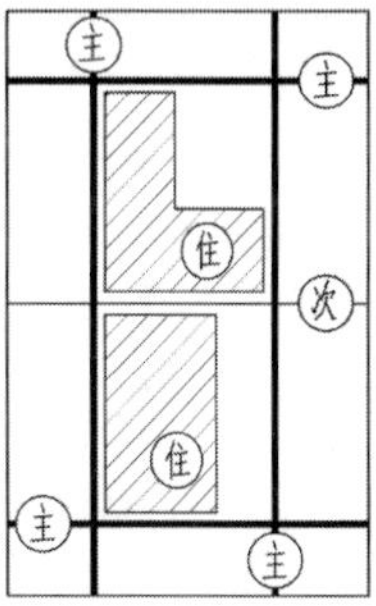
交通空间特征	交通空间主要依赖小区内部与街区内部空间		交通空间主要依赖小区内部空间		交通空间主要依赖小区内部以及相邻街区空间	交通空间主要依赖小区内部、街区内部与相邻街区空间
小区性质	企业型与高校型		企业型		高校型	高校型

注：类型图示中，“住”表示老旧小区产权范围，“主”表示城市主干道及以上等级道路，“次”表示城市次干道或支路。

4.1.3 单位型老旧小区调研方式

本书选取了一般调研对象对西安市单位型老旧小区动、静态交通空间特征进行进一步解释，并且针对动静态交通空间现状问题的典型性，选取不同的重点调研案例，说明不同类型老旧小区、不同交通空间要素问题及其涉及的原因，为后续优化的提出指明方向。

4.1.3.1 调研对象的选取

西安市城六区内用地规模2公顷以上的单位型老旧小区共有103个，综合考虑分布、规模、停车空间、单位属性和已有数据完整程度等因素，最终选取了47个单位型老旧小区作为一般调研对象（表4–6）。从停车空间对街区空间依赖程度的角度分析，47个单位型老旧小区中过渡型老旧小区最多，数量为27个，占总数的57%；依赖型14个，所占比例为30%；自足型最少，数量为6个，所占比例为13%。从街区空间视角出发，47个单位型老旧小区中嵌入型Ⅱ所占比例最高，数量为25个，占调研对象总数的53%；嵌入型Ⅰ数量为9个，所占比例为19%；由于整体型Ⅰ的街区边界都是由主干道围合而成，小区规模较大，通常是新型的商品小区，因此单位型老旧小区中没有属于整体型Ⅰ的类型。整体型Ⅱ的数量为 9 个，所占比例为 19%；跨越型老旧小区的整体数量较少，总数为 4 个，所占比例仅为 9%，其中跨越整体型 2 个，跨越嵌入型 2 个。

表 4-6　单位型老旧小区静态交通空间一般调研对象信息

单位型老旧小区类型		总计	
停车空间视角下单位型老旧小区分类	过渡型	27	47
	依赖型	14	
	自足型	6	
街区空间视角下单位型老旧小区分类	嵌入型Ⅰ	9	47
	嵌入型Ⅱ	25	
	跨越嵌入型Ⅱ	2	
	跨越整体型Ⅱ	2	
	整体型Ⅱ	9	

不同老旧小区交通空间现状问题侧重点不同，因此需选取多个典型案例分别对动、静态交通空间现状进行分析。从 47 个一般调研对象中分别选取 5 个（表 4-7）和 6 个（表 4-8）现状问题最具有代表性的老旧小区作为典型案例，对老旧小区静态和动态交通空间现状问题及涉及因素进行分析。

表 4-7　单位型老旧小区静态交通空间重点调研对象信息表

单位型老旧小区类型	典型案例	小区规模	街区空间类型	单位属性	数量合计
过渡型	昆仑 16 街坊	中型	嵌入型	企业型	2
	西安科技大学南院	中型	嵌入型	高校型	
依赖型	西光 16 街坊	中型	整体性	企业型	1
自足型	西安电子科技大学社区	大型	跨越型	高校型	2
	西安外国语大学家属区	大型	嵌入型	高校型	

表 4-8　单位型老旧小区动态交通空间重点调研对象信息表

小区所在城市区域	典型案例	小区规模	街区空间类型	单位属性	数量合计
碑林区	西安建筑科技大学大社区片区	大型	跨越型	高校型	1

续表

小区所在城市区域	典型案例	小区规模	街区空间类型	单位属性	数量合计
雁塔区	西安电子科技大学社区	大型	跨越型	高校型	1
新城区	16 街坊（西光、昆仑）	中型	嵌入型	企业型	4
新城区	黄河 14 街坊西区	中型	整体性	企业型	4
	华山 17 街坊	中型	整体型	企业型	

4.1.3.2　调研方法

通过对 47 个调研对象的研究，需要了解单位型老旧小区静态交通空间和动态交通空间的概况，总结二者的总体特征。采用原始资料整理和地图软件查看两种方法，对小区的概况、建设情况和动、静态交通空间基本数据进行梳理。为了对典型案例现状问题的严重性和原因进行说明，需要更加详尽的数据，可采用现场勘验、图纸记录、访谈、行为分析、多媒体记录等方法，根据不同典型案例的侧重点，整理分析老旧小区的停车空间、周边公交系统、居民特征、小区出入口和道路等现状。

4.1.4　各类单位型老旧小区的主要特征

根据上述对单位型老旧小区的类型划分，从不同的分类角度对各类单位型老旧小区的主要特征进行分析与总结。

4.1.4.1　停车空间视角

不同停车空间类型的单位型老旧小区主要从分布与规模、停车空间特征和性质类型与特点三方面进行分析与总结：

（1）分布与规模

在分布特征方面，对 47 个单位老旧小区的空间位置进行分析，如图 4-14 所示。从整体上看，不同停车空间类型的老旧小区主要分布在幸福路段，分布位置比较集中。其中自足型老旧小区数量较少，其分布比较分散，但总体上分布在城南方向。在规模方面，如表 4-9 所示，依赖型老旧小区以中、小型规模为主，14 个依赖型老旧小区中有 7 个小型老旧小区，4 个中型老旧小区，中、小型老旧小区占依赖型老旧小区比例达 79%；自足型老旧小区规模较大，6 个自足型老旧小区全部为大型老旧小区，其用地规模全部超过 15 公顷；过渡型老旧小区与依赖型相似，以中、小型规模为主，27 个过渡型老旧小区中型和小型老旧小区数量分别为 13 个和 9 个，中、小型老旧小区占总数的 81%。

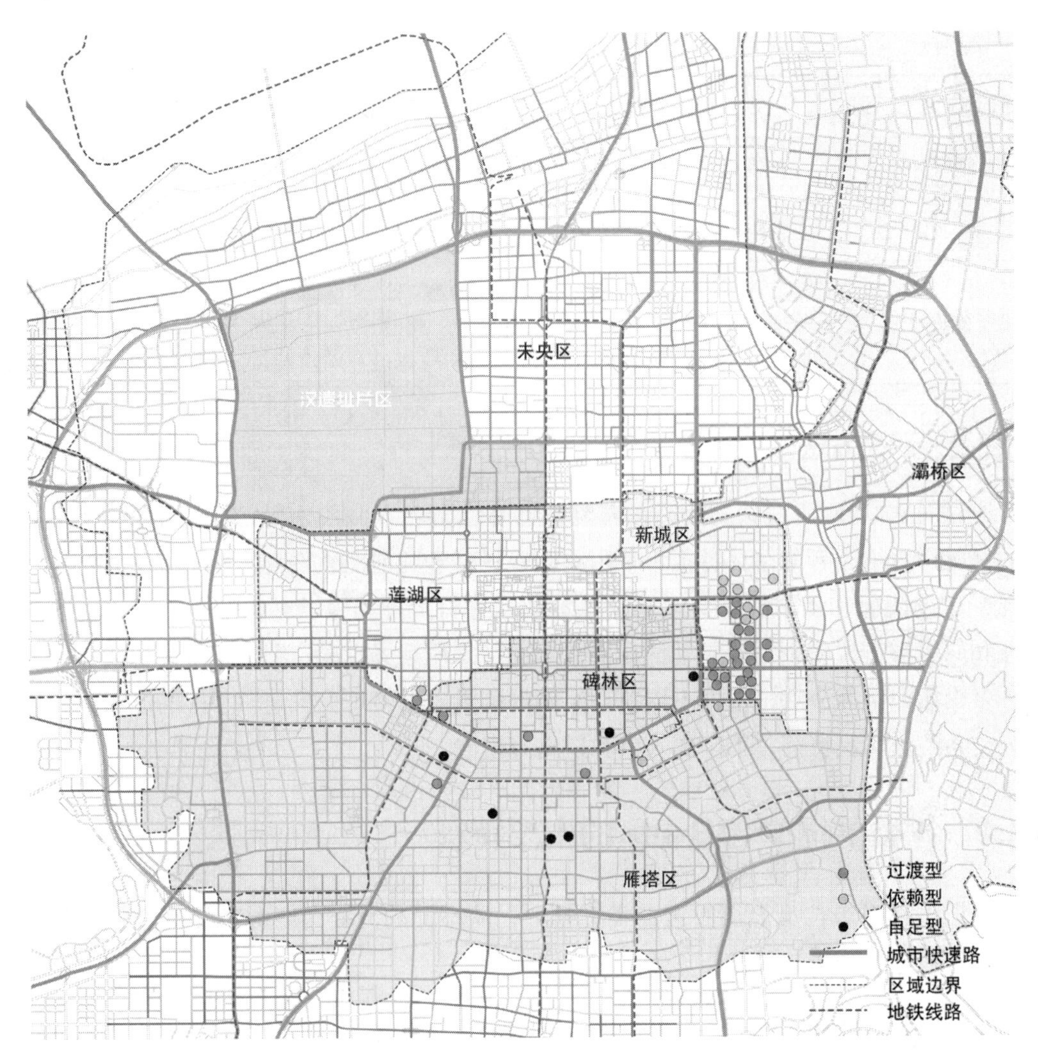

图 4-14　各类单位型老旧小区停车空间类型分布图

表 4-9　停车空间视角下单位型老旧小区类型与规模特征示意图

单位型老旧小区类型	规模特征		
	大型（个）	中型（个）	小型（个）
过渡型	5	13	9
依赖型	3	4	7
自足型	6	0	0

(2) 单位属性类型与特点

从性质类型上看，企业型老旧小区没有自足型，高校型老旧小区中停车空间类型分布比较均匀。对 47 个单位老旧小区的单位属性类型进行分析，企业型老旧小区 33 个，其中依赖型老旧小区 11 个，过渡型老旧小区 22 个；高校型老旧小区 14 个，依赖型 3 个，过渡型 5 个，自足型 6 个（表 4–10）。总体来看，高校型老旧小区的停车空间类型分布比较均匀，企业型老旧小区以过渡型为主，没有自足型，这说明企业型老旧小区整体上对停车空间的更新不足。

表 4–10　停车空间视角下单位型老旧小区类型与单位属性特征示意表

单位型老旧小区类型	单位属性	
	高校（个）	企业（个）
过渡型	5	22
依赖型	3	11
自足型	6	0

（3）停车空间特征

从停车空间特征上看，依赖型老旧小区内部停车空间严重不足，无法满足居民的日常需求，外溢车辆需要通过小区所在街区的停车空间来承载；自足型老旧小区停车空间数量能够满足小区内现状的停车需求，但在停车和生活空间品质方面还需要进一步优化；过渡型老旧小区停车空间的数量满足现状停车需求，但其每 100 平方米建筑面积的车位配比较低，没有余量应对远期汽车保有量的增长，且停车空间导致居住空间环境品质严重受损。

4.1.4.2 街区空间视角

整体型、嵌入型和跨越型三类单位型老旧小区的分布与规模、交通空间特征及单位属性如下：

（1）分布与规模

在分布特征方面，单位型老旧小区在空间分布上具有明显的区域集中性。单位型老旧小区整体上以旧城为中心向东、西、南三个方向呈扇形分布。企业型老旧小区主要分布在城市东西方向的莲湖区、新城区以及灞桥区；高校型老旧小区分布在城市南面的雁塔区。如图 4–15 所示，对不同街区空间类型的老旧小区分布位置进行分析，跨越型老旧小区主要分布在城南方向；整体型老旧小区分布在旧城东面的新城区与灞桥区；嵌入型老旧小区在三个城市方向上均有分布。

在规模特征方面，对不同街区空间类型老旧小区的规模进行统计，4 个跨越型老旧小区全部为大型老旧小区；整体型老旧小区以中型规模为主，9 个整体型老旧小区中有 6 个为中型规模；嵌入型老旧小区以中、小型规模为主，34 个嵌入型老旧小区中，大型 7 个、中型 14 个、小型 13 个。14 个小型老旧小区中有 13 个为嵌入型（表 4–11）。总体来看，不同规模的老旧小区中都是嵌入型数量最多，小型老旧小区基本全部为嵌入型。

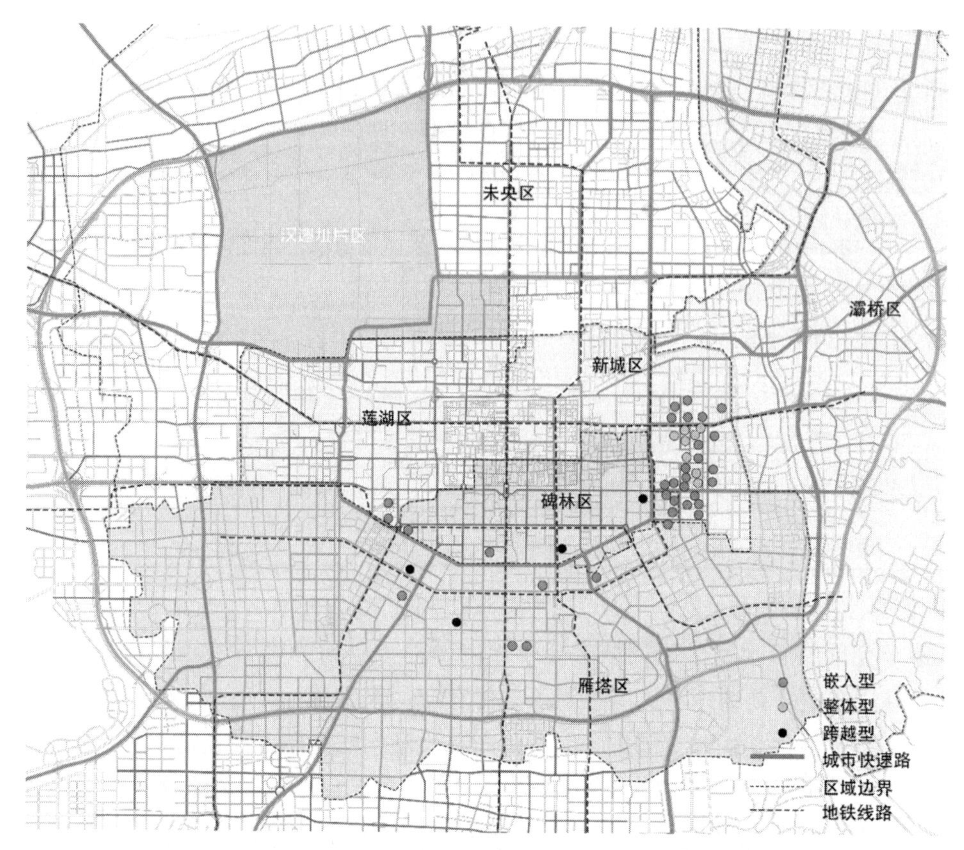

图 4-15 各类单位型老旧小区街区空间类型分布图

表 4-11 街区空间视角下单位型老旧小区类型与规模特征示意表

单位型老旧小区类型	规模特征		
	大型（个）	中型（个）	小型（个）
嵌入型	7	14	13
跨越嵌入型	4	0	0
整体型	2	6	1

（2）单位属性类型与特点

从单位属性类型上看，企业型老旧小区中全部为整体型与嵌入型；高校型老旧小区只有跨越型与嵌入型。对 47 个单位型老旧小区的性质类型进行分析，整体型老旧小区 9 个，全部为企业型老旧小区；跨越型老旧小区 4 个，全部为高校型老旧小区；嵌入型老旧小区 34 个，其中企业型老旧小区 24 个，占嵌入型老旧小区总数的 71%；高校型老旧小区 10 个，占嵌入型老旧小区总数的 29%（表 4-12）。总体上看，整体型与跨越型的老旧小区数量较少，嵌入型老旧小区中企业型老旧小区数量较多，老旧小区的单位属性类型与街区空间类型具有明显关联性，大型的高校型老旧小区以跨越型为主，企业型老旧小区以嵌入型为主，大型的企业型老旧小区以整体型为主。

表 4-12　街区空间视角下单位型老旧小区类型与单位属性特征示意表

单位型老旧小区类型	单位属性	
	高校（个）	企业（个）
嵌入型	10	24
跨越型	4	0
整体型	0	9

（3）对街区交通空间的依赖程度

从空间特征上看，由于不同类型的单位老旧小区与街区空间的位置关系不同，其交通空间特征呈现出较大差异。嵌入型单位老旧小区内部空间与所在街区空间联系更紧密，因此其交通空间主要依赖街区空间，其中嵌入型Ⅱ的交通空间一定程度上能与相邻街区空间产生联系；整体型单位老旧小区的空间范围与街区范围重合，其交通空间相对独立，对相邻街区空间的依赖程度较小；跨越型单位老旧小区的空间范围分布在不同街区空间之内，其内部的交通流动需要通过城市道路进行衔接，因此其交通空间对相邻街区以及城市空间的影响较大。

4.2　单位型老旧小区静态交通空间现状与问题分析

4.2.1　单位型老旧小区静态交通空间的影响因素与调研内容

单位型老旧小区建设年代早，原有规划的停车空间均十分有限，随着社会的发展、人民生活水平的提升、汽车保有量骤增，小区停车空间问题矛盾十分突出，居民普遍在小区内部见缝插针扩张停车空间，占用其他公共空间，甚至停车停到了小区外。从对 47 个一般调研对象调查的结果来看，绝大多数单位型老旧小区主要以地上停车为主，地上停车位共有 14833 个，占总数的 71%。

调研对象中，六成的小区在发展过程中没有新建地下停车库，仅有地上停车场。其余 40% 的小区初始建设时并无专用的停车位，小区拆旧建新过程中零星拆除旧楼，新建了地下停车库。但即便是新增地下停车位，地上依旧车满为患，平均有六成的停车位占用小区的地上公共绿地、活动广场、道路等公共空间，短期内可缓解小区内停车数量矛盾，但长期依旧难以满足居民停车需求。极个别规模较小的家属区和教学区在一个大院里，如西安外国语大学，利用教学区新建的幼儿园、学校操场等整体修建地下停车库，解决了家属区的停车问题，因此地上停车位极少。

停车位分布以集中（地下停车空、地面停车场和停车楼）与分散式（道路停车、绿地停车和广场停车）结合布局为主，以集中与分散式结合布局方式为主的小区共有43个。

前已述及，老旧小区内部停车空间紧张，当在小区内扩张解决停车空间困难时，不得不将停车空间外溢到街区范围。因此，老旧小区停车空间包含小区内部既有的停车空间与其所在街区范围内的停车空间。在老旧小区内部，既有停车空间主要包含被机动车侵占的小区道路、公共绿地以及活动广场空间；老旧小区街区停车空间指街区范围内可依赖的公共停车空间，停车位数量多少影响到小区内部停车空间的解决程度。

不言而喻，小区内部和小区所在街区停车空间的规模、分布及类型是老旧小区静态交通空间的主要影响因素。此外，老旧小区周边的公交系统的发达程度，以及小区居民的年龄、职业、收入等都会影响到居民的出行方式，从而影响到小区的静态交通空间。

4.2.1.1 静态交通空间影响因素

（1）老旧小区停车空间的规模、分布及类型

①停车空间规模：停车空间的规模越大，老旧小区现有可利用的停车位数量越多。

②停车空间分布：分为集中式停车和分散式停车，集中式停车布局需要规划合理的服务范围，分散式停车合理设置可降低其对其他空间的干扰。

③停车空间类型：主要分为路边停车、地上立体停车、地面集中停车和地下停车，不同类型停车位对小区环境品质和道路秩序的影响、相同占地面积下停车位数量不同，直接影响老旧小区的静态交通空间和其他公共空间。

（2）周边公共交通站点

居民出行方式是静态交通空间主要影响因素之一，老旧小区周边公交系统发达程度很大程度上决定了居民的出行方式。老旧小区周边的公共交通（地铁和公交）系统发达和便利程度，影响居民对私家车的依赖程度和出行方式，从而影响到小区的停车空间。

（3）居民特征

据调查，老旧小区居民年龄、职业、收入的不同都影响着居民出行方式。老龄化程度的高低、职住距离的远近、经济条件水平都会影响居民的出行方式以及对停车空间的需求。

4.2.1.2 单位型老旧小区静态交通空间调研内容

不同类型老旧小区现状问题的主要影响因素不同，因此针对其分类分别进行调查研究。对47个调研对象的概况、建设情况和静态交通空间基本数据进行调查研究（表4–13），并根据以上单位型老旧小区静态交通空间影响因素和现状问题侧重点，对不同类型老旧小区的典型案例进行重点调查（表4–14），分析各类单位型老旧小区现状问题的严重性与问题产生的原因。

表 4-13　单位型老旧小区静态交通空间一般调研对象调查内容一览表

调研对象	调研内容	调研目的
47 个单位型老旧小区	老旧小区区位、周边环境、单位性质	老旧小区概况
	老旧小区初始建设年份、总占地面积、总建筑面积、总户数	老旧小区建设情况
	老旧小区既有汽车保有量；老旧小区既有停车位数量（地上和地下停车位）	老旧小区静态交通空间基本数据

表 4-14　单位型老旧小区静态交通空间重点调研对象调查内容一览表

调研对象	静态交通空间影响因素	调研内容
过渡型老旧小区	老旧小区停车空间、周边公共交通站点、居民特征	老旧小区不同类型停车位数量与分布；老旧小区周边公共交通状况；居民构成、年龄特征、职住距离、出行方式
依赖型老旧小区	老旧小区停车空间	老旧小区不同类型停车位和非规划停车位数量与分布；老旧小区所在街区道路停车场分布
自足型老旧小区	老旧小区停车空间	教学区和家属区不同类型停车位数量与分布情况

4.2.2　过渡型老旧小区静态交通空间现状

4.2.2.1　整体概况与特征

（1）整体概况

27 个过渡型老旧小区（表 4-15）的所属单位包含高校和企业（图 4-17），高校属性老旧小区全部分布在南郊，企业属性老旧小区全部分布在东郊（图 4-16）。过渡型老旧小区的停车类型同时包含地上停车和地下停车（图 4-18），有 85% 的过渡型老旧小区以地上停车为主，地上停车位总数占所有停车位数量的 70% 左右（图 4-19）。停车位布局方式均为集中和分散相结合。

表 4-15　过渡型老旧小区详情表

重点调研对象	单位属性	年代	户数（户）	规模（公顷）	既有汽车保有量（辆）	停车位总数（个）	地上停车位数（个）	地下停车位数（个）
华山 17 街坊	企业	1950	1942	7.58	500	500	500	0
华山 26 街坊	企业	1980	394	2.43	80	100	100	0
秦川 21 街坊	企业	1980	1174	4.9	100	160	160	0

续表

重点调研对象	单位属性	年代	户数(户)	规模(公顷)	既有汽车保有量(辆)	停车位总数(个)	地上停车位数(个)	地下停车位数(个)
秦川22街坊	企业	1980	1114	3.79	110	170	170	0
秦川28街坊	企业	1980	1299	4.80	90	110	110	0
秦川29街坊	企业	1980	1295	5.29	110	170	170	0
秦川30街坊	企业	1980	7670	7.05	550	1010	130	880
昆仑16街坊	企业	1977	1091	5.03	200	220	98	122
昆仑36街坊	企业	1956	1538	5.70	400	403	360	43
东方101街坊	企业	1990	1493	13.11	230	230	230	0
东方102街坊	企业	1990	554		64	64	64	0
东方103街坊	企业	1990	903		104	104	104	0
东方104街坊	企业	1990	1281		33	33	33	0
东方31街坊	企业	1990	1539	8.00	122	182	60	122
黄河14街坊(东)	企业	1958	1988	5.2	45	135	90	45
黄河9街坊	企业	2000	1046	3.6	35	125	90	35
西光15街坊	企业	1990	1277	13.00	275	295	219	76
华山工大小区	企业	1980	627	2.72	100	150	150	0
机械勘察设计院家属院	企业	1965	481	3.08	289	297	297	0
陕钢115南院	企业	1976	1379	2.36	440	440	140	300
陕钢115北院	企业	1996	1245	3.97	253	294	241	53
普天小区	企业	2000	1868	3.23	240	299	150	149
体院家属院[1]	高校	1998	1324	2.51	190	210	210	0
西工大西院[2]	高校	1979	711	8.64	102	102	102	0
西工大南院[3]	高校	1979	618	10	150	161	161	0
西安科技大学南院	高校	1958	1155	5.53	530	541	341	200
西安文理学院小区	高校	1986	451	2.39	200	200	200	0

(资料来源：根据西安市老旧小区改造办公室数据绘制)

[1] 体院家属院指西安体育学院的家属区。
[2] 西工大西院是指西北工业大学西苑，即西北工业大学的家属院。
[3] 西工大南院是指西北工业大学南苑，即西北工业大学的家属院。

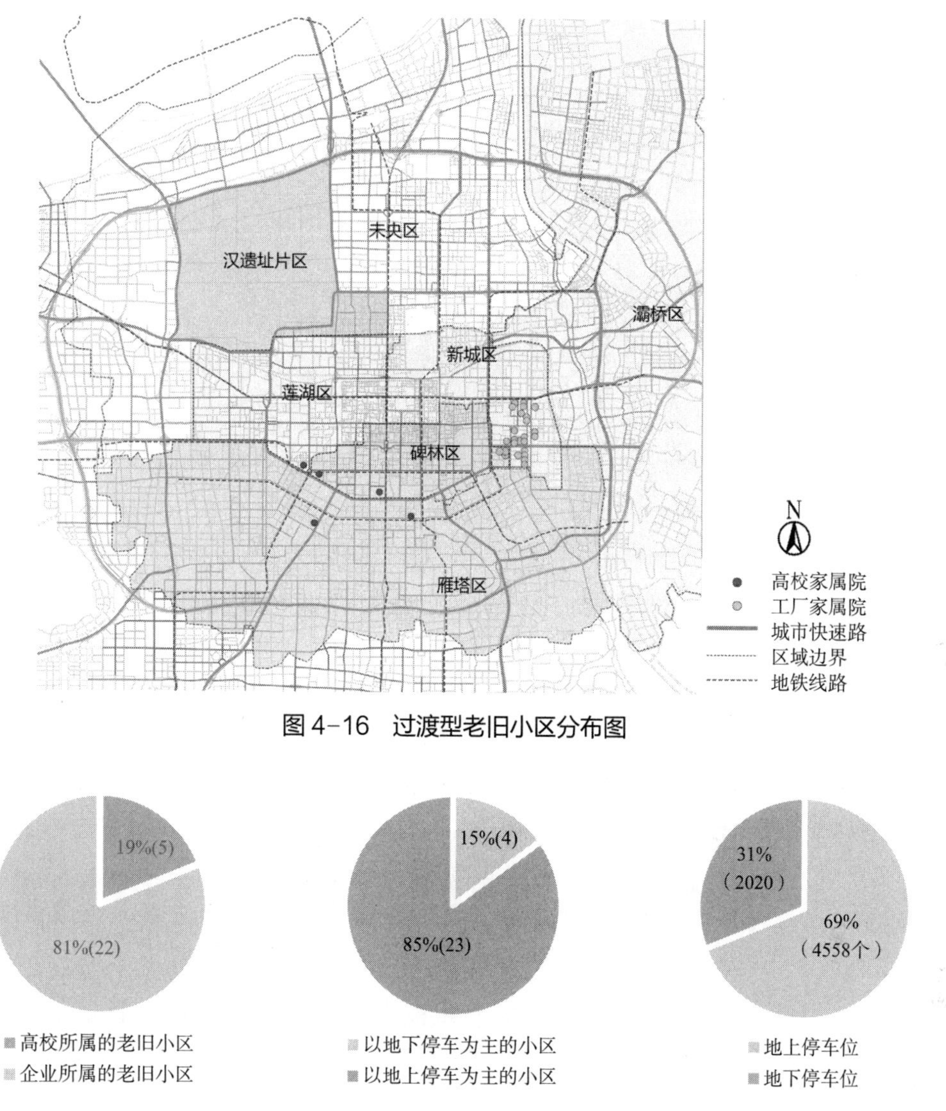

图 4-16 过渡型老旧小区分布图

图 4-17 不同单位属性的过渡型老旧小区数量及比例图

图 4-18 不同类型停车位的过渡型老旧小区数量及比例统计图

图 4-19 过渡型老旧小区不同类型停车位的数量及比例图

(2) 共性特征

①现有停车位数量基本满足既有汽车保有量，但现有车位配比低于配建标准。调查的 27 个一般调研对象中，不论是企业还是高校单位属性，停车位数量与既有汽车保有量基本持平（图 4-20），老旧小区现状停车位配比全部低于规范配建标准（图 4-21）。过渡型老旧小区的停车现状的配比低于西安市建筑工程机动车停车位配建标准，《陕西省城市规划管理技术规定（2018 版）》规定单位职工住房机动车停车位配建标准为 100 平方米建筑面积 0.6 个车位，过渡型老旧小区停车的现状配比处于 0.04～0.59，普遍低于规范要求。过渡型老旧小区居民的现状汽车拥有量低，因此纵使停车位数量少、不满足规范配建标准，但停车位数量依旧满足既有汽车保有量。

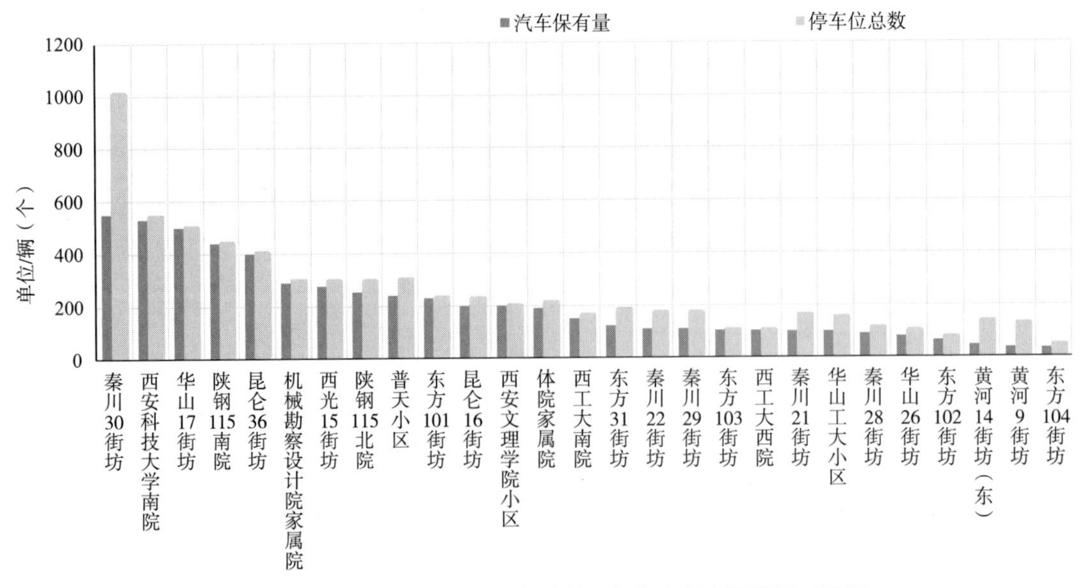

图 4-20　过渡型老旧小区停车位数量与汽车保有量数量对比图

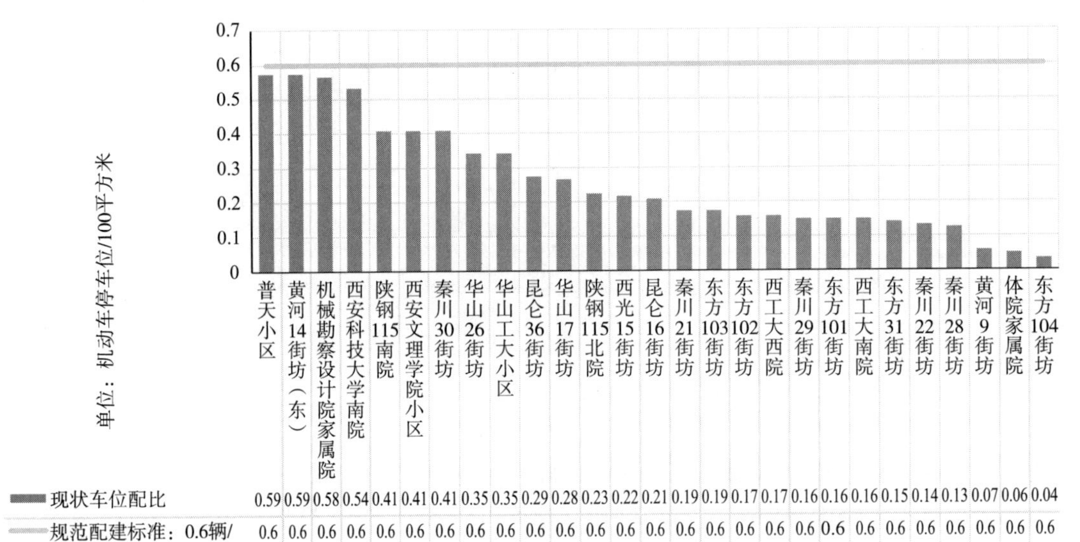

图 4-21　过渡型老旧小区停车位现状配比与规范配建标准对比图

②企业属性老旧小区普遍职住距离短，老龄化程度高，出行方式以步行和非机动车为主。27 个过渡型老旧小区中企业属性小区有 22 个，其中 18 个为东方、华山、昆仑、西光、黄河和秦川等军工类企业家属院，4 个为其他企业单位所属小区（图 4-22）。以东方、华山、昆仑、西光、黄河和秦川所属老旧小区均分布在二环以内的幸福林带地段，在城市中街区周边环境相似，家属区与厂区紧邻，职工通勤距离在 0.2～2.1 千米，且小区的 15 分钟步行范围内均有公共交通，以公交站点为主（表 4-16），由于通勤距离短且公共交通便利，居民通勤以步行和非机动车为主。

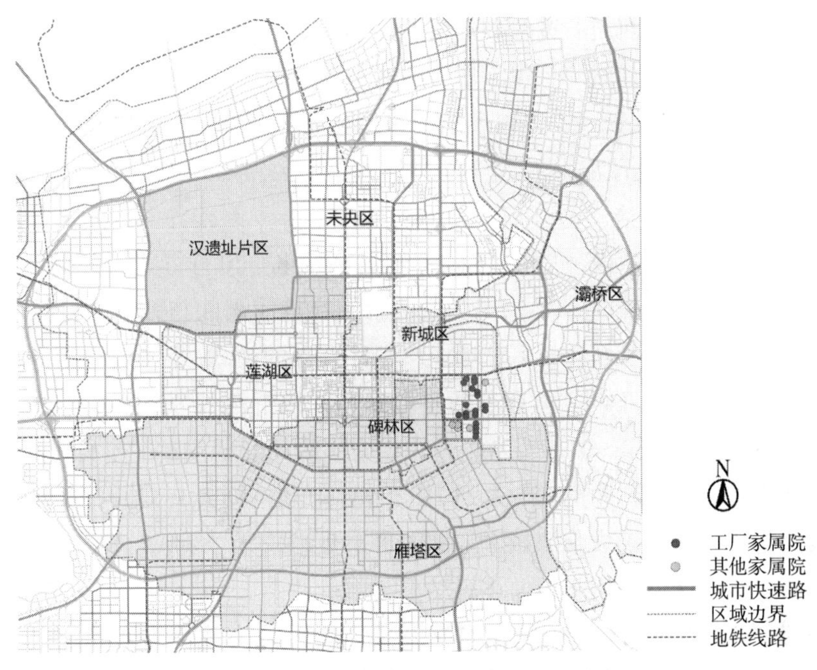

图 4-22　企业属性的过渡型老旧小区分布图

表 4-16　过渡型老旧小区中企业型小区通勤方式与平均通勤距离示意图

通勤范围	小区至公交站距离（km）	通勤距离（km）
华山 26 街坊—华山机械厂	0.11	1.3
华山 17 街坊—华山机械厂	0.05	0.58
黄河 14 街坊—黄河机械厂	0.13	0.82
黄河 9 街坊—黄河机械厂	0.02	1.10
秦川 22 街坊—秦川机械厂	0.32	0.20
秦川 28 街坊—秦川机械厂	0.08	1.30
秦川 21 街坊—秦川机械厂	0.70	0.45
秦川 29 街坊—秦川机械厂	0.04	0.91
秦川 30 街坊—秦川机械厂	0.05	1.30
昆仑 16 街坊—昆仑机械厂	0.45	1.70
昆仑 36 街坊—昆仑机械厂	0.12	2.10
东方 101-104 街坊—东方机械厂	0.40	1.30
东方 31 街坊—东方机械厂	0.12	1.70
西光 15 街坊—西北光电仪器厂	0.04	0.43

工厂与家属院关系及家属院周边公交站点

东方、华山、昆仑、西光、黄河和秦川所属小区是西安“一五”规划时期统一建设的，人口结构基本类似。由于建设年代早、职工收入普遍较低，但社区福利较好，居民总体保留完整，因此老龄居民较多，60岁以上居民人数占小区总人口数的34%，老龄化程度十分严重。退休的老龄居民日常生活活动范围基本在小区内部和周边的公共空间，远距离出行多选择公共交通。

③高校属性小区职住距离相邻老校区+较远新校区，出行方式近距离以步行和非机动车为主，远距离以公共交通和私家车为主。西安高校家属区与教学区以前以相邻为主，随着师生数量增加，不得已新建校区，形成多校区并存的模式，因此教职工职住距离远近的程度不同，出行方式也不同。教职工通勤方式分为以下两种情况（表4-17）：一是与家属区较近的校区，距离在0～01.3千米，教职工大多采用非机动车、步行出行；二是教职工去其他校区上课时较远，距离在5.3～40.9千米，一般选择公共交通、通勤车和私家车。如西安科技大学南院教职工去临潼校区上课时可乘坐地铁九号线或自驾私家车；前往西安科技大学雁塔校区上课可采用步行、非机动车。

高校属性的过渡型老旧小区主要构成人员主要可分为教职工及其家属、中小学生家长、周边工作人员。总体的人口年龄相对年轻，60岁以上人口数量占总人口数量的12.4%，收入较高，居民平均月收入6000元，有充足的购车需求和购车能力，日常生活出行和工作出行对私家车的依赖性较强。

表4-17　过渡型老旧小区中高校属性小区通勤方式与通勤距离示意表

通勤范围	通勤方式	通勤距离（千米）
体院家属院—西安体育学院	步行；非机动车	0.32
体院家属院—西安体育学院鄠邑校区	机动车；公共交通（公交车）	40.9
体院家属院—西安体育学院沣峪口校区	机动车；公共交通（公交车）	27.5
西工大西院（南院）—西工大友谊校区	步行；非机动车	0.30
西工大西院（南院）—西工大长安校区	机动车；公共交通（公交车）	31.1
西安科技大学南院—西安科技大学雁塔校区	步行；非机动车；公共交通（地铁）	0.97
西安科技大学南院—西安科技大学临潼校区	机动车；公共交通（公交车、地铁）	31.6
西安文理学院小区—西安文理学院太白校区	步行	0
西安文理学院小区—西安文理学院高新校区	步行；非机动车	1.3
西安文理学院小区—西安文理学院财经校区	机动车；公共交通（公交车、地铁）	5.3
西安文理学院小区—西安文理学院书院校区	机动车；公共交通（公交车、地铁）	7

续表

通勤范围	通勤方式	通勤距离（千米）
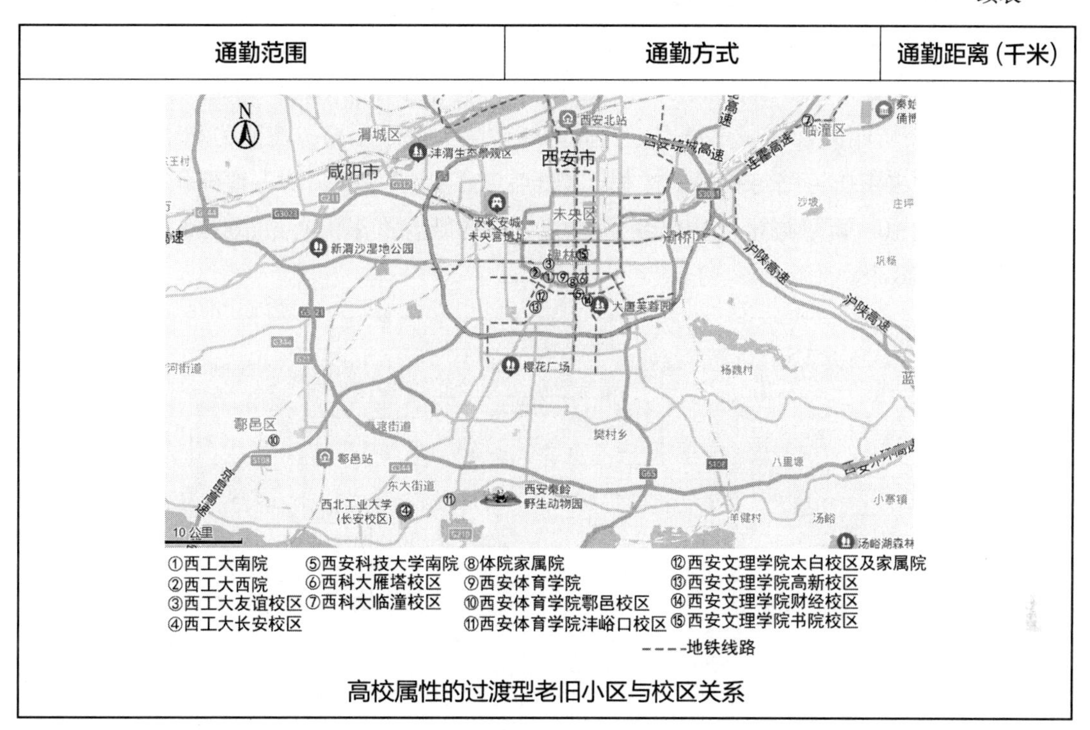 高校属性的过渡型老旧小区与校区关系		

4.2.2.2　典型案例调查——昆仑 16 街坊

22 个企业属性的过渡型老旧小区中有 18 个都属于建设背景相似的工厂家属院，综合考虑小区区位、占地规模、周边环境和内部静态交通空间现状等因素，选取昆仑 16 街坊为典型案例，对企业属性的过渡型老旧小区现状问题进行说明。

(1) 基本概况

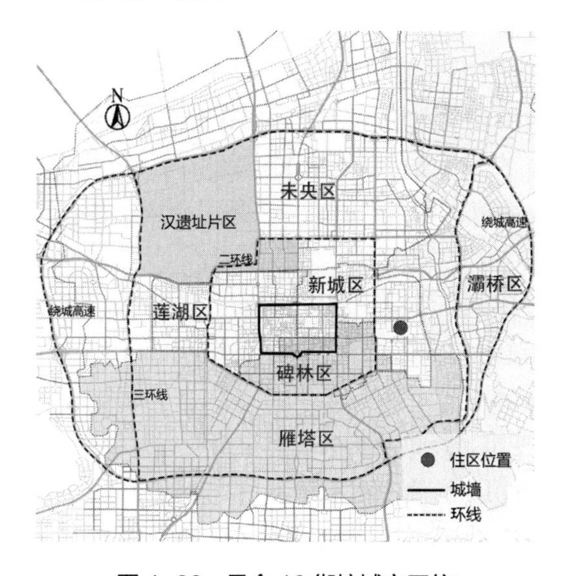

图 4-23　昆仑 16 街坊城市区位

图 4-24　昆仑 16 街坊周边环境

昆仑16街坊位于西安市新城区（图4-23），始建于1977年，同一街区内还包含西光、黄河、华山四个企业的家属院。昆仑16街坊与其工厂区（昆仑机械厂）距离近，东面为城市公共绿地幸福林带，幸福林带地下为大型商业广场和停车场（图4-24）。

昆仑16街坊四面皆邻城市道路，西面为城市次干道康乐路，东面为城市主干道万寿中路，南北面由街坊道路与相邻街区相连（图4-25）。昆仑16街坊占地面积为5.03公顷，总建筑面积约10.3万平方米，总户数1091户，总的既有汽车保有量200辆，街坊内总的既有停车位220个。

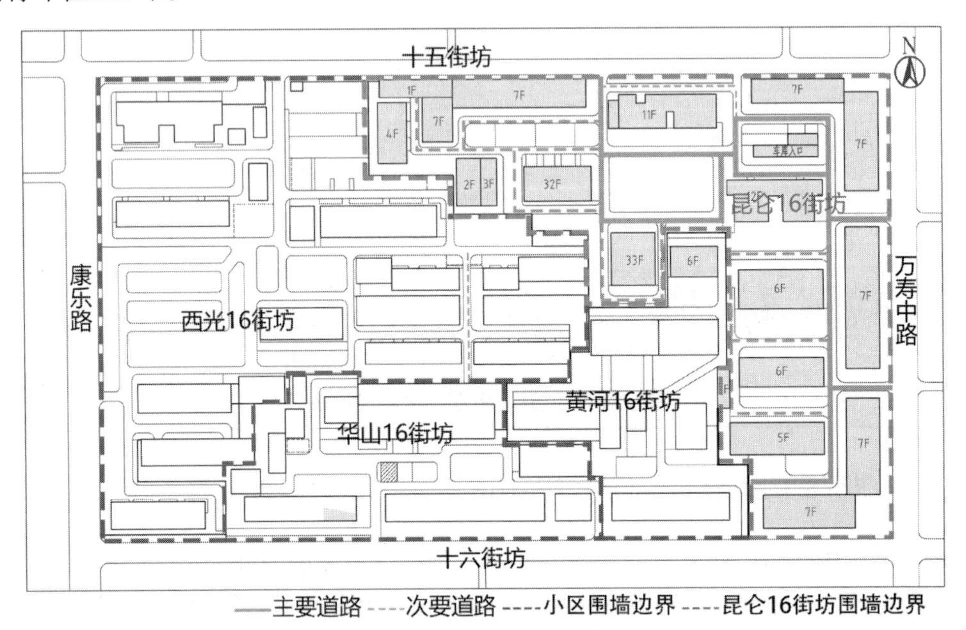

图4-25 昆仑16街坊在街区中的位置

(2) 现状停车位使用情况

昆仑16街坊现在停车位220个，最初建设时小区交通系统仅为行人和非机动车服务，为了适应小区汽车保有量的增加，2000年以后新建的两层高层住宅配有地下停车库，停车位共122个，但依旧不满足私家车停车的需求，因此，在地上的道路空间、公共绿化和活动广场上划定了98个停车位，虽然数量上缓解了停车问题，但占用了小区公共空间，影响了居民日常生活品质。

地上停车位包括道路停车位、公共绿化停车位和活动广场停车位，总体道路空间侵占最严重，停车位数量最多，占地上停车位总数的63.3%，公共绿化停车位和活动广场停车位占地面停车位总数比率分别是16.3%和20.4%（表4-18）。

停车位侵占道路严重，私家车可通行尺度变窄，严重影响大院内道路通行效率；小区内部现状绿地率是13.4%，公共绿地被停车位占用后，使配建本就不足的绿地面积更加紧张；活动广场被停车位占用后居民（尤其是日常在小区内部活动频次最多的老龄居民）日常休憩用地减少，生活品质受到严重影响。

据昆仑 16 街坊居民反映，如表 4-19 所示，道路上的停车位不仅使小区内部私家车通行效率降低，严重时产生短时间的拥堵，还影响到步行居民的出行安全，尤其是小孩和日常行动缓慢的老年人。16 街坊内公共绿地原本就少，划定停车位被停车占用后不仅降低了小区的景观品质，且宅前、宅后绿地上私家车的灯光和噪声严重影响到一层居民的户内生活。老龄居民在小区内部日常需要进行健身、晒太阳、聊天的休憩活动，但是被停车位占用的广场，不仅减小活动面积，且私家车散发的热和尾气也使居民不堪其扰。

表 4-18　昆仑 16 街坊停车位分布现状

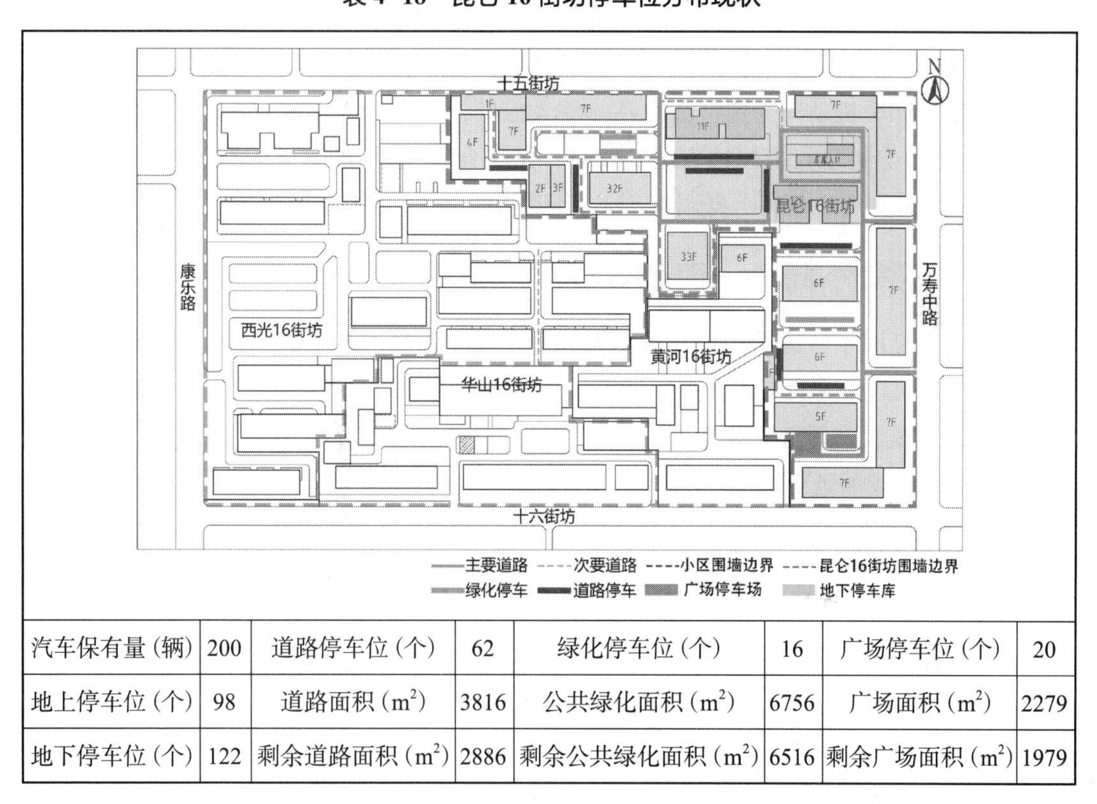

汽车保有量（辆）	200	道路停车位（个）	62	绿化停车位（个）	16	广场停车位（个）	20
地上停车位（个）	98	道路面积（m^2）	3816	公共绿化面积（m^2）	6756	广场面积（m^2）	2279
地下停车位（个）	122	剩余道路面积（m^2）	2886	剩余公共绿化面积（m^2）	6516	剩余广场面积（m^2）	1979

表 4-19　昆仑 16 街坊小区不同类型停车现状

道路停车位	绿地停车位	广场停车位

(3) 居民特征

昆仑厂建设年代早，其家属院昆仑 16 街坊建造年代也较为久远，小区整体老年人占比很高。根据联合国对地区老龄化的评判标准❶，结合调查统计的结果，昆仑16街坊60岁以上人口占总人口的33.33%，老龄化极其严重。老龄居民出行主要以非机动车和公共交通为主，对机动车依赖程度低，进而现状对停车的需求也较低。企业属性过渡型老旧小区，现状停车位平均配比为0.27，远远低于《西安市建筑工程机动车非机动车停车位配建标准》中经济适用房的配建标准0.6辆/100平方米规范要求，但由于居民年龄构成和老龄居民出行方式对私家车依赖程度低，停车位依然满足现状居民对私家车数量的需求。

昆仑16街坊所在街区及其周边街区的企业住区工厂职工是小区内部的主要人群，该区域职住规划布局相似，工厂和家属区毗邻，居民从家到厂区上班的主要出行方式单一。昆仑16街坊的职工职住距离小，从家属区到昆仑机械厂的通勤距离为1.7公里左右，出行方式以步行和非机动车为主。居民整体收入偏低，人均月收入在3500元左右，且昆仑16街坊周边10分钟步行范围内有公交站点，共包含11条公交线路，15分钟步行范围内有地铁站点，公共交通便利，据调查，居民日常出行以公共交通为主。

4.2.2.3 典型案例调查——西安科技大学南院

高校属性老旧小区居民构成更加复杂，不仅包括高校教职工及其家属，同时还有中小学生家长、周边工作人员等租户。西安市高校属性的过渡型老旧小区共有5所，综合考虑老旧小区规模、内部功能和地理位置等因素，以西安科技大学南院为例对高校属性的过渡型老旧小区现状进行说明。

(1) 基本概况

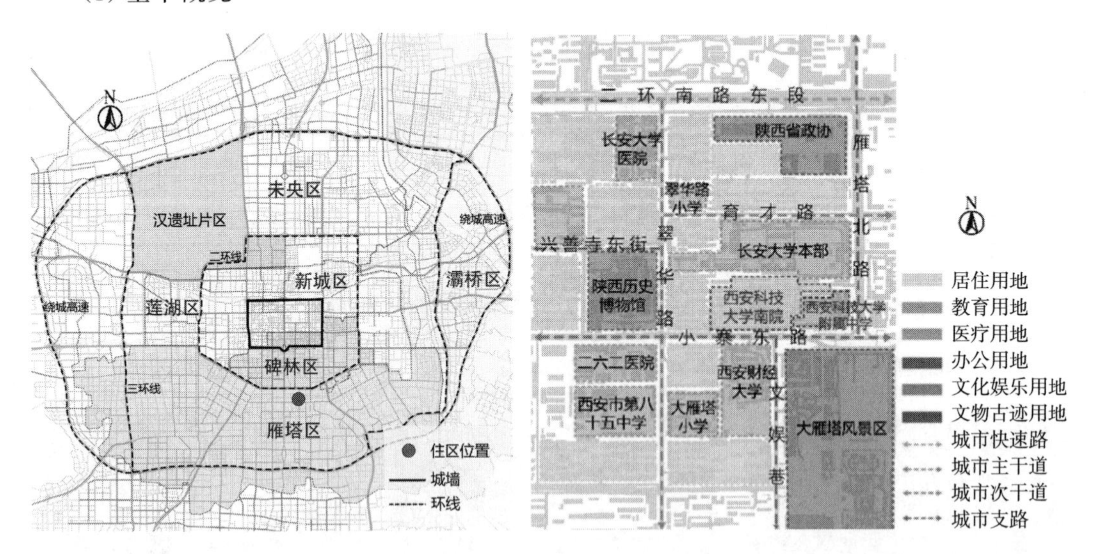

图4-26 西安科技大学南院城市区位

图4-27 西安科技大学南院周边城市空间环境

---

❶ 根据1956年联合国《人口老龄化及其社会经济后果》确定的划分标准，当一个国家或地区65岁及以上老年人口数量占总人口的比例超过7%时，则意味着这个国家或地区进入老龄化。1982年维也纳老龄问题世界大会确定60岁及以上老年人口占总人口的比例超过10%，该国家或地区即被视为进入老龄化社会。

西安科技大学南院是西安科技大学的家属院，始建于1958年，位于雁塔区（图4–26），东侧紧邻雁塔北路，南侧为小寨东路。西安科技大学南院所在街区还包含长安大学本部东院教学区、长安大学翠华路住宅区和其他企业、事业、机关家属院，街区西侧是陕西历史博物馆，南侧为大唐不夜城。西安科技大学周边总体商业类型丰富，交通便利，地理位置优越（图4–27）。西安科技大学南院占地面积5.53公顷，总建筑面积10万平方米，总户数1155户，总的既有汽车保有量530辆，总的现状停车位541个。

（2）现状停车位使用情况

西安科技大学南院停车位共541个，其中地下停车库停车位200个，地上停车位341个。西安科技大学南院在1958年最初建设时期并无固定停车位，后来为了应对居民的停车需求，在新建住宅和中小学操场下新建了地下停车库，虽然提供了200个停车位，但依旧不能满足现状私家车的停放，除了一个仅能停放5辆中学校车的小型地上停车场外，在地面的道路空间、公共绿地和活动广场上依旧划定了停车位总数62%的停车位。地上停车位中道路停车位数量最多，占地上停车位总数57.5%，公共绿地停车位和活动广场停车位占地面停车位总数比分别是11.7%和28.8%（表4–20）。虽然停车位的划定是居民停车需求和小区内经济、空间利用等方面的综合考虑，但道路空间、公共绿地和活动广场被停车位占用，依旧给居民出行和生活品质造成了负面影响。

表4–20　西安科技大学南院停车位分布现状

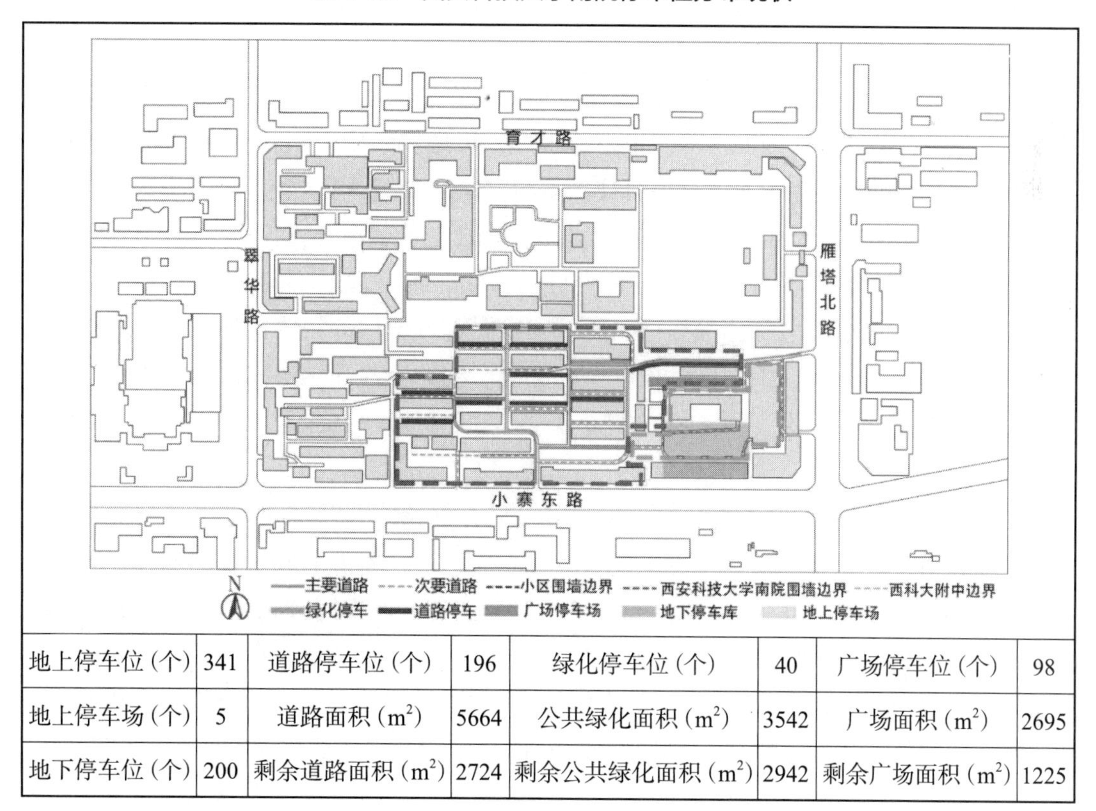

地上停车位（个）	341	道路停车位（个）	196	绿化停车位（个）	40	广场停车位（个）	98
地上停车场（个）	5	道路面积（m^2）	5664	公共绿化面积（m^2）	3542	广场面积（m^2）	2695
地下停车位（个）	200	剩余道路面积（m^2）	2724	剩余公共绿化面积（m^2）	2942	剩余广场面积（m^2）	1225

西安科技大学南院居民对停车位需求大，地下停车库不满足现状停车位使用，地面没有足够的空间容纳地下停车场，只能占用小区内的道路、绿化和广场等公共空间（表4-21），尤其是道路空间，52%的道路空间被划定为停车位使用。据居民反映，小区内活动空间本就不多，由于道路上的众多车辆行驶造成的安全隐患和汽车尾气造成的空间体验差，日常散步、跑步的活动需求体验不好。并且虽然已有一定数量的停车位，但依旧不能满足居民的使用需求，希望合理增加更多的停车位。

表 4-21　西安科技大学南院不同类型停车现状

道路停车位 	绿地停车位 	广场停车位 

（3）居民特征

居民构成复杂，出行方式多样。高校家属院居民主要可分为教职工及其家属、中小学生家长、周边工作人员，出行方式同时包含步行、非机动车出行、私家车出行和公共交通出行。教职工是高校的主要生活人群，人均收入高，平均月收入6000元左右。中小学生家长是高校家属院中重要的居住群体，高校往往拥有联系紧密的中小学、幼儿园等教育机构和优质的教育资源，因此，除满足内部职工子女就学需求外，也会吸引部分外来社会生源和为就学方便的学生家长。西安科技大学南院位于西安市繁华的路段，周边商业、办公楼林立，周边工作人员也是高校家属院居民重要的一部分。

西安科技大学南院高校教职工日常上班的教学区距离远近不同，出行方式也不同。西安科技大学有雁塔校区和临潼校区，教职工将完成教学任务需要在各个校区之间奔波往来，西安科技大学南院距离雁塔校区0.97公里，教职工前往雁塔校区可采用步行、非机动车和公共交通，但距离临潼校区31.6公里，教职工前往临潼校区可采用公共交通和私家车。

西安科技大学南院紧邻西科大附中（图4-28），小区出租率12.4%，大部分租客是附属中学就读师生。家长在接送学生上下学时以步行为主。周边上班租客的出行方式根据出行距离的远近也不尽相同：a. 以步行、非机动车为主。西安科技大学紧邻大唐不夜城，在周边上班的租客上班距离近；b. 以公共交通为主。西安科技大学南院出入口紧邻地铁大雁塔站，在西安地铁3号线和4号线的交汇处，周边多个公交站点，部分租客虽然工作地点不在西安科技大学南院周边，但乘坐公共交通出行方便。

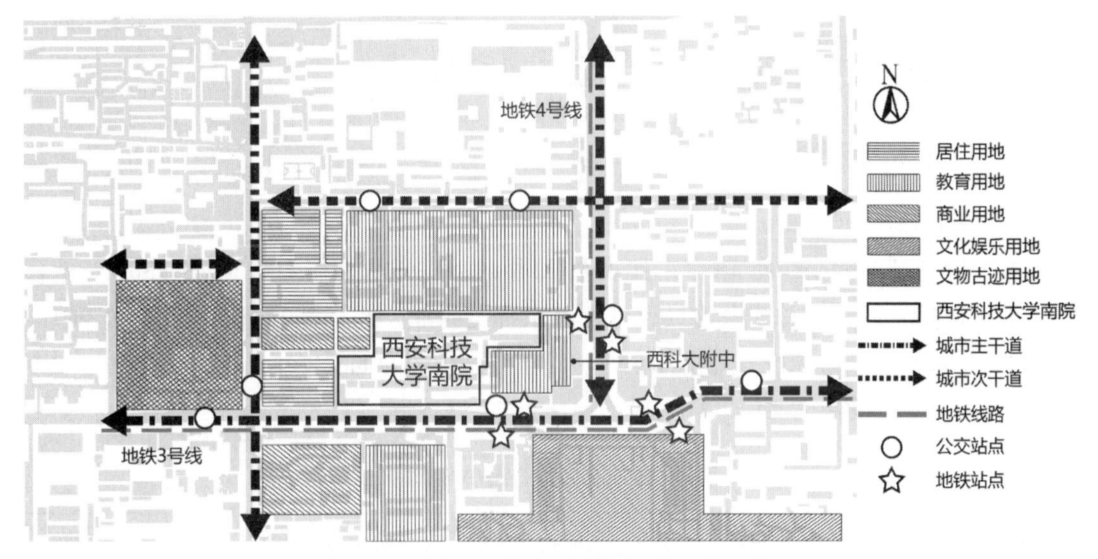

图 4-28　西安科技大学南院周边公交现状

4.2.2.4　过渡型老旧小区静态交通空间主要问题

过渡型老旧小区的停车位数量供给基本满足小区内部使用，单位属性包含企业和高校，其中高校属性的小区没有教学区或教学区静态交通空间规模少，建设程度较低。总的来说，过渡型老旧小区现状问题的主要原因是居民与公共活动空间、静态交通空间之间的矛盾，不同使用者出行特征与需求不同，对公共活动空间和静态交通空间的要求也有所不同。

(1) 问题 1：分散式停车占用公共活动空间，忽视老年人对交往空间需求

企业属性的过渡型老旧小区的居民职住距离小，就职所在工厂与居住所在的家属院的步行距离在 1 公里左右，居民通勤方式以非机动车和步行为主。企业属性的过渡型老旧小区为老龄化小区，居民老龄化严重，70 岁以上人口占 20% 以上，老龄居民出行依赖公交、非机动车和公共交通，日常休憩生活主要在小区内部。因此，企业属性的过渡型老旧小区居民的出行方式不以私家车为主，相对于停车空间，居民赖以生活的公共活动空间更加重要，而现状分散式地上停车占用小型广场、绿化、宅前宅后用地及道路空间，严重干扰居民尤其是老龄居民的休憩生活，居民的日常休闲生活不得不“与车共舞”。

(2) 问题 2：高校居民出行依赖私家车，未来停车需求更高

高校属性的过渡型老旧小区居民构成复杂，小区内部居民除高校的教职工及其家属以外，还包含在高校附属中小学求学的学生及家长和在周边商业中办公人员，以上三种人群出行方式多样，同时包含步行、非机动车、公共交通和私家车，但由于居民收入较高、生活方式和通勤方式的特殊性，居民对私家车的依赖性程度较强，现状停车位不足限制居民对私家车的购买欲望，但随着当前城市私家车的增长趋势，居民对私家车的需求也会进一步增长，对停车位数量的要求也会随之增加。

4.2.3 依赖型老旧小区静态交通空间现状

4.2.3.1 整体概况与特征

（1）整体概况

西安依赖型老旧小区有14个，如表4-22所示，占一般调研对象总数的30%。依赖型老旧小区的单位属性除3个为高校外，其余都是企业，并且都分布在西安市东郊（图4-29）。依赖型老旧小区没有地下停车库，停车类型全部为地上停车，地上停车的布局方式全部为集中和分散相结合。

表4-22 依赖型老旧小区详情

重点调研对象	建造时间	户数（户）	规模（公顷）	既有汽车保有量（辆）	停车位总数（个）	地上停车位数（个）	地下停车位数（个）
黄河东区	1996	662	2.01	200	130	130	0
黄河14街坊（西）	2000	761	7.04	135	48	48	0
秦川25街坊	1980	470	3.4	20	0	0	0
秦川31街坊	1980	556	2.4	20	0	0	0
西光新区	1992	558	3.97	190	168	168	0
西光35街坊	1982	1213	9.29	135	115	115	0
昆仑15街坊	1980	785	4.69	500	400	400	0
昆仑35街坊	1980	1103	10.00	200	160	160	0
西光16街坊	1956	970	7.75	330	295	295	0
中国三安家属院	1963	366	2.14	280	40	40	0
秦苑小区	1980	550	3.54	15	0	0	0
西安科技大学东院	1960	569	2.27	340	220	220	0
陕西警官职业学院家属院	1993	221	4.14	40	40	40	0
西工大北院	1979	2010	62.45	245	220	220	0

（资料来源：根据西安市老旧小区改造办公室数据绘制）

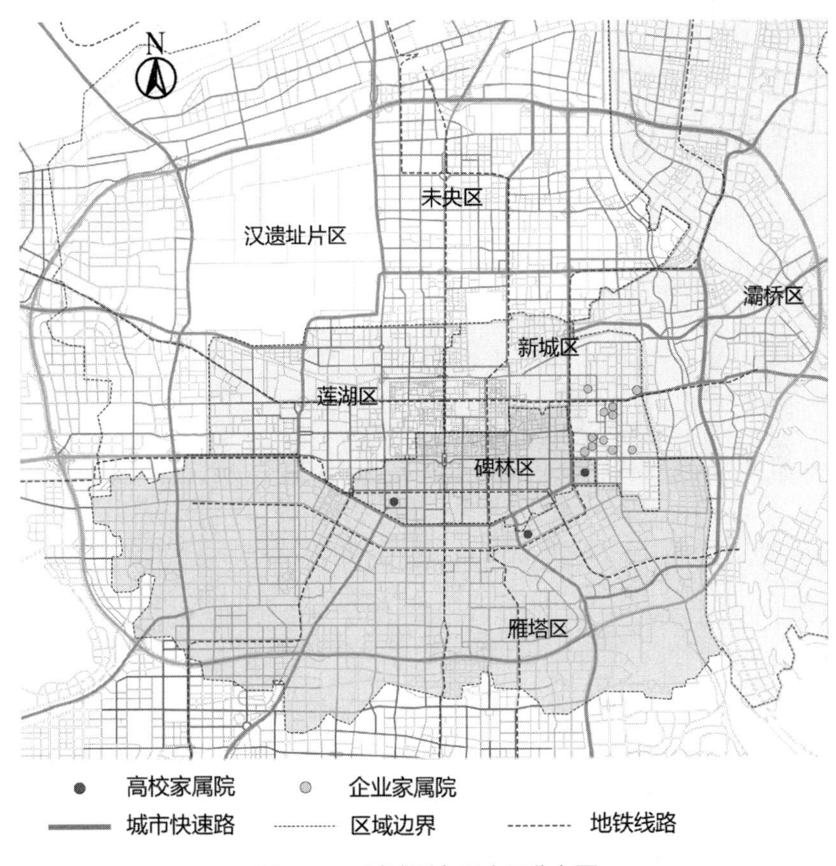

图 4-29　过渡型老旧小区分布图

(2) 共性特征

依赖型老旧小区的现有停车位数量普遍小于既有汽车保有量，现状停车位配比均低于规范配建标准。

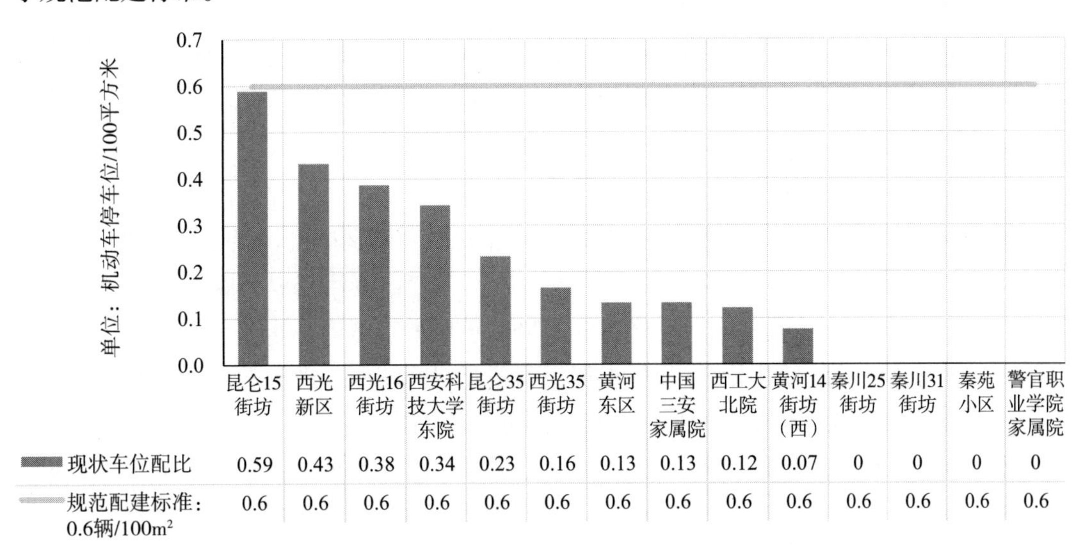

	昆仑15街坊	西光新区	西光16街坊	西安科技大学东院	昆仑35街坊	西光35街坊	黄河东区	中国三安家属院	西工大北院	黄河14街坊（西）	秦川25街坊	秦川31街坊	秦苑小区	警官职业学院家属院
现状车位配比	0.59	0.43	0.38	0.34	0.23	0.16	0.13	0.13	0.12	0.07	0	0	0	0
规范配建标准：0.6辆/100m²	0.6	0.6	0.6	0.6	0.6	0.6	0.6	0.6	0.6	0.6	0.6	0.6	0.6	0.6

图 4-30　依赖型老旧小区停车位数量与汽车保有量数量对比

14个过渡型老旧小区的现有停车位数量均小于小区内部的既有汽车保有量（图4-30），其中4个老旧小区内没有停车位。所有依赖型老旧小区停车现状的配比范围在0～0.6，低于规定的单位职工住房机动车停车位配建标准（图4-31）。

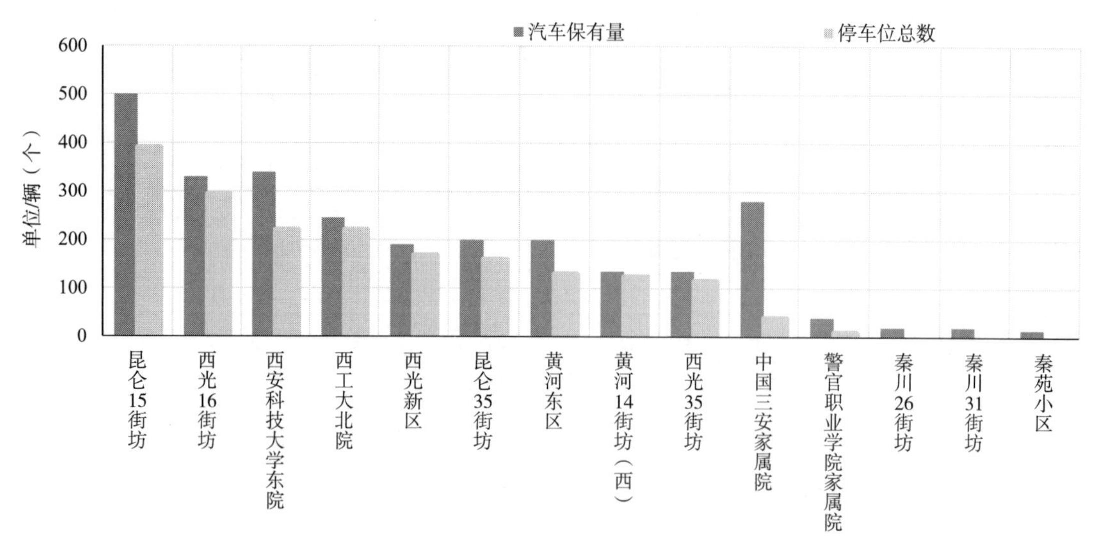

图4-31 依赖型老旧小区停车位现状配比与规范配建标准对比

4.2.3.2 典型案例调查——西光16街坊

14个依赖型老旧小区的单位属性以企业为主，占依赖型老旧小区总数的79%，在企业属性老旧小区中综合考虑小区规模和静态交通空间等因素，选取西光16街坊作为典型案例，说明依赖型老旧小区的现状问题。

（1）基本概况

西光16街坊位于西安市新城区的十六街坊，建设于1956年，是西北光电仪器厂的家属院。西面为城市次干道康乐路，南侧是城市支路十六街坊路，北面是城市支路十五街坊路（表4-23）。西光16街坊占地面积为7.75公顷，总建筑面积7.7万平方米，总户数1091，总的既有汽车保有量330辆，总的既有停车位295个。

（2）现状停车位使用情况

西光16街坊既有汽车保有量是330辆，停车位总数为295个，非规划停车位43个。西光16街坊在最初建设时期没有机动车停车位，20世纪90年代以后随着部分居民拥有私家车，开始在地面上零星地划定停车位。2000年以后小区内私家车迅速增加，小区内的公共空间和低使用率的闲置空间基本都作为停车空间使用。现有的两个地上停车场是小区内新建建筑时顺带将原有的公共空间整治为停车空间。

如表4-23所示，西光16街坊共有2个地上停车场，停车位数量为131个，但远远难以满足居民的停车需求，因而又利用小区内部的道路空间、公共绿化和活动广场划定了164个停车位，但依旧不能满足既有汽车保有量，无处停放的车辆在小区内部只能加塞在停车道路、绿化和广场上，据统计居民随意加塞的非规划停车有43辆，现如今38.9%的停车位和非规划停车位占用老旧小区活动广场，使本就局促的公共空间面积更加紧张。西光16街坊的小区内部停车空间无法满足居民的日常需求，因此，部分居民只能借助小区周边的15街坊路与16街坊两条城市道路停车，城市道路上停放的私家车使城市道路尺度变窄，降低了城市过境车辆的行车安全。

表4-23　西光16街坊不同停车位与非规划停车数量与分布

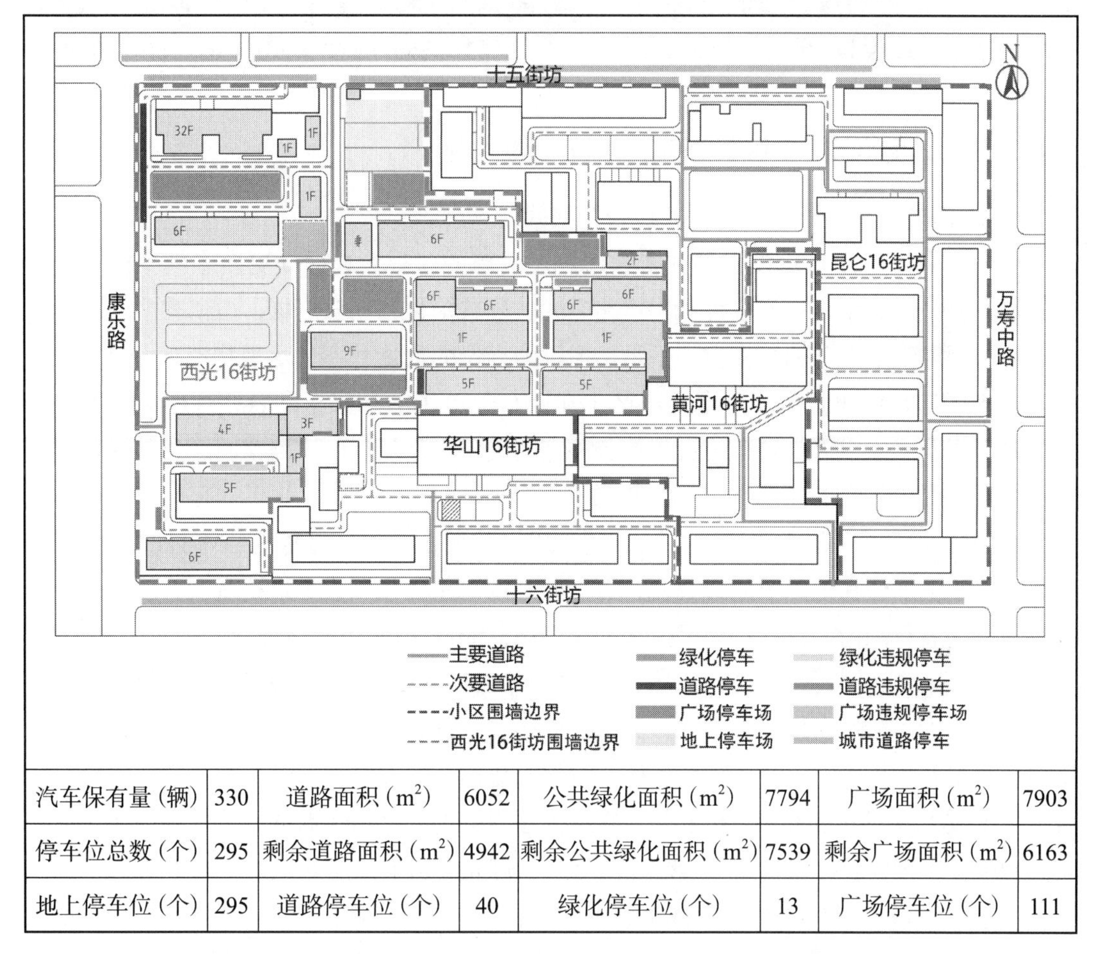

汽车保有量（辆）	330	道路面积（m^2）	6052	公共绿化面积（m^2）	7794	广场面积（m^2）	7903
停车位总数（个）	295	剩余道路面积（m^2）	4942	剩余公共绿化面积（m^2）	7539	剩余广场面积（m^2）	6163
地上停车位（个）	295	道路停车位（个）	40	绿化停车位（个）	13	广场停车位（个）	111

如表4-24所示，西光16街坊现有停车场和规划的停车位不能满足小区内部既有汽车保有量的停放，只能在小区内随意加塞，几乎所有的活动广场都被停车位占用，但依旧难以停放所有现有的车辆，部分居民只能将车停放在16街坊南侧和北侧的城市支路上。据居民反映，晚上超过6点回来，小区内没有地方停车，只能停在小区外，最近的城市道路停车是16街坊北侧的15街坊路，人行道和机动车道都已经停满车辆，有时还需要停放在更远的地方，非常不方便。

表 4-24　西光 16 街坊不同类型停车现状

道路停车位	广场停车位	城市道路停车位

4.2.3.3　依赖型老旧小区静态交通空间主要问题

(1) 地面非规划停车占用小区其他公共空间

依赖型老旧小区在建设初期并未考虑停车设施的建设，在后期更新中极少在小区中设置地下停车库。停车位的设置利用道路空间、公共绿化和活动广场，但依赖型老旧小区规模小，可提供给停车的可支空间不足，增设停车位的数量并不满足现状汽车保有量，从而也出现了违规停车。依赖型老旧小区中无停车位可用的私家车随意违规停车，大量侵占公共空间，使原本已被停车位占用的公共空间面积更加局促，道路空间、公共绿化和活动广场可提供给居民的活动空间更加紧张。

规划的路边停车位距离住宅楼近，便于居民使用，但当小区停车位不足时多余的私家车会无序地加塞在道路单侧或两侧，占用原本的道路面积、减少道路宽度，从而进一步降低道路的通行能力，给步行居民带来安全隐患，降低居民出行品质。

老旧小区内部同时包含公共绿地和宅前宅后两种绿地空间，集中式的地上停车场和小面积分散式停车已经占用绿地空间，无车位使用的私家车停放随意加塞，进一步对住区景观造成更多的负面影响，严重阻断了原有规划绿化体系的连续性。老旧小区宅前宅后绿化普遍尺度较大，部分私家车一般都停放在距离住户较近的宅前宅后绿地，这种绿地作为景观日常疏于管理，被停车占用后，夜晚的噪声和灯光会影响低层居民的户内生活。

由于停车需求紧迫，住区内部本就牺牲了部分原属于居民休憩活动的广场，而私家车在原加建停车位的基础上肆意停放，居民难以在广场进行正常的日常休憩活动，如日常纳凉、锻炼、聊天，对居民的日常生活和心理都有一定的负面影响，使公共活动空间品质变得更为薄弱。

(2) 小区外溢私家车影响街区交通空间

过渡型老旧小区内部的停车位数量难以满足居民汽车拥有量，因此部分车辆的停车问题需在小区外解决。小区外的可停车的地点包括周围道路停车、道路中间分车绿带、公共建筑停车场、商业建筑和办公楼停车场。其中道路停车的便利性和可达性最高，因此，小区外周边街区范围内的道路停车比重最大，车辆停放在街区道路上，阻碍了街区道路的畅通。

4.2.4 自足型老旧小区静态交通空间现状

4.2.4.1 整体概况与特征

(1) 整体概况

自足型老旧小区静态交通空间的6个调查对象，其主体全部为高校，同一产权内同时包含家属区和教学区，家属区无停车位时，私家车会外溢到教学区，因此，在本书中自足型老旧小区中私家车的停车空间同时分布在高校的家属区和教学区（表4–25）。

表4–25 自足型老旧小区汽车保有量与停车位概况

调研对象	规模（公顷）	汽车保有量（辆）	停车位总数（个）	教学区停车位数（个）	家属区停车位数（个）	地上停车位数（个）	地下停车位数（个）
西安交通大学兴庆校区社区片区❶	121.1	1873	3345	1195	2150	1935	1410
西安电子科技大学社区❷	47.43	1906	2257	1595	662	2217	140
西安建筑科技大学社区片区❸	61.41	1500	1955	1555	400	1755	200
西安石油大学家属区	27.00	600	2168	913	1125	1640	528
西安外国语大学家属区	18.65	700	1700	1700	0	507	1141

自足型老旧小区规模大（包含家属区和教学区），在18～121公顷，有充足的停车位，因此，自足型老旧小区都是家属区和教学区紧密相连的高校属性单位大院，在静态交通空间的分析中也涉及教学区的停车现状。自足型老旧小区的停车类型同时包括地上停车和地下停车，停车布局全部为集中式和分散式结合布局。

(2) 共性特征

既有汽车保有量与配建标准基本匹配。自足型老旧小区居民构成主要为高校职工及其家属，停车需求较高，居民可停车的空间包含居民区和家属区两部分，停车位充足，因此，其静态交通停车空间与停车需求基本匹配，且满足现状配建标准。

自足型老旧小区停车位现状配比为0.8～3.8辆/100m^2（表4–26），与相关标准（表4–27）进行对比，自足型老旧小区优于经济适用房的配建标准0.6辆/100m^2，基本满足商品住宅中普通住宅的配建标准1.0辆/100m^2，一半的自足型老旧小区车位现状配比甚至优于高档

❶ 交大兴庆校区社区片区指西安交通大学兴庆校区东边的家属区，即交大一二三村，此案例的研究对象为家属区，但研究范围同时包含家属区和教学区。

❷ 西安电子科技大学社区指西安电子科技大学北社区，即西安电子科技大学北校区的家属区，此案例的研究对象为家属区，但研究范围同时包含家属区和教学区。

❸ 建科大社区片区指西安建筑科技大学南院，即西安建筑科技大学雁塔校区的家属区，此案例的研究对象为家属区，但研究范围同时包含家属区和教学区。

住宅的配建标准 1.3 辆 /100m²。

表 4-26　自足型老旧小区停车位现状配比

调研对象	停车位（个）	车位现状配比（辆 /100 m²）	与 0.6 配建标准差值	与 1.0 配建标准差值	与 1.3 配建标准差值
西安交通大学兴庆校区社区片区	3345	1.85	2259	1535	992
西安电子科技大学社区	2257	1.20	1128	375	−190
西安建筑科技大学社区片区	1955	1.06	850	114	−438
西安石油大学家属区	2168	2.26	1592	1208	920
西安外国语大学家属区	1700	3.84	1434	1257	1124
陕西师范大学家属区	1540	0.80	378	103	−328

表 4-27　西安市建筑工程机动车、非机动车停车位配建标准

项目		车位配比（辆 /100m²）
商品住房	高档住宅	1.3
	普通住宅	1.0
限价商品住房	“限套型”“限房价”的普通商品住房（户均建筑面积在 80～100m²）	0.8
经济适用住房	具有社会保障性质的住宅，包括单位职工住房	0.6
棚户区、城中村改造拆迁安置住房	因棚户区、城中村改造等原因进行拆迁，安置给被拆迁人或承租人居住使用的房屋	0.6
廉租住房	以租金补贴或实物配租的方式，向符合城镇居民最低生活保障标准且住房困难的家庭提供社会保障性质的普通住房	0.3
公共租赁住房	按照略低于市场水平的租赁价格，向规定对象供应的保障性租赁住房	0.8

（资料来源:《陕西省城市规划管理技术规定（2018 版）》）

（3）停车布局呈现两极分化，一部分以分散为主，另一部分以整体为主

自足型老旧小区的停车布局以整体式和分散式结合的方式为主，但小区停车设施，即地上专用停车场（地上停车场和停车楼）和地下停车库，建设程度越高，整体式布局停车位数量越多。

停车以分散式布局为主的自足型老旧小区：西安电子科技大学社区、建科大社区片区和西安石油大学家属区被动的适应私家车数量的增长趋势，在历史改建中以住宅更新为主，更新住宅规模较小，更新次数较少，仅利用住宅地下空间建少数、小面积的地下停

车，但这难以满足居民的停车需求，因此还是以道路停车为主，车位沿道路两侧或宅前宅后布置，数量占总停车数量的50%～80%，牺牲道路空间以缓解停车位短缺的问题。6个自足型老旧小区中的停车布局方式以分散式停车为主（表4-28）。分散式停车基本根据小区路网分布，车位沿老旧小区教学区和家属区的小区级主要道路、组团级道路和宅间小路的单侧或两侧设置。

停车以整体式布局方式为主的自足型老旧小区：近年来西安市机动车数量快速增加，交大兴庆校区社区片区、西安外国语大学家属区和陕西师范大学家属区主动适应私家车的现状和持续增长的发展趋势，在过去的多次建设中都将停车空间的建设作为重点项目，主动适应私家车的增长需求，整体式布局的停车位数量高达70%（表4-28）。整体式停车一般停车类型包括立体停车库、地上停车场和地下停车库，总的来说整体式停车的位置可分为三种：车行出入口附近、原绿地与广场（操场）用地之上或之下、废弃或新建建筑物用地之上或之下。

表4-28 自足型老旧小区专用停车场设置情况

主要停车布局方式	调研对象	停车位数量	分散式停车位数量及比例	整体式停车位数量及比例	地上专用停车场停车位数量及比例	地下停车库停车位数量及比例
以分散式布局方式为主	西安电子科技大学社区	2257	1878(83.21%)	379(16.79%)	239(10.59%)	140(6.2%)
	西安建筑科技大学社区片区	1955	1251(63.99%)	704(36.01%)	504(25.78)	200(10.23%)
	西安石油大学家属区	2168	1206(55.63%)	962(44.37%)	434(20.02%)	528(24.35%)
以整体式布局方式为主	西安交通大学兴庆校区社区片区	3345	1609(48.10%)	1736(51.90%)	326(9.75%)	1410(42.15%)
	西安外国语大学家属区	1700	509(29.94%)	1191(70.06%)	50(2.90%)	1141(67.10%)
	陕西师范大学家属区	1540	620(40.26%)	920(59.74%)	270(17.53%)	650(42.21%)

4.2.4.2 典型案例调查——西安电子科技大学社区

自足型老旧小区中部分以分散式布局为主的小区虽然现有停车位数量满足既有汽车保有量，并且停车位总数达到规范要求的配建标准，但停车位大多占用了其他空间。综合考虑3个以分散式布局停车为主的自足型老旧小区的规模、静态交通空间现状等因素，最终选取电子科技大学社区作为典型案例对分散式布局的现状问题进行说明。

（1）基本概况

西安电子科技大学社区在20世纪50年代都市计划中就被规划在城市南郊文教区，现位于西安市雁塔区（图 4–32），处于南二环与太白南路的交汇处。西安电子科技大学社区周边以住宅为主，一公里范围内有办公和高校用地，分布着较多的中小学校（图 4–33）。西安电子科技大学社区占地面积为 47.43 公顷（含教学区），家属区（包含附属的中学、小学和幼儿园）占地面积为 21.5 公顷，家属区总建筑面积 18.82 万平方米，总户数 3100 户。家属区和教学区总的既有汽车保有量 1906 辆，总的既有停车位 2257 个。

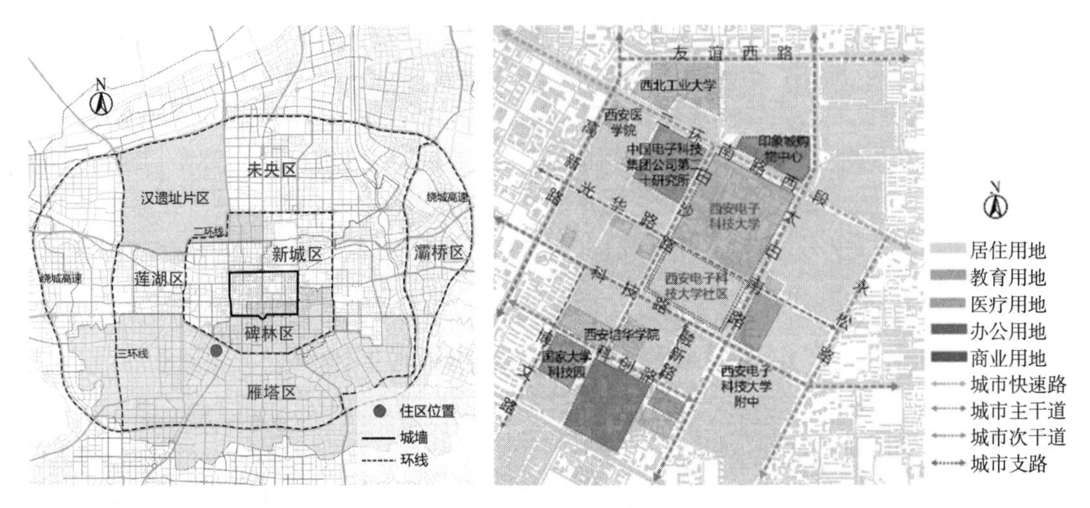

图 4–32　西安电子科技大学社区城市区位　　图 4–33　西安电子科技大学社区周边城市空间环境

（2）现状停车位使用情况

西安电子科技大学社区始建于 20 世纪 50 年代，当时仅为行人服务，随着师生人数的增加，家属区规模不断增加，道路系统开始承载非机动车的通行，但对行人和师生影响并不大。直到 20 世纪 90 年代以后机动车出现，2000 年机动车数量大幅度增加，原本仅为行人和非机动车服务的道路系统慢慢难以适应私家车的行驶和停放。

西安电子科技大学社区内多次扩建和更新，新建住宅时也在住宅之下新增了地下车库，但两个地下车库共 140 个停车位，对于小区内 1150 辆既有汽车保有量来说是杯水车薪，88% 的车辆停放在小区地面上和对面的教学区内。西安电子科技大学既有停车位共 2257 个，仅 29.3% 的停车位分布在家属区，而家属区汽车保有量占所有汽车保有量的 60.3%，无处停放的私家车通过 B 出入口（A 出入口只出不进）停放在教学区。西安电子科技大学的教学区无地下停车库，所有停车位均分布在地上的专用停车场、道路空间、公共绿化和活动广场。西安电子科技大学家属区总体以道路空间停车为主，占停车位总数的 54.4%，教学区的分散式停车布局中，道路空间停车位占分散式停车位总数的 61.1%（表 4–29）。

表 4-29 西安电子科技大学社区停车位布局现状

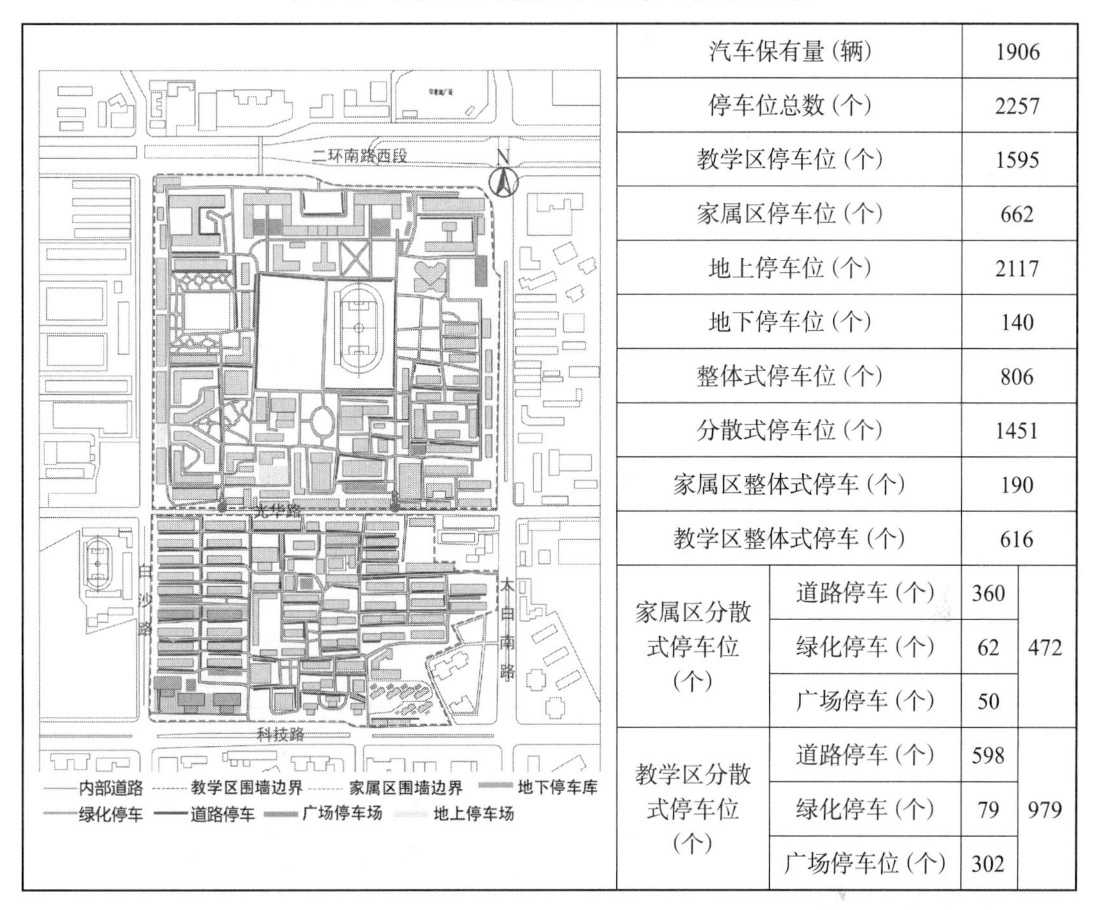

汽车保有量（辆）			1906
停车位总数（个）			2257
教学区停车位（个）			1595
家属区停车位（个）			662
地上停车位（个）			2117
地下停车位（个）			140
整体式停车位（个）			806
分散式停车位（个）			1451
家属区整体式停车（个）			190
教学区整体式停车（个）			616
家属区分散式停车位（个）	道路停车（个）	360	472
	绿化停车（个）	62	
	广场停车（个）	50	
教学区分散式停车位（个）	道路停车（个）	598	979
	绿化停车（个）	79	
	广场停车位（个）	302	

据西安电子科技大学师生和居民反映，教学区面积充足，虽然随处停放的车辆对校园景观造成了负面的影响，但对师生的日常出行和生活影响并不大。相反的是，家属区几乎所有的道路空间单侧或双侧、车行道或人行道都被划定了停车位，早晚高峰时在道路宽度较窄的地方或中学周围的小区道路会产生拥堵，给居民和上下学的学生带来了安全隐患，私家车通行效率也大幅度降低。家属区的公共绿化和活动广场停满了私家车，占用的居民日常休憩活动的空间，居民生活品质也大幅度降低（表 4-30）。

表 4-30 西安电子科技大学社区不同类型停车现状

道路停车位	绿地停车位	广场停车位

4.2.4.3 典型案例调查——西安外国语大学家属区

以整体式停车布局为主的自足型老旧小区在发展过程中主动应对私家车数量增长的现象，停车位大多有专用的地上停车场和地下停车库，虽然对其他公共空间的侵占较少，但依旧存在其特有的问题。综合考虑区位、规模和静态交通空间现状等因素，在3个以整体式布局为主的自足型老旧小区中，选取西安外国语大学家属区为典型案例对整体式布局自足型老旧小区的现状问题进行分析。

(1) 基本概况

西安外国语大学家属区始建于1979年，位于西安市雁塔区（图4–34），北侧为城市次干路昌明路，东邻城市主干路翠华路，所在街区包含陕西师范大学教学区和家属区，街区周边分布较多绿地，南侧是天坛公园，东侧为陕西省植物研究所（图4–35）。西安外国语大学占地面积为18.65公顷（含家属区），总建筑面积约4.43万平方米，总户数581户，总的既有汽车保有量700辆，总的既有停车位1700个。

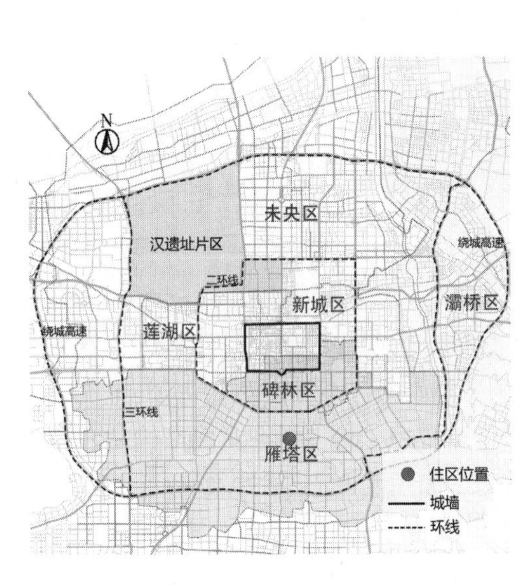

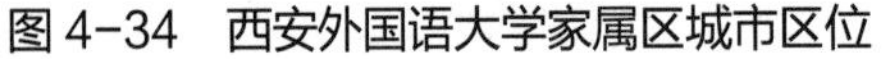
图4–34 西安外国语大学家属区城市区位

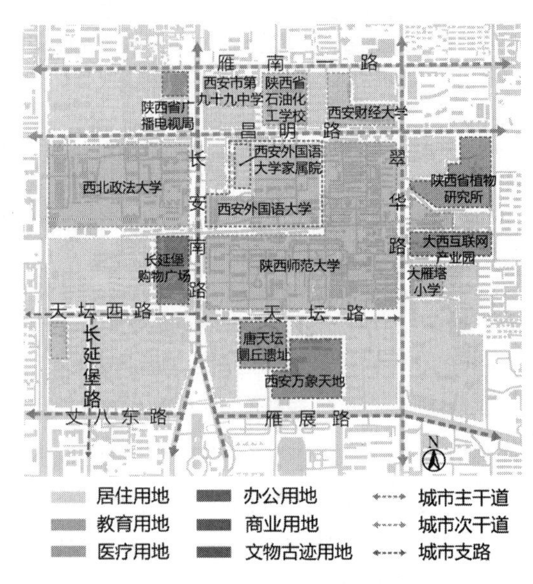

图4–35 西安外国语大学周边城市空间环境

(2) 现状停车位使用情况

西安外国语大学停车位全部分布在教学区内，最初建设时并未考虑私家车的行驶与停放，但在后期的更新与改造中学校积极应对私家车数量增长这一大趋势，在操场下修建了三层的地下车库，共有停车位1141个。除地下停车库外还修建了可容纳50个停车位的地上停车场，整体式布局的停车位占停车位总数的70%，其余30%的停车位分布在道路空间、公共绿化和活动广场上。西安外国语大学教学区和家属区一体，所有的停车空间均在教学区内，对家属区的影响甚小。西安外国语大学既有汽车保有量仅为700辆左右，且多停放在地面停车场，地下停车库近60%的停车位常年空置，外来车辆停放在地下停车库需要经过学校门禁和校园内部道路，使用极其不便（表 4–31）。

表 4–31　西安外国语大学停车位布局现状

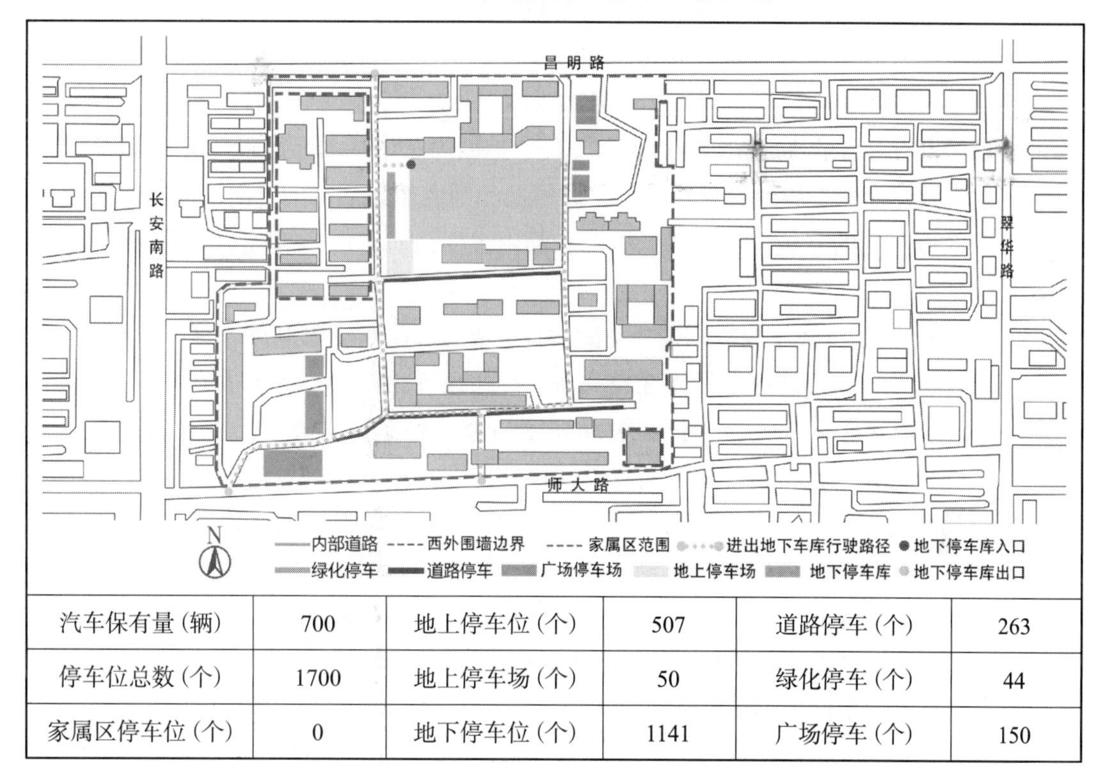

汽车保有量（辆）	700	地上停车位（个）	507	道路停车（个）	263
停车位总数（个）	1700	地上停车场（个）	50	绿化停车（个）	44
家属区停车位（个）	0	地下停车位（个）	1141	广场停车（个）	150

据西安外国语大学的师生和居民反映，由于地下停车空间充足、地上停车位规划有序，对师生和居民的日常出行和生活影响甚微，分散式停车布局现状问题并不突出（表 4–32），但整体式布局停车中地下停车库的停车位使用率很低，外来使用者对地下停车库的使用也很少，造成了停车空间资源的浪费。

表 4–32　西安外国语大学不同类型停车现状

道路停车位	绿地停车位	广场停车位

4.2.4.4　自足型老旧小区静态交通空间现状的主要问题

（1）分散式停车布局方式侵占单位内部其他公共空间

自足型老旧小区的停车位同时分布在家属区和教学区，数量可满足小区现状需求及远期机动车保有量的增长需求，但部分自足型老旧小区初建时并未配备机动车停车空间，后随着汽车保有量的增加，增建少量地下停车库，但现状依旧存在大量分散式的地上停车位，侵占家属区和教学区的其他空间，导致师生生活空间环境品质严重降低。道路停车位的设置经济快捷，但牺牲道路空间以满足私家车的停放，道路外围停车一般占用人行道，道路单侧或双侧停车会降低家属区和教学区的道路通行能力，且分散式停车允许私家车在家属区和教学区内部自由行驶，导致人车混行严重，影响了居民和师生出行安全。分散式布局也有部分的小面积临时地面停车场，地面停车场基本都是原广场、绿化、宅前宅后的空间改建而成，导致停车场占用了原居民和师生休憩活动的空间，居民日常锻炼、娱乐活动在停车场的夹缝进行，降低居民和师生生活品质，也影响教学区景观的美观性和连续性。

(2) 个别小区整体式布局停车部分空间闲置造成街区停车资源浪费

个别自足型老旧小区停车设施建设完备，自初建开始至今，为了适应汽车保有量增长的趋势持续增建地下停车库、停车楼和地面停车场，停车位富余。然而，自足型老旧小区单位属性为高等院校，高等院校具有封闭性，外部车辆使用高校内部整体式停车场时须经过门禁和内部道路，因此个别自足型老旧小区整体式停车的富余停车位难以共享至周边街区的小区和街区内的社会车辆。由于高校独特的封闭性，周边街区内的小区和城市道路停车更倾向于选择在街区道路上停车，包括路内停车和路外停车，阻碍了城市道路的通行，降低了过境交通的车速甚至产生拥堵；路外停车占用了人行道和沿街门店前广场，影响了行人的步行品质和出行安全。

4.2.5 静态交通现状问题的分析与归纳

过渡型老旧小区、依赖型老旧小区和自足型老旧小区的停车空间、周边公共交通和居民特征不同，面临的问题和产生问题的原因也不同（表 4−33）。

表 4−33 西安老旧小区静态交通现状问题及其产生原因

小区类型	既有汽车保有量与既有停车位数量比较	现状停车位配比与配建标准比较	现状问题	问题产生的原因
过渡型老旧小区	基本持平	小于 0.6/100 ㎡	分散式停车占用公共活动空间，忽视老年人对交往空间需求	(1) 停车位占用地上公共活动空间 (2) 现状人口老龄化严重
			高校居民出行依赖私家车，未来停车需求更高	(1) 多校区并存，新建校区职住距离远 (2) 居民收入较高
依赖型老旧小区	大于	小于 0.6/100 ㎡	地面非规划停车占用小区其他公共空间	(1) 地上可支空间规模小 (2) 停车设施建设落后

续表

小区类型	既有汽车保有量与既有停车位数量比较	现状停车位配比与配建标准比较	现状问题	问题产生的原因
依赖型老旧小区	大于	小于 0.6/100m^2	小区外溢的私家车影响街区交通空间	街区范围内道路停车场可达性高，使用便利
自足型老旧小区	小于	大于 1.0/100m^2	分散式停车布局方式侵占单位内部其他公共空间	(1) 老旧住区建设年代早，对机动车停车设施建设考虑较少 (2) 地上停车便于建设 (3) 地上停车较为经济
			个别小区整体式布局停车部分空间闲置造成街区停车资源浪费	(1) 出入口至整体式停车场的路径烦琐 (2) 高校管理封闭

4.2.5.1 过渡型老旧小区现状问题

过渡型老旧小区的停车位不满足车位配建标准，但基本能满足既有汽车保有量，单位属性包含企业和高校两种，不同单位属性的过渡型老旧小区居民特征不同，对停车空间需求不同，因此现状问题及其产生的原因也不同。

(1) 分散式停车占用公共活动空间，忽视老年人对交往空间需求

过渡型企业属性老旧小区对停车空间需求较低，对公共活动空间，如绿化、广场要求较高。原因可分为两个方面：a. 停车位占用地上公共活动空间。地上停车数量占总停车数量的 31%～100%，以道路停车、活动广场和公共绿化用地为主。道路停车占用路内和路外人行道设置；其他分散式停车则基本在小区内部的小面积的广场、绿地、宅前宅后用地上设置，占用了居民生活休憩的公共活动空间。公共空间基本作为停车空间使用，极大地降低了居民的日常休憩生活品质。b. 现状人口老龄化严重。过渡型老旧小区内 70 岁以上人口在 20% 以上，且未来人口老龄化趋势进一步加深。老龄居民由于生活范围较小，日常活动以晒太阳、聊天、遛弯为主，对小区公共活动空间更加依赖。

(2) 高校居民出行依赖私家车，未来停车需求更高

高校属性过渡型老旧小区的居民构成以教师及其家属、租户为主，出行方式多样，对私家车需求较强，现状停车位数量满足居民使用，但私家车需求高对未来停车的需求会大量增加，原因可分为两个方面：a. 高校多校区并存，新建校区通勤距离远。近距离的校区教职工可采用步行、非机动车、通勤车和公共交通，远距离校区则采用通勤车、公共交通和私家车，且对私家车依赖性较强。b. 居民收入较高。高校属性过渡型老旧小区的居民以教职工为主，收入相对较高，有充足的购车能力。

4.2.5.2 依赖型老旧小区现状问题

依赖型老旧小区停车位数量不满足停车位配件标准和既有汽车保有量，现状存在的问题主要侧重于由于静态交通空间、停车位数量不足而产生的问题，分为小区内部和街区两个层面。

(1) 地面非规划停车占用小区其他公共空间

过渡型老旧小区停车空间不足，无停车位可用的违停车辆使本就被停车位占用的道路空间、公共绿化和活动广场现状问题更加严重。停车空间不足的原因主要分为两方面：a. 地上可支空间规模小。依赖型老旧小区占地面积在2～10公顷，相比于自足型老旧小区面积18～121公顷规模较小，自足型老旧小区户均外部空间面积[1]为266.6平方米，依赖型老旧小区仅有41.23平方米，绿化、广场和道路等户外总面积小，因此小区内部的地面可提供给停车的可支空间少。停车类型基本为地面停车，利用小区道路、广场和绿化空间增设停车位，但由于面积有限因此停车位数量少，难以满足现状居民私家车拥有量，无处安放的汽车只能加塞到住区各处或停在小区周边。b. 停车设施建设落后。依赖型老旧小区户均外部空间面积为41.23平方米，过渡型老旧小区为37.99平方米，可支空间面积相差无几，二者车位数量差距主要在停车设施的建设方面。14个依赖型老旧小区均无地下停车库，相比于17%的过渡型小区地下停车设施比例较低。

(2) 小区外溢的私家车影响街区交通空间

依赖型老旧小区内部的停车位数量难以满足汽车保有量，当小区周边有可依赖、使用便利的停车场时，居民会将车停放在街区内或周边街区，主要为周边道路停车场、道路中间分车绿带停车场、公建停车场、商业建筑和办公楼停车场，以街区道路停车为主，包含路内停车和路外停车。其原因主要为依赖型老旧小区单位属性以企业属性为主，其周边环境均质，用地属性基本都为企业工厂办公和所属的家属院，公建和商业建筑稀缺，街区内可依赖的停车方式基本都为道路停车和办公用地停车，道路停车的可达性高，且避免进出办公用地，使用便利，因此道路停车比重最大。

4.2.5.3 自足型老旧小区现状问题

自足型老旧小区单位属性均为高校，停车位同时分布在家属区和教学区，停车位数量满足车位配建标准和既有汽车保有量，静态交通现状问题侧重点在于停车和生活品质较低。停车位布局方式分为分散式停车和整体式停车，两种不同停车方式现状问题侧重不同。

(1) 分散式停车布局方式侵占单位内部其他公共空间

自足型老旧小区停车数量满足现阶段居民使用和西安市车位配建标准，但地上停车空间一般占用家属区和教学区的道路空间、广场、绿化用地，主要以道路停车为主，降低

[1] 户均外部空间面积=（小区占地总面积－一层建筑面积）/总户数。老旧小区中静态交通空间的可支空间包括小区中的道路、绿化或者广场，以上三种类型在都属于小区的外部空间，因此老旧小区的户均外部空间面积越大，静态交通的可支空间面积越大，可增设的私家车停车位数量越多。

了居民日常休憩生活品质，也影响了行人的出行安全，侵犯了行人对道路的使用权，使人车路权矛盾激化。分散式停车为主自足型老旧小区占用其他公共空间，尤其是道路空间的原因主要有三点：

①老旧小区建设年代早，对机动车停车设施建设考虑较少。西安市小汽车数量从20世纪90年代开始上升，《城市居住区规划设计规范》GB 50180—93中表A.0.3第一次简单提到市政公用设施需配备居民停车场、库，但西安市对于老旧小区建设年代规定在2000年以前，即西安市老旧小区建设年代分布在20世纪50至90年代。因此，分散式停车为主自足型老旧小区建设之初时并未建设地下或地上停车，为满足居民小汽车拥有量增加这一发展趋势，现有的机动车停车设施为后期加建。

②老旧小区的地上停车便于建设。西安市20世纪50到80年代的老旧小区报建时并未有地下停车库，90年代时有部分老旧小区配有停车位，但一般为地上停车，且停车位数量较少。随着机动车数量的增加，2000年以后地下停车库数量逐渐增多，但一般后期增加的地下停车位是在新建高层建筑的基础上，如西安建筑科技大学校园及其家属区从初始建设至今建筑建设不断变化，2008年3栋住宅建筑与2015年青教工公寓新建时同时配建了地下停车库。地上停车位的增加一般是利用道路空间、广场空间和绿化空间，划定相对自由，尤其是道路停车的空间充足、遍布小区，居民停放便利。

③地上停车造价低，较为经济。地下集中车库能提升小区的空间利用率，但造价较高，而地面分散式停车几乎不需要成本。地下停车造价高，施工工期长，室内环境质量有待提高，防灾减灾的技术措施要求高，室内照明送风能耗大，而地上停车利用道路、广场和绿地即划即用。

(2) 个别小区整体式布局停车部分空间闲置造成街区停车资源浪费

个别自足型老旧小区整体式布局停车虽然停车位富余，但仅满足住区内部，对街区贡献小，外部车辆很少选择停在高校内，而倾向于选择在城市道路的路内和路外停车，不仅阻碍了城市道路的通行，也降低了行人的出行安全和品质。因此，高校内部停车位难以向周边小区和街区内的其他停车共享，也增加了街区范围内的沿城市道路停车压力。原因可分为两方面：a. 出入口至整体式停车场的路径烦琐。外部车辆进入学校停车场须经过门禁和校园内部，整体式停车场的停车位难以共享至整个街区；b. 高校管理封闭。高校大院主要面向教职工及其家属或高校学生，开放程度较弱，校区内部的停车基本不向社会开放，仅能作为短暂的临时停车。单位大院按照性质可分为四种，以对城市拒绝程度由高到低分别为部队单位大院、机关单位大院、工厂单位大院以及高校单位大院。其中部队单位大院和机关单位大院由于其单位主体的特殊属性，对家属区即大院本身的控制性一直较强，而大部分企业单位大院从管理到规划在逐渐完成“去单位化”的过程，将原本属于单位主体的大院交到地方统一管理。随着我国对教育的重视和高校的蓬勃发展，高等院校教职工和学生人数持续增加，家属院在老校区原基础上再开发利用或新校区新建，对于老校区家属院来说高校主体也在不断加强。

4.3 单位型老旧小区动态交通空间现状与问题分析

4.3.1 单位型老旧小区动态交通空间的影响因素和调研内容

4.3.1.1 动态交通空间影响因素

单位型老旧小区的出入口和道路作为动态交通空间的两个构成要素，影响二者现状的要素包括：老旧小区规模、老旧小区与街区的位置关系、老旧小区与城市空间要素的关系、老旧小区的道路空间、老旧小区的人车流线组织和老旧小区的路网结构。

(1) 老旧小区规模

老旧小区的规模与居住人口和汽车保有量息息相关，直接影响到小区出入口的数量，规模越大汽车保有量越多，为及时有效地疏散小区内部的私家车，就需要更多的车行出入口。

(2) 老旧小区与街区的位置关系

如前所述，老旧小区与街区的位置关系可分为嵌入型、整体型、跨越型和不同的位置关系会影响到出入口之间的相对位置，进而影响小区出入口整体的布局。

(3) 老旧小区与城市空间要素的关系

老旧小区出入口连接着小区和城市道路，因此，城市空间要素（周边城市道路等级、城市道路交叉口和城市公共交通站点）直接影响出入口布局和出入口空间的设计。

(4) 老旧小区的道路空间

老旧小区道路空间是指道路某个节点的空间，即道路横断面，可分为机动车道、非机动车道和步行道。道路空间的设置会影响私家车在道路上的停放、行驶和步行居民的通行，进而影响到小区部分道路的通行效率。

(5) 老旧小区的人车流线组织

老旧小区道路最初仅组织人行流线，随着私家车的入住，将车流流线叠加在原本的步行系统上，当二者之间相互干扰时，步行系统的完整性被破坏，也会降低私家车行驶效率。

(6) 老旧小区的路网结构

老旧小区的不同路网结构由于其自身的特性不同，小区居民的出行行为、交通组织和区域可达性各异，在道路方面体现的问题也不尽相同。

4.3.1.2 单位型老旧小区动态交通空间调研内容

本部分选取了 47 个动态交通空间重点调研对象进行研究，如表 4–34 所示。对调研对象的动态交通空间基本数据（小区与街区的关系、路网模式、出入口数量与类型、出入口所在城市道路等级）进行调查研究，并按照动态交通空间的影响因素对不同典型案例的道路和出入口相关现状进行重点调查，分析单位型老旧小区动态交通空间的现状问题与问题产生的原因。

表 4-34 单位型老旧小区动态交通空间重点调研对象调查内容

调研对象	动态交通空间影响因素	调研内容
黄河 14 街坊西区	老旧小区与城市空间要素的关系	出入口空间车行流线现状
西安建筑科技大学社区片区	老旧小区与城市空间要素的关系；路网结构	出入口空间车行流线现状；路网现状
华山 17 街坊	人车流线组织；道路空间	出入口空间；道路空间节点现状
西安电子科技大学社区	路网结构	路网现状
16 街坊（西光、昆仑）	路网结构	路网现状

4.3.2 单位型老旧小区动态交通空间总体特征

4.3.2.1 路网模式

西安单位型老旧小区的空间形态各异，建筑形式多样，但就其道路结构的类型而言，可以归纳出三种具有初始性特征的基本模式：环状模式、尽端模式和格网模式。常见的道路结构类型实质上是由三种基本道路模式衍生而来，西安老旧小区 47 个重点调研案例中，包含格网、格网 + 环状、格网 + 尽端、环状、环状 + 尽端、尽端以及混合共 7 种路网模式。

西安老旧小区 47 个重点调研案例中，如图 4-36 所示，整体以尽端和混合模式小区数量居多，分别占老旧小区总数的 34% 和 21%，环状、格网、环状 + 格网模式的老旧小区数量少，分别占老旧小区总数的 4%、4% 和 6%。小型规模的老旧小区中尽端模式路网的老旧小区数量最多，占小型规模老旧小区总数的 57%；中型规模的老旧小区中尽端和混合模式路网的老旧小区数量一样多，各占中型规模老旧小区总数的 30%；大型规模的老旧小区中混合模式路网的老旧小区数量最多，占大型规模老旧小区总数的 31%。

七种路网模式在四种类型的老旧小区中数量统计如图 4-37 所示：嵌入型Ⅰ包含格网 + 尽端、环状 + 尽端、尽端模式与混合模式四种，其中有尽端模式特点的路网最多，占到了嵌入型Ⅰ老旧小区总数的 44.4%；嵌入型Ⅱ包含格网模式、格网 + 尽端、环状模式、环状 + 尽端、尽端模式与混合模式六种，其中有尽端模式和混合模式特点的路网最多，各占到了嵌入型Ⅱ老旧小区总数的 36%；整体型包含格网模式、格网 + 环状、格网 + 尽端、环状模式、格网 + 尽端与尽端模式六种，其中有尽端模式特点的路网最多，占整体型老旧小区总数的 33.3%；跨越型包含格网 + 环状、格网 + 尽端、环状 + 尽端三种模式，其中有格网 + 环状模式特点路网最多，占跨越型老旧小区总数的 50%。

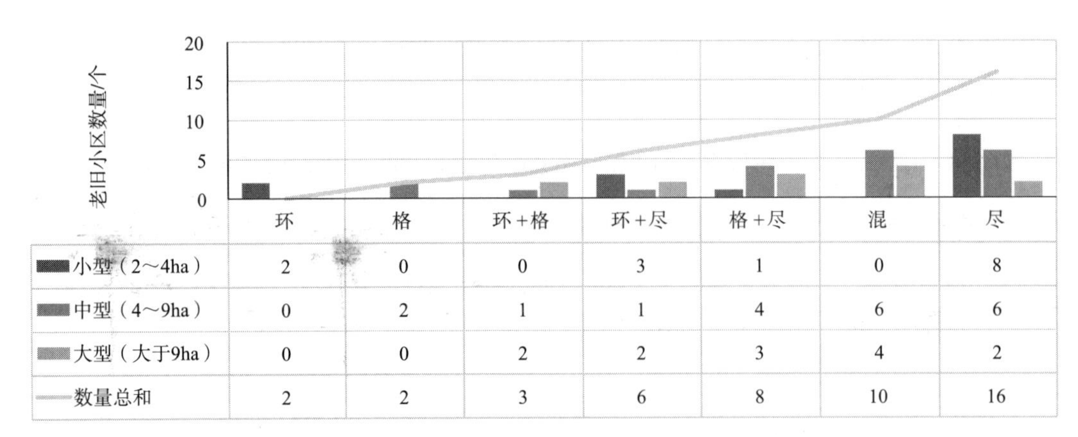

图 4-36　老旧小区规模和不同类型路网的数量统计

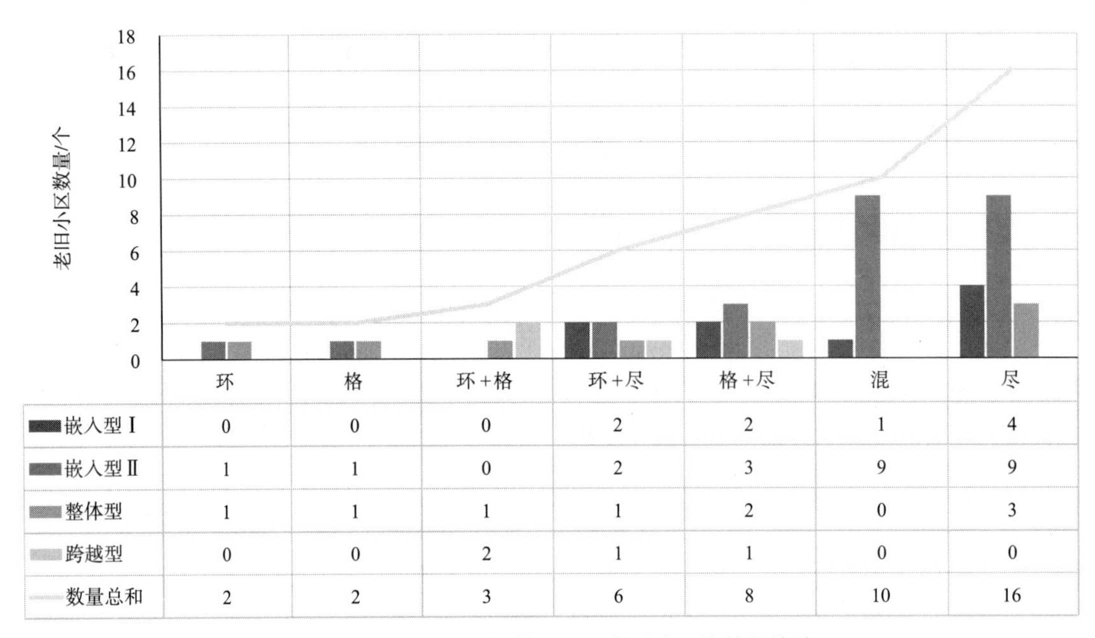

图 4-37　老旧小区规模和不同类型路网的数量统计

4.3.2.2　出入口所在的城市道路等级

城市道路是供城市中各种机动车、非机动车、行人安全高效通行的基础设施，也是城市居民正常生活和各种经济、社会活动的基础。城市道路可依据其承担的交通活动进行分类[1]，如表 4-35 所示。通常情况下，等级越高的城市道路，为保证城市道路过境车辆畅通无阻，城市道路两侧的车行出入口应越少；等级较低的城市道路，如次干路和支路，两侧可以设置多个出入口，不仅有利于小区车辆疏散，还能为道路两侧的空间带来一定的活力。

[1] 《城市综合交通系统规范标准》提出，根据城市道路所能承担的活动，城市道路可分为城市快速路、城市主干路、城市次干路和城市支路四类。

表 4-35 城市道路等级

道路类型		功能说明	设计速度（千米 / 小时）	道路宽度（米）
快速路		服务城市内部的中长距离机动车出行	60～100	≥40
主干路	交通性主干路	服务城市主要的生活分区间的中、长距离联系	50～60	30～40
	生活性主干路	联系城市各个分区或为分区内部中等距离机动车出行提供交通服务，城市道路沿线地块服务较多	40～50	
次干路		连接城市主干路与支路，或联系城市内中、短距离地方性活动	30～50	25～40
支路		居住街坊内机动车道路、非机动车专用道、步行道路，为短距离地方性活动提供服务	20～30	12～25

如表 4-36 所示，47 个老旧小区中共有 119 个车行出入口，其中 79 个车行出入口开设在城市次干路上，占车行出入口总数的 66.4%。开设在快速路辅路、主干路以及支路上的机动车出入口较少，开设在快速路辅路的车行出入口数量仅占总数的 4.2%，且开设在快速路辅路的车行出入口主要是大型老旧小区。

表 4-36 重点调研对象车行出入口所在道路等级统计

老旧小区规模	老旧小区类型	快速路辅路	主干路	次干路	支路	合计
小型（2～4ha）	嵌入型 Ⅰ	—	1	3	3	7
	嵌入型 Ⅱ	—	6	8	4	18
	整体型	—	1	2	—	3
中型（4～9ha）	嵌入型 Ⅰ	—	2	15	—	17
	嵌入型 Ⅱ	—	2	22	2	26
	整体型	1	2	4	2	9
大型（大于 9ha）	嵌入型 Ⅱ	1	2	15	1	19
	整体型	1	0	3	—	4
	跨越型	2	5	7	2	16
合计		5	21	79	14	119

4.3.2.3 出入口数量

老旧小区车行出入口数量受老旧小区规模的影响，老旧小区规模越大，内部居民数量越多，汽车保有量也越大，因此相应疏散私家车的车行出入口数量也就越多。在调查 47 个单位型老旧小区中，如表 4-37 所示，大型老旧小区出入口数量总量均≥2 个，但有一个大型老旧小区仅有一个车行出入口；8个中型老旧小区仅有一个车行车入口；8个小型老旧小区仅有一个车行出入口。仅有一个车行出入口的单位型老旧小区占小区总量的36%。

表 4-37　重点调研对象出入口总量及车行出入口数量统计

老旧小区规模	车行出入口数量					出入口总量				
	1个	2个	3个	≥4个	合计	1个	2个	3个	≥4个	合计
小型（2～4ha）	8	3	3	—	14	5	5	3	1	14
中型（4～9ha）	8	8	4	—	20	5	3	6	6	20
大型（大于9ha）	1	3	4	5	13	—	1	5	7	13
合计	17	14	11	5	47	10	9	14	14	47

4.3.3　单位型老旧小区出入口现状

小区出入口作为连接小区与城市的交通枢纽空间，一旦发生拥堵问题则势必影响城市道路的正常交通秩序，其重要性不言而喻。对于城市来说，小区出入口会在早高峰的时候向城市道路输入大量人流与车流，在晚高峰的时候城市道路会通过出入口向小区出入口集聚大量人流与车流。由于出入口周边环境和出入口空间两方面的不足，在早晚高峰时期容易导致出入口处的通行效率降低，进而造成交通拥堵现象以及人车出行品质降低。

4.3.3.1　出入口与周边要素位置关系现状问题

出入口与周边环境的位置关系直接影响出入口的通行效率和通行品质，本书中周边环境可分为城市道路交叉口、城市公共交通站点和相邻车行出入口三个要素。

（1）出入口与城市道路交叉口距离近

出入口与城市道路交叉口距离受老旧小区与城市空间要素的关系影响。出入口与城市道路交叉口距离过近则势必导致出入口的影响范围与城市交叉口的作用范围重合，重合的区域内机动车相互影响严重。这类问题通常发生在大规模单位型老旧小区中。

黄河14街坊西区位于新城区幸福林带西侧，北侧为城市主干路长乐中路，西侧和南侧分别为城市次干路康乐路和十四街坊路，占地7.04公顷，建筑面积7万平方米，总户数761户，共有5个出入口，其中2个车行出入口。如图4-38所示，黄河14街坊西区主要出入口西门（A口）正对城市道路交叉口，小区新建时A口为人行出入口，对城市道路交叉口影响甚微，随着小区汽车保有量的增加，改为车行出入口，处于城市道路交叉口作用区域之内，二者来往车辆相互干扰。城市道路交叉口与普通路段有很大区别，在城市道路交叉口处，机动车流线极为复杂，出入口本身的机动车流线与城市道路交叉口的机动车流线交叉时，无疑是对出入口的通行安全、通行效率、通行质量等方面造成更多更严重的影响。具体来说，从黄河 14 街坊 A 口驶出的机动车经常会在出入口前排成长队，因为城市道路交叉口处交通情况较为复杂，驾驶机动车者往往需要观察更长的时间才可驾车通过，这就使机动车出车缓慢，导致出入口空间处的交通拥堵现象（图 4-39）。

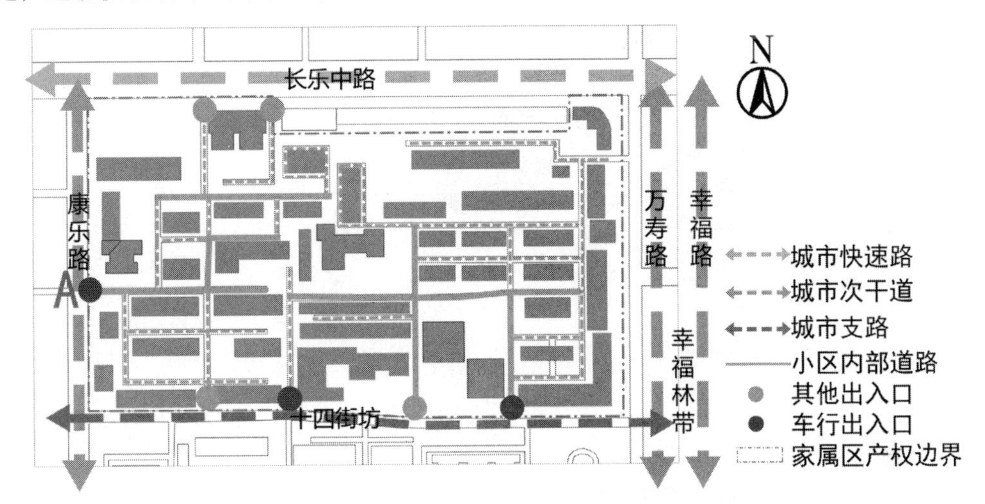

图 4-38　黄河十四街坊 A 出入口位置

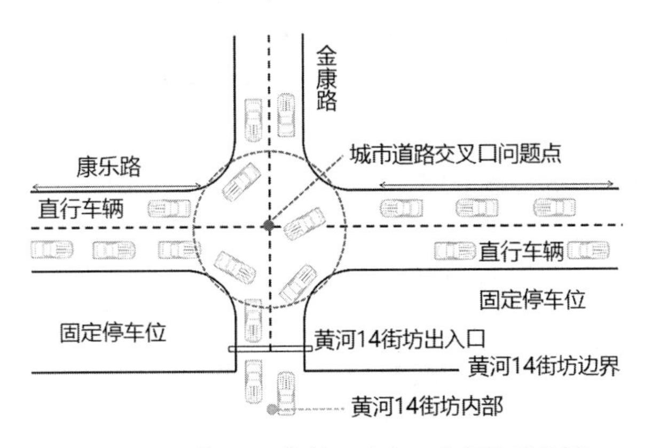

图 4-39　黄河 14 街坊 A 出入口车行流线分析

（2）出入口与城市公共交通站点距离近

出入口与城市公共交通站点距离受老旧小区与城市空间要素的关系影响。西安老旧小区与城市公共交通的联系紧密，老旧小区的建设规划普遍较早，城市交通规划者在后期建设城市公交系统时有意识地将公交、地铁站点布置在老旧小区出入口附近，但由于未经统一规划，也造成出入口现状与公共交通站点的冲突现象。地铁站点的布置会通过吸引人流和非机动车的方式影响车行出入口，但影响甚小，公交车站点的布置与车行出入口的关系较大。

建科大社区片区是西安建筑科技大学的家属区，位于碑林区，西邻城市主干路雁塔北路，北邻建设路东段，教学区和家属区总占地面积 61.41 公顷，其中家属区占地 14.87

公顷，总户数为3166户，共有出入口4个，其中1个车行出入口。建科大社区片区设置A出入口和B出入口（图4-40），当公交车站点距离出入口过近时，公交车进站会直接影响出入口车辆的进出，造成车辆避让减速，或者通过影响城市道路上机动车的直行从而间接影响车行出入口车辆的进出（图4-41）。

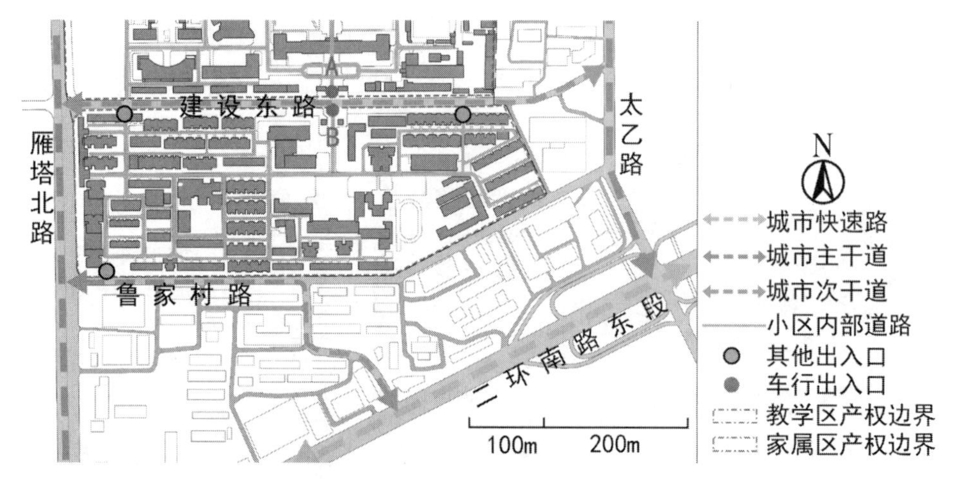

图4-40　西安建筑科技大学社区片区A与B出入口图示

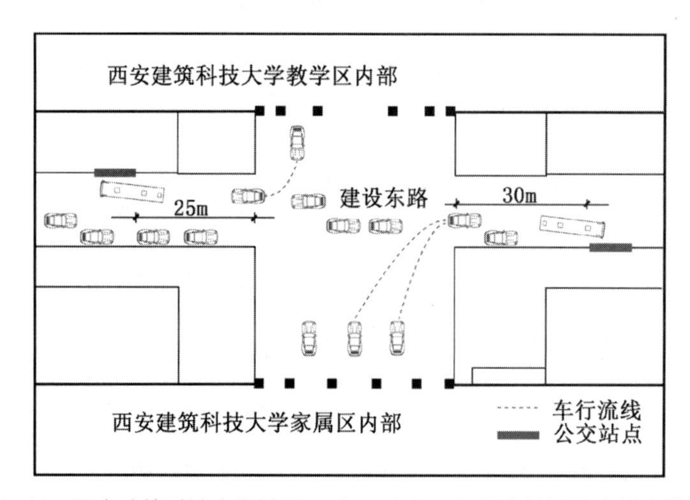

图4-41　西安建筑科技大学社区A和B出入口与距离较近公交站点的关系

（3）相邻车行出入口间距近

老旧小区相邻车行出入口间距受老旧小区与街区的位置关系的影响。当车行出入口距离过近时，二者进出的车辆流线之间会相互干扰，造成城市道路的阻塞。以建科大社区教学区A出入口和家属区B出入口为例，A、B出入口及城市道路会有不同程度的拥堵，早晚高峰时期拥堵最为明显，这种日常拥堵不断产生最为重要的原因是A、B出入口正对，相对距离过近。如图4-42所示，当A与B出入口的水平距离太近时，在两个车行出入口之间的区域将形成拥堵区域。从A和B出入口驶出或驶入的私家车与城市道路直行的过境车辆的车流之间形成冲突点，导致道路车辆阻塞。

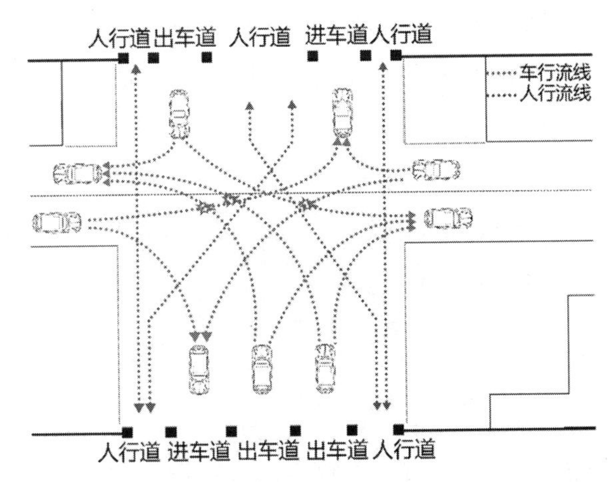

图 4-42　西安建筑科技大学社区 A 和 B 出入口车行流线分析

4.3.3.2　出入口空间现状问题

单位型老旧小区出入口空间是城市道路空间和单位大院内部空间过渡的边界空间，承担着联系城市与小区之间交通枢纽的作用。小区出入口的作用主要是组织老旧小区居民和私家车在小区与城市之间的交通活动，因此，现状问题分析主要围绕出入口空间本身的人车流线组织。在本书中出入口空间是包含出入口本身和与出入口相关的周边空间，可分为门体空间、出入口外部过渡空间和出入口内部过渡空间。以华山 17 街坊为例，分析出入口空间现状问题。

(1) 华山 17 街坊出入口空间现状调查

①基本概况。华山 17 街坊位于西安市新城区 (图 4-43)，隶属于中国兵工集团公司下属西安华山机械有限公司。华山 17 街坊与工厂区距离近，而二者分布在幸福林带的东西两侧 (图 4-44)，北临城市支路 16 街坊路，西临城市次干路康乐路，东临城市次干路万寿

图 4-43　华山 17 街坊城市区位图

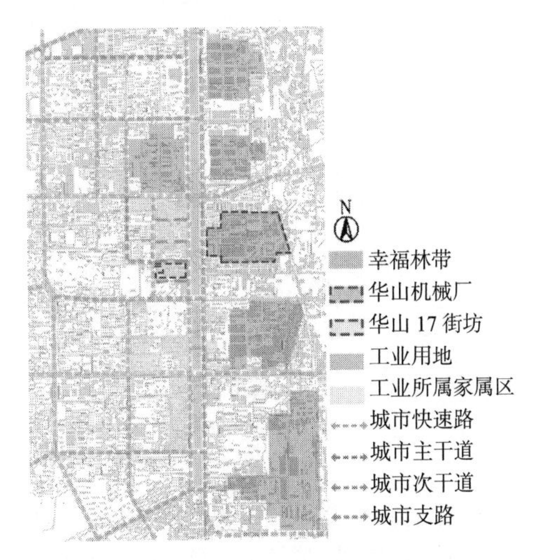

图 4-44　华山 17 街坊周边城市空间环境

中路，南邻城市支路17街坊路（图4-45）。华山17街坊占地面积为7.58公顷，总建筑面积约17.55万平方米，总户数1942户，街坊内居民大多为企业职工及家属，其中退休职工占到将近60%的人口。

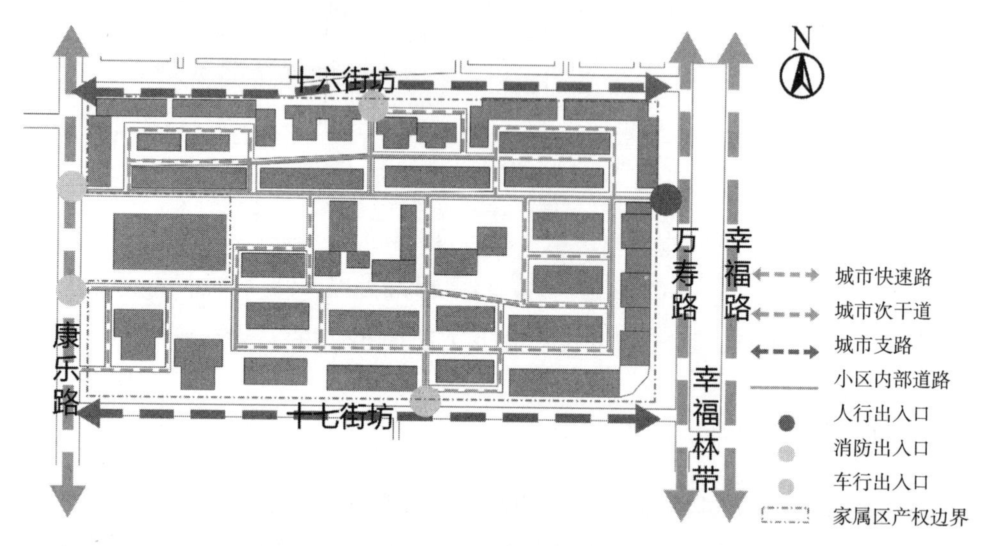

图4-45 华山17街坊内部道路现状及其出入口

②出入口空间现状。华山17街坊共有5个出入口，其中一个人行出入口，一个消防出入口，常年关闭，3个车行出入口可供人车共行。华山17街坊在2000年之后进行部分改造，新建包括两栋高层和两栋小高层，一栋写字楼作为活动中心使用并从大院剥离直接对城市开放，在写字楼的两侧建设新的出入口，主要出入口（华山17街坊西门）尺度扩大。华山17街坊南门和北门是为了适应小区内部汽车保有量的增加在原有基础上的重建，出入口门体扩展原边界的围栏而建（表4-38）。

表4-38 华山17街坊车行出入口现状

<table>
<tr><td rowspan="2">华山17街坊北门</td><td>N
人行道 1800 6400 500 1700
门房
下 下 人行道 5120
城市道路</td><td></td></tr>
<tr><td colspan="2">外部过渡空间：空间较为充足，但与之相连的城市支路较窄，为双车道道路
内部过渡空间：紧接小区级道路，且有明显区分人流车流的空间边界
门体空间：双人单车，基本达到人车分流的目的</td></tr>
</table>

续表

<table>
<tr><td rowspan="2">华山17街坊南门</td><td>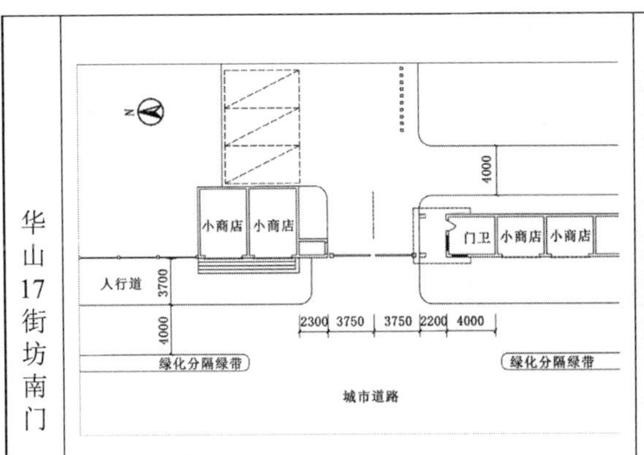
</td><td></td></tr>
<tr><td colspan="2">外部过渡空间：紧临17街坊路，城市道路较窄，有大量沿街摆摊的商贩，时常占用外部过渡空间
内部过渡空间：与小区道路重合，疏散人流车流能力差且难以人车分流
门体空间：单车道，人车混行</td></tr>
<tr><td rowspan="2">华山17街坊西门</td><td>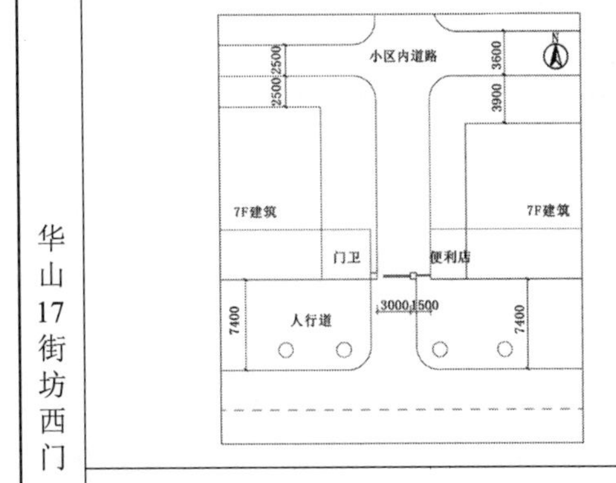
</td><td></td></tr>
<tr><td colspan="2">外部过渡空间：尺度充足，紧临城市非机动车道，但时常被商贩和临时停放的私家车占用
内部过渡空间：直接连接住区内部机动车道，且小区道路有分隔人车道路的栏杆，实行有效的人车分流
门体空间：双车单人，进出行人流线早晚高峰会与进车车辆流线产生冲突</td></tr>
</table>

(2) 出入口空间主要问题

①问题1：出入口外部过渡空间尺度不足。

出入口外部过渡空间是指出入口门体至道路边线间的空间，空间宽度大都由出入口门体宽度决定或按出入口两边人行道边界决定。出入口外部过渡空间的功能包括：临时停车和人车分流。外部过渡空间尺度不足时，临时停车和人车分流功能无法满足，进出车辆会相互妨碍，并影响城市道路上过境车辆的通行。

如图4-46所示，出入口门体开设在①处，外部过渡空间进深小。当行驶在城市道路的机动车a要转弯进入社区时，若出入口无充足的外部过渡空间，则机动车将会处于b的状态减速甚至停止等待出入口①处的门禁开放才能继续行驶，在这个过程中，在城市道路行驶的机动车a将只能等待b通过出入口才能继续在城市道路上行驶，大大延缓了城市交通运行效率，增加了城市拥堵的概率。

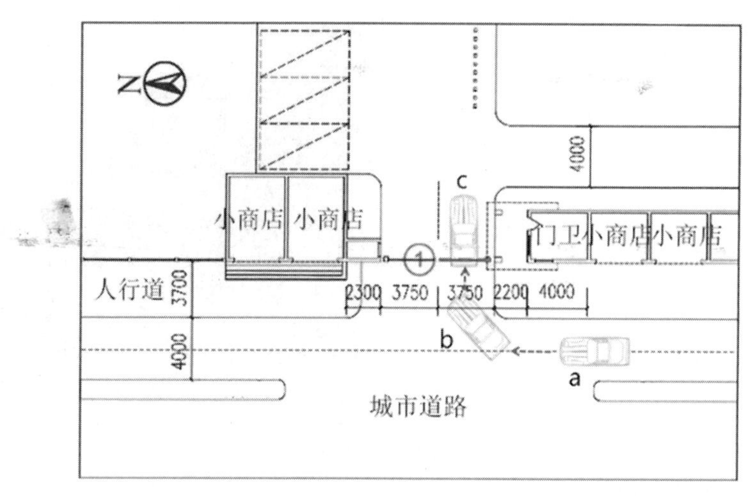

图 4-46　华山十七街坊南门外部过渡空间车行流线分析

②问题 2：出入口内部过渡空间人车分行组织不佳。

出入口内部过渡空间是指出入口门体至大院内部车行小区级道路间的空间，空间宽度由出入口门体空间宽度决定，也或者由出入口内部两边建筑之间的距离而定。出入口内部过渡空间的功能为人车分流。充足的人车分流空间内部过渡空间与大院内小区级道路直接相连，可以使机动车快速顺畅地进入大院内部的道路体系，并且足够两辆机动车同时通过或者留出足够的错车空间，同时不受行人的干扰。如图 4-47 所示，若出入口内部过渡空间人车分流空间不足时，A 车进入出入口门体后，迎面而来的 B、C 两车无法与 A 车错车通过，产生冲突，A 车则不得不侵占人行空间让 B、C 车通过后才能驶入大院内部，这不仅引发出入口空间处的机动车拥堵，也使人行空间受到很大的影响。

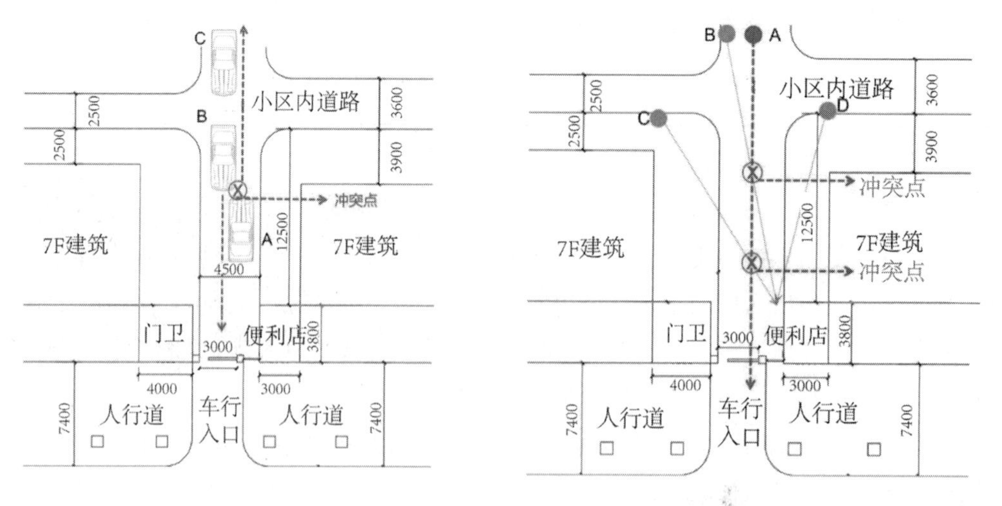

图 4-47　华山 17 街坊南门内部过渡空间分析　图 4-48　华山 17 街坊南门内部过渡空间人车分流分析

在出入口内部过渡空间处用明确的实体边界将机动车与非机动车的交通空间分隔开。如图 4-48 所示，以单人单车型出入口为例，行人步行出入出入口会有大致三个方向的人流，即 B、C、D 点方向，A 作为机动车驶出或驶入出入口将会和这三个方向的人流产生至少两个冲突点，这使人流与车流相互影响，为保障人的安全，机动车必然避让等待，加剧了出入口空间的拥堵情况。

③问题 3：出入口门体空间人行道和车行道组合模式难以完全将人车分流。

出入口人车流线组织方式与居民的出行、车辆进出方式息息相关，不同人车流线组织方式出入口的人行道和车行道组合模式不同，现状组织混乱程度也不同。华山 17 街坊三个车行出入口分别为双人单车出入口、人车混行出入口和单人双车出入口（表 4-39）。北门的双人单车出入口可以实现人流和车流的分离，但进出车流之间会相互干扰；南门的人车混行出入口门体空间无法对行人和车辆进行分流，不仅降低行驶车辆的进出效率，也不利于行人的出行安全；西门的单人双车出入口门体空间可以将进出车辆分流，增加私家车出入效率，但难以将人流与车行流线完全分离。

表 4-39　不同车行出入口人车流线组织方式

华山 17 街坊北门	华山 17 街坊南门	华山 17 街坊西门
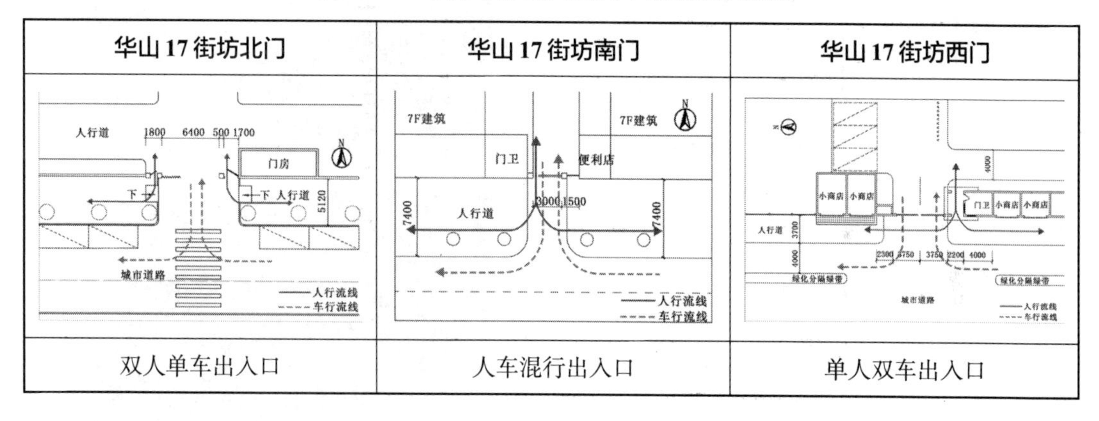		
双人单车出入口	人车混行出入口	单人双车出入口

4.3.4　单位型老旧小区道路现状

老旧小区在建设之初，机动车并不是平常人家的代步工具，在对大院的规划设计时主要考虑了步行的交通模式为主导。现如今老旧小区内的居民数量和机动车数量相比新建时期大大增加，交通压力也接踵而至，小区为适应现在的交通方式，会对小区的交通空间进行局部的更新，但只能改善小区的交通状况，而无法根本性解决小区的交通问题。小区道路空间主要包含交通空间和小区路网两方面。

4.3.4.1　老旧小区道路空间现状问题

在单位型老旧小区的道路建设过程中，为了适应数量持续增加的私家车不断进行更新，更新的过程往往是阶段性的，缺乏统一的、长期地进行规划，从而造成由于道路空间节点设计不合理和小区整体人行系统不健全而导致的人车流线混乱现象，使得私家车行驶效率低下和行人出行不安全。以华山 17 街坊为例分析单位型老旧小区道路空间现状问题。

(1) 华山 17 街坊道路空间现状调查

华山 17 街坊道路为了适应大量私家车的通行，将原有的绿化面积减少，拓宽了大院内部道路。华山 17 街坊现状道路总长度为 2947.5 米，路网密度为 30 米 / 平方公里。小区主要道路为双车道，宽度在 5～7 米，小区次要道路宽度在 3.6～5 米。华山 17 街坊内整体的交通系统呈现人车混行，私家车可随意行驶或停放在小区的主要道路和次要道路（表 4-40）。

表 4-40　华山 17 道路空间截面

道路横截面	现状图
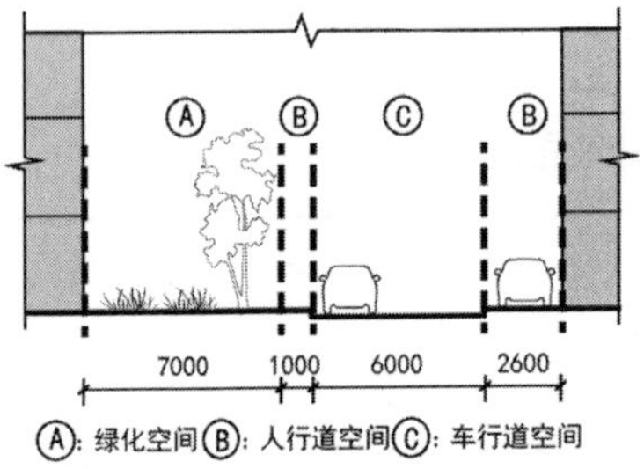 Ⓐ Ⓑ Ⓒ Ⓑ 7000 1000 6000 2600 Ⓐ: 绿化空间 Ⓑ: 人行道空间 Ⓒ: 车行道空间	
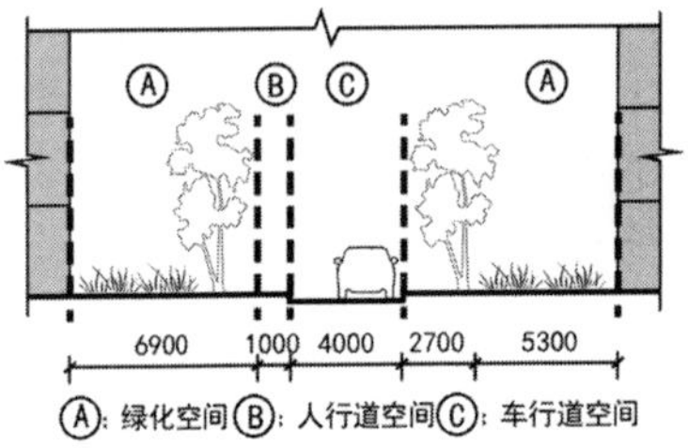 Ⓐ Ⓑ Ⓒ Ⓐ 6900 1000 4000 2700 5300 Ⓐ: 绿化空间 Ⓑ: 人行道空间 Ⓒ: 车行道空间	
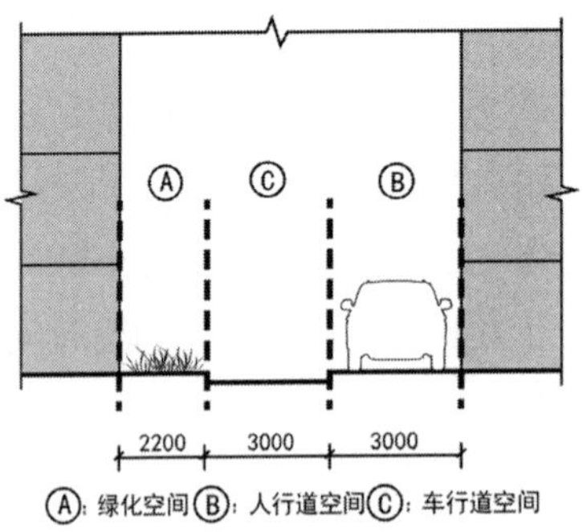 Ⓐ Ⓒ Ⓑ 2200 3000 3000 Ⓐ: 绿化空间 Ⓑ: 人行道空间 Ⓒ: 车行道空间	

(2) 道路空间主要问题

①问题 1：道路交叉口人车混行，导致机动车行驶效率低下。

人车混行是交通规划组织中一种很常见的体系，是将人流与车流纳入统一道路空间，利用划分人行道车行道的方法解决人行车行的问题。由于西安老旧小区建设时期较早，建设初期私家车数量少，通常采用这种交通组织方式。当人、车交通流线交叉或重合时，人车的互相干扰就会发生。人、车交通流线在小区内部的十字路口、J字路口处就会产生交叉，在小区出入口处、部分没有人车分流的路段，人车交通流线就会重合。人车冲突时间段主要集中在早晚高峰时期，此时人车交通数量增多，由于在小区内车辆行驶速度较低，车辆行驶时会避让行人，而在交叉口处，行人无序的穿越使得机动车通过交叉口的效率极低，使车辆滞留在交叉口周围，造成小区内部的交通拥堵。

在人车混行的模式下，机动车对非机动车及人造成干扰的情况主要集中于道路结构的节点，即道路的交叉口处。在此模式下，车行系统可以保持基本的完整，但人行系统在道路交叉口处会被车行系统打断，形成局部断点。具体情况如图4-49所示：E点的机动车在道路交叉口会分出三个方向的车流，行人（A、B、C、D）在道路交叉口也分出三个方向的人流，由图示可以看出，对角线的人流与车行流线有更多的冲突点。

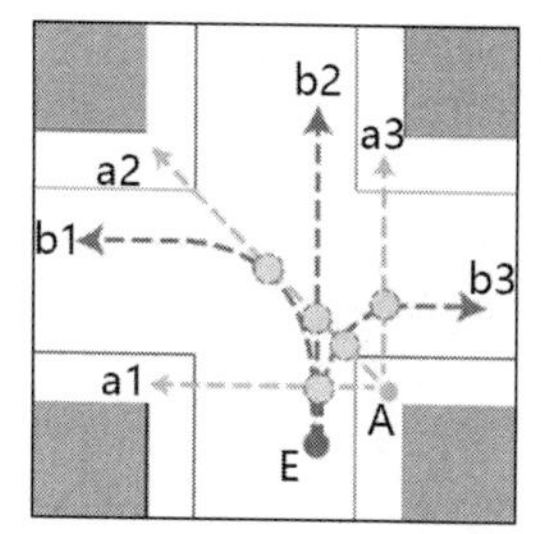

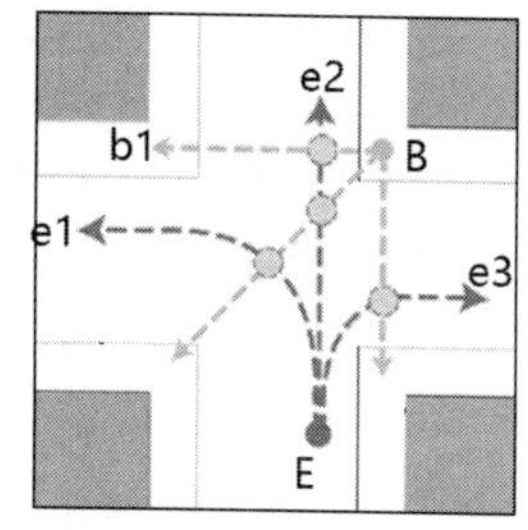

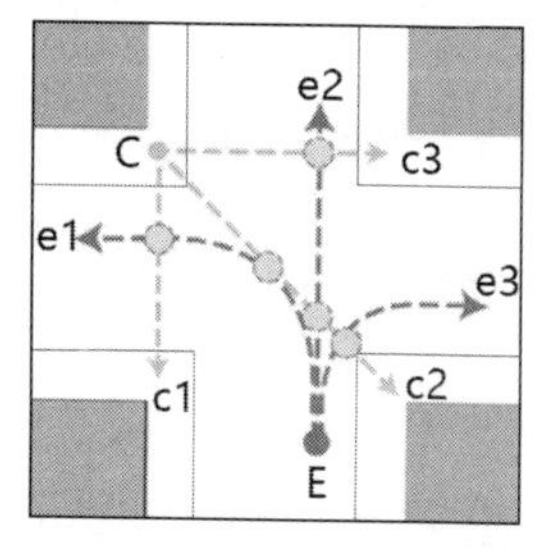

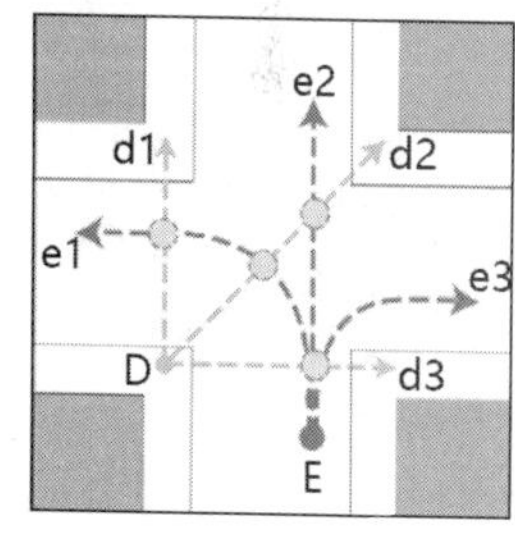

图4-49　华山17街坊内部道路交叉口人车混行流线分析

②问题2：原有人行道路改造为车行道路，破坏人行交通空间。

我国《交通法》规定，交通行为的参与者在一定空间和时间内都拥有进行道路交通活动的权利。道路空间边界划分同样强调空间使用平等，无论是机动车、非机动车还是行人，都享有同等的使用道路空间的权利。因此道路空间根据不同的使用对象可划分为不同的空间要素，如人行空间、机动车空间等。西安单位型老旧小区在建设之初人行系统相对比较完整，但经过社会经济迅速发展，车辆急剧增多，绝大多数老旧小区都进行更新改造，使原有以人行为主导的交通逐渐向人车并重的交通改造，甚至改至以车行交通为主导。在此过程中，人行交通体系不断受到冲击，人行空间不断被侵占，某些路段的人行空间缺失，导致人行交通体系不完整。目前人行交通体系不完整的老旧小区不在少数，如华山17街坊在建设之初，由于汽车等交通工具并不普及，所以设计时采用步行为主的交通方式。但如今大院已进行了几次改造，在改造同时也考虑到了汽车数量增多，经常会出现交通阻塞的现象，所以将原有的绿化面积减少，拓宽了大院内部道路，使原有人行道作为车行路，并且部分路段没有给人行交通留出独立的使用空间。

如图4-50所示，在连接大院西门的主要小区路上有长达近二百米的分隔人车道路的栏杆，留出专属人行道，实行有效的人车分流。但在大院其他的道路上，人车混行情况严重，停车侵占人行道的现象比比皆是，人行交通不畅。华山17街坊包含人行道路段，然而并不是含有人行道就意味着人行交通体系完整，从现实情况来看，部分人行道已经被规划的固定停车位所占据，也有部分人行道被临时停车位侵占，导致人行交通受阻，只能在小区道路上与车辆共行，人车矛盾突显。如图4-51所示的是老旧小区内经常发生的两种侵占人行道的情况，一种是直接侵占人行交通空间，使得居民的步行不得不转移到机动车交通空间；另一种是侵占部分人行道，使得人行交通空间不连贯，这样有人行交通空间的路段也失去了人行使用的意义。

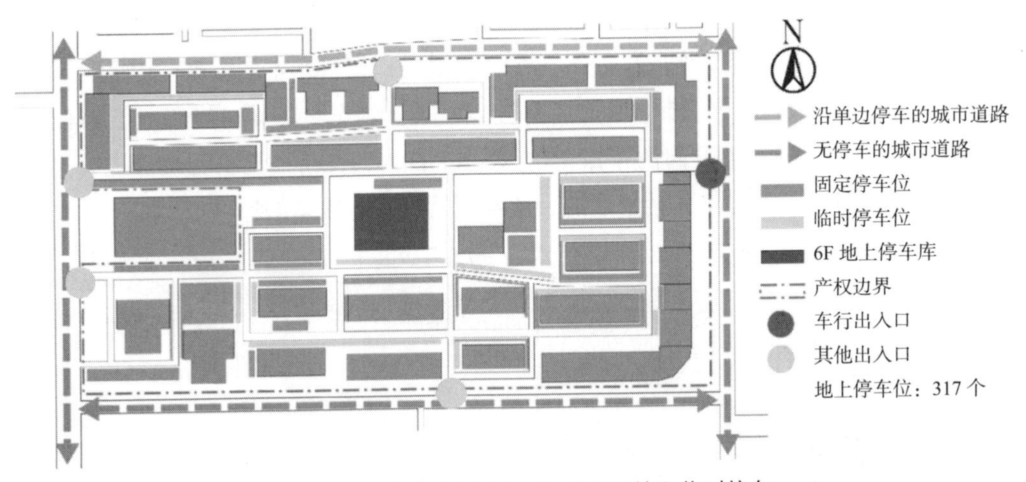

图4-50 华山17街坊人行道路系统和临时停车

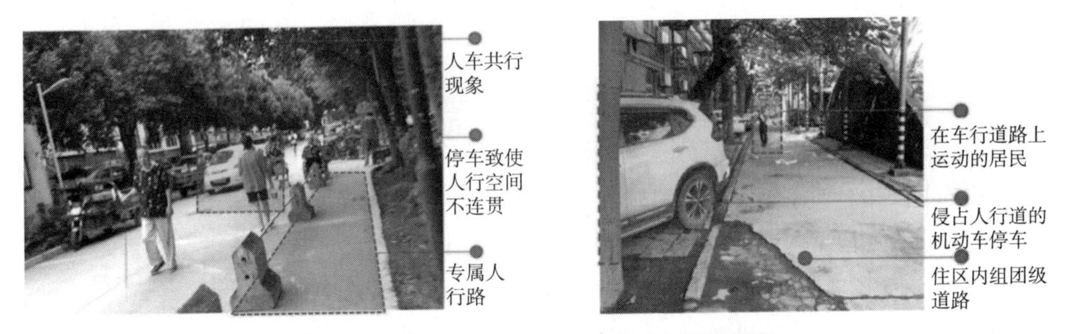

图4-51 华山17街坊停车占用人行道路情况

4.3.4.2 老旧小区路网现状问题

老旧小区路网在最初建设时仅为行人服务，在后期发展中不仅要满足步行居民的需求，还需要适应机动车大量增加的趋势。当原本的路网模式难以承受日益增加的交通负担时，老旧小区内部的交通效率便会降低，路网问题主要体现在以下三个方面：

(1) 尽端式路网通行不畅

尽端式路网使用效率低主要分为两个方面：a. 西安市单位型老旧小区中的尽端式路网的形成有两种情况，一种是从小区开始建设之前就规划设计为尽端式的路网，这种尽端式的路网结构中尽端路一边直接连接住宅入口，另一边一般没有人行道，直接连接绿化；另一种是整个街区的路网是整体规划设计的，由于产权原因，用围墙或者围栏这种实体边界强行将小区隔开，部分道路自然而然的也就形成了尽端路。当有机动车在宅前占用道路空间停车时，由于尽端路无回车场地，车辆进入之后很难倒车，只能原路退回，导致交通空间使用效率下降。b. 由于尽端路的端头不与相邻的城市道路相连，这导致机动车到达小区外的某一特定的目的地需要先经过小区内部的主要道路，然后在城市道路中绕行一段距离才可到达，这无疑加剧了小区内部主要道路和城市道路的交通压力，增加交通拥堵的隐患。如表 4-41 所示，西安电子科技大学社区西侧区域均为断头路，居民想要到达西侧中学（A 点）与农贸市场（B 点）必须绕行。

表 4-41　西安电子科技大学社区尽端式路网现状问题

现状问题	分析问题
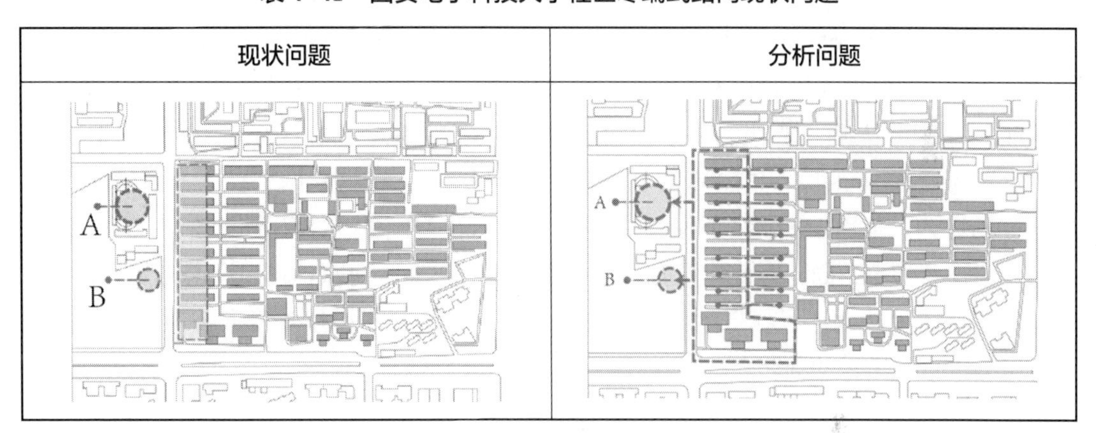	

（2）网式路网十字路口拥堵

在单位型老旧小区中，格网 + 尽端模式路网的数量仅次于尽端模式。与尽端模式的问题相同，格网式的现状问题主要是当早晚高峰时，人行车行的通行量都达到每日通行量的顶峰，格网模式的路网结构中含有大量的十字路口。与此同时，老旧小区的交通组织方式多为人车混行，步行居民无组织无规律地穿越十字路口，在十字路口处会有大量的人车冲突点产生，每多一个冲突点就意味着交通拥堵的可能性增加一分。这样就使得早晚高峰时刻在十字路口处人车出行矛盾突出，导致机动车拥堵现象严重，尤其是与小区内部公共建筑直接相连的十字路口，如医院、幼儿园和中小学校等。

如图 4-52 所示，建科大社区片区内道路十字交叉口众多，易造成车与车之间（如 A 点）或人车之间（如 C 点）的冲突，而社区内分布医院、幼儿园（B 点）等公服设施，附近区域在特定时段也会造成拥堵。

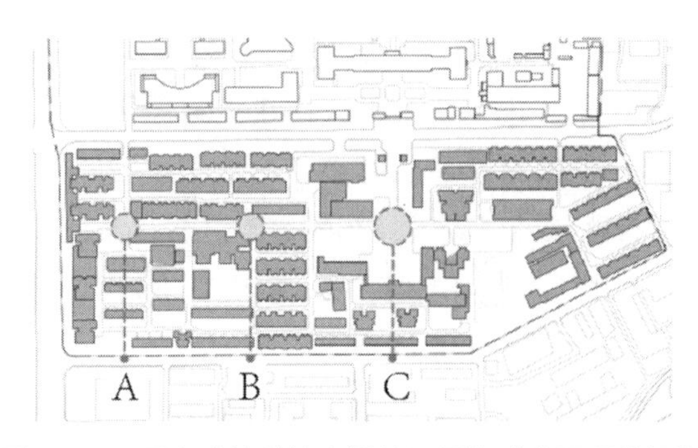

图 4-52　西安建筑科技大学社区网格式路网现状问题

（3）街区内多个小区路网未经统一规划，造成资源的浪费

集聚在同一街区的单位型老旧小区之间以围墙的方式进行分隔，便于小区内部管理，并保证各自治理安全。以 16 街坊为例（表 4-42），16 街坊位于西安市幸福林带西侧，建于“一五”计划时期，目的是为工厂职工提供居住和生活空间，由于西光、华山、黄河和昆仑工厂基本上是统一规划建设的，其职工居住的小区也是经由政府统一划拨用地建造，因此，西光社区 16 街坊、华山社区 16 街坊、黄河社区 16 街坊和昆仑社区 16 街坊集聚在同一个街区内。但由于不同工厂职工数量对生活居住空间的需求不同，各个工厂所属的生活区建设年代也不同，因此建造时以围墙进行划分，小区内部各自建设道路，形成各自的路网结构，虽然保证了各自的产权和管理，但这也造成了围墙本身和与围墙相连接的通行空间占用了大量的面积。

表 4-42　16 街坊路网现状

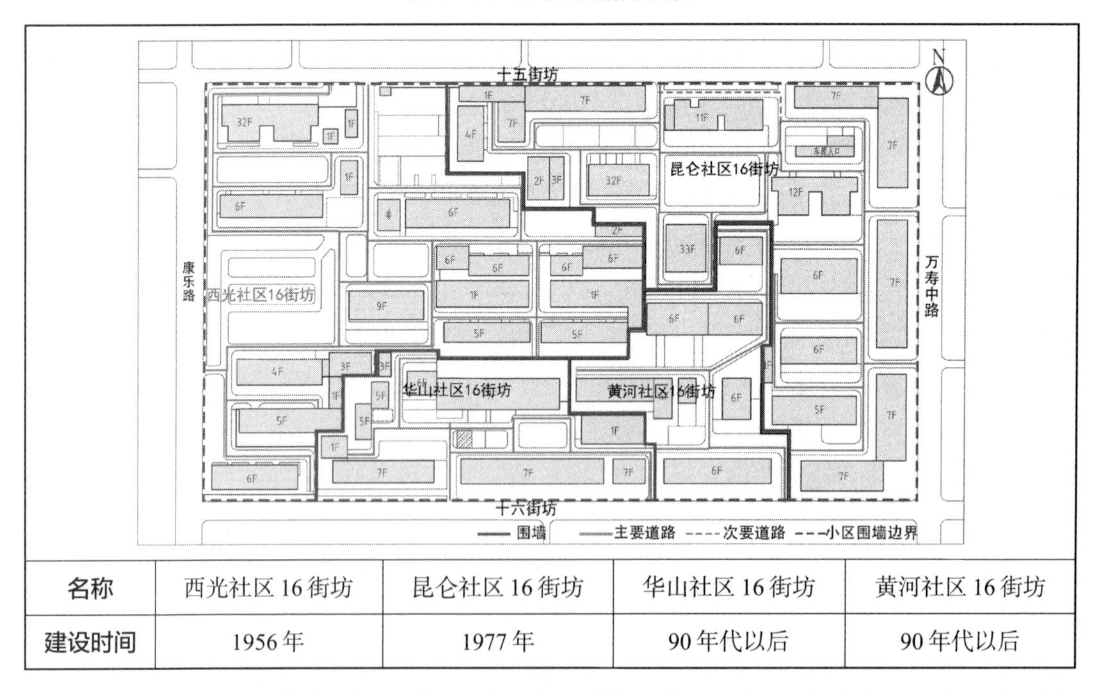

名称	西光社区 16 街坊	昆仑社区 16 街坊	华山社区 16 街坊	黄河社区 16 街坊
建设时间	1956 年	1977 年	90 年代以后	90 年代以后

单位型老旧小区道路空间现状问题由路网结构、交通组织、道路截面空间三个要素

共同作用形成。格网模式的路网结构十字口众多，早晚高峰时刻在十字路口处极易发生交通阻塞，但同时人车混行的交通组织方式使得十字路口处的人车矛盾更加突出，而道路横截面空间设计得不合理也会加剧交通阻塞，十字路口周边侵占非机动车道的道路停车位使得人行空间大大减少，人车矛盾更加恶化。

4.3.5 动态交通空间现状问题与分析

小区动态交通空间的现状问题主要体现在出入口空间以及道路空间两方面，涉及的影响要素有老旧小区规模、老旧小区与街区的位置关系、老旧小区的路网结构、老旧小区与城市空间要素的关系、老旧小区的人车流线组织和老旧小区的道路空间（表 4-43）。

表 4-43 出入口现状问题及涉及要素总结

<table>
<tr><th colspan="4">现状问题</th><th>动态交通空间影响要素</th><th>问题产生的原因</th></tr>
<tr><td rowspan="6">出入口</td><td rowspan="3">车行出入口与其他交通要素的距离近</td><td colspan="2">出入口与城市道路交叉口距离近</td><td>老旧小区与城市空间要素的关系</td><td rowspan="3">(1) 小区建设年代早，现有车行出入口均为人行出入口改建
(2) 城市道路和街区整体建设与老旧小区发展未统一规划</td></tr>
<tr><td colspan="2">相邻车行出入口间距近</td><td>老旧小区与街区位置关系</td></tr>
<tr><td colspan="2">出入口与城市公共交通站点距离近</td><td>老旧小区与城市空间要素的关系</td></tr>
<tr><td rowspan="3">出入口空间设计合理性不足</td><td colspan="2">出入口外部过渡空间尺度不足</td><td rowspan="3">老旧小区人车流线组织</td><td rowspan="3">(1) 人车流线组织混乱
(2) 出入口尺度不足</td></tr>
<tr><td colspan="2">出入口内部过渡空间人车难以分流</td></tr>
<tr><td colspan="2">出入口门体空间人车流线组织混乱</td></tr>
<tr><td rowspan="5">道路</td><td rowspan="3">路网设计不合理，机动车使用效率低下</td><td rowspan="2">尽端式和格网式路网自身缺陷</td><td>尽端式路网</td><td rowspan="3">老旧小区路网结构</td><td rowspan="3">(1) 老旧小区初建的路网模式与居民出行需求不相适应
(2) 街区内老旧小区建设时间不同
(3) 街区整体道路未统一规划</td></tr>
<tr><td>格网式路网</td></tr>
<tr><td colspan="2">街区内多个小区，路网未经统一规划，造成空间资源的浪费</td></tr>
<tr><td rowspan="2">步行道路被机动车和机动车道侵占，步行系统不完整</td><td colspan="2">道路交叉口人车混行，导致机动车行驶效率低下</td><td>老旧小区人车流线组织</td><td rowspan="2">人车流线组织混乱；道路空间设计不合理</td></tr>
<tr><td colspan="2">原有人行道路改造为车行道路，破坏人行交通空间</td><td>老旧小区道路空间</td></tr>
</table>

4.3.5.1 老旧小区出入口现状问题

老旧小区出入口的问题表现为城市道路节点拥堵，出入口出行效率低下，导致此现象的原因是多方面的，下面从出入口的布局、数量和空间设计这三方面对出入口现状问题产生的原因进行分析。

(1) 车行出入口与其他交通要素的距离近

车行出入口与其他交通要素的距离近主要体现在三个方面：a. 出入口与城市道路交叉口距离近。当单位型老旧小区出入口与城市道路交叉口的距离小，城市道路交叉口的作用范围与老旧小区车行出入口的进出车辆发生冲突，易造成拥堵；b. 相邻出入口距离近。两个车行出入口距离近，在早晚高峰多辆私家车同时进出时，排队的车辆会直接相互影响，或通过城市道路间接影响，出入口出入效率降低，并阻碍城市道路上过境车辆的行进；c. 出入口与城市公共交通站点距离近。单位型老旧小区出入口与城市公共交通站点距离过近，公交车进站时会减速、停车，当老旧小区车行出入口进出车辆时，会与公交车直接发生冲突，导致多个车辆的减速或停止。

单位型老旧小区的出入口布局与其他交通要素距离近的原因主要分为两个方面：a. 小区建设年代早。老旧小区建设年代较早，第一次对机动车出入口间距做出要求的规范是在 1993 年，而后期老旧小区为了适应汽车的发展改建的机动车出入口基本都是在原有人行出入口的基础上，原有出入口间距与现行规范不符。b. 现代城市道路、街区整体建设与早期老旧小区未统一规划，包括城市道路交叉口、公共交通发展和街区其他住区建设。城市公共交通的线路和站点、城市道路建设不断发展，出入口是在原基础上进行改建，城市公共交通虽然顺应城市和片区的发展，但与个别早期老旧小区出入口的关系并未妥善考虑。

(2) 出入口空间设计合理性不足

出入口空间设计合理性不足分为三个方面：a. 出入口外部过渡空间尺度不足。当尺度不足时，外部过渡空间所承担的人车分流和临时停车功能难以满足，导致出入口处的节点拥堵。b. 出入口内部过渡空间人车难以分流。进出的车辆与行人之间会产生冲突，造成内部过渡空间通行和疏散困难。c. 出入口门体空间人车流线组织混乱：人行和车行流线会有不同程度的相互干扰，导致出入口门体空间通行效率低。

出入口空间设计合理性不足的原因主要为两方面：a. 出入口尺度不足。老旧小区建设年代早，现状的车行出入口多是在以前的人行出入口或者围栏、围墙等边界空间改建而来，受原本宽度的限制。b. 人车流线组织混乱。改建后的出入口车行道和人行道设置不合理，不能使人车完全分流，当机动车和行人流量增加时，行人流线与车行流线会相互干扰。

4.3.5.2　老旧小区道路空间问题

本节对老旧小区道路空间的路网结构、道路交通组织、道路横截面空间设计三个方面对现状进行描述，总结出单位老旧小区道路空间的三个问题。

(1) 路网设计不合理，机动车使用效率低下

路网设计不合理主要体现在两个方面：a. 尽端式和格网式路网自身缺陷。私家车在尽端式道路倒车困难，且机动车到达小区外某一特定的目的地时需要先经过小区内部的主要道路，加剧了小区内部主要道路的交通压力。格网式路网多个十字路口拥堵严重，十字路口处步行居民干扰机动车行驶，尤其是与小区内部医院、幼儿园和中小学等公共建筑直接相连的十字路口。b. 集聚多个老旧小区的街区，产权以围墙的方式划分，造成资源的浪费。西安市单位型老旧小区集聚在同一个街区内时，产权围墙和与之接壤的通行空间占用了大量的面积。

产生路网问题的原因主要分为三点：a. 老旧小区初建的路网模式与居民出行需求不相适应。老旧小区路网初建时为行人服务，后期需要适应大量增加的机动车，原路网模式难以承受日益增加的交通负担。b. 小区建设年代不同。为了满足不同单位职工居住的需求，各个小区建成的年代有先后之分，小区之间为了保证独立的管理和治理安全，不得不以围墙划分其产权。c. 街区道路建设未统一规划。早期规划仅确定街区的用地属性，缺乏对街区内部的整体规划，在不同小区的建设发展中街区整体路网未统一设计，因此道路空间的使用也难以统筹考虑。

(2) 步行道路被机动车和机动车道侵占，步行系统不完整

老旧小区为适应汽车保有量快速增加的趋势，将原有道路改为人车混行的道路，造成了原来体系完整的居民步行道路被改为机动车道路，且步行道路被私家车占用，这不仅造成了道路交叉口私家车行驶效率低，并且破坏人行交通空间的完整性。造成此问题的原因主要为两点：a. 道路空间设计不合理。道路空间不能同时满足行人、私家车行驶和私家车停放的需求。b. 小区道路人车流线组织混乱。步行道路被机动车和机动车道侵占，小区内的步行系统连续性被打断，居民的步行不得不在机动车道上进行，导致人车流线冲突点增加，造成小区内部交通拥堵。

4.4　单位型老旧小区交通空间现状特征评价

本节对老旧小区交通空间相关的主要影响因素进行整理，依据上文中老旧小区的分类，分别对自足型老旧小区、过渡型老旧小区和依赖型老旧小区进行评价，根据数据分析的结果，分类提出改善优化的侧重点，具体流程如图 4-53 所示。

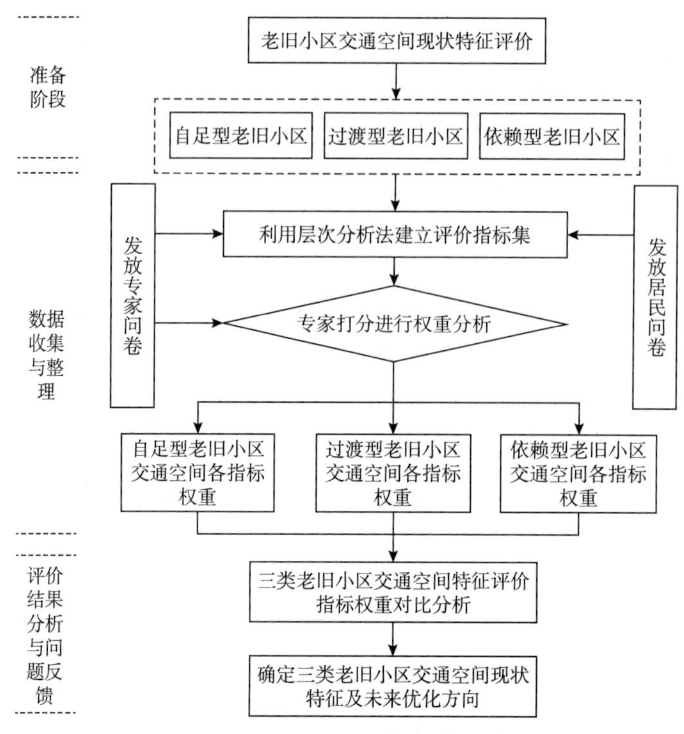

图 4-53　老旧小区交通空间现状特征评价流程图

4.4.1　评价方法的选取与指标集的建立

4.4.1.1　层次分析法

层次分析法指的是建立影响要素之间的层次模型，并通过对相关领域的专家发放问卷，得到因素之间重要程度信息，将复杂问题转化为数学分析的过程。这个方法具体来说，是将问题分解为多个层次后，用相应的标度将人们复杂的主观判断转化为客观指标，通过各因素两两之间的重要程度的对比，构造判断矩阵，运用相关数学方法进行计算分析，便可以得出各因素对于评价主体重要程度的权重值，可以为后期决策提供参考。

因上文中对单位型老旧小区交通空间现状问题的分析局限于客观因素的影响，本节出发点为将影响老旧小区交通空间的因素进行整理，寻求相关领域专家的意见，充分了解并分析交通空间使用者的主观感受，得到相关因素的权重值，结合上文中的现状问题的分析，得出结论，综合考虑后选择层次分析法对老旧小区交通空间进行评价。

4.4.1.2　指标集的建立及各因素的含义

通过对西安市老旧小区交通空间的属性及对象特征进行梳理，以及结合上文中对老旧小区动静态现状问题的总结，参考浅见泰司编纂的《居住环境—评价方法与理论》中对评价既有住区居住环境要点的剖析，以及杜栋主编的《现代综合评价方法与案例精选》中对综合评价指标集建立的原则，建立相应的评价指标集（表4-44）。

表4-44 老旧小区交通空间综合评价指标集

目标层	第一层级	第二层级	第三层级
老旧小区交通空间现状特征评价	Y1动态交通空间	Y11路网结构	Y111路网结构层级完整度
			Y112路网连通完整度
			Y113路网组织其他空间的合理性
		Y12人车交通组织	Y121人行系统完善程度
			Y122机动车对人行系统的干扰程度
			Y123道路交叉口人车交通组织合理性
		Y13道路空间	Y131道路横截面宽度
			Y132道路人车路权划分合理性
			Y133重要节点空间交通组织合理性
		Y14出入口空间	Y141出入口数量
			Y142出入口位置合理性
			Y143出入口人车组织合理性
	Y2静态交通空间	Y21停车空间规模	Y211停车位数量与小区汽车保有量的比值
			Y212小区内停车可支空间挖掘程度
			Y213小区外公共停车资源利用程度
		Y22停车空间分布	Y221小区内集中式停车空间分布合理性
			Y222小区内分散式停车空间对其他空间的干扰性
			Y223小区外停车空间停取车便利性
		Y23停车空间使用效率	Y231小区停车空间周转率
			Y232小区停车空间资源向街区共享程度
			Y233街区公共停车空间资源周转率
		Y24停车空间类型	Y241地面分散式停车
			Y242地上立体停车
			Y243地面集中式停车
			Y244地下停车

本书的评价因素层级结构分为1个对象3个层次：评价对象为单位型老旧小区交通空间，分为动态交通空间与静态交通空间两个方面，其中动态交通空间包括4个二级指

标，12个三级指标，包括路网结构、人车交通组织、道路空间以及出入口空间的相关内容；静态交通空间包括4个二级指标，13个三级指标，包括停车空间规模、停车空间分布、停车空间使用效率以及停车空间类型的相关内容。该评价指标集的选择虽不尽完备，但综合考虑了现今老旧小区所面临问题的重点与难点，力求有代表性。西安单位型老旧小区交通空间相关的评价因素以及各个因素的选取依据与相关含义如下。

①路网结构（Y11）包含三个三级指标：路网结构层级完整度（Y111）的含义指的是在小区中道路中，小区主干道、次干道、组团支路等划分明确；路网连通完整度（Y112）指的是小区路网相互连接，无尽端路；路网组织其他空间的合理性（Y113）主要针对的是单位型老旧小区中存在的道路杂乱无序，与公共空间等其他外部空间联系薄弱的问题。

②人车交通组织（Y12）包含三个三级指标：人行系统完善程度（Y121）的含义为小区内拥有连续完整且不受机动车打扰的慢行系统；机动车对人行系统的干扰程度（Y122）的含义为小区内车流与人流系统彼此独立，互不干扰，主要有人车合流与人车分流两种形式；道路交叉口人车交通组织合理性（Y123）的含义为，在人车合流为主的老旧小区内，道路交叉口作为人车发生交汇的节点，需要有合理的交通组织模式。

③道路空间（Y13）包含三个三级指标：道路横截面宽度（Y131）反映小区道路是否有适宜人行与车行的尺度；道路人车路权划分合理性（Y132）指的是车行与人行的区域在道路空间中有着明确的空间划分；重要节点空间交通组织合理性（Y133）主要指的是：小区内学校、医院等公服设施在特定时间段出入口所邻道路区域人流量激增时，道路空间应能有序地疏导交通以避免拥堵。

④出入口空间（Y14）包含三个三级指标：出入口空间作为小区道路与城市街区道路连系的重要节点，数量（Y141）与分布合理性（Y142）是否适宜会影响小区与街区道路的通行效率；出入口人车组织合理性（Y143）反映小区门体空间及其内外过渡空间组织人车交通的合理性，能否做到人车互不干扰。

⑤停车空间规模（Y21）包含三个三级指标：停车位数量与小区汽车保有量的比值（Y211），该指标反映的是小区停车位数量与小区汽车保有量的供需关系，反映小区现状是否满足停车需求；小区停车可支空间挖掘程度（Y212），该指标反映的是小区内潜在静态交通空间挖掘程度；小区外公共停车资源利用程度（Y213），该指标反映的是小区对所在街区静态交通空间的利用程度。

⑥停车空间分布（Y22）包含三个三级指标：小区内集中式停车空间分布合理性（Y221），该指标反映的是小区内集中式停车空间服务范围能否很好地覆盖小区范围；小区内分散式停车空间对其他空间的干扰性（Y222），该指标反映的是老旧小区分散式停车空间对其他空间的侵占情况；小区外停车空间停取车便利性（Y223），该指标反映的是小区所在街区停取车的便利性，包含距离、位置等相关因素影响。

⑦停车空间使用效率（Y23）包含三个三级指标：小区停车空间周转率（Y231），该指标反映的是小区内停车位使用效率；小区停车空间资源向街区共享程度（Y232），该指标

反映的是停车空间富余的小区向所在街区进行停车资源共享的程度；街区公共停车空间资源周转率（Y233），该指标反映的是小区车辆利用所在街区公共停车资源的利用效率。

⑧停车空间类型（Y24）包含三个三级指标，分别是：路边停车（Y241）、地上立体停车（Y242）、地面集中停车场（Y243）、地下停车（Y244）。

4.4.1.3 层次分析法数据分析步骤

根据指标集建立对应的层次分析模型，设置打分表，将各个因素之间的重要程度进行一一对比，构建评价矩阵（表4-45），进行各个指标之间重要程度的对比，具体打分标准按照较为常用的1～9标度方法（表4-46），将定性指标进行量化。

表4-45 评价矩阵示意表

	因素A	因素B	因素C	因素D
因素A	A/A	A/B	A/C	A/D
因素B	B/A	B/B	B/C	B/D
因素C	C/A	C/B	C/C	C/D
因素D	D/A	D/B	D/C	D/D

表4-46 判断标度矩阵及其含义说明

标度*I*、*J*	定义	说明
1	*I*与*J*同等重要	*I*与*J*两个指标相比较，具有同等的重要性
3	*I*比*J*稍重要	*I*与*J*两个指标相比较，*I*指标比*J*指标稍微重要
5	*I*比*J*明显重要	*I*与*J*两个指标相比较，*I*指标比*J*指标明显重要
7	*I*比*J*强烈重要	*I*与*J*两个指标相比较，*I*指标比*J*指标强烈重要
9	*I*比*J*极端重要	*I*与*J*两个指标相比较，*I*指标比*J*指标极端重要
2、4、6、8	—	为以上两种判断之间的中间状态对应的标度

（资料来源：杜栋. 现代综合评价方法及案例精选 [M]. 北京：清华大学出版社，2006）

本部分利用在线分析软件SPSSAU进行评价打分表的一致性检验及指标权重计算，共向10位专家分类型各发放3份打分表，共回收30份，经验证均通过一致性检验。

4.4.2 自足型老旧小区交通空间现状特征评价

多个专家的评议结果一致认为在老旧小区中，动态交通空间与静态交通空间拥有同样重要的权重，所以在一级指标中，两项指标的权重值均为50%，并对下面层级的各项指标评价矩阵进行一致性检验，经过在线分析软件 SPSSAU 计算，发放的专家问卷均满足一致性检验（$CR \leqslant 10\%$），可以进行各元素的权重分析。

通过对专家问卷的分析，发现三类老旧小区的动态交通空间侧重点有相对的一致性，并无明显的差异，故将三类老旧小区的动态交通空间进行整体分析，并在本节列出分析结果。

将自足型老旧小区交通空间的专家打分表进行去极值处理并进行平均，得到最终的专家打分表，将结果输入 SPSSAU 中进行层次分析计算，各层级评价矩阵与因素权重结果如表 4–47 至表 4–56 所示。

表 4–47　动态交通 Y1 指标重要程度判断矩阵

动态交通指标	Y11	Y12	Y13	Y14	权重值
Y11	1	3	6	5	55.766%
Y12	1/3	1	4	3	25.944%
Y13	1/6	1/4	1	1/2	7.053%
Y14	1/5	1/3	2	1	11.237%

表 4–48　路网结构指标重要程度判断矩阵

路网结构指标	Y111	Y112	Y113	权重值
Y111	1	1/3	4	27.372%
Y112	3	1	6	63.933%
Y113	1/4	1/6	1	8.695%

表 4–49　人车交通组织指标重要程度判断矩阵

人车交通组织指标	Y121	Y122	Y123	权重值
Y121	1	1/3	5	28.284%
Y122	3	1	7	64.339%
Y123	1/5	1/7	1	7.377%

表 4–50　道路空间指标重要程度判断矩阵

道路空间指标	Y131	Y132	Y133	权重值
Y131	1	2	1/3	23.949%
Y132	1/2	1	1/4	13.729%
Y133	3	4	1	62.322%

表 4-51　出入口空间指标重要程度判断矩阵

出入口空间指标	Y141	Y142	Y143	权重值
Y141	1	1	3	42.857%
Y142	1	1	3	42.857%
Y143	1/3	1/3	1	14.286%

从输出结果可以看出，在老旧小区的动态交通中，路网结构作为居住小区的交通骨架占据着最为重要的地位，其次是人车交通组织方面，人车系统矛盾的问题也极为重要，这与上文中分析的现状问题也基本吻合，动态交通的二级指标权重顺序为：路网结构（55.77%）＞人车交通组织（25.94%）＞出入口空间（11.24%）＞道路空间（7.05%）（表 4-47）。

在三级指标中的路网结构中，路网连通完整的权重值最高，达到 63.93%，其次为路网结构层级清晰，权重值排序为：路网连通完整度（63.93%）＞路网结构层级完整度（27.37%）＞路网组织其他空间的合理性（8.7%）（表 4-48）。

人车交通组织指标中最为重要的指标是机动车对人行系统的干扰程度，权重值高达 64.34%，其次为人行系统完善程度，权重值排序为：机动车对人行系统的干扰程度（64.34%）＞人行系统完善程度（28.28%）道路交叉口人车交通组织合理性（7.38%）（表 4-49）。

在动态交通空间中，道路空间与出入口空间所占权重相对较低，其中出入口空间的权重值略高于道路空间。道路空间中的重要节点空间交通组织合理性（62.32%）的权重值最高，权重值排序为：要节点空间交通组织合理性（62.32%）＞道路横截面宽度（23.95%）＞道路人车路权划分合理性（13.73%）（表 4-50）。其中出入口空间中的出入口数量与出入口位置占据着相同的权重值，权重值排序为：出入口数量（42.86%）＞出入口位置合理性（42.86%）＞出入口人车组织合理性（14.29%）（表 4-51）；总体来看，与上文中动态交通空间现状分析基本吻合。

自足型老旧小区的静态交通空间中，停车空间分布指标权重在二级指标中的权重值最高，这与上文中对自足型老旧小区现状分析的结果也较为吻合。自足型老旧小区静态交通的二级指标权重值顺序为：停车空间分布（55.77%）＞停车空间使用效率（25.94%）＞停车空间类型（11.24%）＞停车空间规模（7.05%）（表 4-52）。

表 4-52　自足型老旧小区静态交通 Y2 指标重要程度判断矩阵

静态交通指标	Y21	Y22	Y23	Y24	权重值
Y21	1	1/6	1/4	1/2	7.053%
Y22	6	1	3	5	55.766%
Y23	4	1/3	1	3	25.944%
Y24	2	1/5	1/3	1	11.237%

表 4-53　自足型老旧小区停车空间规模指标重要程度判断矩阵

停车空间规模指标	Y211	Y212	Y213	权重值
Y211	1	1/3	1/2	16.378%
Y212	3	1	2	53.896%
Y213	2	1/2	1	29.726%

表 4-54　自足型老旧小区停车空间分布指标重要程度判断矩阵

停车空间分布指标	Y221	Y222	Y223	权重值
Y221	1	3	1/5	19.319%
Y222	1/3	1	1/7	8.331%
Y223	5	7	1	72.351%

表 4-55　自足型老旧小区停车空间使用指标重要程度判断矩阵

停车空间使用指标	Y231	Y232	Y233	权重值
Y231	1	1/5	3	19.319%
Y232	5	1	7	72.351%
Y233	1/3	1/7	1	8.331%

表 4-56　自足型老旧小区停车空间类型指标重要程度判断矩阵

停车空间类型指标	Y241	Y242	Y243	Y244	权重值
Y241	1	5	1/3	7	31.480%
Y242	1/5	1	1/5	3	10.507%
Y243	3	5	1	7	52.936%
Y244	1/7	1/3	1/7	1	5.077%

可以看出，在二级指标中的停车空间分布中，小区外停车空间停取车便利性这一指标的权重值最高，达到了72.35%，权重值排序为：小区外停车空间停取车便利性（72.35%）>小区内集中式停车空间分布合理性（19.32%）>小区内分散式停车空间对其他空间的干扰程度（8.33%）；在停车空间使用这一指标层下的三级指标中，小区内停车空间资源向街区共享程度为权重值最高的指标，达到72.35%，权重值排序为：小区内停车空间资源向街区共享程度（72.35%）>小区停车空间周转率（19.32%）>街区公共停车空间资源周转率（8.33%）；在自足型老旧小区的静态交通空间中，停车空间类型与停车空间数量两项二级指标所占权重较低，其中停车空间类型中地面集中停车场（52.94%）占据着最重要的权重，

权重值排序为：地面集中停车场（52.936%）>路边停车（31.48%）>立体停车（10.51%）>地下停车（5.08%）（表4-56）；而停车空间规模中，权重值排序为：小区内停车可支空间挖掘程度（53.90%）>小区外公共停车资源利用率（29.73%）>停车位数量与小区汽车保有量的比值（16.38%）（表4-53），结果与上文中对自足型老旧小区的静态交通现状分析情况基本一致。

综合上文中对自足型老旧小区交通空间各层级因素判断矩阵，整理自足型老旧小区各指标权重排序如图4-54所示，交通空间使用后评价权重值如表4-57所示。

表4-57　西安市自足型老旧小区各因素权重值表

目标层	第一层级	第二层级	二级权重	第三层级	相对权重	绝对权重
老旧小区交通空间使用后评价	Y1 动态交通空间	Y11 路网结构	55.77%	Y111	15.26%	7.63%
				Y112	35.65%	17.83%
				Y113	4.85%	2.42%
		Y12 人车交通组织	25.94%	Y121	7.34%	3.67%
				Y122	16.69%	8.35%
				Y123	1.91%	0.96%
		Y13 道路空间	7.05%	Y131	1.69%	0.84%
				Y132	0.97%	0.48%
				Y133	4.40%	2.20%
		Y14 出入口空间	11.24%	Y141	4.82%	2.41%
				Y142	4.82%	2.41%
				Y143	1.61%	0.80%
	Y2 静态交通空间	Y21 停车空间规模	7.05%	Y211	1.16%	0.58%
				Y212	3.80%	1.90%
				Y213	2.10%	1.05%
		Y22 停车空间分布	55.77%	Y221	10.77%	5.39%
				Y222	4.65%	2.32%
				Y223	40.35%	20.17%
		Y23 停车空间使用效率	25.94%	Y231	5.01%	2.51%
				Y232	18.77%	9.39%
				Y233	8.33%	1.08%
		Y24 停车空间类型	11.24%	Y241	31.48%	1.77%
				Y242	10.51%	0.59%

续表

目标层	第一层级	第二层级	二级权重	第三层级	相对权重	绝对权重
老旧小区交通空间使用后评价	Y2 静态交通空间	Y24 停车空间类型	11.24%	Y243	52.94%	2.97%
				Y244	5.08%	0.29%

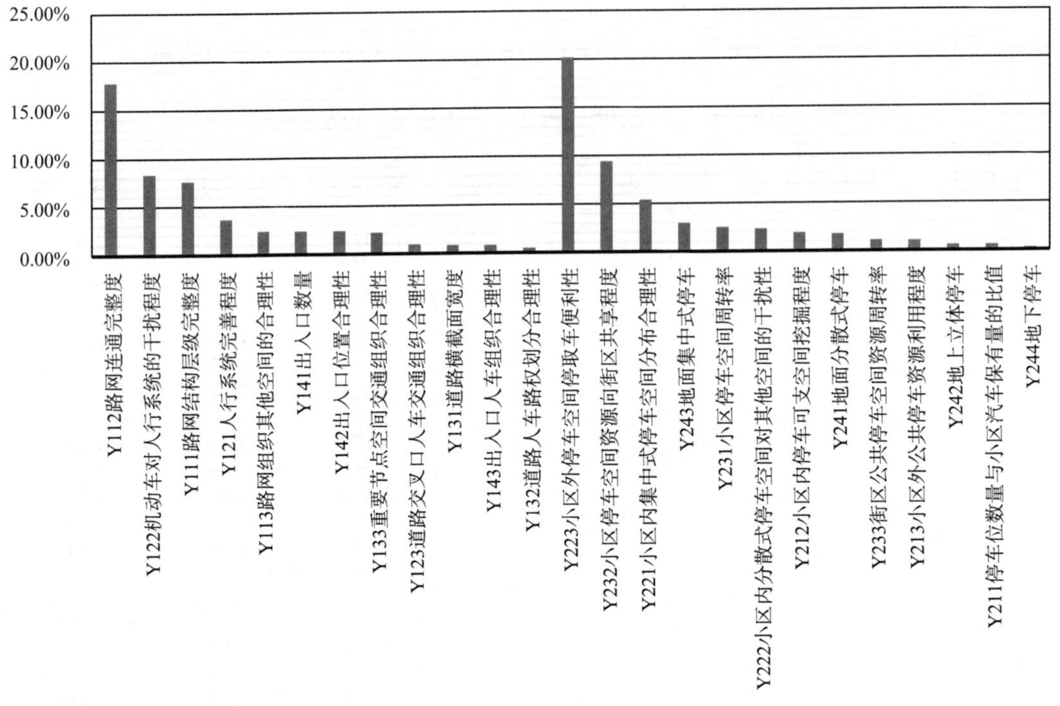

图 4-54　西安市自足型老旧小区交通空间评价体系三级指标权重对比

4.4.3　过渡型老旧小区交通空间现状特征评价

因三类老旧小区动态交通部分评价结果基本一致，结合动态交通评价结果进行过渡型老旧小区交通空间评价。将过渡型老旧小区静态交通空间的打分表进行去极值处理并平均，得到的最终结果如表 4-58 至表 4-61 所示。

表 4-58　过渡型老旧小区静态交通 Y2 指标重要程度判断矩阵

静态交通指标	Y21	Y22	Y23	Y24	权重值
Y21	1	5	2/3	6	36.530%
Y22	1/5	1	1/6	2	8.978%
Y23	3/2	6	1	7	48.669%
Y24	1/6	1/2	1/7	1	5.823%

表 4-59 过渡型老旧小区停车空间规模指标重要程度判断矩阵

停车空间规模指标	Y211	Y212	Y213	权重值
Y211	1	1/5	1/4	9.819%
Y212	5	1	2	56.787%
Y213	4	1/2	1	33.394%

表 4-60 过渡型老旧小区停车空间分布指标重要程度判断矩阵

停车空间分布指标	Y221	Y222	Y223	权重值
Y221	1	0.333	6	28.952%
Y222	3	1	8	64.635%
Y223	0.167	0.125	1	6.413%

表 4-61 过渡型老旧小区停车空间使用指标重要程度判断矩阵

停车空间使用指标	Y231	Y232	Y233	权重值
Y231	1	8	2	59.343%
Y232	1/8	1	1/6	6.541%
Y233	1/2	6	1	34.116%

表 4-62 过渡型老旧小区停车空间类型指标重要程度判断矩阵

停车空间类型指标	Y241	Y242	Y243	Y244	权重值
Y241	1	1/5	1/3	1/4	7.365%
Y242	5	1	3	2	47.086%
Y243	3	1/3	1	1/2	17.148%
Y244	4	1/2	2	1	28.401%

在过渡型老旧小区的静态交通空间评价结果中，停车空间使用指标在二级指标中的权重值最高，其次是停车空间规模，这也与过渡型老旧小区静态交通本身的特质有关，即停车位虽无明显不足，但已经接近饱和，对未来停车位的使用效率及新的停车位的挖掘有一定的要求，数据分析结果与小区现状基本相符。过渡型老旧小区静态交通的二级指标权重值顺序为：停车空间使用效率（48.67%）>停车空间规模（36.35%）>停车空间分布（8.98%）>停车空间类型（5.82%）。

在过渡型老旧小区的静态交通三级指标中，停车空间使用这一二级指标下占权重值最高的指标是小区停车空间周转率，权重值达到了 59.34%，其次为街区公共停车空间资源周转率，权重值的排序为：停车空间周转率（59.34%）>街区公共停车空间资源周转率

(34.12%)>小区停车空间资源向街区共享程度(6.54%);在停车空间规模这一指标下的三级指标中，权重值最高的为小区内停车可支空间挖掘程度，达到56.79%，其次是小区外公共停车资源利用率，具体的权重值排序为：小区内停车可支空间挖掘程度(56.79%)>小区外公共停车资源利用率(33.39%)>停车位数量与小区汽车保有量的比值(9.82%)(表4-59);在过渡型老旧小区中，停车空间分布与停车空间类型两项二级指标所占权重值较低，其中停车空间分布下的小区内分散式停车空间对其他空间的干扰性这一指标所占权重最大，具体的权重值排序为：小区内分散式停车空间对其他空间的干扰性(64.64%)>小区内集中式停车空间分布合理性(28.95%)>小区外停车空间停取车便利性(6.41%)(表4-60);在停车空间使用效率这一指标下的三级指标中，权重值最高的指标为小区停车空间周转率，小区停车空间资源向街区共享程度所占权重值较低，具体的权重值排序为：小区停车空间周转率(59.34%)>街区公共停车空间资源周转率(34.12%)>小区停车空间资源向街区共享程度(6.54%)(表4-61);而在停车空间类型这一二级指标中，地上立体停车占到了最大的权重，权重值排序为：地上立体停车(47.09%)>地下停车(28.40%)>地面集中停车场(17.15%)>路边停车(7.37%)(表4-62)，具体结果与上文中所分析过渡型老旧小区静态交通空间的现状基本吻合。

综合上文中对过渡型老旧小区交通空间各层级因素判断矩阵，整理过渡型老旧小区各指标权重排序如图4-55所示，交通空间使用后评价权重值如表4-63所示。

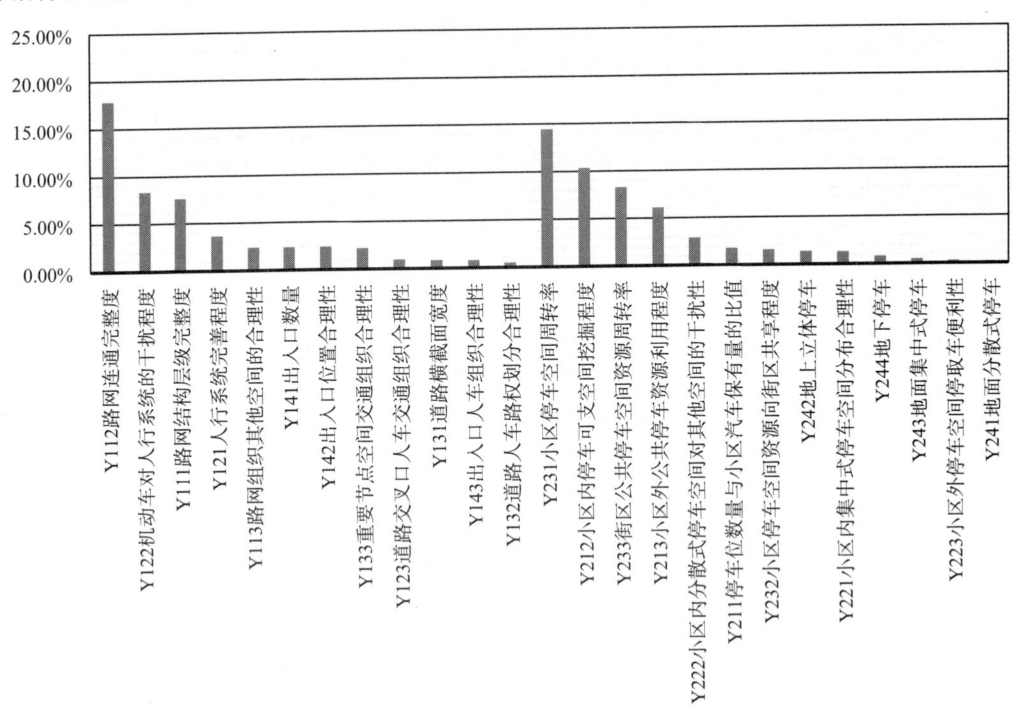

图4-55　西安市过渡型老旧小区交通空间评价体系三级指标权重对比

表 4-63 西安市过渡型老旧小区各因素权重值表

目标层	第一层级	第二层级	二级权重	第三层级	相对权重	绝对权重
老旧小区交通空间使用后评价	Y1 动态交通空间	Y11 路网结构	55.77%	Y111	15.26%	7.63%
				Y112	35.65%	17.83%
				Y113	4.85%	2.42%
		Y12 人车交通组织	25.94%	Y121	7.34%	3.67%
				Y122	16.69%	8.35%
				Y123	1.91%	0.96%
		Y13 道路空间	7.05%	Y131	1.69%	0.84%
				Y132	0.97%	0.48%
				Y133	4.40%	2.20%
		Y14 出入口空间	11.24%	Y141	4.82%	2.41%
				Y142	4.82%	2.41%
				Y143	1.61%	0.80%
	Y2 静态交通空间	Y21 停车空间规模	36.53%	Y211	3.59%	1.79%
				Y212	20.74%	10.37%
				Y213	12.20%	6.10%
		Y22 停车空间分布	8.98%	Y221	2.60%	1.30%
				Y222	5.80%	2.90%
				Y223	0.58%	0.29%
		Y23 停车空间使用效率	48.67%	Y231	28.88%	14.44%
				Y232	3.18%	1.59%
				Y233	16.60%	8.30%
		Y24 停车空间类型	5.82%	Y241	0.43%	0.21%
				Y242	2.74%	1.37%
				Y243	1.00%	0.50%
				Y244	1.65%	0.83%

4.4.4 依赖型老旧小区交通空间现状特征评价

因三类老旧小区动态交通部分评价结果基本一致，结合动态交通评价结果进行依赖型老旧小区交通空间评价。将依赖型老旧小区静态交通空间的打分表进行去极值处理并平均，得到最终的打分表，将结果输入 SPSSAU 中进行层次分析计算，各层级评价矩阵与因素权重结果如表 4–64 至表 4–68 所示。

表 4–64　依赖型老旧小区静态交通 Y2 指标重要程度判断矩阵

静态交通指标	Y21	Y22	Y23	Y24	权重值
Y21	1	5	3	7	55.789%
Y22	1/5	1	1/3	3	12.187%
Y23	1/3	3	1	5	26.335%
Y24	1/7	1/3	1/5	1	5.689%

表 4–65　依赖型老旧小区停车空间规模指标重要程度判断矩阵

停车空间规模指标	Y211	Y212	Y213	权重值
Y211	1	3	4	62.322%
Y212	1/3	1	2	23.949%
Y213	1/4	1/2	1	13.729%

表 4–66　依赖型老旧小区停车空间分布指标重要程度判断矩阵

停车空间分布指标	Y221	Y222	Y223	权重值
Y221	1	1/2	5	34.306%
Y222	2	1	6	57.500%
Y223	1/5	1/6	1	8.194%

表 4–67　依赖型老旧小区停车空间使用指标重要程度判断矩阵

停车空间使用指标	Y231	Y232	Y233	权重值
Y231	1	7	2	58.009%
Y232	1/7	1	1/6	7.034%
Y233	1/2	6	1	34.957%

表 4-68　依赖型老旧小区停车空间类型指标重要程度判断矩阵

停车空间类型指标	Y241	Y242	Y243	Y244	权重值
Y241	1	1/6	1/3	1/5	6.155%
Y242	6	1	5	2	49.982%
Y243	3	1/5	1	1/4	11.910%
Y244	5	1/2	4	1	31.954%

依赖型老旧小区的静态交通空间中，停车空间数量的缺失是主要问题，从静态交通权重的输出结果也可以看出，停车空间规模指标权重在二级指标中的权重值最高，其次是停车空间使用的权重值也较高，这与上文中对依赖型老旧小区现状分析的结果也较为吻合。依赖型老旧小区静态交通的二级指标权重值顺序为：停车空间规模（55.79%）>停车空间使用（26.35%）>停车空间分布（12.19%）>停车（空间）类型（5.69%）（表 4-64）。

可以看出，在三级指标中的停车空间数量中，停车位数量与小区汽车保有量的比值这一指标的权重值最高，达到了 62.32%，其次为小区内停车可支空间挖掘程度，具体的权重值排序为：停车位数量与小区汽车保有量的比值（62.32%）>小区内停车可支空间挖掘程度（23.95%）>小区外公共停车资源利用程度（13.73%）；在停车空间使用效率这一指标层下的三级指标中，小区停车空间周转效率为权重值最高的指标，达到 58.01%，权重值排序为：小区停车空间周转率（58.01%）>街区公共停车空间资源周转率（34.96%）>小区停车空间资源向街区共享程度（7.03%）（表 4-67）；在依赖型老旧小区中，停车空间类型与停车场空间分布两项二级指标所占权重较低，其中停车空间分布中权重值最高的指标为小区内分散式停车空间与其他空间的干扰性，具体权重值排序为：小区内分散式停车空间对其他空间的干扰性（57.50%）>小区内集中式停车空间分布合理性（34.31%）>小区外停车空间停取车便利性（8.19%）（表 4-66）；而在停车空间类型这一二级指标中，地上立体停车为权重值最大的指标，具体的权重值排序为：地上立体停车（49.98%）>地下停车（31.95%）>地面集中停车场（11.91%）>路边停车（6.16%）（表 4-68）。具体结果与上文中对依赖型老旧小区现状所分析的结果基本一致。

综合上文中对依赖型老旧小区交通空间各层级因素判断矩阵，整理依赖型老旧小区各指标权重排序如图 4-56 所示，交通空间使用后评价权重值如表 4-69 所示。

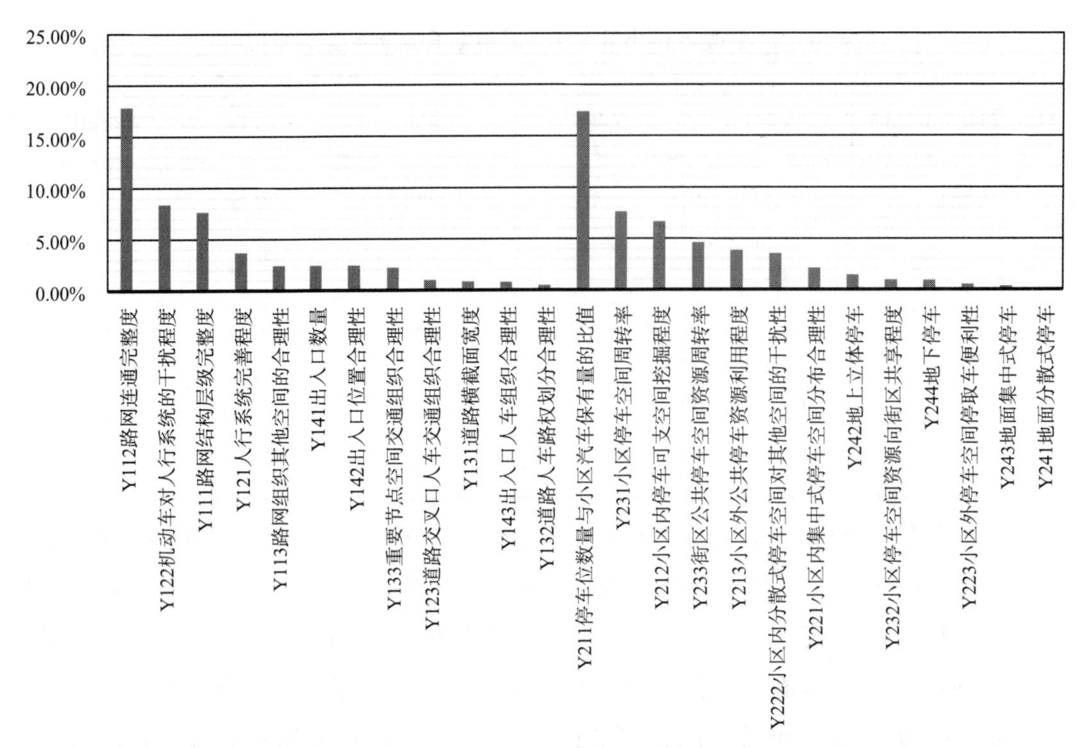

图 4-56　西安市依赖型老旧小区交通空间评价体系三级指标权重对比

表 4-69　西安市依赖型老旧小区各因素权重值表

目标层	第一层级	第二层级	二级权重	第三层级	相对权重	绝对权重
老旧小区交通空间使用后评价	Y1 动态交通空间	Y11 路网结构	55.77%	Y111	15.26%	7.63%
				Y112	35.65%	17.83%
				Y113	4.85%	2.42%
		Y12 人车交通组织	25.94%	Y121	7.34%	3.67%
				Y122	16.69%	8.35%
				Y123	1.91%	0.96%
		Y13 道路空间	7.05%	Y131	1.69%	0.84%
				Y132	0.97%	0.48%
				Y133	4.40%	2.20%
		Y14 出入口空间	11.24%	Y141	4.82%	2.41%
				Y142	4.82%	2.41%
				Y143	1.61%	0.80%

续表

目标层	第一层级	第二层级	二级权重	第三层级	相对权重	绝对权重
老旧小区交通空间使用后评价	Y2 静态交通空间	Y21 停车空间规模	55.79%	Y211	34.77%	17.38%
				Y212	13.36%	6.68%
				Y213	7.66%	3.83%
		Y22 停车空间分布	12.19%	Y221	4.18%	2.09%
				Y222	7.01%	3.50%
				Y223	1.00%	0.50%
		Y23 停车空间使用效率	26.34%	Y231	15.28%	7.64%
				Y232	1.85%	0.93%
				Y233	9.21%	4.60%
		Y24 停车空间类型	5.69%	Y241	0.35%	0.18%
				Y242	2.84%	1.42%
				Y243	0.68%	0.34%
				Y244	1.82%	0.91%

4.4.5 主要评价结果分析

为响应城市老旧小区交通空间整合优化的要求，更加全面与完善地提出西安市老旧小区交通空间改造与优化的策略，本节筛选动态交通空间与静态交通空间共 8 个二级指标、25 个三级指标，初步构建西安市单位型老旧小区交通空间评价体系。

本节挑选三类老旧小区的典型案例，通过向相关领域的专家与小区的居民发放调查问卷，获取到老旧小区交通空间指标之间的重要程度的对比关系，并将调查问卷数据借助在线分析软件 SPSSAU 运用层次分析法进行权重分析，得出相应结果如上文所示，通过对权重结果的分析，结合上文中对三类老旧小区现状问题的分析，得出结论如下。

4.4.5.1 动态交通

以完善路网为主导的道路空间整体优化。路网结构与人车交通组织代表了小区动态交通整体的完善程度，占据主要的权重，道路空间与出入口空间作为局部的交通空间优化手段，协助完善小区整体的动态交通空间。路网结构作为老旧小区交通空间的骨架，在老旧小区动态交通空间中起到决定性作用，其中以完善路网完整性最为重要，其次应关注道路的层级结构是否清晰；人车交通组织问题，即人车系统的矛盾，是老旧小区交通空间共存的问题，人车系统各自的独立性是交通组织问题中优化的重点，其次应考虑构建高品质的小区步行系统，高品质的步行空间可以极大地提升住区品质；出入口空间与道路空间主要侧重于对老旧小区交通空间局部进行优化，如老旧小区道路路权划分不明确，出入口空间的数量与布局不完善的问题，所以为老旧小区交通空间局部改造的重点。

4.4.5.2 静态交通

(1) 自足型老旧小区静态交通

提升停车空间品质为主、资源共享为辅。自足型老旧小区目前停车空间数量可以满足居民日常需求，且停车位数量明显高于汽车保有量，所以对停车空间数量上的挖掘需求不高，最为注重停车空间分布上的改善，其中最重要的为居民日常停取车的便利。因自足型小区大多数存在机动车停在小区外的情况，导致居民停车距离过远的问题，应提升小区整体的停车空间品质。另外在停车空间使用上，自足型小区现状停车位数量远远大于小区汽车保有量，考虑到便于管理，适当开放停车资源向街区范围共享；停车类型的选择上，因自足型老旧小区对停车数量无优化需求，考虑到经济与改造难度的影响，所以停车类型依旧选择路边停车与集中停车场。

(2) 过渡型老旧小区静态交通

提高停车效率与增加停车空间数量并举。过渡型老旧小区目前停车位数量基本与汽车保有量持平，满足居民的日常使用，且基本不需要依赖周边的街道进行停车，但未来的停车空间数量需求依然占据着较为重要的比重。目前来看，过渡型老旧小区最为重要的是提高停车空间的使用效率，在满足居民日常需求的基础上，尽量避免停车位不足的问题。其次考虑增加小区的停车空间数量，主要注重小区内的可支空间挖掘和小区所在街区的公共停车资源利用，以应对未来停车位需求增长的问题。停车空间类型上考虑到增加停车位数量，优先采用地上停车楼与地下停车，尽可能多地增加停车空间，考虑到成本与建设难度，地上停车楼优先级略高于地下停车。停车空间分布上应关注路边停车对道路空间、绿化空间的侵占。

(3) 依赖型老旧小区静态交通

以增加停车空间规模为主。依赖型老旧小区目前面临的最主要的问题为小区内停车位数量的缺失，必须依赖所在街区停车来缓解小区内的停车压力，所以增加停车位数量是目前最重要的优化方向。从权重分析中也可以看出，尽快满足居民需求是目前的重中之重，其次要优先对小区内的可支空间进行挖掘，要最大化利用街区内的停车资源。在停车空间的使用上需要加强小区内与街区的停车位使用效率，应尽量避免出现因交通通达性引起的停车不方便而导致部分停车位使用率过低的问题；停车位分布问题上要考虑最大化利用街区及周边的停车资源，在停车类型的考虑上，要尽可能多地增加未来的停车数量，应在改善与优化停车设施时考虑建立地下车库与立体停车楼。

4.5 本章小结

本章首先对西安老旧小区的特征从数量、建设年份和空间分布进行总结，从老旧小区与所在街区的空间位置关系以及与相邻街区的空间联系强弱两个方面将老旧小区分为嵌入型Ⅰ、嵌入型Ⅱ、整体型Ⅰ、整体型Ⅱ、跨越整体型Ⅱ和跨越嵌入型Ⅱ，依据停车空间对街区空间的依赖程度不同可以将单位型老旧小区划分为自足型、过渡型和依赖型，总结不同类型的特征，并从西安市1753个老旧小区中选取47个一般调研对象。

其次，对老旧小区静态交通空间现状进行分析，提出自足型、过渡型和依赖型老旧小区交通空间的现状问题。

过渡型老旧小区现状问题为：一是分散式停车占用公共活动空间，忽视老年人对交往空间需求；二是高校居民出行依赖私家车，未来停车需求更高。

依赖型老旧小区现状问题为：一是地面非规划停车占用小区其他公共空间；二是小区外溢的私家车影响街区交通空间。

自足型老旧小区现状问题为：一是分散式停车布局方式侵占单位内部其他公共空间；二是个别小区整体式布局停车部分空间闲置造成街区停车资源浪费。

出入口的现状问题为：一是车行出入口与其他交通要素的距离近；二是出入口空间设计合理性不足。

道路的现状问题为：一是路网设计不合理，机动车使用效率低下；二是步行道路被机动车和机动车道侵占，步行系统不完整。

最后，对影响老旧小区交通空间的主观因素进行整理，分别对自足型老旧小区、过渡型老旧小区和依赖型老旧小区进行评价，总结各类老旧小区交通空间现状的不同特点，提出改善优化的侧重点：动态交通以完善路网为主导的道路空间整体优化；自足型老旧小区优化方向为提升停车空间品质为主、资源共享为辅；过渡型老旧小区优化方向为提高停车效率与增加停车空间规模并举；依赖性老旧小区优化方向为以增加停车空间规模为主。

5 国内外住区交通空间更新整合设计优秀案例解析与启示

5.1 国内外住区静态交通空间潜力挖掘的案例解析

5.1.1 街区层面静态交通空间潜力挖掘案例

5.1.1.1 增加路边划线停车位

杭州塘河新村——余杭塘路社区建设时社区内规划的停车位为137个，随着经济的飞速发展，私家车数量迅速上升，至社区停车改造前，汽车保有量约为840辆，停车位严重不足，停车位缺口高达600个，这导致小区内机动车侵轧绿化带进行停车的现象十分普遍，对小区居民日常生活造成了影响（表5-1）。

表5-1 杭州塘河新村——余杭塘路社区街区用地功能与停车现状示意图

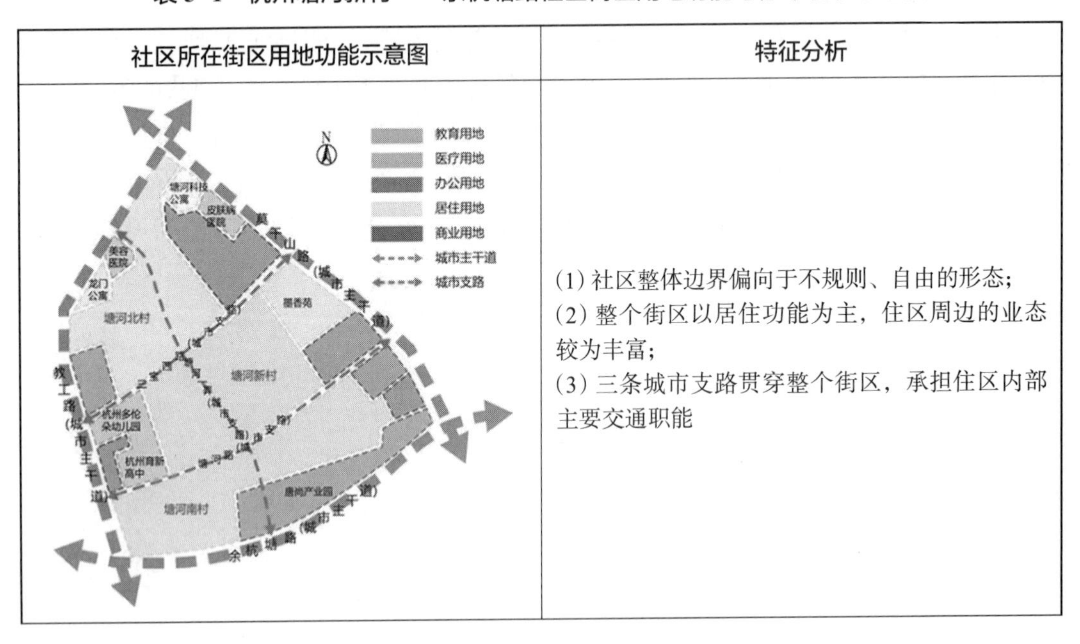

社区所在街区用地功能示意图	特征分析
	(1) 社区整体边界偏向于不规则、自由的形态； (2) 整个街区以居住功能为主，住区周边的业态较为丰富； (3) 三条城市支路贯穿整个街区，承担住区内部主要交通职能

续表

<table>
<tr><th>社区所在街区用地功能示意图</th><th>特征分析</th></tr>
<tr><td colspan="2">杭州塘河新村——余杭塘路社区停车现状</td></tr>
<tr><td>

（a）停车侵占道路空间</td><td>

（b）停车侵占消防通道口</td></tr>
<tr><td colspan="2">杭州塘河新村——余杭塘路社区停车空间改造措施说明</td></tr>
<tr><td colspan="2">三宝西路（城市支路）：宽 0.5 米，增设停车位 82 个；
塘河二弄（城市支路）：道路两侧各拓宽 0.5 米，近期增加停车位 62 个，远期增加 70 个；
塘河路（城市支路）：道路两侧各拓宽 0.5 米，增加停车位 113 个；
三条城市支路共填补停车位缺口数量为 327 个</td></tr>
</table>

整治措施将塘河路、塘河二弄、三弄西路三条道路机动车道的宽度由 7 米拓宽至 8 米，将原本的单侧停车、双向通行改造为双侧停车、单向通行。通过将原用道路拓宽、利用建筑后退距离、改造少量绿化空间为停车空间等一系列措施，使住区内增加了划线停车位 327 个。

5.1.1.2 利用中小学操场设地下停车位

在城市空间格局无法短时间内改变的前提下，杭州市利用学校操场下面的地下空间修建停车场。学校操场地上没有建筑物，且地下空间较大，便于开发停车场。杭州上羊市街区“微更新”工程位于杭州市上城区，项目南面抚宁巷为城市支路，西面中河路为城市快速路，北面望江路为城市主干道，东面为贴沙河（图 5-1）。整治范围包括袁井巷、金狮苑、云雀苑、响水坝四个小区，街区内除整治小区外，还有中小学、办公、文物古迹等功能。整治范围规模为 25 公顷，总户数为 3150 余户。

杭州上羊市街区四个小区共有 295 个车位，改造项目利用附近杭州市建兰中学校园内 250 平方米操场建设地下一层停车库，共提供 97 个停车位，其中 29 个为接送孩子的家长停车使用，剩余的 68 个停车位服务于校园内职工，同时服务于周边老旧小区（表 5-2）。由于操场地下车库对周边开放，为避免周围车辆出入对学生产生影响，车库在设计时采取人车分流的设计，南侧抚宁巷设置校园人行出入口，东侧金钗袋巷南北侧设置两个车行出入口，并用护栏将车库出入口和操场边界分隔开，操场西侧设置两个人行疏散出入口，为避免社会人员对学生的影响，此出入口仅在紧急情况下开启。为解决出入机动车的噪声影响，车库在设计时采用汽车坡道覆盖橡胶材料，疏散口布置隔音板等措施。

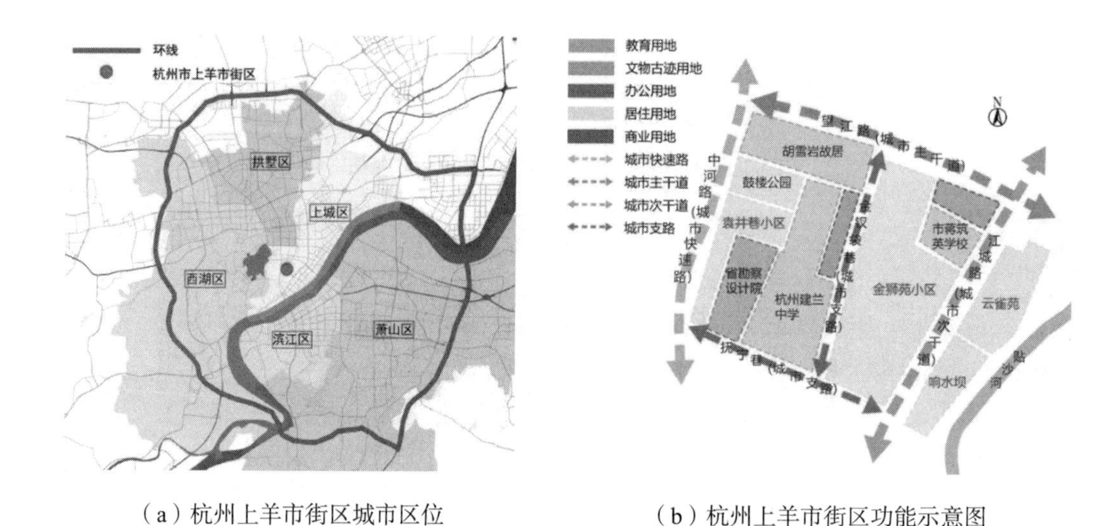

（a）杭州上羊市街区城市区位　　　　（b）杭州上羊市街区功能示意图

图 5-1　杭州上羊市街区概况

表 5-2　杭州上羊市街区停车资源挖掘及地下车库设计示意图

街区停车资源挖掘示意图	特征说明
	（1）建兰中学操场下所建设的地下车库共提供停车位数量为 97 个； （2）其中 29 个停车位供家长接送学生暂停，余下 68 个停车位提供给校内教职工以及周边教职工
杭州建兰中学操场地下车库设计	
（a）杭州建兰中学操场地下车库出入口示意图	（b）杭州建兰中学操场地下车库出入口现场照片

5.1.1.3 利用公园绿地建地下停车库

北京北杨洼小区位于北京通州区，占地 8.5 公顷。所在街区北临运河西大街为城市主干道，西临九棵树东路为城市主干道，东临玉桥西路为城市次干道，南临梨园北街为城市次干道（图 5−2）。北杨洼小区周边被其他住区包围，北侧为葛布店东里，东侧为梨园小镇，西侧为当代名筑家园，街区内小区布局分散，环境比较复杂，周边居住小区多为 2000 年左右建设的老旧小区。街区内除多个住区外还有办公、商业、学校等功能穿插其中，另外街区内有大面积空地。

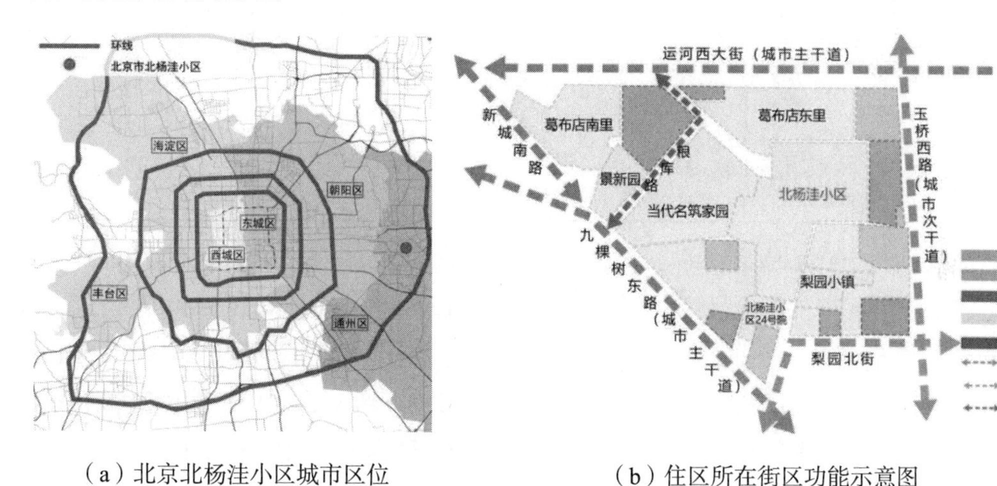

（a）北京北杨洼小区城市区位　　（b）住区所在街区功能示意图

图 5−2　北京北杨洼小区项目概况

北杨洼小区除了小区内部车辆，还有外来车辆，小区内仅有居民楼下的少量固定停车位，街道并未规划停车位，出现车辆侵占街道空间、宅间道路、充电桩车位等空间，造成了车辆停放秩序混乱、交通堵塞等问题。而且北杨洼小区一带的道路不属于市政道路，交通部门无权清拖车辆，因此还需要小区内部相互协调解决（表 5−3）。

表 5−3　住区现状问题及停车资源挖掘示意图

北杨洼小区及周边小区停车现状问题	
（a）北杨洼小区停车占用充电桩	 （b）周边小区停车秩序混乱造成交通堵塞

续表

北杨洼街区停车资源挖掘图	措施说明
地下车库共提供590个停车位 葛布店东里 格兰晴天 当代名筑家园 北杨洼小区 500m 北杨洼小区24号院 梨园小镇 玉桥西里小区 梨花园 停车场建设范围 停车场服务小区范围 停车场服务半径	北杨洼地下停车场共提供停车位数量590个，停车场覆盖服务半径500米，缓解多个小区停车紧张问题

北杨洼及周边500米范围内的小区总居住户数约6723户，现状停车位约为1737个，根据《北京住宅小区车位指标规定》，三环以外住宅按每千户500个车位标准配置，需要3362个车位，停车位缺口为1625个。为有效解决停车位严重不足的问题，2019年，通州区梨园镇北杨洼停车场项目获批，利用空地建地下二层停车场，地面上建公园，规划停车位590个，既有效缓解停车难的问题，还为居民提供休闲娱乐的场地。停车场服务半径为500米，可解决北杨洼及周边多个小区问题。

5.1.1.4 挖掘公共建筑停车位

杭州塘河新村—余杭塘路社区在街区层面通过错时停车增加了停车位209个。老旧小区晚上对车位需求远高于白天，而办公及公共建筑恰恰相反。由于使用时间段的差异，住区和办公昼夜停车需求在时间上互补，因而可以在不同时间段借用办公楼车位来缓解住区停车难问题，同时提高城市停车资源利用率，实现资源的合理配置。例如杭州余杭塘路社区通过挖掘附近杭州国际服务外包示范基地错时停车场，增加38个车位；通过挖掘浙报理想文化创意产业园错时停车场，增加135个车位；通过新建地面停车库，增加停车位36个（表5-4）。

表 5-4 杭州塘河新村—余杭塘路社区停车规划方案

杭州塘河新村—余杭塘路社区停车规划示意图	规划说明
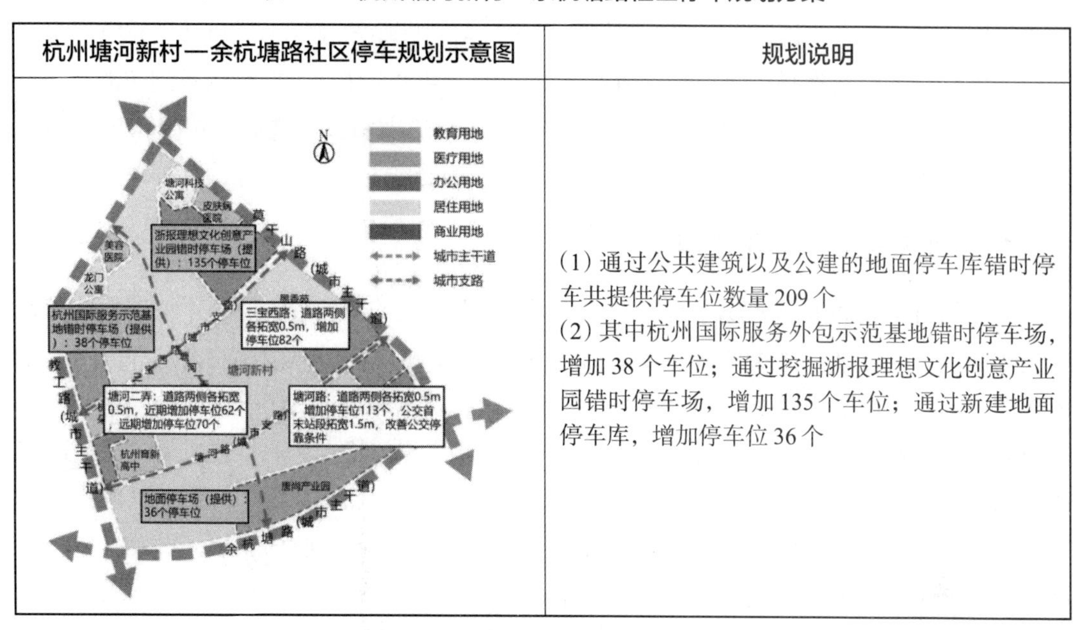	(1) 通过公共建筑以及公建的地面停车库错时停车共提供停车位数量 209 个 (2) 其中杭州国际服务外包示范基地错时停车场，增加 38 个车位；通过挖掘浙报理想文化创意产业园错时停车场，增加 135 个车位；通过新建地面停车库，增加停车位 36 个

5.1.1.5 拆墙并院，多个住区共用停车位

西安市教师小区位于西安市长安区，小区所在街区由皂河路、青年南街、南长安街、韦曲南街四条城市支路围合形成，街区内除教师小区外还有城中村社区、学校等（图 5-3）。该区域原先包括五个小区，分别为教师小区、福乐小区、计生委小区、杜陵信用社和申店信用社小区，共有 26 栋建筑，937 户住户，占地面积为 3.8 公顷。这几个小区均为 1995 年建成的老旧小区，小区之间均设有围墙、道路，甚至还有一些违章建筑，停车难问题很严重。

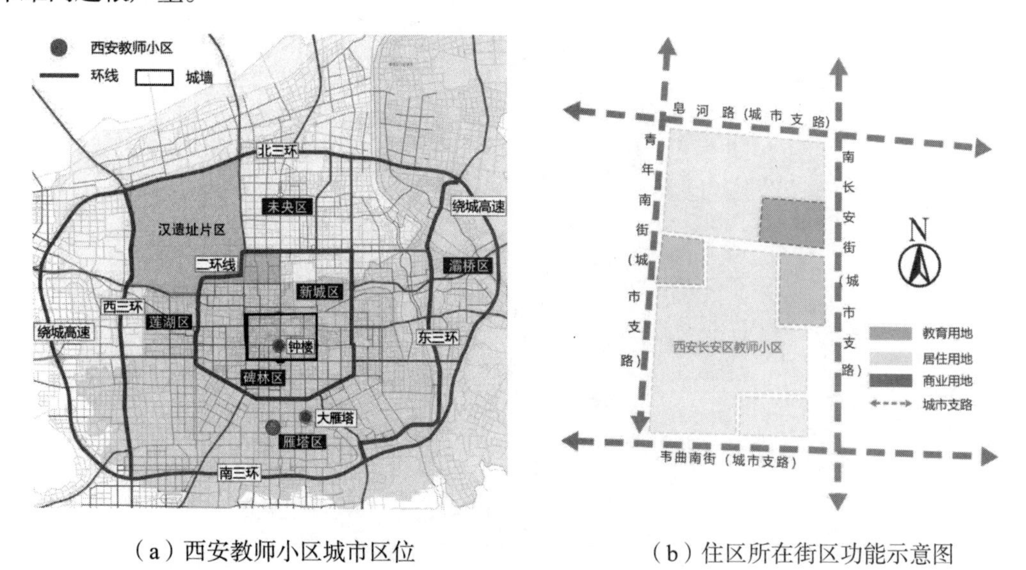

（a）西安教师小区城市区位　　（b）住区所在街区功能示意图

图 5-3 西安教师小区项目概况

五个小区现状车位有 120 个，在整治时采取拆墙并院、划点成片的方法，将围墙之间的消极空间利用起来，增设 240 个停车位。例如近期刚拆除的教师小区和计生委家属院之间的围墙，原围墙在教师小区一端大概有 2 米左右的空间，在计生委小区不到 5 米，该空间既不能停车，又不能作为消防通道，将两小区之间的围墙拆除之后，留出八米宽的空间，利用这些空间可增设停车位和绿化，并用作消防通道。

5.1.1.6 提高公共交通出行便捷性

北京通州北苑 P+R 停车场全称为驻车换乘停车场，设有平面车位 142 个，总占地面积达到 4292 平方米，是人们把私家车停放在地铁站 P+R 停车场后乘坐地铁出行的方式。该 P+R 停车场位于地铁八通线北苑地铁站的西北角，北京市对其进行了升级改造，采用机械式智能化立体停车库，具有占地小、容量大、存取车快速的特点。项目建成后总建筑面积达到 6291 平方米，建筑总高度为 11.55 米，车位由 142 个增加至 298 个，其中机械停车位有 231 个，地面停车位有 67 个。具体措施包括提高车库出入口通行效率，设置 5 个车辆进出口，采取进出库分流的方式，每个进出口设前后两个门，前门进后门出；采用梳型交换技术，通过智能搬运器上梳型架的垂直升降运动便于将车辆运送、存放、取回；存取车流程智能化，采用了自动感应式车库滑升门引导车辆就位，系统收到存车指令后，智能搬运将出入库内的车辆运送到附近停车位，取车时再将停车位的车去除，运送到出入库中。

广州六运小区控制公共交通的步行距离。步行至最近公共交通站点的距离在 1 千米内，或步行至最近公交线路的常规公交站点的距离在 500 米内，是 TOD 的一项基本要求。六运小区周边的交通便利，周边公共交通站点分别有体育西路地铁站、体育中心地铁站、体育中心南 APM 地铁站、天河南 APM 地铁站、黄埔大道 APM 地铁站以及体育西路 BRT 站，各大运量公共交通站点 500 米服务范围已经基本能够完全覆盖整个六运小区 (图 5–4)。

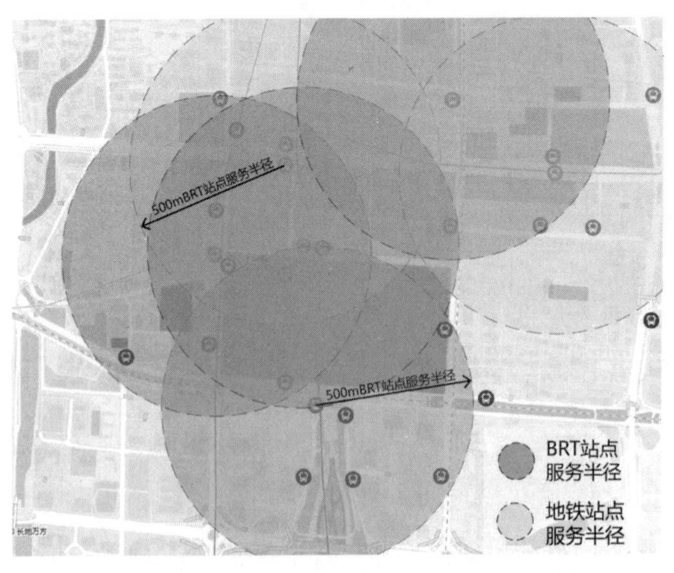

图 5–4　六运小区周边站点 500 米服务半径覆盖范围示意图

5.1.2 住区层面静态交通空间潜力挖掘案例

5.1.2.1 利用广场、活动场地停车

西安市华山17街坊位于西安新城区康乐路南段，隶属于中国兵工集团公司下属西安华山机械有限公司，北临16街坊路为城市支路，西临康乐路为城市次干道，东临万寿中路为城市主干道，南临17街坊为城市支路，住区范围占满整个街区，住区周边以老旧小区为主，与之临近的中小学众多，有黄河中学、西光小学、西光中学和华山中学。住区占地面积8.6公顷，目前居住1900余户，常住人口5800人。小区年代久远，最早的住宅楼建于20世纪五六十年代，其余的住区大部分建于八九十年代（表5-5）。

表5-5 华山17街坊所在街区用地功能及资源挖掘示意图

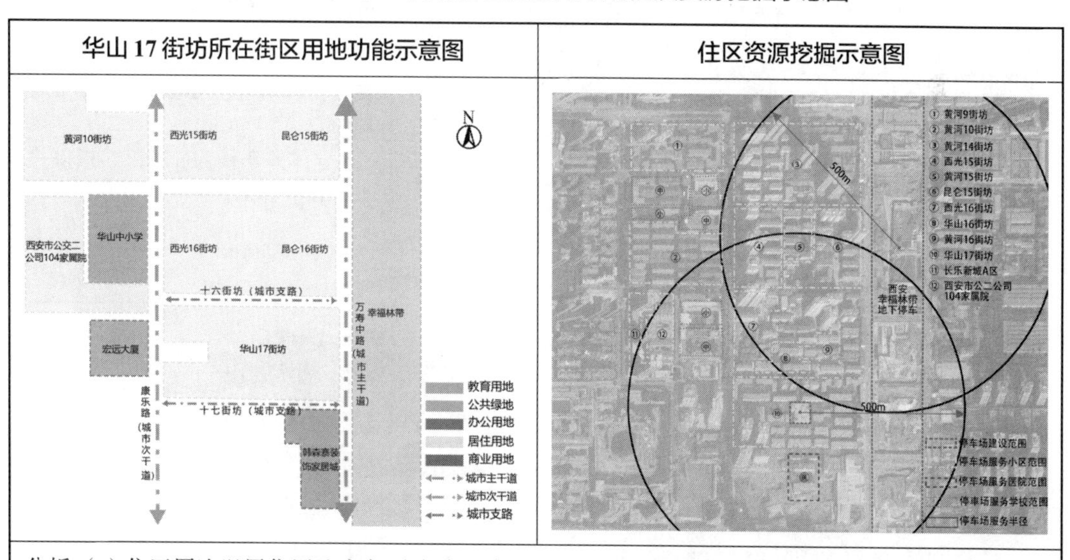

分析：(1) 住区周边以居住用地为主；(2) 在配套设施上，住区西北侧有诸多中小学校，如华山实验小学、华山中学、西光中学、西光实验小学、黄河小学、黄河中学等，加剧了住区周边的停车需求

华山17街坊内部汽车保有量为500余辆，住区经历了几次改造缓解了规划之初未建设停车位的问题，利用城市道路单边停车、住区内部设置路边固定停车位和临时停车位，住区内部固定停车位为208个。利用原有中央广场刚刚建设并投入使用的6层立体停车楼，占地1830平方米，建筑面积13850平方米，增设车位298个，停车楼建成后基本能满足车位需求，并能够服务周边小区和周边中小学校，停车场建成后可以协调物业对社会错时开放，有助于缓解周边6所中小学、1所医院等区域的停车问题。

华山17街坊东侧的幸福林带于2016年开工建设，打造集公园绿地、城市配套设施、交通换乘一体化的综合性林带，为城市以及老旧小区日后发展提供新思路。幸福林带东西宽140米，南北长6公里，地上为绿地景观，地下一层为商业、文化、娱乐等城市公共配套设施，地下二层为停车场，建设面积为32万平方米，提供机动车车位9000余个，有

效缓解东郊停车难问题。另外设置非机动车停车点22个，每个停车点可停500辆车，共11000辆。华山17街坊东侧紧邻幸福林带长乐路—韩森路段，此空间段共有5个车行出入口，共提供2072个停车位（表5-6）。

表5-6 华山17街坊立体停车楼设计概况及幸福林带地下停车设计示意图

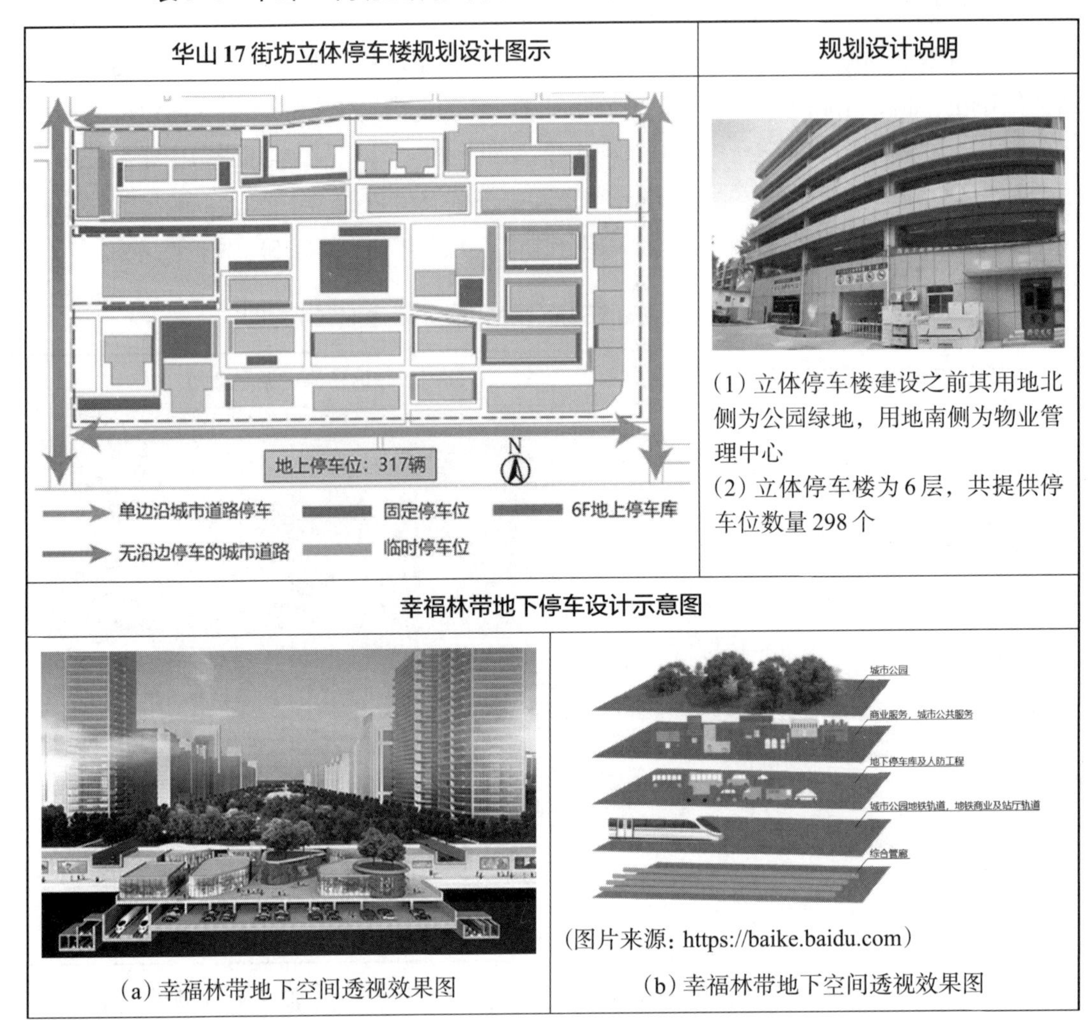

华山17街坊立体停车楼规划设计图示	规划设计说明
	（1）立体停车楼建设之前其用地北侧为公园绿地，用地南侧为物业管理中心 （2）立体停车楼为6层，共提供停车位数量298个
幸福林带地下停车设计示意图	
（a）幸福林带地下空间透视效果图	（图片来源：https://baike.baidu.com） （b）幸福林带地下空间透视效果图

5.1.2.2 利用内院空间停车

广州市越秀区解放中路旧城改造位于广州旧城中心区，住区包含于街区之内，街区东临解放中路为城市主干道，北面和南面分别是惠福路和大德路为城市次级干道，西侧为象牙北社区居住区。街区内除改造项目外还有办公、学校、其他住区等功能（图5-5）。一、二期工程占地面积为2公顷，用地面积较小，符合人步行可达的规模和尺度，总户数为129户。

改造方式采取车流在街区外围解决，保证住区内部步行系统完整性和舒适性。停车空间主要集中在场地西侧，在南北两侧分别设置地下车库和底层架空停车场，车行出入口面向西侧道路，实现人车分流，降低机动车对街区内部的干扰，便于营造小尺度的生活街区。

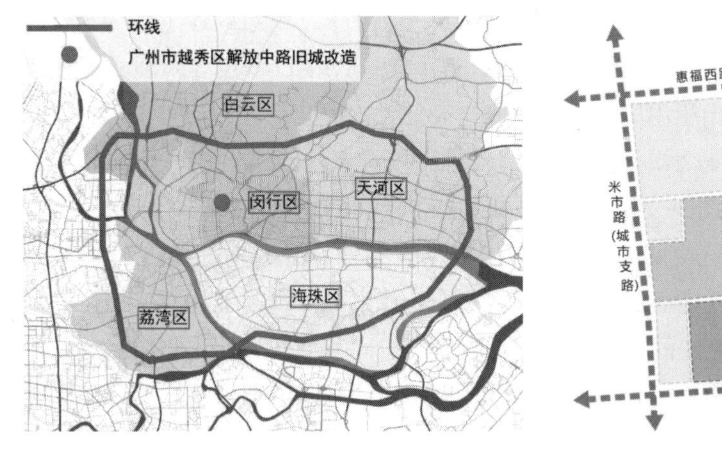

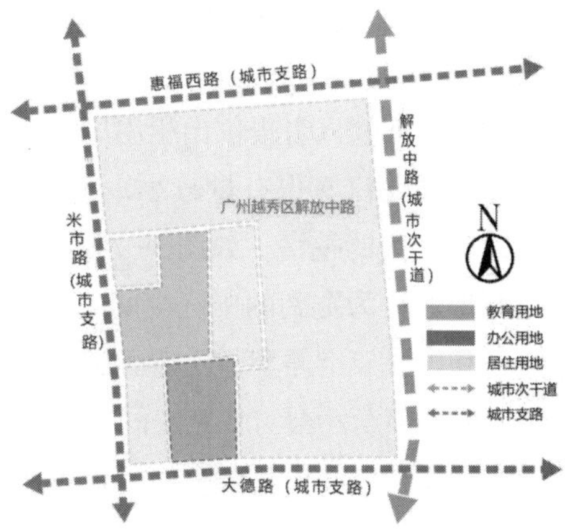

（a）广州市越秀区解放中路改造项目城市区位　　（b）项目所在街区功能示意图

图 5-5　广州市越秀区解放中路改造项目概况

住宅采用院落围合式布局，停车空间挖掘方式主要利用内院院落空间。由于住宅底层采光不足、噪声、污染等问题，大多被改造为商业，不利于居住。所以可通过拆除底层非承重墙的方式，将底层架空作为停车空间，将内院区域整体抬高，二层布置人行活动场地，作为人休闲和交往的空间（图 5-6）。这种方式在立体上进行人车分流，居民从沿街入口通过大台阶或坡道到达二层内院平台，保证居民活动空间的私密和安静，车流从底层进入架空停车区域，有效解决了停车空间不足的问题。

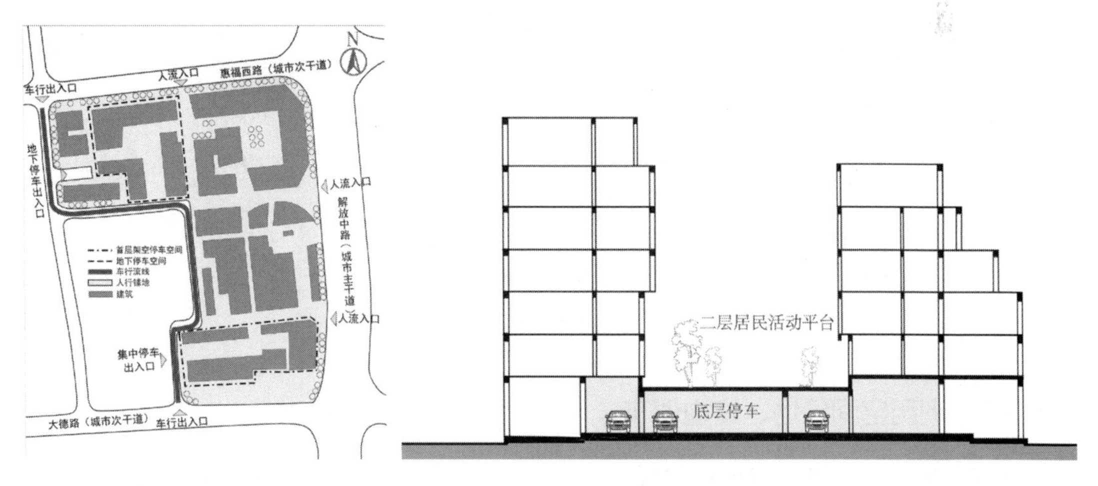

（a）广州市越秀区解放中路旧城改造项目停车空间规划　　（b）广州市越秀区解放中路旧城改造项目架空停车示意

图 5-6　广州市越秀区解放中路旧城改造项目停车

（图片来源：陈晓虹．日常生活视角下旧城复兴设计策略研究 [D]．广州：华南理工大学，2014.）

日本福伊坎社区地理位置较好，周边公共交通发达，从市中心乘车需20分钟左右到达。周边临近寺庙，住区临近公交站点福伊坎站，有城市道路穿过住区，周边商业发达，生活便利，步行范围内有大型超市。住区建于1969—1979年，用地内住宅多为5层，共有38栋楼，住宅为木造建筑，由于住宅老化、环境恶化、停车位不足等问题重建。改造前住宅主要为低收入者提供出租用房，改造后成为高低收入混合住区。

该住区居民汽车保有量较小，并且容积率较小，福伊坎社区增设停车位的方式主要为地上停车空间的挖潜。如图5-7所示，该住区住宅楼间距较大，为15～25米，因此住宅楼之间形成较为宽阔的中庭空间，为停车空间提供了潜力。停车方式主要为宅前停车、院落停车和底层架空停车，住宅底层主要为社区商业、社区服务设施等功能，住宅空间位于二层，地面停车不会对住宅空间产生消极影响，停车空间利用底层开放空间，结合架空空间、院落空间、绿化空间设置，有效利用了闲置空间，为庭院增加了活力，环境也有所提升。

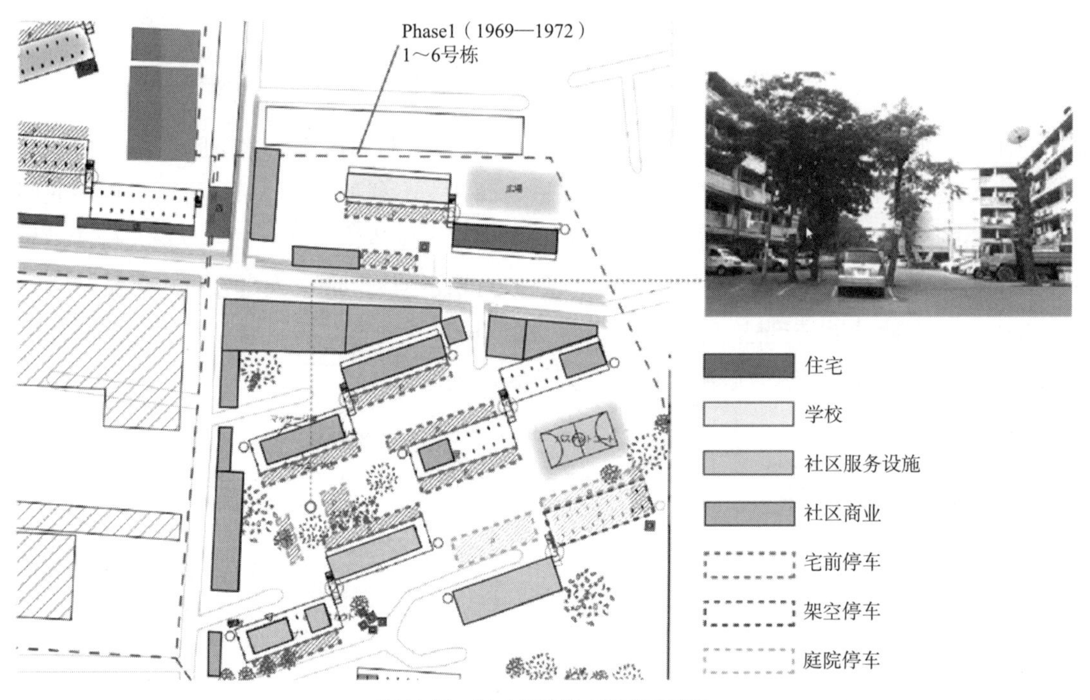

图5-7　日本福伊坎社区平面图

5.1.2.3　利用宅间绿地、路边停车

上海虹储小区位于上海市长宁区，南临虹桥路为城市次干道，北临安顺路为城市支路，西临伊犁路为城市支路，东临中山西路为城市快速路，住区包含于街区内，街区内除案例住区外，周边功能以住区及医院、学校、办公等功能为主（图5-8）。该住区占地面积为3.5公顷，总户数为1048户。住区停车位挖掘方式主要通过住区内部挖掘。

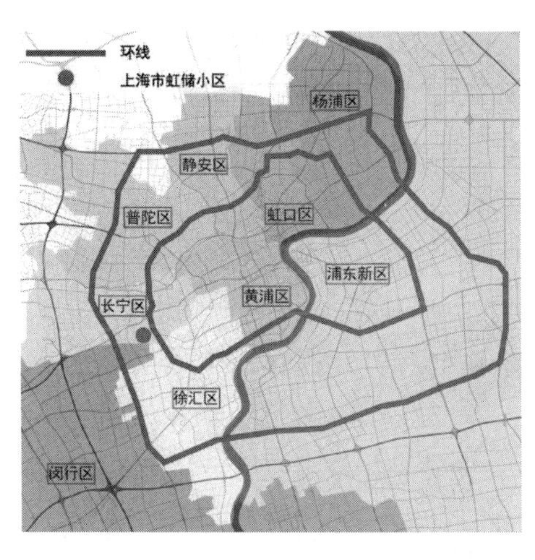

（a）上海虹储小区城市区位

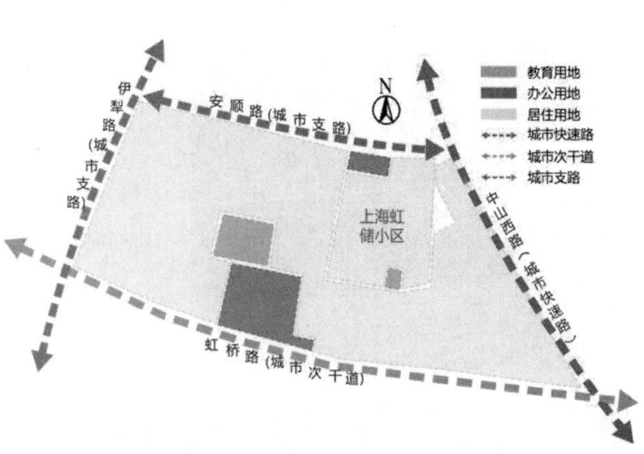

（b）住区所在街区功能示意图

图 5-8 上海虹储小区项目概况

上海虹储小区在建设之初未考虑私家车停车位，在改造之前停车泊位仅为35个，汽车保有量为170辆，停车位数量远远不够。小区利用路侧零散空间和宅间绿地布置停车位，现有固定车位75个，同时加上夜间主干道停车和住区临时停车位，目前最多可停放130辆机动车。

老旧小区内部停车位扩容，大多将人行道改窄，再向绿化要地，虽然此方法勉强解决了现状停车难的问题，但依然赶不上汽车数量的增长，同时协调老旧小区内停车位和绿化的关系也是一大难题。上海虹储小区停车位改建经验在此方面值得借鉴，通过“绿化转移”的方法，在增加停车位的同时，保证小区内绿化率。具体措施如下：将自行车库前绿地改造成停车位，并对车库屋顶和墙体建设立体绿化，将老旧小区改变为园林式小区；利用路边零散停车和宅间绿地设置停车位，停车位上铺建绿化砖，将空地和绿化结合，经过精心设计，在满足停车位的基础上改善生态环境，兼顾功能和艺术作用（表5-7）。

杭州上羊市街区老旧小区“微更新”改造工程协调停车位和绿化方面的成功经验也值得借鉴。停车位改造会占用绿化用地，有的居民要求保留绿化，有的居民对停车需求迫切，扩展停车位势必造成绿化的调整，引起部分居民的不满意。为解决此矛盾，只能一边改造一边寻求平衡点，改造方式以一个单元楼为一个网格单位，从居民需求出发，一个单元一个方案，并在推进过程中不断调整和优化，尽最大努力留存绿化。比如某区域老年人特别多，就尊重他们的意见，尽可能保留绿化面积，反之调整绿化增加停车位。不同的区域采取不同的设计方案，例如金狮苑16幢一、二单元，通过压缩绿化面积，拓宽道路，增加了4个停车位，三单元则最大程度保留绿化。这种个性化的停车位改造，需要非常大的耐心，沟通成本也很高，但显而易见，和一刀切相比，可以最大程度让居民满意。

表 5-7　上海虹储小区停车位挖掘方式

图示	方式
自行车库屋顶绿化 自行车库墙体绿化 自行车库前绿地改成停车位	利用自行车棚前绿地设置停车位
结合停车位设计的墙体绿化 小区入口处停车位	小区入口处设置停车位
结合停车位设计的微景观 利用路边零散空间设置的停车位	利用路边零散空间设置停车位
结合停车位设计的墙体绿化 利用宅间绿地设置铺有绿化砖的停车位	利用宅间绿地设置停车位

(资料来源：根据《城市停车设施建设指南》整理)

5.1.2.4　在已有车位基础上提高利用率

北京煤炭地质总局家属楼(下称“中煤小区”)，位于北京市朝阳区定福庄南里 4 号，住区规模为 3.1 公顷。街区北临朝阳路为城市主干道，西临定福庄东街为城市支路，南临京通快速路为城市快速路(图 5-9)。街区内除住区外为中国传媒大学和北京第二外国语大学高校范围。

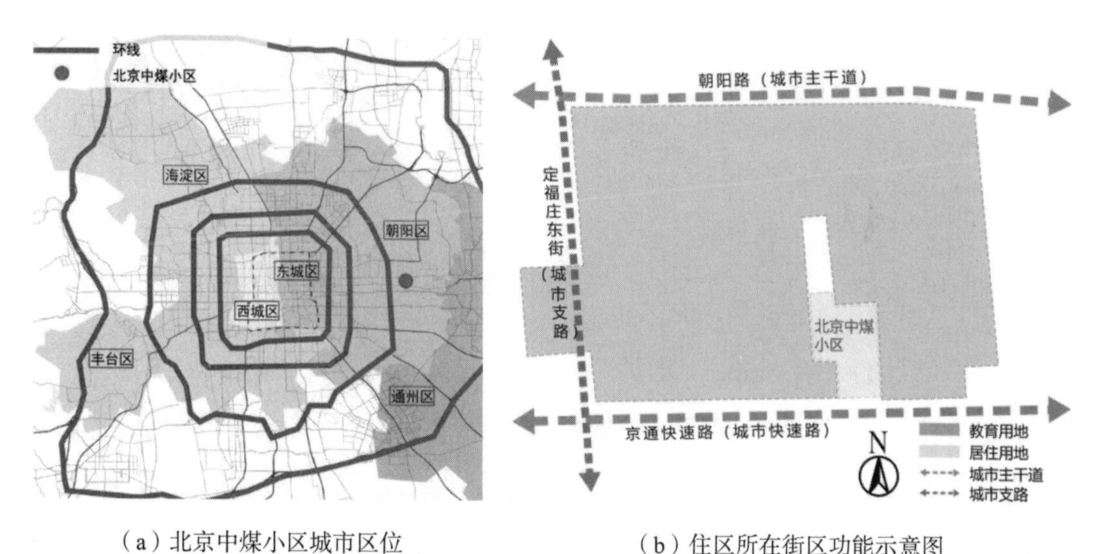

（a）北京中煤小区城市区位　　　　（b）住区所在街区功能示意图

图 5-9　北京中煤小区项目概况

中煤小区在建设之初未考虑停车位，造成了车辆侵占道路、绿化等空间。所以该小区在 2004 年改造时建立三层简易立体式停车位，共增加停车位 156 个，有效缓解了停车位不足的问题。具体措施为在既有用地上结合环境设置车位，地面上绿化和车位保持不变，建设简易三层升降式设备（图 5-10），设备沉入地下，不影响地面上活动。每个设备有 3 个车位，在电脑控制下升降托板向上或向下移动，通过刷卡完成存取流程。

图 5-10　中煤小区机械式车位

（图片来源:《城市停车设施建设指南》）

5.1.2.5　建设地下车库或立体停车场

日本爱宕公寓位于仲町爱宕地区，中山道地区沿线的人居环境整顿规划从 1984 年开始，于 1986 年 3 月结束。项目属于修复型街区建设，主要针对场地内的 4 栋楼进行更新，共 23 套住宅，为了保证良好的人居环境，建筑的高度控制在 4 层，通过控制住宅更新单元的规模和使用相同的排列方式，融入原地区的环境（图 5-11）。

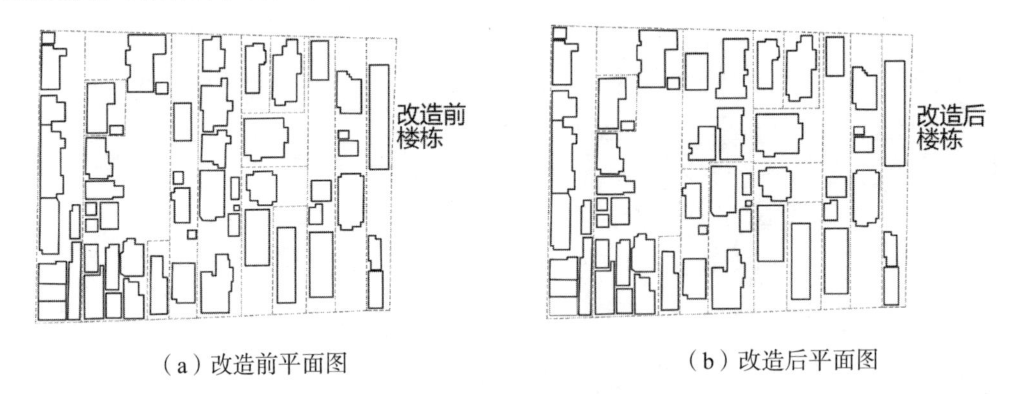

（a）改造前平面图　　（b）改造后平面图

图 5-11　日本爱宕公寓总平面图

为避免空间荒废，爱宕公寓主要利用半地下或人居环境较差的场所进行更新。考虑到与周边地区的融合，设计了该地区特定的穿行通道，如图 5-12、图 5-13 所示，穿行通道位于地面以上 1.5 米的人工基地，下方建设半地下车库，使成年人恰好可以看到人工基地的路面高度，同时达到人车分流和标识半私有领域的作用。半地下停车台数是 7 台，约使用了建筑用地的 1/3，在其上建有穿行通道和小广场及 1 个住宅单元。

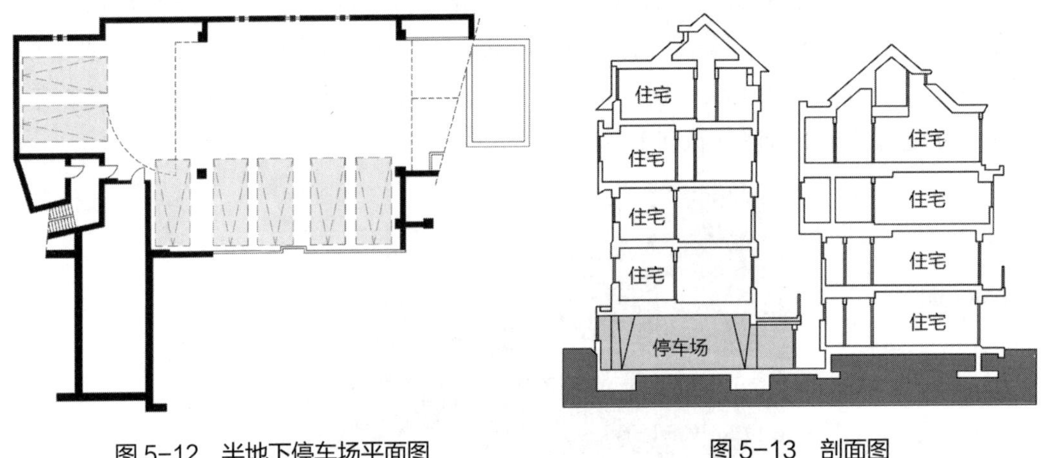

图 5-12　半地下停车场平面图　　图 5-13　剖面图

日本爱宕公寓的停车空间建设方式表明，在住区分批更新过程中，住区局部建设地下或半地下停车场是较合适的选择，在保证良好人居环境的基础上，可以分区域缓解停车难的问题。

日本 OPH 南千里津云台位于吹田市津云台，为日本千里新城一环的大阪府住宅供应公社改建建设的租赁公寓，周边交通发达，距离“南千里”站步行 8 分钟，共有住宅 202 套。为了减轻温室效应带来的压力，住宅楼外围全部进行了绿化，也积极保存现有树木的安全。

如图 5-14 所示，在重建过程中，建设立体停车场解决停车位不足的问题，可容纳

202 辆机动车，结合地面停车场，解决了住区停车难的问题。为了保证绿化率，在停车场屋顶上设置了立体绿化，在停车场屋顶铺设耐干燥的野草，并将绿化导入住区用地的各个角落，体现了对于停车和绿化的统筹考虑。

（a）立体停车场和地面停车场

（b）立体停车场旁的绿化

（c）立体停车场屋顶绿化

图 5-14 OPH 南千里津云台停车场设计

［图片来源：HP 公表千里 NT 再生取組事例集（案）. ppt［互換モード］（osaka.lg.jp）］

日本 OPH 南千里津云台的案例表明，立体停车场可有效解决停车位不足的问题，布局方式更为集约，有利于提升住区空间品质，在立体停车场屋顶种植绿化可以改善环境，弥补绿化不足。

5.2 国内外住区动态交通空间优化的案例解析

5.2.1 出入口优化案例

5.2.1.1 出入口规划层面的优化案例

（1）满足居民出行需求及消防要求，增设出入口

西安建筑科技大学家属院位于西安市碑林区南二环，在建设之初，西安建筑科技大学家属院与教学区北院共成一个整体，在随后的城市发展中，建设东路规划为城市道路，穿校而过，将学校分为南北两院，北院为教学区，南院为教职工宿舍区（下简称为“建大南院”），目前共有居民 3166 户，停车位 339 个，汽车保有量 400 辆左右。教学区和家属区总面积 47.43 公顷，南院占地面积 14.87 公顷。建大南院家属院周边有丰富的教育配套设施，分布有西安科技大学、长安大学等高校以及铁一中、铁五小等中小学，在上下学高峰期，人车数量增多，城市道路的交通承载量变大，带来拥堵问题及其他诸多交通隐患。

西安建筑科技大学家属区北侧为建设东路，属于城市次干路，双向 4 车道，道路两侧停车；东侧为支路，日常为祭台村社区商贩所占，所在街区东侧为城市主干路太乙路，双向 10 车道；鲁家村路为城市支路，日常为停车及小区车辆通行，过境交通不多，小区所在街区南侧为城市主干路二环南路东段；雁塔北路为城市主干路，双向 8 车道。住区周边的交通环境以及相关配套设施较为便利，公交站点密集，数量约 20 个，地铁站点两个（表 5-8）。

表 5-8 西安建筑科技大学家属院城市区位及住区与所在街区交通环境示意图

<table>
<tr><td>a. 建大家属院城市区位
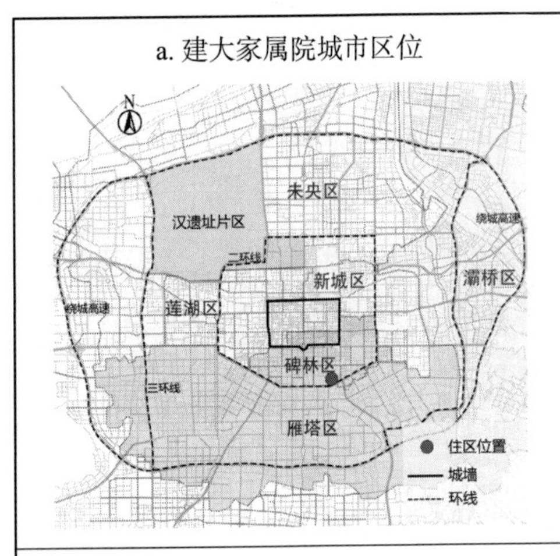
</td><td>b. 住区与所在街区交通环境

</td></tr>
<tr><td colspan="2">分析：南院家属院靠近西安市南二环，配套设施及交通系统丰富且便利，住区西侧沿路分布西安地铁4号线，其站点西安科技大学站位于南院家属院的西南角，周边公交站点分布密集，站点数量约20个</td></tr>
</table>

西安地铁4号线于2018年开通，西安科技大学地铁站的设置大大影响了建大南院住区居民的出行选择。小区现状为3个出入口，A1为仅供居民通行的人行出入口，A2、A3为人车混行出入口（表5-9）。A2出入口正对教学区南门，高峰时期人流、车流量较大，同时建设东路两侧有停车，车辆行驶空间仅为两车道，车辆行人之间的穿行相互干扰。出入口之间间距较小，均正对建设东路。为了缩短居民的出行距离，使居民出行更加便捷，同时为了住区的消防安全考虑，住区消防出入口数量按照住区相关规范的要求至少需要两个，且位于住区不同方向为宜，故在南院住区西南角正对鲁家村路开设人行出入口兼作消防出入口，居民出行选择更加多样性，同时小区居民能更容易到达公共交通站点，为小区居民的出行带来了极大的方便。

表 5-9 西安建筑科技大学家属院交通系统出入口现状分析图

住区交通系统示意图
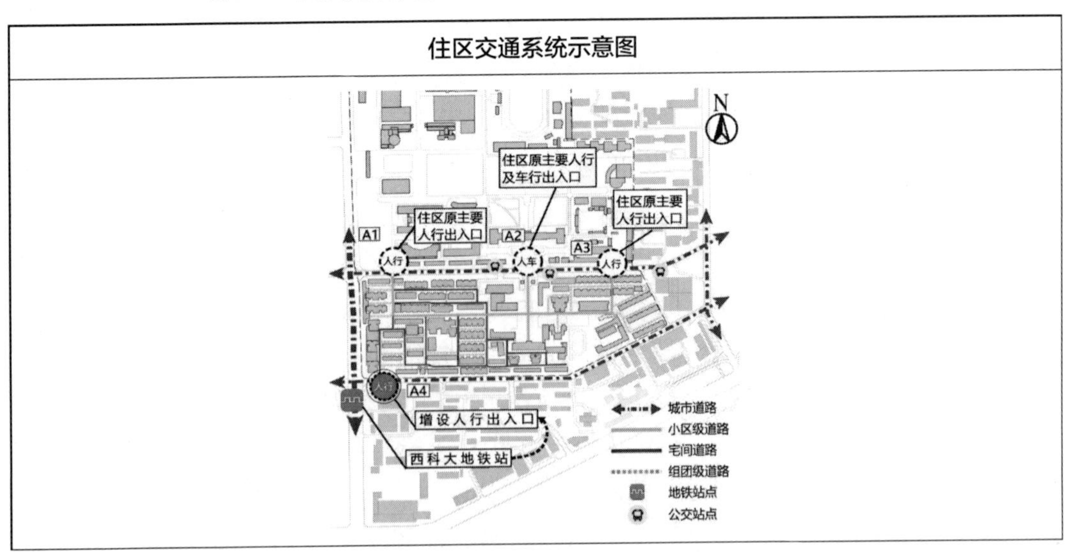

续表

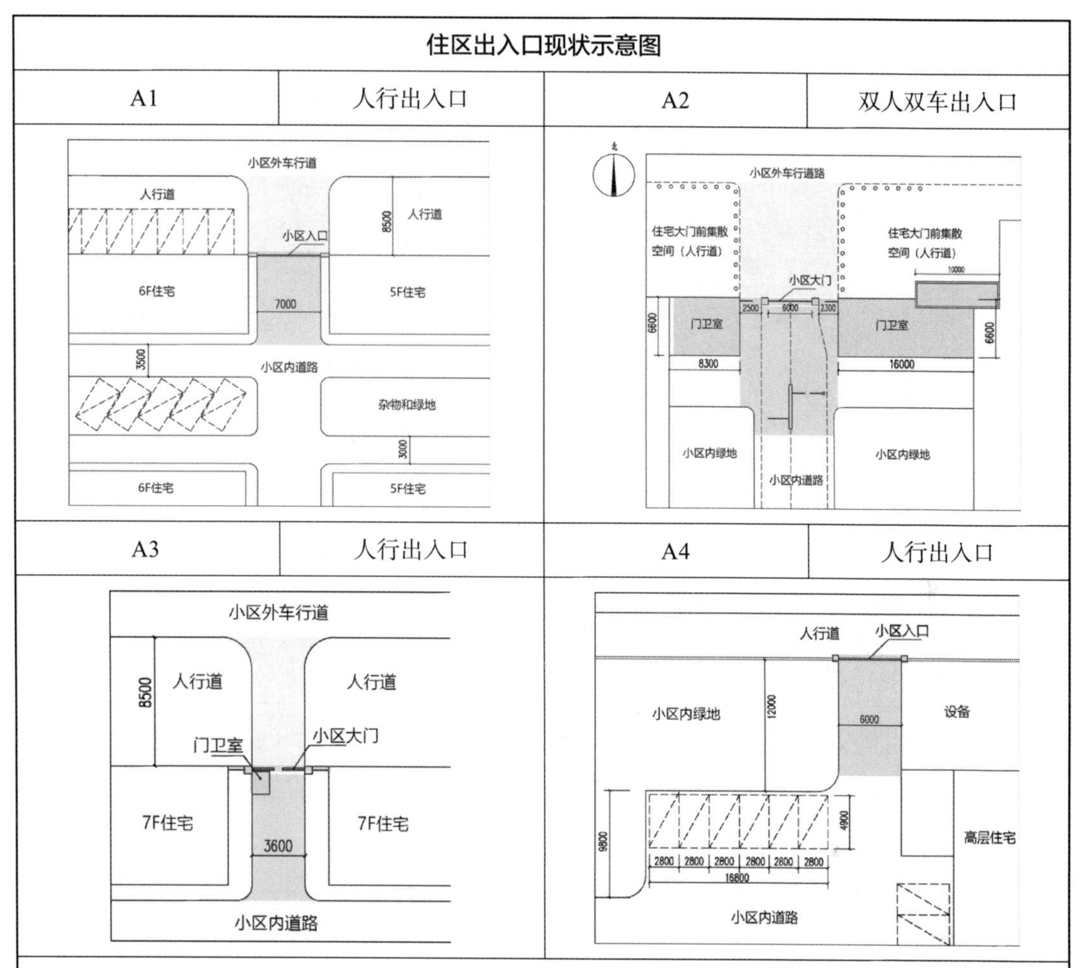

分析：南院家属院原有 A1、A2、A3 三个出入口，均分布于建设东路，其中 A1、A3 为主要人行出入口，A2 为主要人车混行出入口。自新设 A4 人行出入口，其距离最近地铁站入口约为 150 米，有效缩短居民绕行距离

(2) 出入口设置为单向通行，单向循环组织交通

杭州市塘河新村—余杭塘路社区建成于 20 世纪八九十年代，位于杭州主城中心区北部，拱墅区与西湖区交界处。住宅间的距离较近，居住人口的密度较高，符合老旧小区的典型特征。整个社区以余杭塘路、莫干山路、教工路三条城市主干道为界，住区范围整体较不规则，塘河一弄、三宝西路、塘河路三条城市次干道贯穿整个住区，街区内配置有中学、幼儿园、产业园区等功能。南侧紧邻余杭塘路与余杭塘河相望（表 5–10）。社区占地面积 24.5 公顷，总户数 4088 户，人口数为 11037 人。住宅建筑以行列式为主，建筑间距较近，人口密度较高，为老旧小区交通治理工程改造的典型案例。

表 5-10　塘河新村—余杭塘路社区城市区位及所在街区交通环境示意图

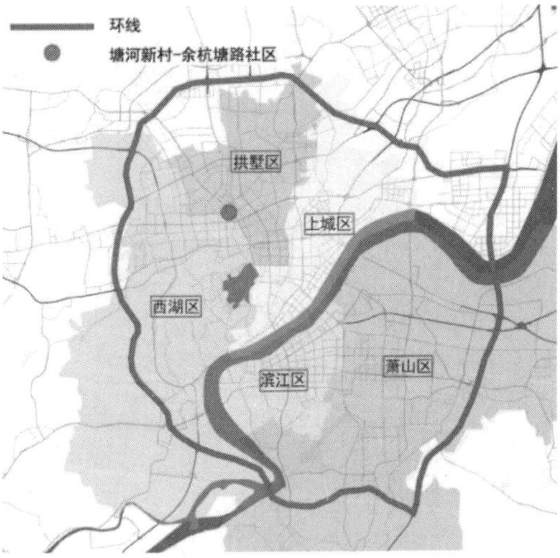

(a) 塘河新村—余杭塘路社区城市区位	(b) 住区与所在街区交通环境
分析：(1) 住区范围的分布延伸至整个街区边界，但住区整体分布较为不规则；(2) 所在街区由三条主要城市主干道围合而成，南侧为余杭塘路，东侧为莫干山路，西侧为教工路；住区内由三条城市支路贯穿，包括南北向的塘河一弄，东西向的三宝西路和塘河路	

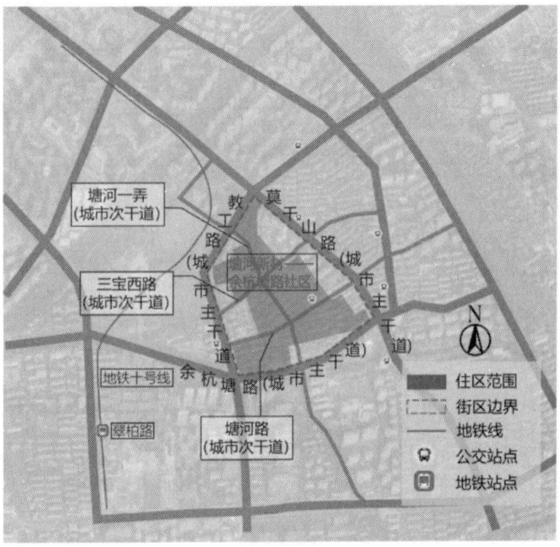

住区周边的交通环境良好，分布有地铁站点 1 个，公交站点 7 个。住区原有 6 个车行出入口，其分布情况为：小区南侧余杭塘路布置 1 个车行出入口，东侧莫干山路布置 2 个

表 5-11　住区出入口改造前后对比示意图

改造前示意	改造后示意
 分析：余杭塘路上的出入口导向保持不变，教工路与莫干山路所在的 5 个出入口改为单向通行	

车行出入口，教工路北侧布置1个车行出入口，教工路西侧布置2个车行出入口。住区的规模较大，处在一个相对完整且独立的街区，交通通行量在高峰时期较大，通行状况复杂。为提升住区内部动静态交通有序化，同时缓解对向城市道路的机动车通行压力，在出入口改造措施上，先保留面对余杭路的出入口，对于其他5个车行出入口，由双向通行更改为只允许进或出的单向通行（表5-11）；其次将居住组团的封闭小门打通，在小区塘河路、塘河二弄、三宝西路三条道路上设置收费道闸，通过单向循环形式来组织交通。

5.2.1.2 出入口设计层面措施

（1）拓宽出入口宽度，予以导向

同济新村位于上海市杨浦区西南边，地处四平路与彰武路交汇处，是一处新村式住宅小区，毗邻同济大学（表5-12），是早期为解决教职工住宿问题所建起的一批住宅。住区建设于1954年，体现了当时先进的规划思想，小区内的路网规划合理分级，住宅错落布置，具有良好的通风与采光；住区东南角为杨树浦港，自然环境良好。其建筑布局随着60余年的建设历程，不断加建而形成一个规模较大的住区，目前住区的总占地面积16公顷，总建筑面积约为19.46平方米，容积率约为1.22，住户数约为3819户，车位设置为100个。住区周围的交通设施较为便利，四平路沿线有地铁站点2个，公交站点10个。

表5-12 同济新村城市区位及所在街区交通环境示意图

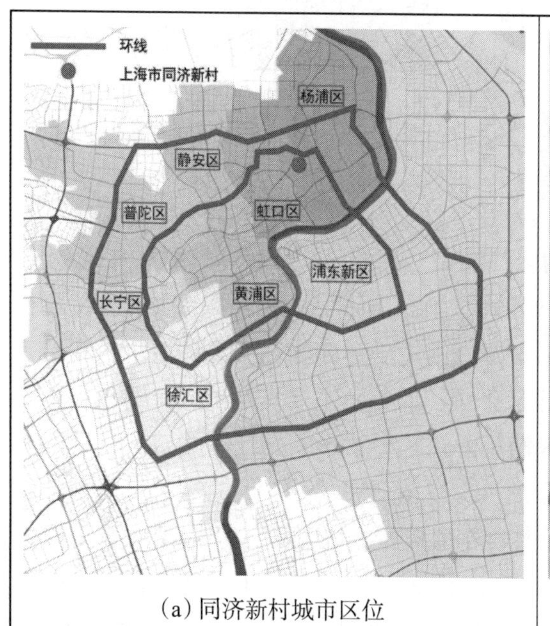

（a）同济新村城市区位

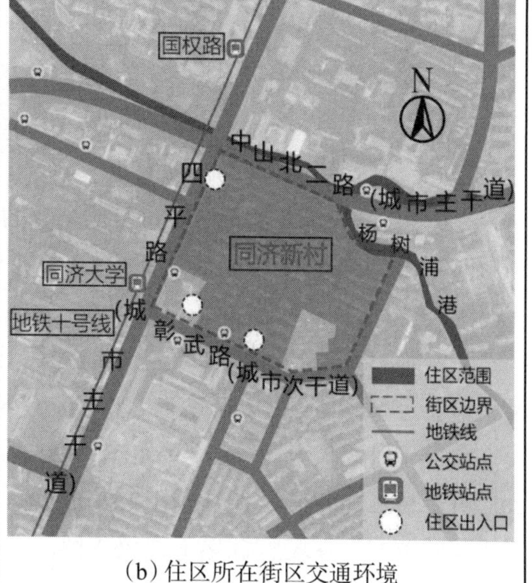

（b）住区所在街区交通环境

分析：住区现状有3个出入口，包括面对彰武路与阜新路交叉口的住区主入口，位于同济大厦A栋东侧的住区次入口以及面对四平路、仅作为人行的住区次入口目前住区出入口数量为3个，其主要车行出入口面向城市次干道彰武路，彰武路为双向两车道。出入口的通行宽度约为6米，无法满足两辆车同时通过，导向不明确使得高峰时段驶入车辆与驶出车辆之间相互干扰，造成出入口前后过渡空间及门体空间车辆滞留，严重阻碍了住区居民的通行，同时对正对出入口的彰武路上的行驶车辆产生一定影响。出入口紧邻同济大学校区，上下学师生的往来加剧了出入口的通行负担，极大影响了住区居民及来往师生的通行安全。

在出入口的优化措施上，同济新村通过拓宽出入口2米（图5-15、图5-16），拆除装饰墙，使其宽度能同时满足两个车通行，并在左右设置抬杆，明确车辆导向。从无序到有序，出入口的拥堵情况在拓宽道路、予以行车导向之后得到了缓解，出入口的秩序得到了极大的提升，保障了行人的出行安全。

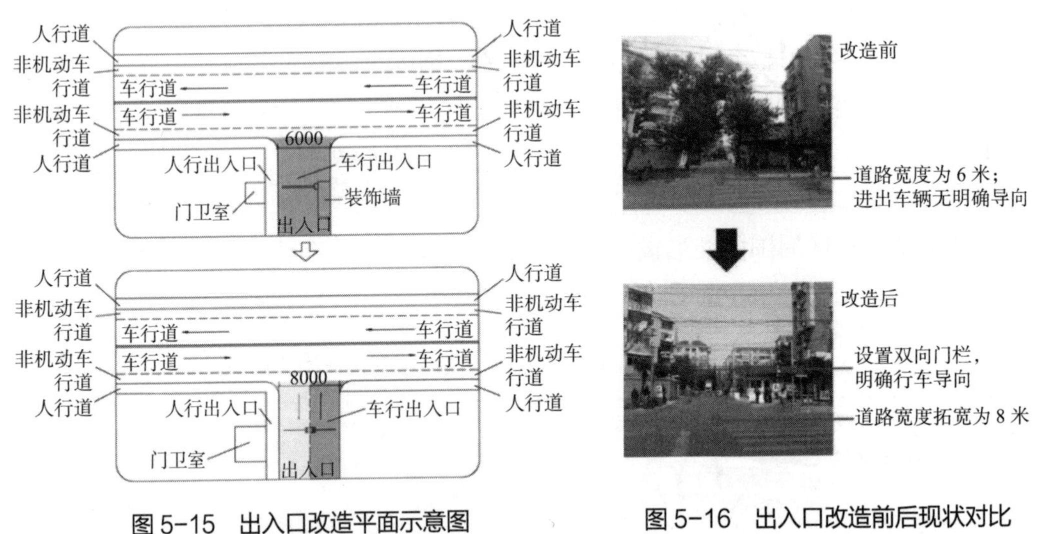

图5-15 出入口改造平面示意图

图5-16 出入口改造前后现状对比

(2) 后移门栏，留出缓冲区域

上海市江浦路2009弄小区，坐落于杨浦区江浦路与抚顺路交叉路口，建成年代较早，于1998年完成施工。住区建筑布局形式为行列式布局，小区目前总户数为436户，容积率为1.7。小区周边仅有两条城市干道，包括东侧城市主干道江浦路、北侧城市次干道抚顺路（表5-13）。目前出入口数量为两个，均是正对江浦路，主要车行出入口距离相邻交叉路口不足50米。高峰时期，出入口进出车辆滞留问题严重影响到江浦路双向行驶的车流以及交叉口汇入车辆的正常通行。

对于住区的现状问题所采取的措施，考虑到周围建筑物限制而无法对出入口采取直接拓宽的方式，在缓解拥堵上建议将感应门栏往后移动5米（表5-14），使之得到一片缓冲区域，车辆在进出出入口时能在缓冲区域短暂停留，减少对过往行人与车辆的影响。

表 5-13 江浦路 2009 弄城市区位及所在街区交通环境示意图

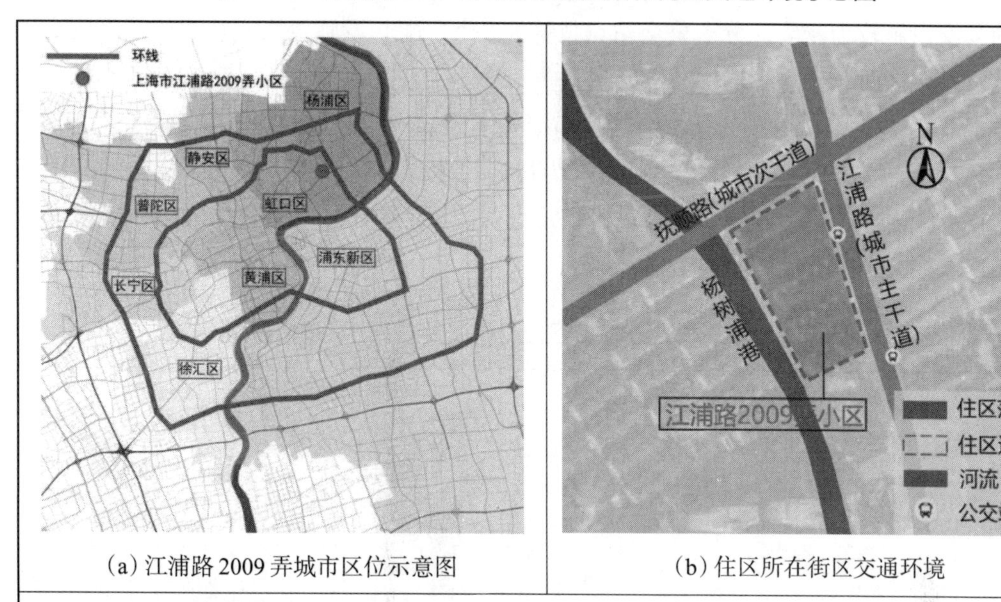

(a) 江浦路 2009 弄城市区位示意图	(b) 住区所在街区交通环境
分析：江浦路 2009 弄小区规模较小，位于江浦路与抚顺路的交叉口，住区临河而建，西侧为杨树浦港，居住环境较为适宜，江浦路和抚顺路为住区东侧及北侧的主要城市干道，住区所在街区仅有面对江浦路的 2 个公交站点，住区及相邻城市干道承担了较大的通行压力	

表 5-14 江浦路 2009 弄住区现状问题及优化措施

现状问题	优化图示
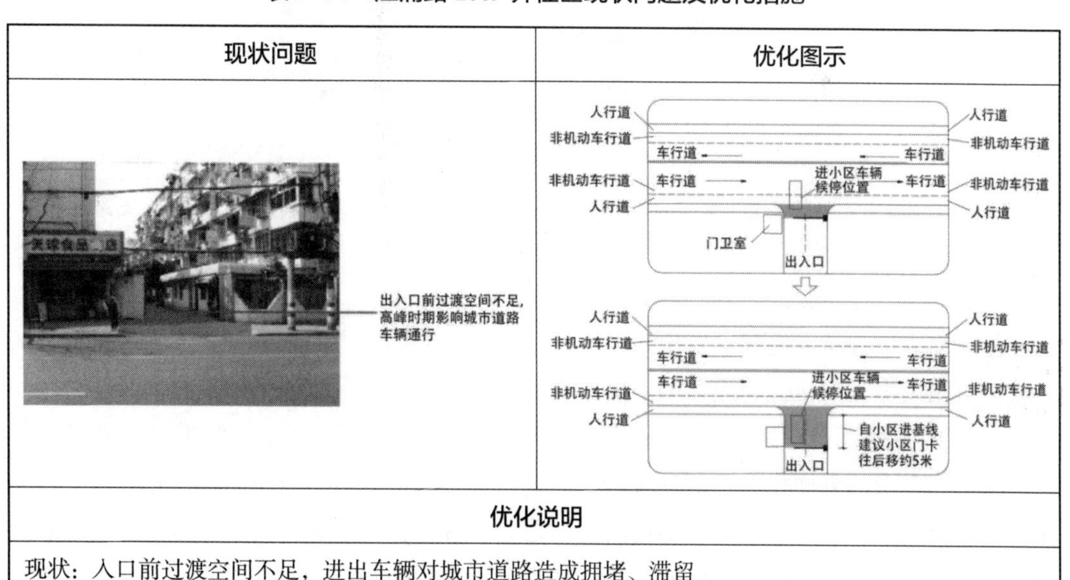	

优化说明
现状：入口前过渡空间不足，进出车辆对城市道路造成拥堵、滞留 优化：扩大入口前过渡空间，将门栏后移 5 米，留出进出车辆暂停位置

(3) 硬质设施划分人车行驶空间

华山 17 街坊建成于 1958 年 11 月，坐落于西安东郊，隶属于西安华山机械有限公司。住区周边交通系统包括：北侧 16 街坊路为城市支路，西侧康乐路为城市次干道，东侧万寿中路为城市主干路，南侧 17 街坊路为城市支路。住区周边的功能用地以居住功能为主，周围的公交设施较为密集，分布公交站点数量为 8 个。配套设施较为完善，住区南侧为华山医院，在住区西北角有多所中小学，包括黄河中学、西光实验小学、西安黄河小学、西光中学、华山中学等。东侧为景观公园“幸福林带”(表 5-15)。住区建筑面积约 30 万平方米，总户数约 1900 余户，总体建筑形式为行列式布局，随后住区进行了小范围的更新改造，在小区内部建设了 6 层立体停车楼以及数栋高层住宅，小区内人口密度以及机动车数量随之增加。

表 5-15　华山 17 街坊城市区位及所在街区交通环境示意图

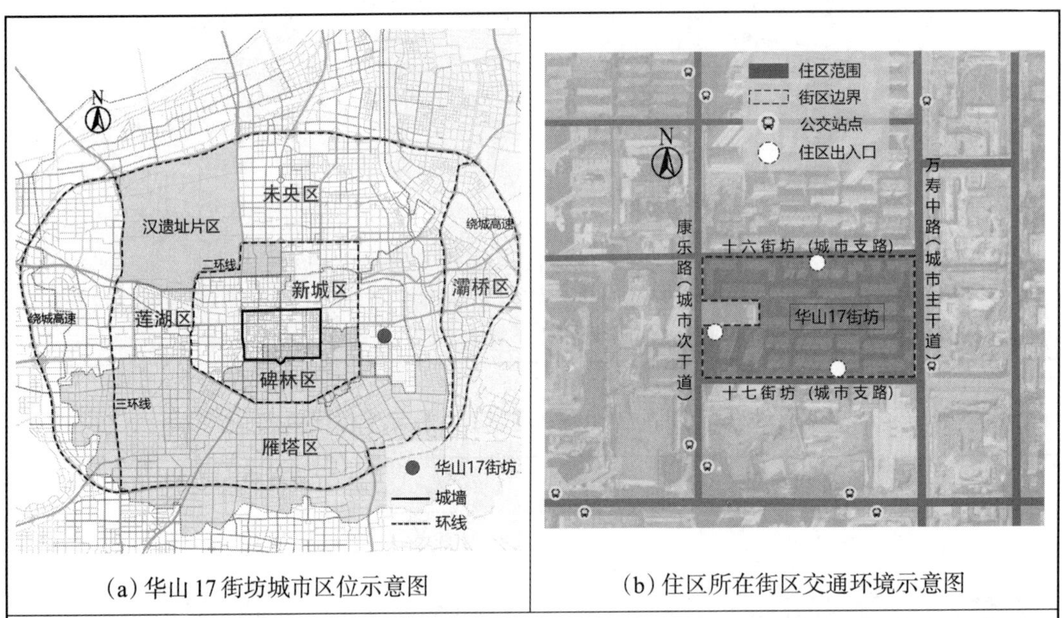

(a) 华山 17 街坊城市区位示意图　　(b) 住区所在街区交通环境示意图

分析：住区现状出入口数量为 3 个，周边分布公交站点 8 个，住区南北和其他街坊以城市支路的形式进行分隔，住区东西为主要城市干道，承担大流量交通功能；同时，住区西北存在多所中小学，高峰时期对住区西门的通行压力增大

住区出入口现状问题包括：出入口过渡空间人车混杂；周边学校居多，高峰时期人流对城市道路及出入口车流产生影响；出入口周边摆摊商贩杂乱无序，影响人车通行。

华山 17 街坊西门优化改造包括以下方面：a. 如表 5-16 图 a 所示，对于图示 A 点，将现状绿化停车带部分面积作为机动车临时等待区，缓解出入口通行压力。b. 对于图示 B 点，用硬质设施如矮柱、门栏限定外部过渡空间边界，避免人行干扰机动车出入，同时有效避免小摊商贩的“越界”行为。c. 对于图示 C 点，现有门牌宽度减至 1.1 米，增设人行出入口 1.2 米，便捷住区居民通行，同时用地柱强化出入口人车空间边界。d. 对于图示 D 点，在内部过渡空间留出临时等待区，供车辆错车使用(表 5-16)。

表 5-16 华山 17 街坊现状问题及优化改造图示

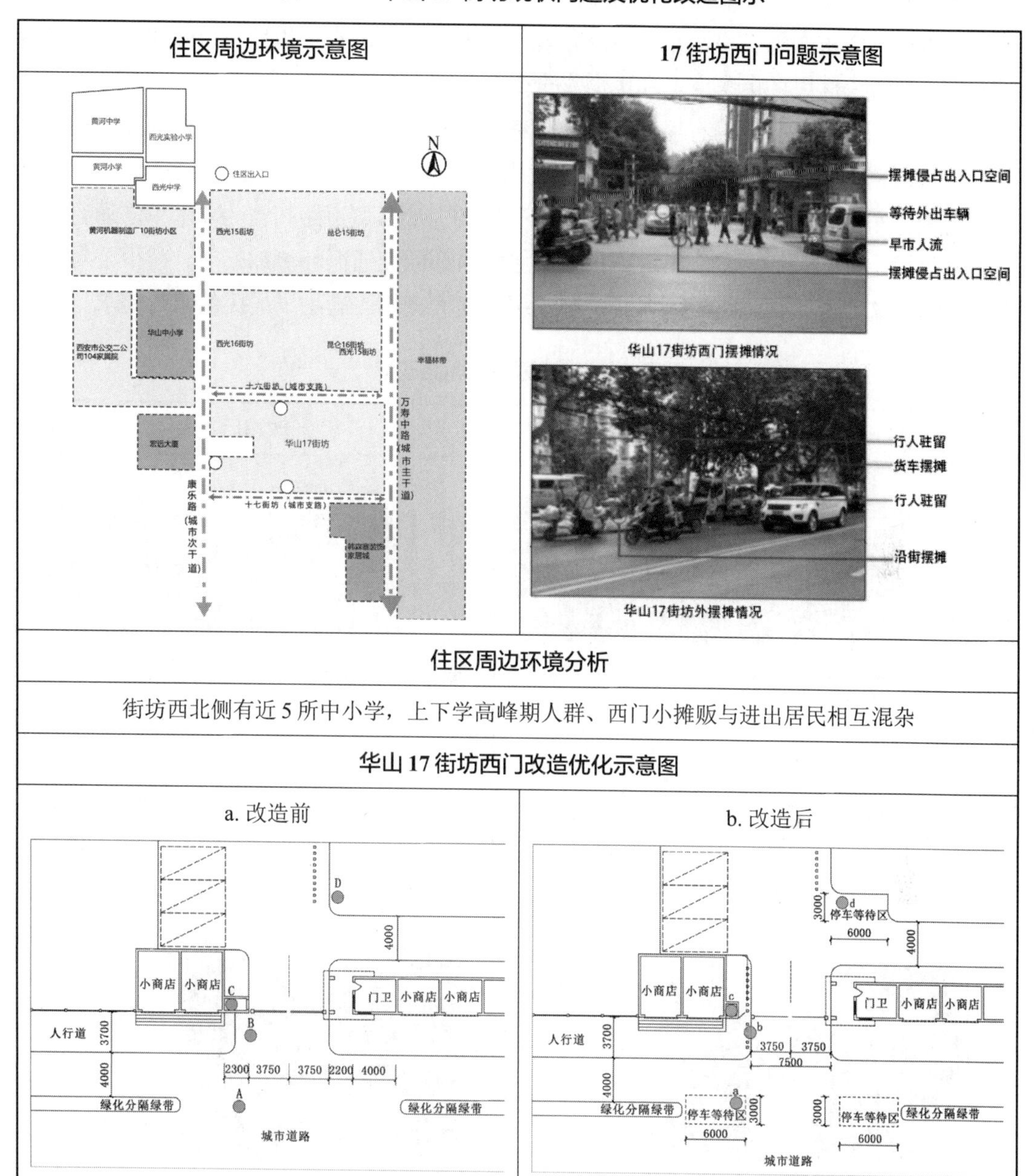

5.2.2 路网优化案例

5.2.2.1 道路层面优化

(1) 拓宽行车道路宽度，组织单向通行

杭州市塘河新村—余杭塘路社区道路系统现状有 3 条小区级道路，分别是塘河路、塘河二弄、三宝西路，此三条道路均为 7 米宽的城市支路，组团级道路为 2 条，分别是塘河三弄、塘河一弄。住区在改造前的现状为3条支路双侧停车，但随着机动车保有量增加，使得停车需求激增，机动车侵占绿化现象频发，中间的车行道路宽度不足3米，高峰时期拥堵严重，居民的消防安全和生命安全受到威胁。

社区为确保动态交通的有序通行，同时考虑到停车空间数量紧缺，将塘河路、塘河二弄、三宝西路三条城市支路机动车道的宽度由原有道路宽度7米，拓宽至8米（表5-17），双侧划线停车位数量不变的情况下，将原本狭窄的3米车型道路拓宽为4米单向通行。路面经调整后，机动车的行车空间得以扩大，住区内部的交通循环更加畅通，减少了对于主干道交通车流的影响，绕行距离缩短，有效缓解路面拥堵，满足了居民的出行需求。

表5-17　社区内部道路改造

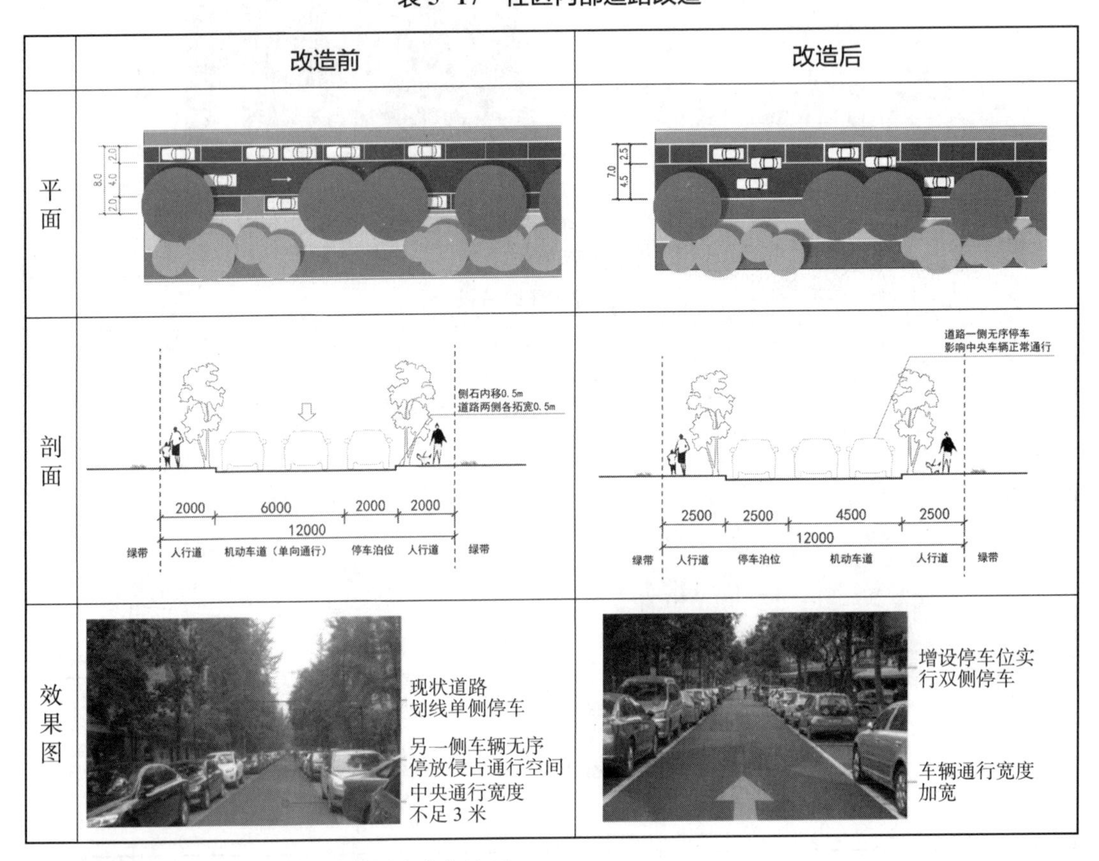

（资料来源：根据《城市停车设施建设指南》整理）

（2）道路分级

上海樱园小区（南区）位于上海市闵行区，住区总用地面积为23公顷，总建筑面积19万平方米，容积率为0.7，住区绿化率高达59%。樱园小区的建筑类型多为三层联排别墅，其住区规划精巧及绿化丰富，是上海的别墅设计由粗糙转向精致的代表，住区的规划设计荣获了上海市第一届住宅优秀设计奖。

道路分级为三级：小区级道路正对小区大门，道路宽度为15米，两侧为人行道，中间车行道；中央 7 米宽环形双向道路与小区级道路相连；小区支路与环形道路相连，道路宽度约为 4 米，直入宅前停车场。人行道路均设置在车行道路两侧，宽度设置在 1～2 米，通过硬质铺装、路缘高差及绿化隔离带与车行道区分（表 5-18）。

表 5-18 上海樱园小区项目概况及住区规划示意图

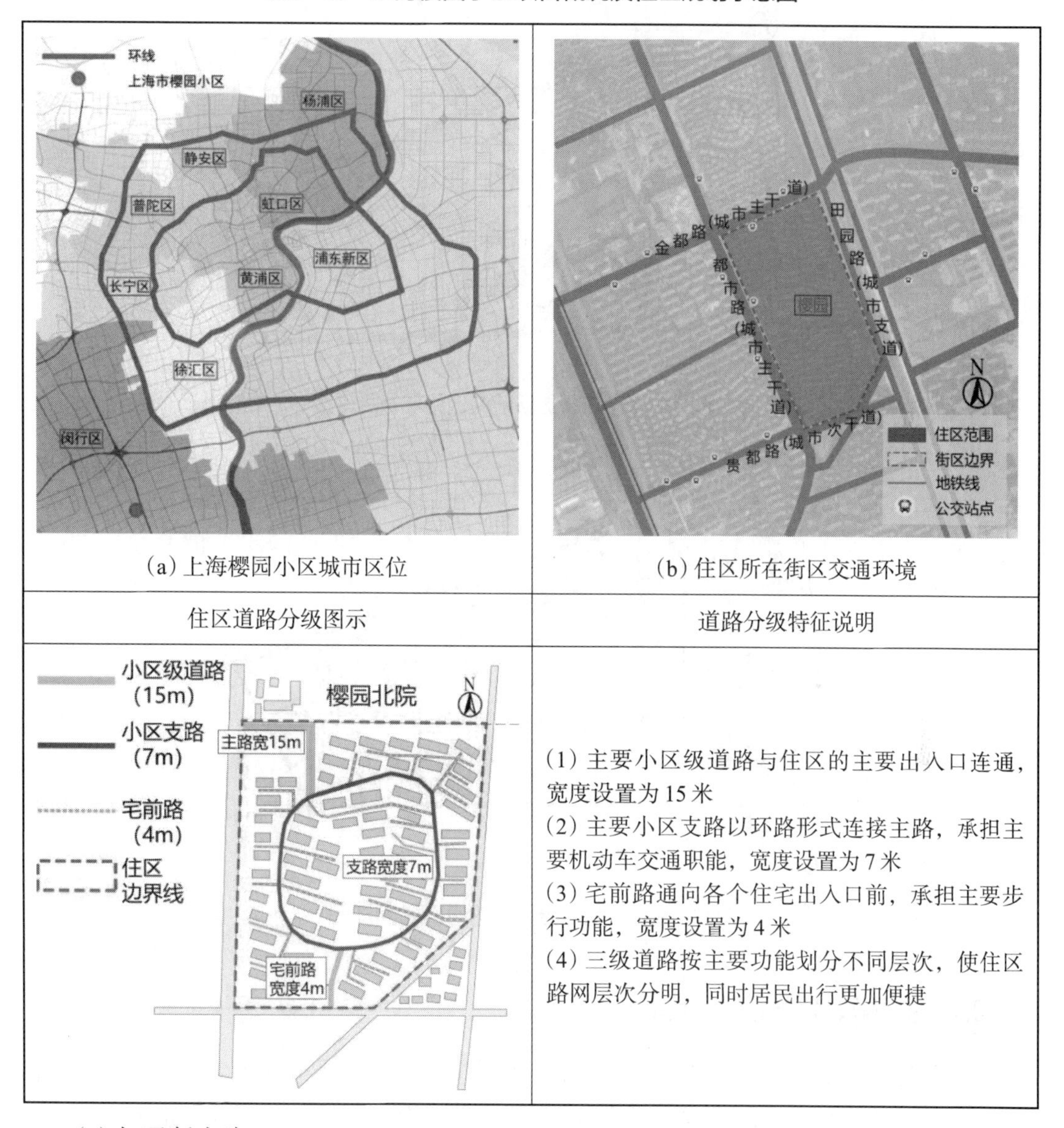

（a）上海樱园小区城市区位	（b）住区所在街区交通环境
住区道路分级图示	道路分级特征说明
	（1）主要小区级道路与住区的主要出入口连通，宽度设置为 15 米 （2）主要小区支路以环路形式连接主路，承担主要机动车交通职能，宽度设置为 7 米 （3）宅前路通向各个住宅出入口前，承担主要步行功能，宽度设置为 4 米 （4）三级道路按主要功能划分不同层次，使住区路网层次分明，同时居民出行更加便捷

（3）打通断头路

普利茅斯格罗韦住区位于英国曼彻斯特市，住区规模较大，南北向尺度约为 400 米，东西向约为 900 米，其项目总户数约 1090 户。住区在未经过更新改造时，住区空间较为消极闭锁，长久以来成为犯罪横生的场所。

住区在路网优化层面，首先打通住区内的尽端式道路（图 5-17、图 5-18），使住区内的组团道路闭合成环，形成相互渗透的道路网格系统；其次将住区内道路分级，形成由居住区道路—组团道路—宅间路的多个道路等级，使得住区内的交通道路分级明确、井然有序；最后设置有限速的安全街道，并在组团内部设置有层次的绿化优化步行环境，形成环境宜人的“公园街道”，提升住区的开放性和安全性。

图 5-17　住区更新前的道路现状图

图 5-18　住区更新后的道路现状图

5.2.2.2　路网及流线组织层面优化

“人车分行”的提出试图将住区内人流、车流组织在两个既相对联系又相对独立的空间内。住区人车分流的组织主要目标有两个：一是考虑到居民慢行活动发生频繁的区域不被机动车干扰；二是考虑到机动车的正常行驶不被突然闯入的行人打断。人车分流存在两种模式：平面分流和立体分流，平面分流将车行流线组织在建筑间相对消极的空间，与居民的活动空间分离；立体分流将车行流线引至地下，与居民的动线隔离。

(1) 立体式人车分流

北京九龙城小区通过住区地势高差将小区内部的交通环境组织成安全、舒适、高效的氛围，住区的这种交通组织模式被称为“安全林荫道”。立体式人车分流的交通模式体现在地下部分全部用作停车库，地上部分不受停车干扰，车流与人流完全分开，住区车行出入口正对南侧的交通干道，驶出出入口车流直接汇入城市道路车流。人行出入口则面向住区西侧道路，人行动线漫游于景观之间。车行与人行路线在立体层面实现完全分割，互不干扰（图 5-19）。

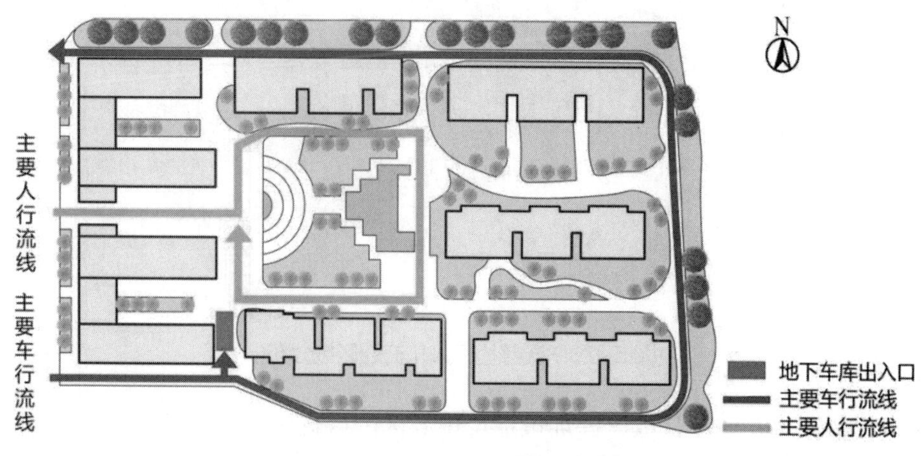

图 5-19　北京九龙城道路系统图例

（2）平面式人车分流

德国沃邦社区建设于 1997 年，2006 年全面建成，住区占地面积约为 41.3 公顷。1998 年初期规划容纳居民 5000 人，至 2017 年实际容纳居民 5661 人，汽车保有量每 1000 户仅 164 辆。住区对于路网规划采用层级划分，保障行人优先通行权，采用内部无车，外部行车的方式，在住区平面实现动静分区，具体规划方式包括以下三个方面：

①对社区内的道路进行等级划分，建设步行与自行车道，步行车道内禁止任何机动车通行，行人对道路有优先使用权，以保证在新区内的无车区域将车流过滤掉，构建对社区居民更有吸引力的无车环境，使社区内慢速交通成为主导。

②通过无车区与外围的混合道路建立联系，兼顾私人机动交通所必要的便捷性，在不影响居民步行环境的情况下，保证机动车出行，外围行车道与城市道路紧密相连，提升了机动车的通行效率，同时避免对居民日常出行、步行流线产生干扰，实现人车分离，互不影响（图 5-20）。

③建立“主路—内街—步行小街”型路网结构，实现了由尺度较大的路网服务机动交通变为尺度较小的路网服务慢速交通。在这其中，住区与外部干道由半环型区域主路（限速 30km/h）相连，无车区与区域主路则由 U 型内街（限速 5km/h）相连，住区内的各组团、组团与开放空间之间由步行小径连接，这样既保证了机动交通必要的可达性，也保证了社区内慢行交通的主体地位。

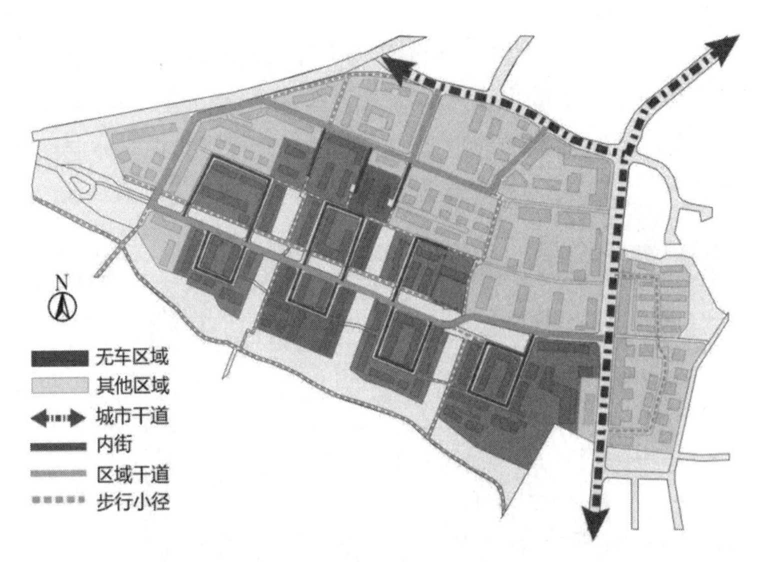

图 5-20　沃邦社区人车交通区域分布

深圳万科四季花城项目位于深圳市福田中心区的后花园——龙岗区坂雪岗高新技术开发区［表 5-19（a）］，项目共分七期开发，住区占地面积 37.3 万平方米，总建筑面积为 53.2 万平方米，总户数约为 5000 户，小区绿化率达 40%。住区以多层住宅为主，住宅间围合形成空间形式多样的院落，搭配部分别墅及小高层户型，在 2001 年被评为"深圳市市民喜爱的明星楼盘"。住区引入"新城市主义"相关理念，在步行可达性范围内，组成较高密度的街区式住宅，同时配置完善的公共活动空间、公服设施及人车共存的道路系统，打造围合式的建筑布局以及步行化的商业街道空间，营造出住区的活力和良好的生活氛围。

四季花城周边交通系统较发达，有平南铁路以及地铁 10 号线，分布公交站点约 11 个，住区横跨城市次干道永香西路，北侧为项目 1-5 期，南侧为项目 6、7 期，东边为城市主干道永和大道［表 5-19（b）］。住区内部采用人车分离的道路系统，外围布置车行流线，同时沿着车行道路合理设置停车场地。步行流线贯穿住区东西向，且以贯穿东西的步行流线为中心向各个组团及住区外围发散，步行流线较为合理贴合居民的行为动线，较大程度满足居民日常出行需求［表 5-19（c）］。这种住区外围用作车行、内部用作人行的人车分离方式，有利于车行流线与城市道路紧密衔接，同时维持步行系统的相对独立和完整。

表 5-19 深圳万科四季花城项目概况及住区路网规划示意图

<table>
<tr>
<td>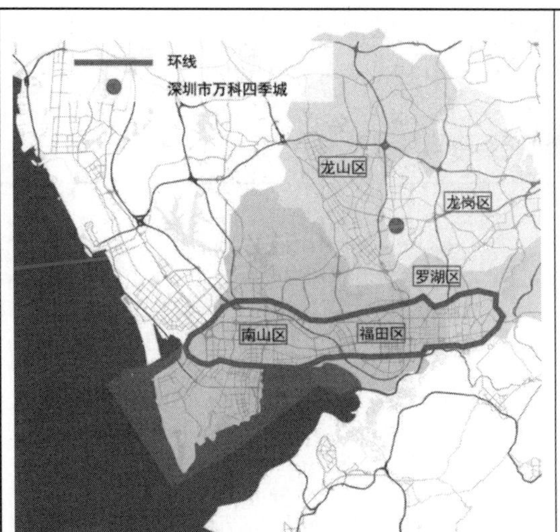

(a) 深圳万科四季花城城市区位</td>
<td>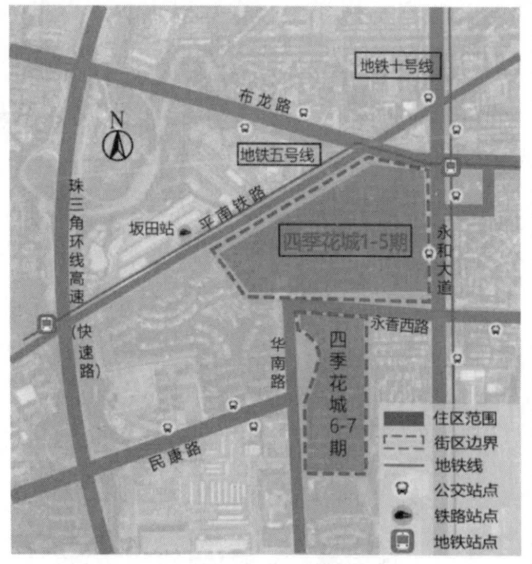

(b) 住区所在街区交通环境</td>
</tr>
<tr>
<td rowspan="2">

(c) 住区人车流线规划示意图</td>
<td>规划说明</td>
</tr>
<tr>
<td>该小区的人车流线组织通过外围布置车行道路，内部组织人行流线的方式达到人车分离的作用。步行流线完整独立且不被车行流线干扰，车行流线与住区周边城市道路紧密连接，有效提高通行效率</td>
</tr>
</table>

注：表中图 c 来源于胡靓，内外使用者并重的城中村社区建筑空间计划研究 [D]．西安：西安建筑科技大学，2017.

(3) 道路空间人车共存

住区人车共存的交通组织模式使车行交通和人行交通共用一套路网，路网的布局要求分级明确，并具有较高的连通性。在解决人车矛盾上不是仅注重人流与车流的彻底分离，而是注重对于街道空间的设计，使得两种行为能够共存。

日本幕张滨城住区是开放式住区的典型案例，住区位于东京幕张新都心的东南角滨海区，幕张新都心面临东京湾，约在首都东京以东 25 公里。幕张新都心的功能复合多元，包括以幕张会议为主体的展示功能、文教功能、会议功能、休闲功能、研究开发功能、中枢商务功能以及居住功能，其中居住功能以滨城住区为核心。滨城住区南面为海滨公园、北面与文教区相邻、西接城市中心。滨城住区建设于20世纪90年代，占地面积约84公顷，整个住区居住人口约26000人，规划户数达到8900户[表5-20(a)]。

表5-20　住区概况及道路系统规划示意图

<table>
<tr><td>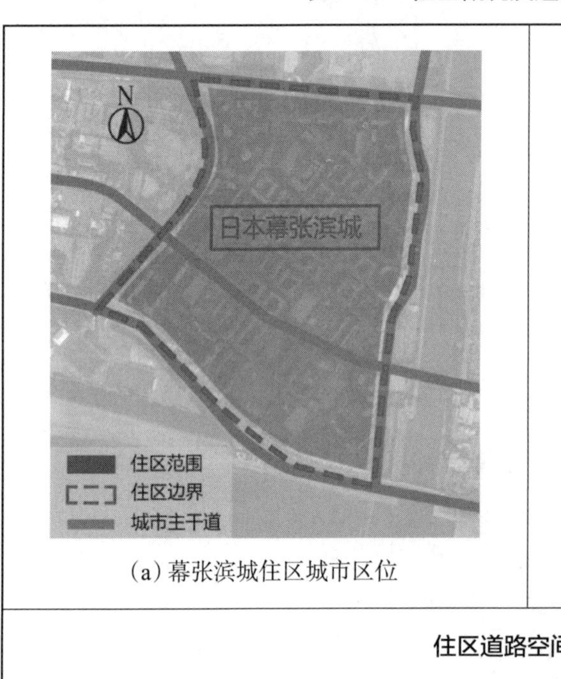
(a)幕张滨城住区城市区位</td><td>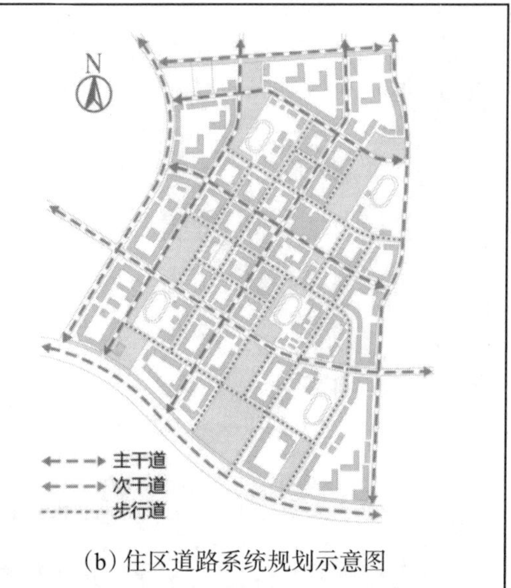
(b)住区道路系统规划示意图</td></tr>
<tr><td colspan="2">住区道路空间设计</td></tr>
<tr><td>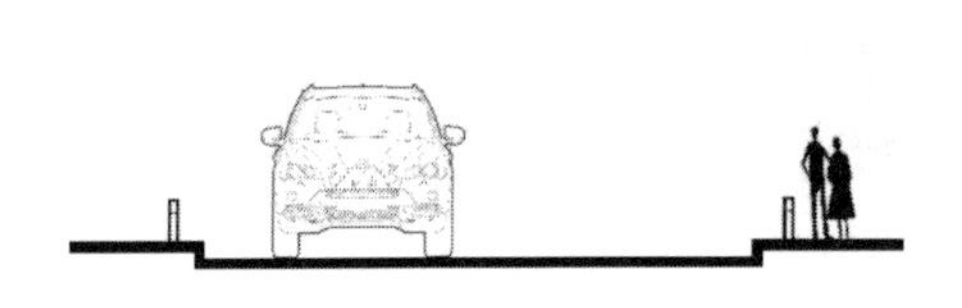
(c)采用路障等硬质设施简单划分人车行驶空间</td><td>
(f)实景图1示意</td></tr>
<tr><td>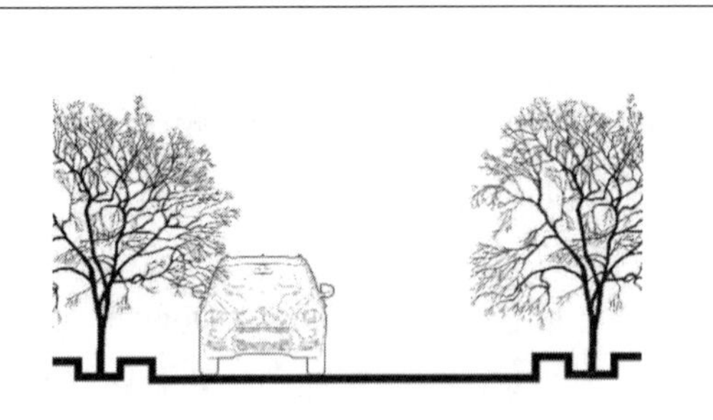
(d)采用绿植简单划分人车行驶空间</td><td>
(g)实景图2示意</td></tr>
</table>

续表

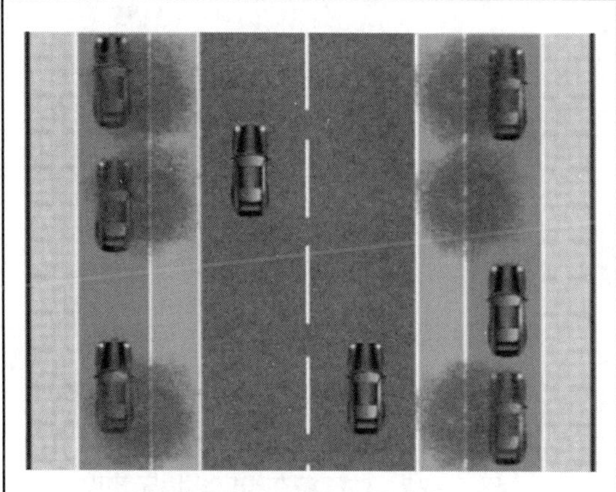 (e)采用铺装划分人车行驶空间	分析：住区道路空间的设计，通过简单道路分隔，如铺装不同、绿植或路障等硬质设置，使人和车在同一道路空间有序通行；采用弯曲的路面形态抑制机动车过快通行，有效保障行人安全

住区在布局模式上整体采用街区式布局，整个住区划分为13个区域，多层街区的规模控制在约70m×80m，而高层街区的规模控制在90m×200m。在交通组织上，主要采用规则的网格状道路系统，为与城市干道产生直接的联系，住区内贯穿东西向三条干道以及南北向两条干道；正交的次干道均匀布置在这些主干道之间，彼此形成相对整体的交通网络，与城市道路系统相连［表5-20（b）］。

住区通过设置“共享街道”，实现人行与车行和谐共存。在道路空间设计上，人行与车行道路用路障等硬质设施简单分隔，并通过地面铺地和绿化的区别进行简单的分流，维持了道路空间的整体性［表5-20（c）（d）（e）］。道路形状采用弯曲、变化的形态，同时在相距较短的道路交叉口均设置斑马线，有效防止车辆的过快通行，从而保障了行人的安全，创造出便捷、宜人的步行环境。

5.2.3 人车路权优化案例与经验

5.2.3.1 广州六运小区

(1) 小区概况

住区位于广州市天河区西南部（图5-21），天河体育中心南侧，珠江新城北侧，以体育西路、黄埔大道西、体育东路以及天河南一路为界，体育西横路穿过住区内部与体育西路和体育东路相连，北侧毗邻天河购物中心，处于中心商业区，周边公共设施齐全，交通环境良好，住区周边分布有地铁站点6个，公交站点22个（包括BRT站点2个），步行5分钟的距离可达体育西地铁站、天河体育中心BRT站、天河南站和黄埔大道站，地理位置优越（图5-22）。

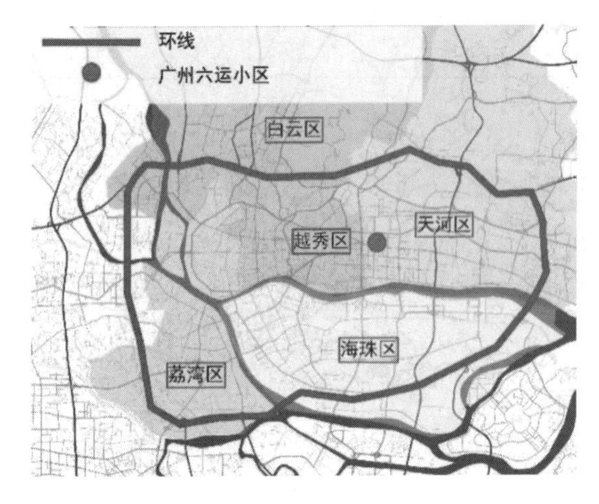

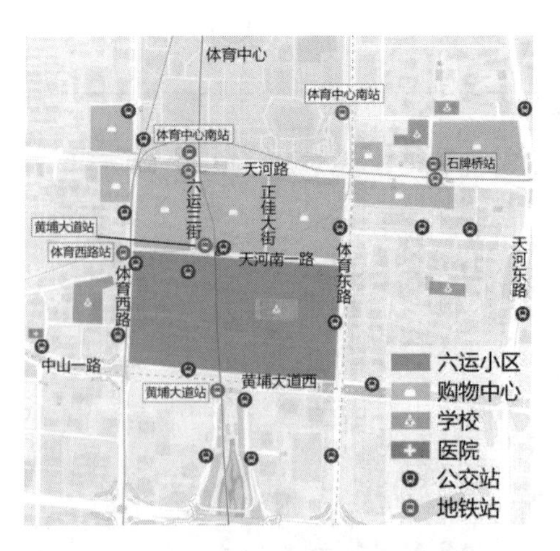

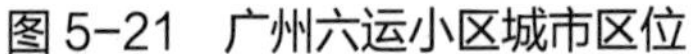

图 5-21 广州六运小区城市区位

图 5-22 住区所在街区环境示意图

广州市天河区六运小区起源于1987年的天河体育馆的建设，于1989年建成，当时作为中华人民共和国第六届运动会的运动员村使用，六运会结束后，六运小区转化为商品房对外售卖。当时天河区作为广州市规划的城市新区，只完成了天河体育中心及其相关的配套设施的建设，而与住区相关的城市基础设施一直到20世纪90年代才基本完善，六运小区就是天河区最早开发的住区。如表5-21所示，六运小区的发展可归纳为两个过程：一是20世纪90年代天河南一路对面天河百货商场的开业，促使大量工作岗位的形成以及餐饮业的发展，进而影响到六运小区的围墙拆除以及首层“住改商”实践，此时的六运小区仍为半封闭式小区；二是随着政府对六运小区“住改商”活动的政策变化和改造，使得该住区于2009年逐步升级为完全开放、步行友好且混合功能的住区。

表 5-21 六运小区发展历程

时间	历程
1987 年	六运会举办期间，主场馆南侧六运小区规划获批
1989 年	六运小区建成
1990 年	为满足居民需求，小区内商店开业
1996 年	沿街商业发展，导致天河南一路上的小区围墙拆除，“住改商”实践开始
2000 年	政府禁止“住改商”模式后又重新支持
2003 年	“住改商”模式得到普遍发展
2006—2007 年	政府施加政策规范“住改商”模式，《广州市天河区商业网点规划（2007—2020）》明确天河南片区“住改商”模式被合法化
2009—2010 年	六运小区被改造为完全步行化的区域
2014 年	环境进一步改善

（资料来源：根据《开放式街区规划与设计》整理）

六运小区占地面积22.5公顷，总人口17618人，住宅建筑由9层中高层建筑组成，以行列式布局为主，土地利用率高，住宅间距小，建筑密度较高，设计初期内部道路只解决住区内部交通。随着当地政策的变化、周边商业的快速发展与“住改商”模式的兴起，六运小区因其独特的历史意义和特殊的地理位置，在建设初期至今的多年间进行着一轮又一轮变革，逐步由一个封闭式的大街区转变为一个小尺度的开放性住区，通过限制机动车活动空间和停车位供给控制，形成步行友好的开放区域，是开放性住区的典型案例。

(2) 住区道路层面的人车共存

六运小区的主要机动车交通空间为一种人车亲和、和谐共存的模式，在机动车道两侧分别设置宽度为3米的人形道（图5-23、图5-24），利用路缘高差、绿植做简单分割，有效保证行人、非机动车通行安全共享。

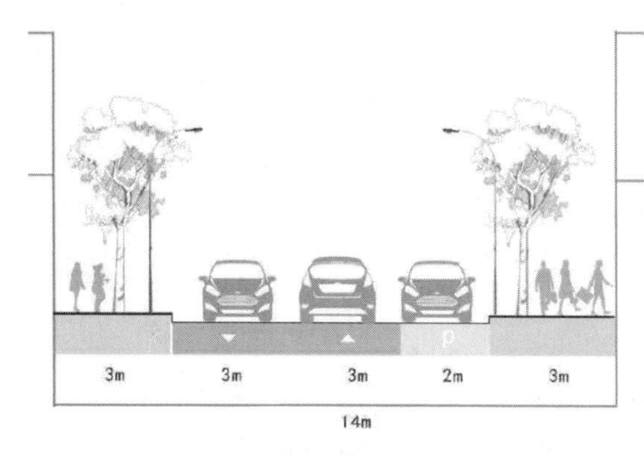

图5-23 改造后可停车主干道道路截面

(图片来源：凤凰空间·华南编辑部. 开放式街区规划与设计[M]. 南京：江苏凤凰科学技术出版社，2017.)

图5-24 机动车道路旁宽度足够的步行道

(图片来源：凤凰空间·华南编辑部. 开放式街区规划与设计[M]. 南京：江苏凤凰科学技术出版社，2017.)

(3) 住区路网层面的步行优先

①道路通行权的置换。以六运小区的中央大街为例，2009年在住区改造之前，人车矛盾显著表现为以下两个方面：人行道窄小、街道或人行道被违停机动车占据导致通行不畅。自2015年住区改造之后，同一拍摄角度来看，全面步行化取代了车行主导的通行以及乱停乱放，道路的通行权转换为以人行为主导，具体措施包括：设置花箱、护柱阻止车辆进入，同时组织地下人行连接附近的公共轨道交通（图5-25、图5-26）。

（a）改造前　（b）改造后

图5-25 中央大街北段改造前后对比示意图

(图片来源：凤凰空间·华南编辑部. 开放式街区规划与设计[M]. 南京：江苏凤凰科学技术出版社，2017.)

（a）改造前　　（b）改造后

图 5-26　中央大街南段改造前后对比示意图

(图片来源：凤凰空间·华南编辑部．开放式街区规划与设计 [M]．南京：江苏凤凰科学技术出版社，2017.)

②步行网络与车行网络的优先连通性。六运小区内多为无车的安全街道，两旁的绿植遮阴为行人和非机动车通行提供宜人的步行环境；此外，小区内车辆行驶与路内停车所占道路总面积为 34776 平方米，约占小区面积的 15%。住区整体分布以小型街区为主，拥有高度整合、密集的街道网络，丰富了步行及骑行的路径和体验。

如图 5-27 所示，住区内部的步行网络与车行网络密度相比，拥有较高的优先连通性，优先连通性旨在衡量住区内部步行及非机动车网络节点[1]数量与机动车网络节点数量的比值。在小区内部的网络节点数，行人非机动车为 42.75 个，机动车为 7.25 个，步行及车行的优先连通性为 5.91 : 1。

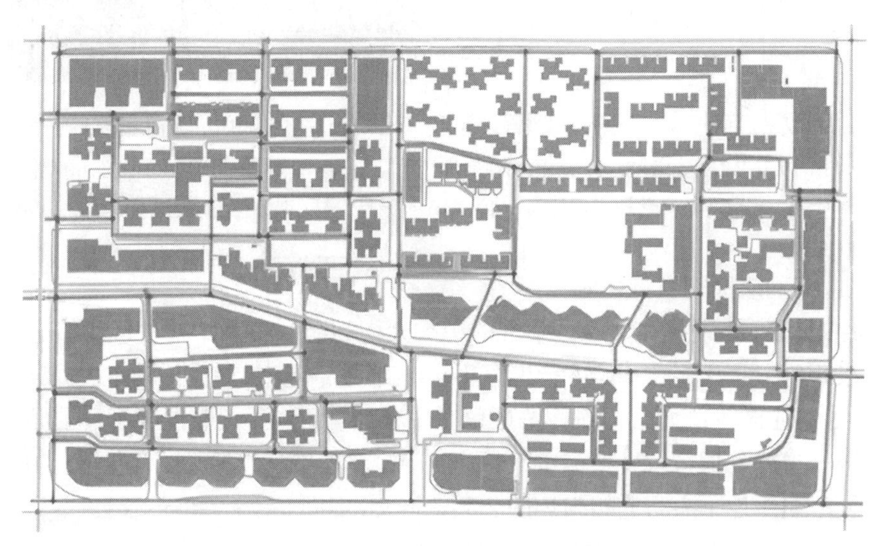

图 5-27　六运小区的非机动车网络和机动车网络

(图片来源：凤凰空间·华南编辑部．开放式街区规划与设计 [M]．南京：江苏凤凰科学技术出版社，2017.)

(4) 主要经验与启示

广州六运小区在老旧小区的开放过程中受到了国外新城市主义影响，住区的价值取向由“车行”转向为“步行”，利用混合紧凑的空间布局和高密度路网抑制车辆的激增，支撑行人步行和公共交通的发展。六运小区由封闭到开放的更新改造过程中，在人车路权

[1] 网络节点数量的评判标准为：三路交叉口为 0.75 个节点，四路交叉口为 1 个节点，五路交叉口为 1.25 个节点。

层面更加重视步行及非机动车的优先畅通，首先在优化策略上，注重提升住区步行的优先连通性，建立一定程度上完整且系统性的步行系统；其次，在整体的路网结构上，扩大步行网络比例，建立循环、密集、畅通的慢行系统；最后，将原有人车混行的道路空间置换为仅供居民步行的慢行空间，从实质上隔离车行干扰，保障慢行畅通。小区在慢行空间营建理念的主导下，采取一系列具体改造措施包括：拓宽人行道宽度，保障步行畅通化；采用花架等硬质设施隔离机动车，有效分隔人车行驶空间，促使步行空间无车化。

5.2.3.2　东京太子堂社区

(1) 住区概况

太子堂社区位于世田谷区东部，周边交通发达，地区内公共设施集中，是世田谷区重要的商业和服务节点（图 5-28、图 5-29）。日本东京都涉谷地区太子堂社区从 1929 年关东大地震后开始陆续有人搬迁过来，到 1947 年战后又有大量人员迁入，形成了该地区密集的人口及建筑密度很高的现状。该社区为自然形成的居住聚落，社区设施老旧，缺乏整体规划的介入，人口增多后，出现人车秩序混乱、道路通行宽度较窄等问题。加之 20 世纪六七十年代日本城市的崛起，越来越多的社区居民搬离这里，形成了严重的空心化现象。

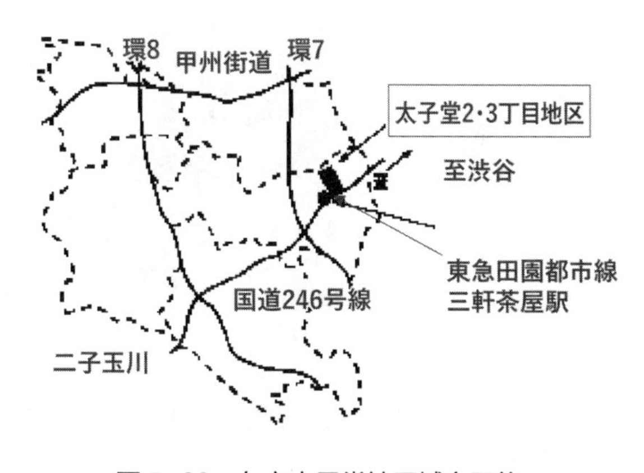

图 5-28　东京太子堂社区城市区位

图 5-29　东京太子堂社区范围

(2) 道路空间的修整

太子堂社区改造前道路空间存在的主要问题有：区域内住宅密集，道路宽度不足，车辆通行不畅，人车混杂，步行空间被挤占；道路节点空间设计不合理，交叉口处安全隐患大；步行空间品质低下，环境恶劣。通过道路空间的修整优化人车路权，如图 5-30 所示，具体措施如下：

①在住区范围内尽可能多地设置步行优先道路，建立连接绿化、绿道、广场、购物空间的道路网络。禁止街区外的交通进入，抑制车辆的行驶速度，保证一定的安全。街区外为了避免过境交通和违法停车对行人的干扰，被改造的路段中间设计为步行空间，两

侧为绿化带。6米宽度的道路将中央2米作为人行道，将住区内2米宽环境空地一起整备；8米宽道路区间将2.5米作为人行道，两侧1米绿化带，住宅区一侧为0.5米人行道与2米的环境空地统一整备。

②将使用率低的车行道转换为步行道。原有的社区中心道路为车行道路，但与周边两条社区级道路距离较近，起不到疏解交通的作用。因此在更新计划里，将该道路规划改造为中心绿道，只供人行和自行车行驶。并且增加道路的绿化，将原本地下的暗河挖出，沿着绿道进行改造，形成一条集交通、休闲、交往于一体的生活气息浓厚的社区空间。同时将该景观绿道定义为“历史休闲步道”，使其具有主题性；蜿蜒流淌的水系贯穿整个步道，形成标志，以此增加社区的向心力和居民的归属感，景观对城市开放，经常会有游人前来游览，增加社区人气。

③结合商业整合步行环境。将交通空间与活动空间整合，积极结合这些活动空间的特点改善步行环境。将商业一层部分的墙面沿道路后退1米，结合人行道的彩色铺装，提高行人的交通安全和步行体验，设置步行为主的购物广场。

④保证通行安全。为了确保通行安全，将视线不好的曲柄状道路和转弯部分进行改良，将三太街和圆泉寺路之间的十字路口重点改良，通过扩宽十字路口，确保道路宽度和边角的圆滑。

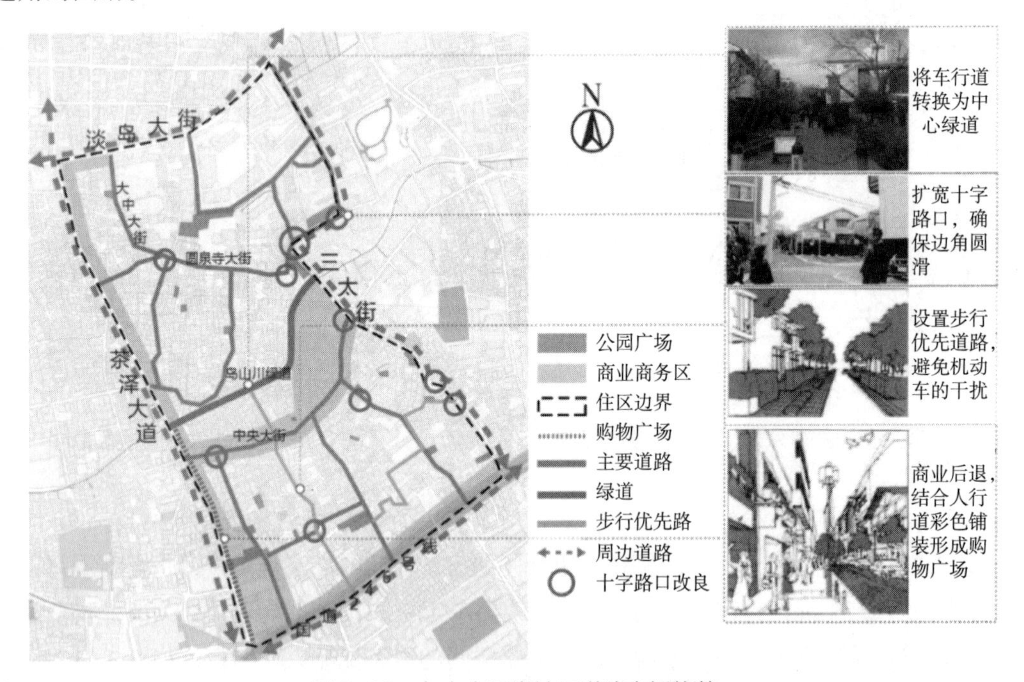

图5-30　东京太子堂社区道路空间修整

［图片来源：左：自绘，右1、右2：4-1(city.suginami.tokyo.jp)，右3、右4: https://www.setagayatm.or.jp/trust/fund/library/taishidou/25seika.html］

(3) 主要经验与启示

东京太子堂社区在更新过程中以步行优先理念为主，并且通过道路空间与其他空间整合的方式实现。在优化措施上，尽可能多地设置步行优先道路，并结合绿地、公园进行整合，将原有的车行空间置换为慢行空间，解决人车秩序混乱、人行路权被占用的问题；改善十字路口的通行环境，提高节点空间的安全性；将商业前步行空间扩宽，改善步行环境差的问题。

5.3 国内外住区交通空间优秀案例更新智慧总结与启示

5.3.1 住区静态交通更新智慧总结与启示

5.3.1.1 优秀案例关于静态交通潜力挖掘的智慧总结

结合上文对于国内外典型静态交通空间案例的分析，本节从街区层面和住区层面的不同情况对相关案例进行归纳总结，分别选取与街区层面和住区层面相关的5个典型案例，分析其背景、现状问题及优化措施。其中街区层面的相关优化措施包括：拓宽城市支路宽度，增设停车位；利用公园绿地、操场等地下空间新建停车场；挖掘街区内的闲置资源等(表5-22)。住区层面的相关优化措施包括：利用广场、庭院等新建停车场或立体停车楼；挖掘住区内部零散停车资源；合理进行停车改造，优化停车设施等(表5-23、表5-24)。

表5-22 街区层面静态交通潜力挖掘案例经验总结

街区层面	增加路边划线停车位	利用公园、广场、学校建地下停车库		利用周边建筑错时停车	利用周边住区停车位
	杭州塘河新村—余杭塘路社区	杭州上羊市街社区	北京通州北杨洼小区	杭州塘河新村—余杭塘路社区	西安长安区教师小区
住区规模	塘河北村、塘河新村、塘河南村三个小区共24.5公顷	袁井巷小区、金狮苑小区、云雀苑、响水坝四个小区共25公顷	8.5公顷	塘河北村、塘河新村、塘河南村三个小区共24.5公顷	3.8公顷
区位及周边环境	街区内除住区外有中学、幼儿园、产业园区，整治小区之间通过城市支路隔开	街区内除住宅外有中小学、办公、文物古迹等功能	街区内地形与环境复杂，住区周边小区布局分散，除住区外有小学、办公楼等	街区内有多个产业园区、写字楼	街区内有城中村社区、学校等

续表

类型	嵌入型Ⅰ	嵌入型Ⅱ	嵌入型Ⅰ	嵌入型Ⅰ	嵌入型Ⅱ
措施	街区内城市支路由7米扩宽至8米；组织道路单向通行，双向停车	利用杭州市建兰中学操场地下车库停车位，服务半径在400米内	利用公园绿地地下空间建二层停车场，服务半径在500米内	挖掘产业园区、写字楼内夜间停车位，服务半径在300米内	拆墙并院，有效利用围墙之间的闲置空间
停车位情况	现状车位数137个；汽车保有量800辆；停车位缺口663个	现状车位数295个	现状车位数1737个；停车位缺口2296个	现状车位数137个；汽车保有量800辆；停车位缺口663个	现状车位120个
增设停车数	增设327个车位	学校地下车库建97个车位	绿地地下车库建590个车位	增设209个车位	增设240个车位
优势	建设费用少，便捷灵活	操场地下空间易于施工，适合利用其地下空间布置停车场；能为多个小区服务	有效缓解周边小区停车难问题，地上空间为居民提供休闲场地；能为多个小区服务	能对办公楼夜间闲置停车位有效利用	建设费用少；可对闲置空间有效利用；停车位可服务相邻住区
不足	需与动态交通配合，有效组织车辆通行，共同组织交通有序化	造价高；地库出入口对学生产生的噪声、尾气影响	造价高	需要通过有效的管理手段协调小区物业和办公楼停车位	需与政府部门协调
备注	适用于小区之间有城市支路的情况	适用于街区范围内或相邻街区有学校，可为多个小区共同解决停车问题	适用于街区范围内有大片空地，可为多个小区共同解决停车问题	适用于街区内部办公建筑分布广泛的情况	适用于小区规模比较小，小区之间围墙阻隔发展的情况

表5-23　国内住区层面静态交通潜力挖掘案例经验总结

住区层面	利用广场、活动场地	利用内院空间	利用宅间绿地、路边停车（解决绿化和停车之间的矛盾）		提高车位利用率
案例名称	西安市华山17街坊	广州市越秀区解放中路旧城改造	上海虹储小区	杭州上羊市街社区	北京中煤小区
街区用地	街区内为住区，相邻街区为多个住区	街区内除住区外有办公楼、小学等功能，用地比较紧凑	周边为多个住区	街区内除住宅外有中小学、办公、文物古迹等功能	周边为高校

续表

类型	整体型Ⅱ	嵌入型Ⅱ	嵌入型Ⅱ	嵌入型Ⅱ	嵌入型Ⅰ
措施	利用广场建立体停车楼	利用庭院空间建地下车库；利用庭院空间底层架空停车	通过“绿化转移”保证绿化面积不因停车位增加而减少	“网格化改造”，尊重居民意见，以一个单元楼为单位，分区域进行停车改造	设置三层升降式机械停车位，车位隐藏于地下，不影响地上景观
停车位情况	现状车位数量208个；汽车保有量500辆；停车位缺口292个	—	现状车位数量35个；汽车保有量170辆；停车位缺口135个	现状车位数量295个	—
增设停车数量	增设298个车位	—	增设40个车位	增设67个车位	建设156个机械停车位
停车场位置	位于中央活动广场	停车空间位于西侧，结合西侧车行出入口	宅间绿地、道路、零散空间	宅间绿地、道路、零散空间	在原有车位上扩容
优势	可有效解决停车位不足的问题；便于集中管理	适用于高容积率住区；可有效利用底层空间	优化停车品质，有效协调停车空间与绿化空间	优化停车品质，有效协调停车空间与绿化空间	在原有车位基础上使车位数量成倍增加
不足	小区内要有空地；造价高，所属单位要拿得出资金	需考虑底层居民的安置问题	可增设数量不多	可增设数量不多	造价高；维护设备成本较高
备注	适用于住区有空地，并且有资金运作的小区	适用于底层架空或功能使用率低的小区	适用于规模较小，停车缺口不大的小区	适用于规模较小，停车缺口不大的小区	适用于有资金运作的小区

表 5-24 日本住区层面静态交通潜力挖掘案例经验总结

内容	住区层面		
停车方式	分散式停车	集中式停车	
案例名称	日本福伊坎社区	日本爱宕公寓	日本 OPH 南千里津云台
住区周边情况	周边交通发达，临近公交站点，生活便利	周边交通便利	周边交通发达，临近公交站点
措施	利用地面闲置空间规划停车位	分区改造，利用住宅地下空间建设半地下车库	利用空地建设立体停车楼，屋顶种植绿化

续表

停车场位置	庭院空间、宅前空间、架空空间停车	住宅下方	住区内空地
优势	便利性强，可有效挖潜闲置空间	可有效解决停车位不足的问题，对住区空间品质影响较小	可有效解决停车位不足的问题，便于集中管理，对住区空间品质影响较小
不足	增设数量不多，对住区空间品质影响较大	造价高	造价高
适用情况	适用于汽车保有量较小，容积率较小，楼间距较大，地面空间较大的住区	适用于楼栋分区域更新，拆除重建的住区	适用于住区内有空地，停车位严重不足的住区

5.3.1.2 单位型老旧小区不同街区空间类型静态交通空间潜力挖掘启示

住区静态交通空间潜力挖掘主要从街区层面和住区层面的不同情况，发掘和利用潜在的停车资源。由上文阐述的多个静态交通典型案例来看，根据不同街区空间类型，街区层面静态交通空间潜力挖掘方式分为嵌入型Ⅰ、嵌入型Ⅱ、整体型Ⅱ，有以下几种措施：利用相邻街区停车资源、利用街区内停车资源、利用住区内停车资源。如表5-25所示，嵌入型Ⅰ可利用街区内停车资源和住区内停车资源。如表5-26所示，嵌入型Ⅱ可利用相邻街区停车资源、街区内停车资源和住区内停车资源，整体型Ⅱ可利用相邻街区停车资源、住区内停车资源。

住区层面静态交通空间潜力挖掘方式为：利用中央活动场地和绿化建地下车库或立体停车楼；利用庭院空间设地下车库或地面停车；利用宅间绿地、零散空间设停车位；利用小区内道路设停车位；对于每栋楼居民停车和绿化的需求进行改造；利用小区零散建设的机会，结合小区公建、住宅、绿地新建地下或半地下停车空间（表5-27）。

表 5-25 街区层面嵌入型 | 静态交通空间潜力挖掘方式总结

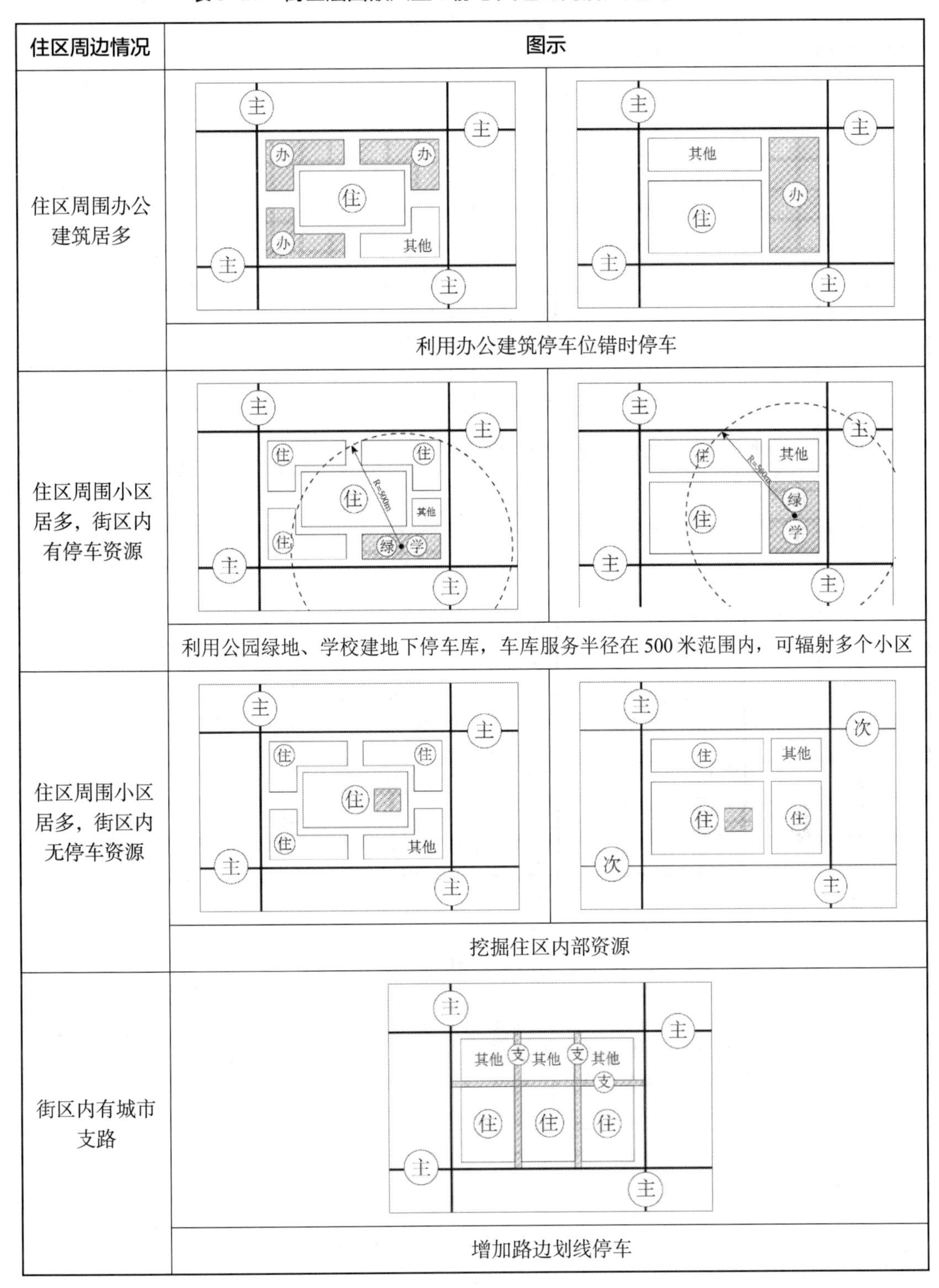

住区周边情况	图示
住区周围办公建筑居多	利用办公建筑停车位错时停车
住区周围小区居多，街区内有停车资源	利用公园绿地、学校建地下停车库，车库服务半径在 500 米范围内，可辐射多个小区
住区周围小区居多，街区内无停车资源	挖掘住区内部资源
街区内有城市支路	增加路边划线停车

表 5-26　街区层面嵌入型Ⅱ和整体型Ⅱ静态交通空间潜力挖掘方式总结

类型	住区周边情况	图示	住区周边情况	图示
嵌入型Ⅱ	街区内有停车资源	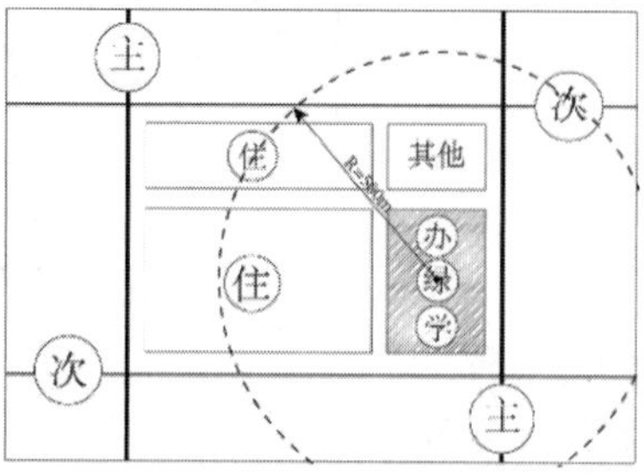 主、次、住、其他、办、绿、学、R=500m	住区周围小区居多，相邻街区无停车资源	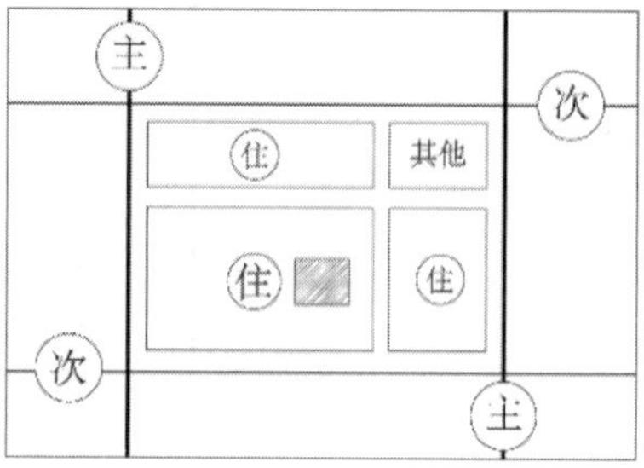 主、次、住、其他
		合理利用办公建筑、公园绿地、学校等停车资源		挖掘住区内部资源
	住区周围小区居多，相邻街区有停车资源	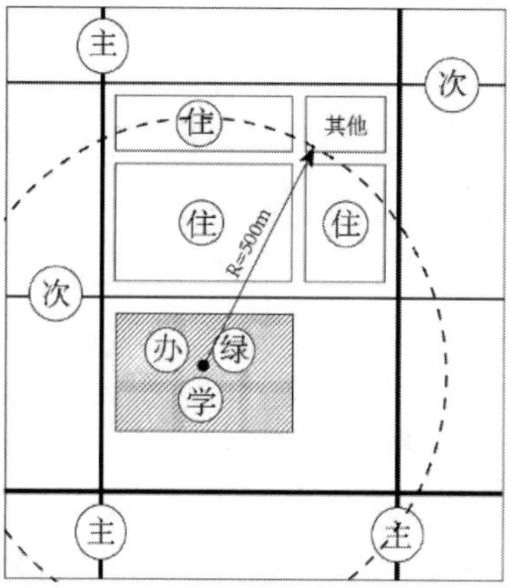 主、次、住、其他、办、绿、学、R=500m	街区内小区居多，街区内无可用资源，小区规模较小，相邻小区之间围墙阻碍住区发展	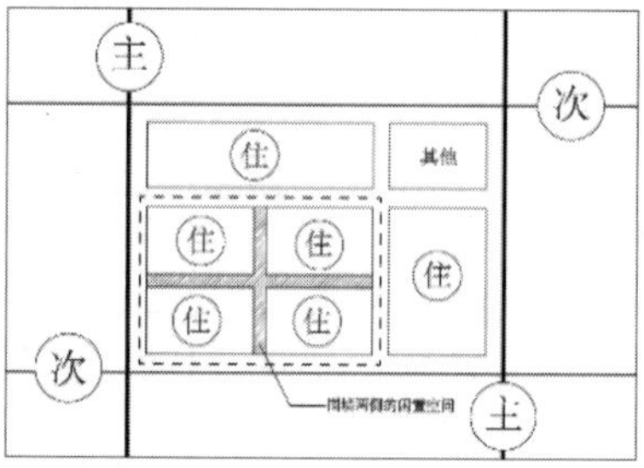 主、次、住、其他、围墙两侧的闲置空间
		利用相邻街区办公建筑、公园绿地、学校等停车资源，服务半径在500米范围内，可辐射多个小区		拆墙并院，将围墙边界闲置空间扩宽，布置车位供相邻小区使用

续表

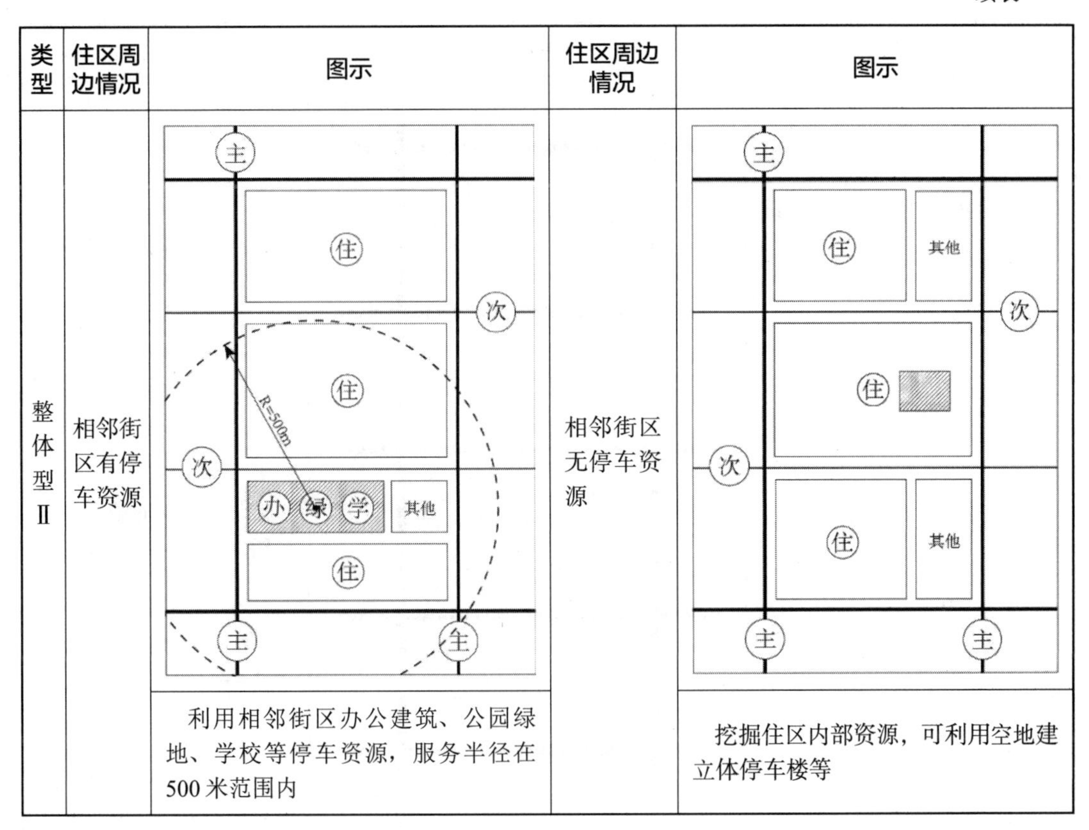

类型	住区周边情况	图示	住区周边情况	图示
整体型Ⅱ	相邻街区有停车资源	利用相邻街区办公建筑、公园绿地、学校等停车资源，服务半径在500米范围内	相邻街区无停车资源	挖掘住区内部资源，可利用空地建立体停车楼等

表 5-27　住区层面静态交通空间潜力挖掘方式总结

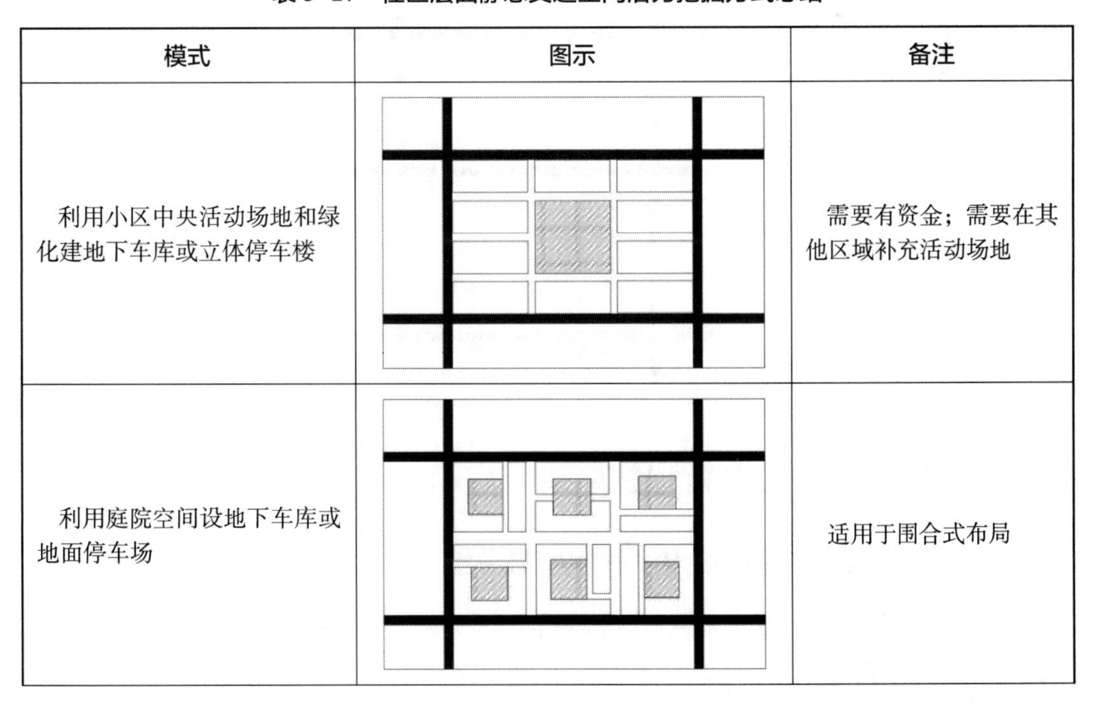

模式	图示	备注
利用小区中央活动场地和绿化建地下车库或立体停车楼		需要有资金；需要在其他区域补充活动场地
利用庭院空间设地下车库或地面停车场		适用于围合式布局

续表

模式	图示	备注
利用宅间绿地、零散空间设地上停车位		可结合绿化设置停车位，或设置生态停车场
利用小区内道路设停车位		需与动态交通结合，合理组织人行和车行流线
对于每栋楼居民停车和绿化的需求进行改造，需要停车位的楼栋利用宅间绿地或道路设停车位，不需要停车位的楼栋保留绿化	道路停车 保留绿化 宅间停车	适用于规模小的住区，有空间停放的住区，可有效协调居民对于绿化和停车位的需求
利用小区零散建设的机会，结合小区公建、住宅、绿地新建地下或半地下停车空间解决部分问题	拆除重建 利用住宅地下空间设半地下车库或地下车库	适用于分区域拆除重建的住区

5.3.2 住区动态交通更新智慧总结与启示

5.3.2.1 关于动态交通更新的优秀案例智慧总结

结合上文对于国内外典型动态交通空间案例的分析，本节对动态交通空间两个组成要素——出入口和道路系统进行归纳总结，分别选取与出入口、道路系统、人车路权相关的典型案例分析其背景、现状问题及优化措施。其中出入口的优化分为规划层面和设计层面，相关优化措施包括：a. 增设出入口（兼作消防出入口）；b. 出入口的导向由双向通行改为单向通行；c. 拓宽出入口宽度，明确其通行导向；d. 后移门栏，扩大出入口前过渡空间；e. 采用相关设施明确出入口处的人车行驶空间（表 5-28）。

表 5-28 出入口案例及其措施归纳

分项	出入口规划		出入口设计		
	出入口数量	出入口组织			
案例名称	西建大家属院	塘河新村一余杭塘路社区	同济新村社区	江浦路 2009 弄	华山 17 街坊
动态交通					
问题	住区西南侧新设地铁站点，原有出入口间距离过近，距地铁站点的绕行距离过长	住区通行能力低下，行车速度缓慢，延误率高，交通事故频发	现状出入口通行宽度不足，行车及错车行为仅供一辆机动车通行，效率低下	高峰时期车辆在出入口前过渡空间滞留影响正对城市道路车辆的正常行驶	住区道路交通中车行交通易受来往行人影响，车辆行驶速度缓慢、滞留、停顿，威胁行人安全
优化措施	增设人行兼消防出入口	现状 6 个出入口保留其一；其他 5 个出入口，更改其 3 为入口，余下其 2 为出口	拓宽出入口宽度 2 米，两侧设置门栏，明确进出车辆导向	后移门栏 5 米，扩大入口前过渡空间	采用硬质设施划分人车行驶空间
优点	灵活应对公共交通；重视居民出行需求	单向循环车流；促进交通秩序化	提高通行效率；予以行车导向	高峰时期缓解城市道路的通行压力	隔离车行人行通行空间，互不干扰

对于道路系统的 5 个相关案例进行分析与归纳，分为道路空间、路网规划和流线组织，相关优化措施包括：a. 拓宽道路宽度，组织单向通行。b. 道路分级。分为小区主路—小区支路—宅前路。c. 打通断头路，加密路网，循环交通。d. 人车分流。住区外部建立行车网络，内部无车干扰。e. 人车和谐共存。道路同时承担人行和车行需求，车行空间和人行空间简单分隔（表 5-29）。

表 5-29　路网交通案例及其措施归纳

分项	道路	路网规划		流线组织	
				住区平面人车分流	道路空间人车共存
案例名称	杭州市塘河新村一余杭塘路社区	上海樱园小区（南区）	英国普利茅斯格罗韦住区	深圳万科四季花城	日本幕张滨城住区
路网规划					
问题	住区人车通行杂乱拥堵；停车需求难以满足	旨在完善交通功能布局，搭建住区空间结构骨架，保证交通安全	住区规模较大，围墙较多，消极闭锁，疏于管理	引入“街区式”社区概念，打造步行街区与小镇主题；组织人车共存的交通模式	作为开放式住区的典型案例，小区道路以“街道”形式发挥主要交通职能，组织人车亲和、车为人存的道路空间
措施	拓宽道路（至8米），组织单向通行	道路分级为15米小区级道路；7米环形双向车道；4米宅前道路	打通断头路，加密路网，循环交通，使住区开放化	住区平面外围布置车行流线，住区内部布置人行流线	通过路障、绿化及铺地等措施简单隔离人车行驶空间，实现道路空间人车共存
优势	住区道路的交通承载量增强	骨架分明，路网完善	由街区、住区到路网层级而下，综合治理	人行流线与车行流线互不干扰	对于老旧小区的路网结构适用性较高

对于人车路权的两个相关案例进行分析与归纳，分为路网层面和道路空间层面，相关措施包括：a. 空间置换，将车行空间置换为人行空间。b. 扩大步行网络比例，尽可能设置步行优先道路。c. 提升步行的优先连通性，消除尽端路。d. 隔离人车行驶空间，实现道路空间人车共存。e. 改善节点空间品质，提升安全性（表 5–30）。

表 5-30　人车路权案例及其措施归纳

内容	路网层面		道路空间	
案例名称	广州六运小区	东京太子堂社区（二三丁目）	广州六运小区	东京太子堂社区（二三丁目）
问题	步行空间较少；步行网络存在断头路	人车混杂，步行空间被挤占；步行空间网络不连续	人形道被占用严重	道路节点空间设计不合理，交叉口处安全隐患大；步行空间品质低下，环境恶劣

续表

内容	路网层面		道路空间	
人车路权重新划分	“新城市主义”的本土实践；价值取向由“车行”转为“人行”	注重行人优先	人车和谐共存	注重行人在道路空间的权利
优化策略	空间置换；扩大步行网络比例；提升步行的优先连通性	尽可能多地设置步行优先道路，并结合绿地、公园进行整合；将车行路置换为步行道	道路空间实现人车共存，有效保证行人、非机动车通行安全共享	改善十字路口的通行环境，提高节点空间的安全性；将商业前步行空间扩宽，改善步行环境低下的问题
改造措施	拓宽人形道宽度；设置无车区，采用花架限制机动车进入	扩宽步行道，中间为人行道，两侧为绿化带；打通断头路，结合空地整合	隔离人车行驶空间，利用路缘高差、绿植做简单分割	将视线不好的曲柄状道路和转弯部分进行改良，扩宽十字路口；将商业墙面后退，结合人行道的彩色铺装，扩宽购物广场

5.3.2.2 单位型老旧小区动态交通空间更新启示

住区动态交通空间由出入口和道路系统两个要素组成。出入口作为小区内外空间联系的节点，在高峰时期引导及疏散人流、车流，住区交通流与街区交通流通过出入口有序流通。在住区层面，道路系统以路网形式组织交通流，将道路进行分级，按照承担功能不同分散交通流，或将人车流线在住区层面分离，提高交通流组织效率；在道路空间层面，多关注道路空间的划分，在人车平权、和谐共存的理念下，将人行空间与车行空间有效分隔，互不干扰，保障人车各自通行权。

首先，对于出入口案例的更新方式总结，从出入口规划及出入口设计两个层面进行分析。出入口规划层面主要分析出入口数量以及出入口布局设置的合理性，现状问题包括：出入口数量设置不足；出入口布局不合理，未考虑与城市交叉口、公交站点之间的距离。在优化策略上，需结合街区层面和住区层面的影响要素，考虑居民的出行动线，联动管理机制，控制进出住区的交通流量。出入口设计层面主要现状问题包括：出入口内外过渡空间不足，对城市干道交通产生干扰；门体空间功能划分不明确，机动车通行宽度不足。在优化策略上，主要对出入口前后过渡空间的使用和挖掘进行优化设计，门体空间有效梳理人车行驶流线，明确各部分功能划分（表 5-31）。

其次，对于道路系统的案例更新方式总结，从使用上和空间上两个层面对现状问题进行说明。在使用上的主要问题为：人车混行，路权划分不明确，机动车占用人行道、乱停乱放现象以及行人乱穿马路打断机动车正常行驶等问题突出。主要优化策略是使人车平权，保障行人通行权，在道路空间层面人车和谐共存。相关优化措施包括：拓宽人行道宽度、采用设施隔离人车行驶空间。在空间上的主要问题为：围墙横生，多尽端路，交通流线无法循环畅通，空间较为消极闭锁；道路宽窄多变，导致通行不畅。主要优化策略为有机互融，协调多方管理，明确道路分级。相关优化措施包括：打通围墙，添补道路，接通路网；组织道路通行方式为单向；适当拓宽道路宽度（表 5–32）。

表 5–31　出入口案例更新方式总结

<table>
<tr><th>现状问题</th><th>优化策略</th><th>优化前</th><th>优化后</th></tr>
<tr><td rowspan="2">数量不足</td><td rowspan="4">配合管理机制；协调内外部各项因素（内外公服设施、内部汽车保有量、外部城市节点）</td><td>主 主 主 主</td><td>主 主 主 主</td></tr>
<tr><td colspan="2">增设出入口</td></tr>
<tr><td rowspan="2">出入口布局不合理</td><td>主 主 主 主 出 入 出 入 出 入 出 入 出 入 出 入</td><td>主 主 主 主 出 出 入 入 出 出 入</td></tr>
<tr><td colspan="2">组织单向通行，缓解城市道路及通行出入口本身通行压力</td></tr>
<tr><td rowspan="4">内外部过渡空间不足；门体空间功能划分不明确，机动车通行宽度不足</td><td rowspan="4">重组空间功能，梳理人车流线</td><td>居 车 居</td><td>居 车 车 居</td></tr>
<tr><td colspan="2">拓宽出入口通行宽度，设置双向通行道闸，明确导向</td></tr>
<tr><td>车 车 居 居</td><td>车 车 居 居</td></tr>
<tr><td colspan="2">后移门栏，扩大出入口前过渡空间</td></tr>
</table>

表 5-32 路网优化模式经验借鉴总结

<table>
<tr><th>现状问题</th><th>优化策略</th><th>现状图示</th><th>经验借鉴图示</th></tr>
<tr><td>人车混行，路权划分不明确</td><td>人车平权，组织人车共存</td><td>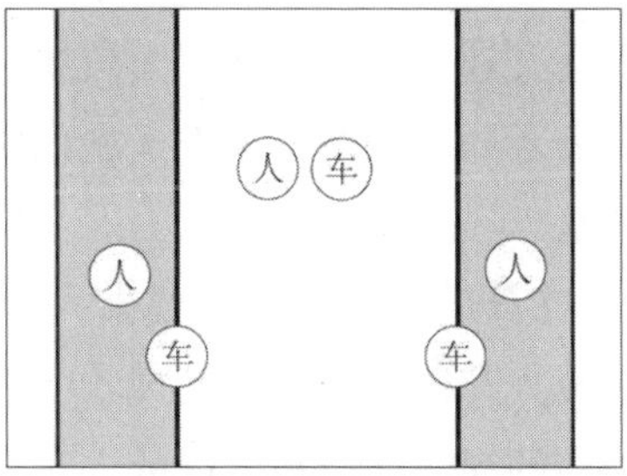
</td><td>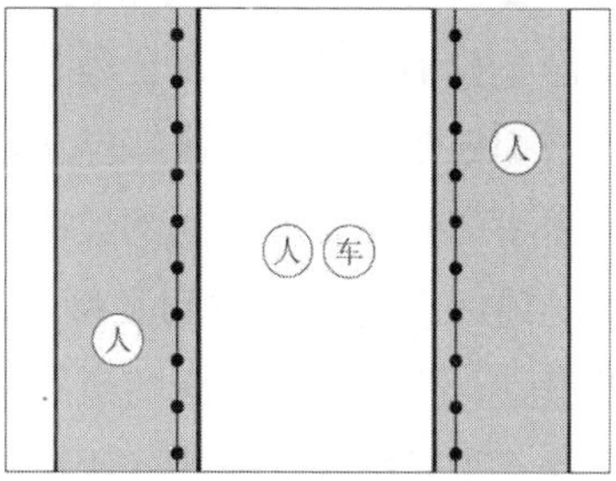
</td></tr>
<tr><td rowspan="2">人车混行，路权划分不明确</td><td rowspan="2">人车平权，组织人车共存</td><td>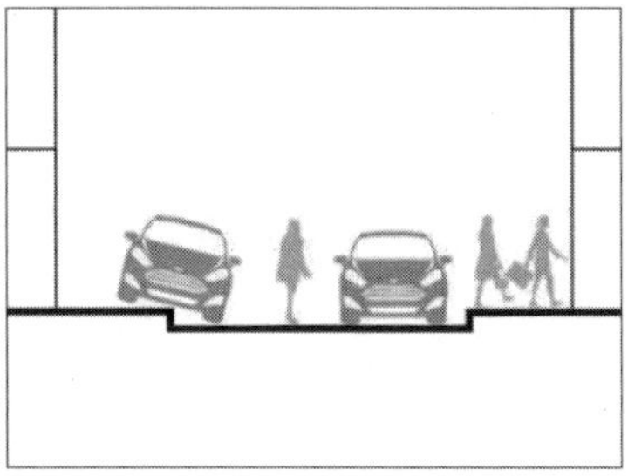</td><td>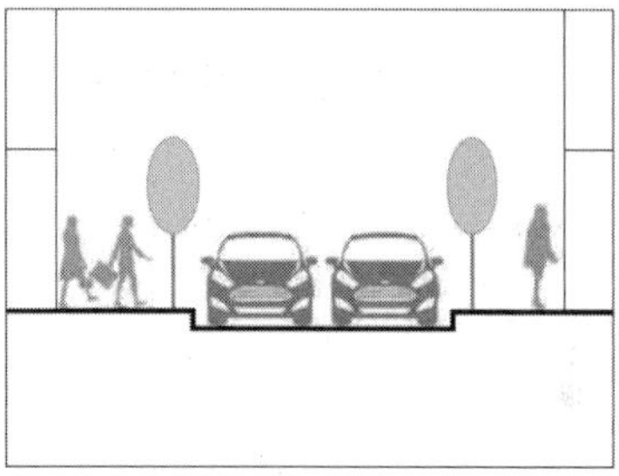</td></tr>
<tr><td colspan="2">采用绿植、硬质设施隔离人车行驶空间；适当拓宽人行道宽度</td></tr>
<tr><td rowspan="2">围墙横生，空间较为闭锁，尽端路居多</td><td rowspan="2">拆墙并院，有机互融</td><td>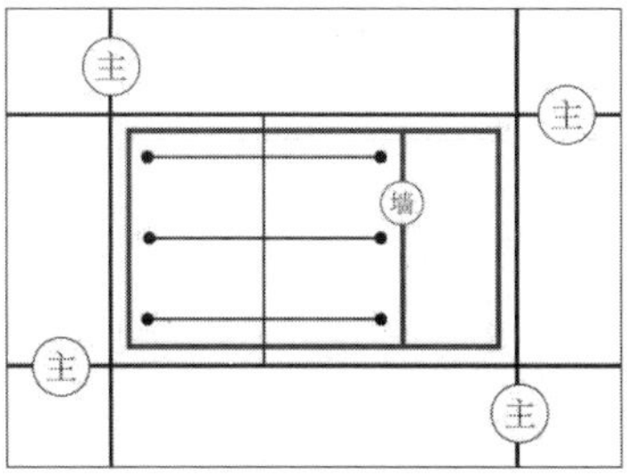
</td><td>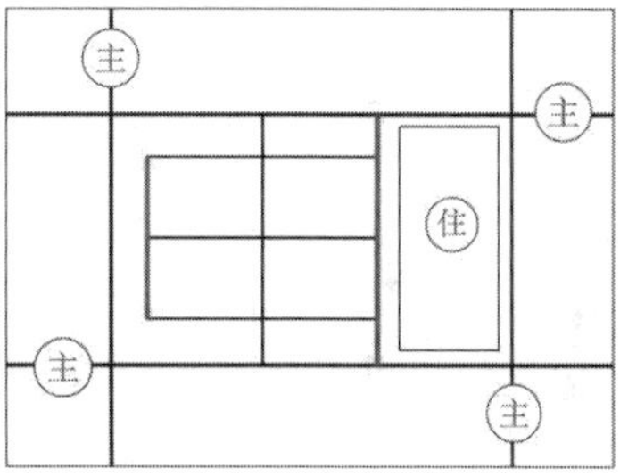
</td></tr>
<tr><td colspan="2">打通围墙，添补道路，接通路网</td></tr>
<tr><td rowspan="2">道路宽窄多变，引发通行不畅</td><td rowspan="2">多方协调管理，明确道路分级</td><td>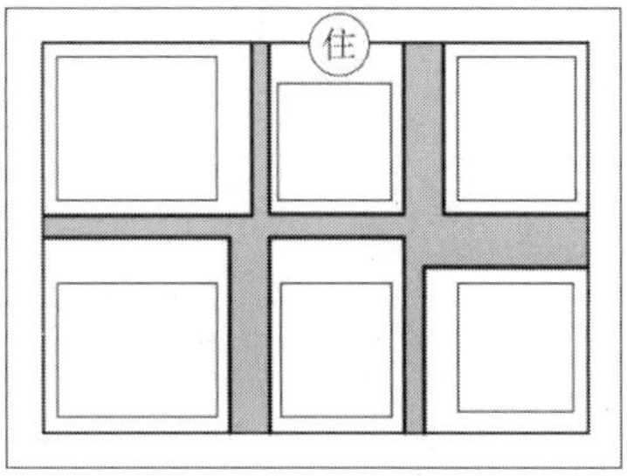
</td><td>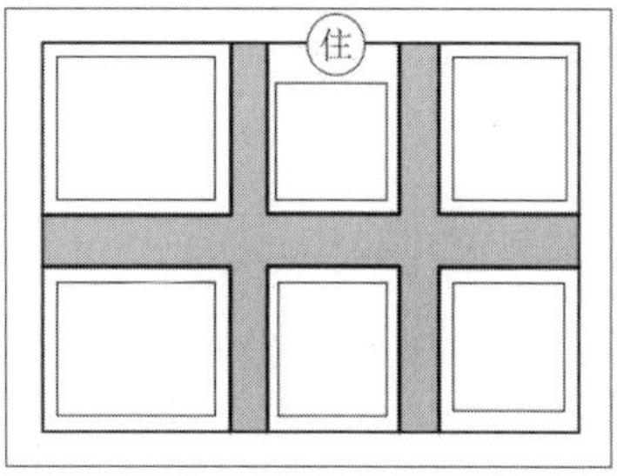
</td></tr>
<tr><td colspan="2">组织单向通行；适当拓宽道路通行宽度</td></tr>
</table>

5.4 本章小结

本章从老旧小区动、静态交通空间的特征要素出发，归纳总结国内外典型住区交通空间更新整合的措施与方法，在此基础上，提出住区动、静态交通空间更新的启示，为本研究所探讨的西安市老旧小区交通空间更新整合设计提供借鉴意义。

住区静态交通空间案例从住区与街区的潜力挖掘层面出发，兼顾小区内外停车空间及停车位不足的现状，合理整合静态交通空间，协调停车资源，挖掘停车潜力空间，尽可能增加划线停车位，缓解停车位供需矛盾。探讨各案例措施的优缺点，总结具有针对性的老旧小区静态交通空间的经验与方法。

住区动态交通空间案例从出入口及道路规划两大要素入手，包括现状出入口的规划及设计、路网结构层面的道路空间及人车流线，梳理其现状问题及优化措施，合理总结住区动态交通的优化模式；从路权均衡的视角探讨小区内的人车矛盾，达到人车平权、和谐共存。

6 单位型老旧小区交通空间更新整合设计技术框架

6.1 单位型老旧小区交通空间的内涵与构成

6.1.1 老旧小区交通空间体系的内涵

单位型老旧小区（以下简称老旧小区）交通空间是本章的主要研究对象，在经过上文中对老旧小区现状交通空间的分析，以及国内外优秀的住区改造案例的参考，为了明确本章研究的老旧小区交通空间所包含的范畴，更系统地为老旧小区交通空间改造提供理论依据，在本章建立老旧小区交通空间的构成体系。首先，基于现有研究中对城市层面以及住区层面交通空间的定义，结合本文研究对象的现状问题所在的空间确定老旧小区既有的交通空间范畴；其次，通过整理现状中发现的单位型老旧小区内的潜力空间以及优秀案例做法中所涉及的潜力空间，确定老旧小区潜在交通空间的范畴；最后，通过分析研究对象中对街区内交通空间资源进行利用的情况，将街区交通空间资源进行系统性的整理，纳入老旧小区交通空间的体系之中。

本章中主要研究的交通空间体系构成分为老旧小区既有交通空间以及各老旧小区所在街区交通空间两个部分，各层级的具体研究内容如图 6-1 所示。

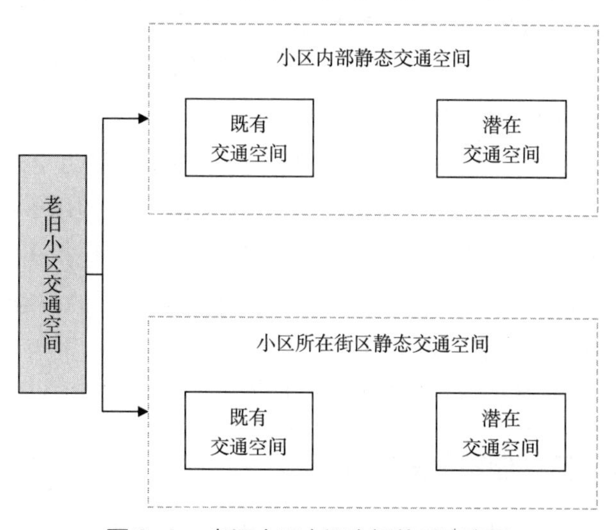

图 6-1　老旧小区交通空间体系示意图

6.1.1.1 老旧小区内部交通空间

(1) 老旧小区内部既有交通空间

本书中的老旧小区内部既有交通空间包括老旧小区产权边界范围内的动态交通空间和静态交通空间两个部分：老旧小区的动态交通空间是承载小区内居民动态交通行为的空间，主要包含机动车空间、人行、非机动车行空间等，具体包括小区的道路空间与各节点空间；静态交通是承载机动车和非机动车停车的空间，主要包括各类停车场地及停车设施。

本章对上文节 4.2、4.3 中对研究对象交通空间现状的梳理，整理交通空间现状的问题点所在空间位置，在动态交通空间层面，从小区的节点空间设计、交通组织、路网结构以及道路空间的横截面设计四个方面进行研究：节点空间设计主要分析的是小区的出入口空间与道路交叉口空间等交通节点空间的合理性，通过对其优化可以更好地避免拥堵；交通组织主要分析的是老旧小区中利用既有动态交通空间组织车流与人流的方式，通过对其优化可以避免人车流线的相互干扰；路网结构主要分析的是老旧小区中的道路空间连接、组合的形式，通过对其优化可以改善目前老旧小区动态交通无序的情况；道路空间的横截面设计主要分析的是道路空间中的路权划分以及道路空间的尺度等，通过对其优化可以实现小区内的路权平衡。在静态交通空间层面，从小区的停车空间类型、停车空间分布两个方面进行研究：停车空间类型分析的出发点是研究老旧小区现存停车空间聚集或分散的形态特征，通过研究老旧小区的类型特征，选取最适合的停车类型，有利于解决停车位数量与使用的问题；停车空间分布主要分析的是老旧小区中停车空间的位置特征，通过分析老旧小区的静态交通空间分布，解决停车位位置不合理的问题。

(2) 老旧小区内部潜在交通空间

基于对小区内部交通空间现状问题的分析，发现要解决老旧小区的交通问题不能局限于小区内的既有交通空间，应将小区内的既有交通空间与小区内的潜在交通空间综合考虑，通过分析各类老旧小区的不同情况，采取合理的方式进行整合设计，必要时可整合部分潜在空间的原有功能，将其转化为交通功能。

将老旧小区中的潜力空间进行整理，将其分为动态交通潜力空间和静态交通潜力空间两个部分：动态交通潜力空间主要包括部分交通联系薄弱且利用率不高的公共空间、小区需要打通的边界 (围墙)、断头路等；静态交通潜力空间主要包括小区内绿地、广场、宅间空地等既有的闲置空间、小区围墙周边或废弃的建筑拆除后的空地等潜在的闲置空间。整合小区内的潜在空间，可以加强小区各功能空间之间的联系，相互协调，以期从解决老旧小区交通空间的问题入手，解决小区其他空间存在的问题。

6.1.1.2 老旧小区所在街区交通空间

老旧小区的交通空间与其所在街区的交通空间联系紧密，相互影响，小区的出入口空间及边界空间与街区交通空间衔接，小区既依赖街区的停车资源，又对所在街区的道路交通产生影响。将小区关联的街区空间纳入老旧小区交通空间的整合范围内，考虑二者的联动以系统性解决老旧小区交通空间的问题。

通过对各研究对象所在街区范围内现状情况的梳理，主要从街区动态交通空间、街区静态交通空间、街区潜在的交通空间三个方面进行分析。整合街区的交通空间可以使老旧小区的交通空间不再是一个孤立的个体，既可以优化小区的交通系统，又可以改善城市的交通环境。

6.1.2 单位型老旧小区交通空间构成体系

6.1.2.1 老旧小区内部交通空间构成要素

目前小区内部交通空间可以分为小区原规划的交通空间以及后期扩张的静态交通空间。但每个小区交通空间挖潜的程度各不相同，因此将小区后期扩张的交通空间与小区内可挖潜的交通空间均看作小区潜在的静态交通空间，与小区既有的交通空间共同组成小区内部交通空间。

表 6-1 老旧小区内部既有交通空间构成要素

<table>
<tr><th>类型</th><th>构成要素 1</th><th>构成要素 2</th><th>构成要素 3</th></tr>
<tr><td rowspan="14">老旧小区内部既有交通空间</td><td rowspan="7">动态交通空间</td><td rowspan="3">出入口空间</td><td>门体空间</td></tr>
<tr><td>内部过渡空间</td></tr>
<tr><td>外部过渡空间</td></tr>
<tr><td rowspan="4">道路空间</td><td>机动车空间</td></tr>
<tr><td>非机动车空间</td></tr>
<tr><td>步行空间</td></tr>
<tr><td>道路交叉口空间</td></tr>
<tr><td rowspan="7">静态交通空间</td><td rowspan="4">室外停车空间</td><td>路边停车空间</td></tr>
<tr><td>宅间停车空间</td></tr>
<tr><td>公共广场停车空间</td></tr>
<tr><td>地面集中停车场空间</td></tr>
<tr><td rowspan="3">其他停车空间</td><td>地下停车空间</td></tr>
<tr><td>立体停车楼空间</td></tr>
<tr><td>机械式立体停车空间</td></tr>
</table>

通过节3.3中的分析，对老旧小区既有交通空间的范畴已有明确的界定，如表6-1所示。通过分析现状问题与案例的做法，将小区内潜在的交通空间按照动态与静态的空间性质进行细分如下：潜在的动态交通空间主要包含交通联系薄弱的外部空间以及部分小区边界围墙隔离空间两个部分，通过对其优化可以使小区内以及街区范围内的路网联系更加紧密；潜在的静态交通空间主要包含小区内的广场空间、绿化空间、宅间空地以及其他潜力可支空间四个部分，通过提高小区可支空间的利用率，可以为小区提供更多的停车位。各要素之间的层级关系与性质如表6-2所示。

表6-2 老旧小区内部潜在交通空间构成要素

<table>
<tr><th>类型</th><th>构成要素1</th><th>构成要素2</th><th>性质与内涵</th></tr>
<tr><td rowspan="6">老旧小区内部潜在交通空间</td><td rowspan="2">潜在的动态交通空间</td><td>交通联系薄弱的外部空间</td><td>主要为小区内使用率与可达性低的公共空间</td></tr>
<tr><td>（可打通的）小区边界围墙隔离空间</td><td>小区边界被打破后可以作为交通道路的空间</td></tr>
<tr><td rowspan="4">潜在的静态交通空间</td><td>小区广场空间</td><td>可提供给停车的潜力空间；主要分布于小区的广场部分</td></tr>
<tr><td>小区绿化空间</td><td>可提供给停车的潜力空间；主要分布于小区的空置绿地</td></tr>
<tr><td>小区宅间空地</td><td>分布于小区住宅前后的停车空间；空间形态一般与宅前公共空间和绿化相结合</td></tr>
<tr><td>其他潜力可支空间</td><td>小区内其他可以被发展为停车空间的空间，如废弃建筑或建筑物拆除后的空地、围墙附近的空地等</td></tr>
</table>

6.1.2.2 老旧小区相关联的街区交通空间构成要素

通过第三章对老旧小区与街区的关系分类，结合现状的调研，将小区周边街区交通空间按照既有交通空间与潜在交通空间的性质进行如下细分（表6-3）。

表6-3 老旧小区相关联的街区交通空间构成要素

<table>
<tr><th>类型</th><th>构成要素1</th><th>构成要素2</th><th>性质与内涵</th></tr>
<tr><td rowspan="5">老旧小区所在街区交通空间</td><td rowspan="3">既有的街区动态交通空间</td><td>城市机动车道路空间</td><td>与小区联系的主要外部机动车空间</td></tr>
<tr><td>城市非机动车道路空间</td><td>与小区联系的主要非机动车空间</td></tr>
<tr><td>城市步行空间</td><td>与小区联系的主要人行空间</td></tr>
<tr><td rowspan="2">既有的街区静态交通空间</td><td>街区公共停车场</td><td>分布在街区范围内的城市公共停车场</td></tr>
<tr><td>城市道路路边停车空间</td><td>主要分布于城市道路的单侧或两侧</td></tr>
</table>

续表

类型	构成要素1	构成要素2	性质与内涵
老旧小区所在街区交通空间	街区潜在的交通空间	城市公园、绿地空间	街区范围内使用率低的公园与绿地空间
		周边公建停车空间	主要为街区范围内的公共停车场或周边企业与商业的停车场

既有的街区动态交通空间中包含城市机动车道路空间、城市非机动车道路空间与城市步行空间三个部分。既有的街区静态交通空间分为街区公共停车场、城市道路路边停车空间两部分，在优化小区交通空间时应考虑与街区之间的联系，可以使小区与街区之间的联系更加紧密，实现小区与街区之间的交通资源共享。街区潜在的交通空间主要为潜在静态交通空间，包括城市公园、绿地空间和周边的公建停车空间两个部分，将街区内的停车资源对小区共享，提高街区范围内停车资源利用率。

根据上文对老旧小区交通空间体系的分析与各部分的构成要素的罗列，建立完整的老旧小区交通空间构成体系，作为本章进行老旧小区交通空间整合设计的基础，并根据分类与具体情况的不同，提出相应的设计整合策略。

6.2 基于多元回归分析模型的单位型老旧小区停车需求预测

本小节结合前期对西安市单位型老旧小区的实地调研，选取具有代表性的单位型老旧小区的基础数据，利用统计学方法建立停车需求预测模型，对西安市未来近期（2025年）和远期（2030年）单位型老旧小区停车需求数据进行预测，具体研究内容及方法如图6-2所示。

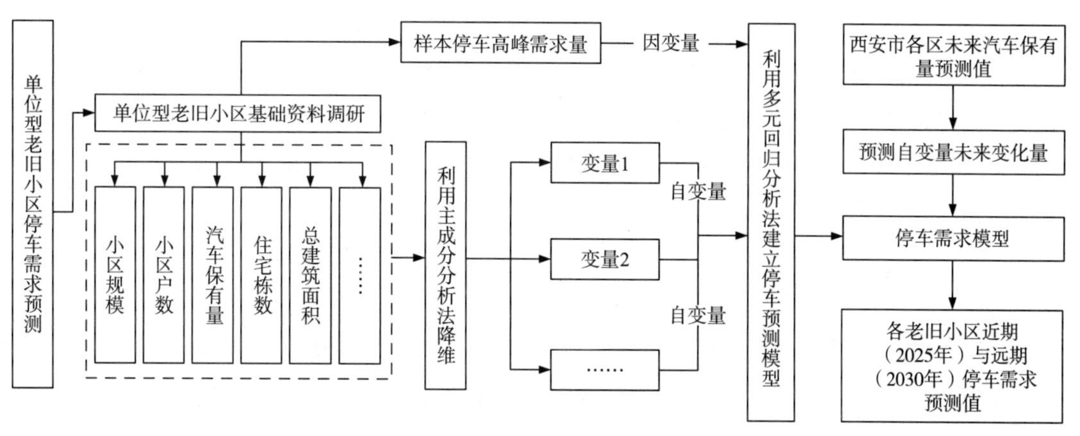

图6-2 单位型老旧小区停车需求预测流程图示

6.2.1 既有居住小区常用停车需求预测方法

6.2.1.1 德尔斐法（专家预测法）

专家预测法，又称德尔斐法，一般用于既有小区基础数据或客观资料缺乏的条件下，利用相关领域专家的个人判断与专家会议的方法来对相关问题进行评价、判断或预测的一种方法，该方法主要依靠专家的主观经验与专业知识。

在既有小区交通调查方面，专家预测法主要被用于以下三种情况：一是基础数据不足或数据不能反映真实的小区情况，无法采用量化的手段对既有小区情况进行客观的分析；二是住区交通相关的新技术评估方面，对一些较新的科学技术，无法获得现状的数据支持，只能依靠专家的主观判断进行分析；三是要考虑非技术因素对居住区交通改善的影响，对既有居住区的交通改善要考虑该住区居民的习惯与意愿，这类较难量化的因素，只能通过专家的判断来提供参考。

6.2.1.2 停车生成率模型

停车生成率模型法将每个不同性质的地块视为各个单独的停车吸引源，均具有不同的停车需求量，通过将区域内各个不同性质地块的停车需求量相加，便可以得到该区域总的停车需求量。

停车生成率模型在进行目标区域的停车需求量预测时，因其考虑的影响因素较少，所以多用于较短时期的预测且预测精度较低，所以一般会加入经济、区位、人口等因素的修正系数，提高模型的预测精度，使其能运用到实际的停车需求预测中。

6.2.1.3 基于主成分分析的多元回归预测模型方法

主成分分析法是统计学中的一种减少变量集的做法，目的是在尽量保留变量信息的条件下减少变量的个数，剔除掉包含重复信息的变量，达到降维的目的。影响小区内部停车需求的变量因素较多，主要为小区的基础数据，如小区规模、小区户数、居民收入水平、汽车保有量、小汽车的平均拥有率、区位因素和周边停车资源等，而多元回归分析预测模型考虑的变量较多且较为灵活。

6.2.1.4 非集计模型

非集计模型受所调查小区内的交通设施水平、停车资源分布、停车设施水平以及居民日常的出行意愿、出行习惯等因素的影响，一般基于对目标小区的居民意愿调查，受各个小区居民主观意愿的影响。

非集计模型的原理是设置选择枝与选择群，人在做出一个出行决定时，通常会面临多个选择，而面对每个选择又会有多个考虑因素，如居民选择出行方式：私家车出行与公共交通，每一种选择都有其考虑因素对不同居民的影响，促使不同的人做出不同的选择，这样每一种交通方式与其所关联的各个选择被看作一个选择枝，而每个选择枝组合起来就是选择群。通过细致的调查问卷数据与统计学方法便可以进行出行方式分担率预测，进而进行停车需求的预测。

6.2.1.5 小结

德尔斐法依赖专家主观评价，一般用于既有小区基础数据或客观资料缺乏的条件下；基于区位调整系数的停车生成率模型主要用于短期且精度较低的预测，其适用性不符合本研究的要求；非集计模型需求建立在大量居民意愿调查的基础上，本研究不具备其条件；本研究通过调查获取了多个典型单位型老旧小区影响住区停车需求的基础数据，包括小区规模、小区户数、居民收入水平、汽车保有量、小汽车的平均拥有率、区位因素和周边停车资源等，因此采取基于主成分分析的多元回归预测模型的方法，对单位型老旧小区的停车需求进行预测。

6.2.2 单位型老旧小区停车需求预测模型构建

单位型老旧小区分为企业型老旧小区和高校型老旧小区，考虑到高校型老旧小区依托于附属高校，在住区规模与分布等特征上与企业型老旧小区有着较为明显的区别，所以在建立停车预测模型时，将二者分开研究。本研究选取影响单位型老旧小区停车需求的因素，包括老旧小区规模、小区户数、小区居民收入水平、小区总建筑面积、建筑栋数五个因素作为主成分分析的五个原始变量，因缺乏各个单位型老旧小区居民的平均收入水平，所以用小汽车千户拥有量代替。

6.2.2.1 企业型老旧小区停车需求预测

(1) 样本选取

本小节挑选城六区 14 个企业型老旧小区作为样本分析，数据如表 6-4 所示。

表 6-4　企业型老旧小区样本数据观测表

样本名称	住区规模 (公顷)	户数 (户)	汽车拥有率 (辆 / 千户)	总建筑面积 (万平方米)	建筑栋数 (栋)
华山 17 街坊	7.54	1942	268	17.55	28
昆仑 15 街坊	4.69	785	637	6.61	13
昆仑 35 街坊	10	1103	181	6.92	25
机械勘察设计院家属院	3.08	481	601	4.38	11
昆仑 36 街坊	5.7	1538	260	14.09	23

续表

样本名称	住区规模（公顷）	户数（户）	汽车拥有率（辆 / 千户）	总建筑面积（万平方米）	建筑栋数（栋）
昆仑 16 街坊	5.03	1091	183	10.31	11
西光新区	3.97	558	341	3.95	10
黄河 14 街坊	7.04	761	177	7.01	15
昆西 15 街坊	13.48	1277	224	13.42	11
广场小区	4.17	336	179	4.17	2
黄河东区	2	662	302	9.73	6
东方 101 街坊	9.07	1493	154	14.75	14
东方 102 街坊	6.67	554	116	3.76	10

（资料来源：根据西安市老旧小区改造办公室数据绘制）

（2）主成分分析进行变量降维

采用 SPSS 软件将所选样本数据进行主成分分析，根据原始样本变量之间的相关联性，将原始变量进行降维。如表 6–5 所示，参考数值越接近 1，代表与该变量的相关性越强。通过分析表明，上述多个变量所包含的信息在内容上相似，可以进行降维。

一般累计贡献率在 70% 以上就可以认为新变量足以代替原始变量的信息。通过表 6–6 中信息可以看出，该分析共提取出两个新的主成分因子，其累积贡献率达到 81.607%，即这两个新变量可以解释原始变量所包含信息的 81.607%，所以由这两个新变量代替原始的五个变量是可行的，不会损失太多信息，可以达到降维的目的。

在各个自变量中，居民户数（X_1）对第一主成分因子（Y_1）影响程度最高，其系数为 0.97；汽车拥有率（X_5）对第二主成分因子（Y_2）影响程度最高，其系数为 0.842（表 6–7）。因此，选取企业型老旧小区的居民户数与汽车拥有率为停车需求预测模型表达式的自变量。

表 6–5　企业型老旧小区各样本间相关性分析表

成分		小区规模	居民户数	汽车拥有率	总建筑面积	建筑栋数
相关性	小区规模	1	0.518	−0.487	0.335	0.352
	居民户数	0.518	1	−0.224	0.906	0.774
	汽车拥有率	−0.487	−0.224	1	−0.138	−0.025
	总建筑面积	0.335	0.906	−0.138	1	0.565
	建筑栋数	0.352	0.774	−0.025	0.565	1

表 6-6 企业型老旧小区总方差解释表

成分	初始特征值			提取载荷平方和		
	总计	方差百分比	累积（%）	总计	方差百分比	累积（%）
2	1.211	24.221	81.607	1.211	24.221	81.607
3	0.508	10.169	91.776	—	—	—
4	0.38	7.609	99.385	—	—	—
5	0.031	0.615	100	—	—	—

表 6-7 企业型老旧小区主成分矩阵

	Y_1	Y_2
居民户数 X_1	0.97	0.172
总建筑面积 X_2	0.855	0.261
建筑栋数 X_3	0.79	0.343
小区规模 X_4	0.665	-0.535
汽车拥有率 X_5	-0.363	0.842

(3) 基于多元回归分析的预测模型建立

根据上述对于基础数据的处理，选取的企业型老旧小区样本在停车高峰时段的停车数量（一般为夜间最大停车数）示意，以停车位高峰需求数为因变量，居民户数与汽车拥有率为自变量，使用 SPSS 统计软件，采取线性回归分析，建立模型如式（6-1）所示。

$$P = -169.698 + 0.227A + 0.616B \tag{6-1}$$

式中取值范围：A=336～1942；

B=115.17～636.94；

P——高峰时段停车位需求数；

A——老旧小区户数（户）；

B——老旧小区千户汽车拥有数量（辆 / 千户）。

经检验分析，模型适用性良好，拟合度（R^2）说明的是自变量对因变量的解释程度（R^2 取值越接近 1 说明解释程度越高），而德宾—沃森分析的是自变量之间的相互独立性（取值一般在 1.5～2.5 可以接受，在 1.98～2.03 较为理想）。通过观测表 6-8 中数据可知，调整后的 R^2 数值为 0.927，表明居民户数、汽车拥有率两个自变量可以解释停车位高峰需求数的 92.7%，且德宾—沃森检测值为 2.069，可以说明自变量之间有着良好的独立性（表 6-8）；显著性均低于 0.05（表 6-9），说明自变量与因变量有着明显的线性关系。以上检验结果说明该模型具有较好的合理性和准确性。

表 6-8　企业型老旧小区自变量拟合度与独立性分析表

模型	R	R^2	调整后 R^2	标准估算的误差	德宾—沃森
1	0.968[a]	0.938	0.927	35.959	2.069

注：a—预测变量：(常量)，汽车拥有率，居民户数。

表 6-9　企业型老旧小区回归方程系数表

模型	未标准化系数		标准化系数	t	显著性	共线性统计	
	B	标准误差	Beta			容差	VIF
常量	−169.698	31.279	—	−5.425	0	—	—
居民户数	0.227	0.022	0.797	10.334	0	0.95	1.053
千户汽车拥有量	0.616	0.063	0.757	9.817	0	0.95	1.053

6.2.2.2　高校型单位大院停车需求预测

(1) 样本分析

本次挑选城六区 9 个高校型老旧小区作为样本分析，数据如表 6-10 所示。

表 6-10　高校型老旧小区样本数据观测表

样本名称	住区规模（公顷）	户数（户）	汽车拥有率（辆 / 千户）	总建筑面积（万平方米）	建筑栋数（栋）
西安石油大学	5.86	1075	558	9.6	23
西安外国语大学	2.75	581	344	4.43	11
西安科技大学南院	9.9	1155	519	9.96	16
陕西师范大学	14.12	806	1526	19.37	23
西安科技大学东院	6.46	569	598	6.43	9
陕西警官职业学校	7.12	480	460	4.32	8
西北工业大学北院	10.46	2010	122	17.85	32
西安文理学院	2.38	451	443	4.82	13
西北工业大学西院	5.27	711	143	6.07	14

（资料来源：根据西安市老旧小区改造办公室数据绘制）

(2) 主成分分析进行变量降维

表 6-11 所描述的内容为高校型样本原始变量之间的相关性关系，从表 6-11 中可以看出，在高校型老旧小区中，汽车拥有率这个变量与其他四个变量之间的相关性最差；总建筑面积这一变量除去与汽车拥有率这一变量相关性较差之外，与其余三个变量有较强的相关性，其中与住区规模的相关性高达 0.869，与建筑栋数的相关性达到 0.865，与小区规模的相关性达到 0.705。该结果说明，这四类变量所包含的信息的内容相似，可以进行降维。

表 6-11　高校型老旧小区各样本间相关性分析表

	住区规模	居民户数	汽车拥有率	总建筑面积	建筑栋数
住区规模	1	0.51	0.595	0.869	0.574
居民户数	0.51	1	−0.226	0.705	0.877
汽车拥有率	0.595	−0.226	1	0.489	0.104
总建筑面积	0.869	0.705	0.489	1	0.865
建筑栋数	0.574	0.877	0.104	0.865	1

高校型老旧小区样本的原始变量进行主成分分析后所得到的新变量，通过下表 6-12 中的信息可以看出，该分析共提取出两个新的主成分因子，第一主成分因子（Y_3）与第二主成分因子（Y_4）的累积贡献率达到 94.366%，即这两个新变量可以解释原始变量所包含信息的 94.366%。所以同上文所述，以两个新变量描述原始变量所包含的信息是可行的，可以达到降维的目的。

在各个自变量中，总建筑面积（X_1）对第一主成分因子（Y_3）影响程度最高，其系数为 0.986；汽车拥有率（X_5）对第二主成分因子（Y_4）影响程度最高，其系数为 0.9(见表 6-13)。因此，选取高校型老旧小区的居民户数与汽车拥有率为停车需求预测模型表达式的自变量。

表 6-12　高校型老旧小区总方差解释表（主成分贡献）

成分	初始特征值			提取载荷平方和		
	总计	方差百分比	累积（%）	总计	方差百分比	累积（%）
1	3.318	66.365	66.365	3.318	66.365	66.365
2	1.4	28.001	94.366	1.4	28.001	94.366
3	0.239	4.788	99.154	—	—	—
4	0.028	0.555	99.708	—	—	—
5	0.015	0.292	100	—	—	—

表 6-13　高校型老旧小区主成分矩阵示意表

成分	成分	
	Y_3	Y_4
总建筑面积 X_1	0.986	0.108
建筑栋数 X_2	0.9	−0.328
建筑栋数 X_3	0.868	0.349
居民户数 X_4	0.793	−0.591
汽车拥有率 X_5	0.394	0.9

（资料来源：spss 数据分析）

（3）基于多元回归分析的预测模型建立

根据上述对于基础数据的处理，选取的高校型老旧小区样本在停车高峰时段的停车数量（一般为夜间最大停车数）示意，以停车位高峰需求数为因变量，总建筑面积与汽车拥有率为自变量，使用 SPSS 统计软件，采取线性回归分析，计算结果如下：

$$P = -142.962 + 19.734M + 0.638N \quad (6\text{-}2)$$

式中取值范围：M=121.89～1526.05；

N=4.32～19.37；

P——高峰时段停车位需求数；

M——总建筑面积（万平方米）；

N——老旧小区千户汽车拥有数量（辆 / 千户）。

经检验分析，模型适用性良好。表 6-14 描述的是对高校型老旧小区变量间的拟合度分析与自变量之间的独立性分析。通过观测表中数据可知，调整后的 R^2 数值为 0.924，表明总建筑面积、汽车拥有率两个自变量所包含的信息可以解释停车位高峰需求数的 92.4%，且德宾—沃森检测值为 2.141，可以说明自变量之间是相互独立的，分别包含不同的信息，所以利用以上两个变量对高校型老旧小区停车高峰需求数进行停车预测是可行的。表 6-15 为通过线性回归分析得出的系数表，通过表中数据可以看出，汽车拥有率和总建筑面积两个变量的显著性均低于 0.05，说明自变量与因变量有着明显的线性关系。

表 6-14　高校型老旧小区自变量拟合度与独立性分析表

模型	R	R^2	调整后 R^2	标准估算的误差	德宾—沃森
2	0.971[a]	0.943	0.924	94.803	2.141

注：a—预测变量：（常量），总建筑面积，汽车拥有率。

表 6-15 高校型老旧小区回归方程系数表

模型		未标准化系数		标准化系数	*t*	显著性	共线性统计	
		B	标准误差	Beta			容差	*VIF*
2	常量	−142.962	65.191	—	−2.193	0.071	—	—
	总建筑面积	19.734	6.711	0.329	2.941	0.026	0.761	1.314
	千户汽车拥有量	0.638	0.093	0.766	6.844	0	0.761	1.314

6.2.3 典型案例停车需求预测

以 2020 年 9 月西安市住房与城乡建设局统计的《2020 年西安市停车资源信息普查报告》中对 2021—2025 年西安市城六区的汽车保有量预测值为参考（见表 6-16），对未来五年各区停车保有量增长率进行计算（见表 6-17），依据西安市城六区汽车保有量的平均增长率，结合上文中所建立的两类老旧小区的停车需求预测模型，对选取的单位型老旧小区样本近期（2025 年）和远期（2030 年）的高峰时段停车需求数进行预测。

将各单位型老旧小区样本的基础数值带入预测模型计算后，去除极端值之后误差维持在 10% 左右。由于城市地理区位不同，其汽车保有量的发展以及公共交通发达程度存在差异性。本研究依据 2020 年城六区内各区保有量占总城六区的比例确定区位修正值 y_1（见表 6-18）；根据各个老旧小区周边公共交通的发达程度，确定机动车分担率的修正值 y_2（见表 6-19）；依据住区与其单位的职住距离，确定修正值 y_3（见表 6-20）。为保证足够的停车位数，参考 2020 年停车需求数实际调研数值，将预测值均按照最大预测值进行统计，即预测值的 1.1 倍。

表 6-16 西安市城六区 2020—2025 年汽车保有量预测值统计表（辆）

区域	年份					
	2020	**2021**	**2022**	**2023**	**2024**	**2025**
新城区	294652	314453	335672	353811	373395	392925
碑林区	461543	502690	546350	585166	626474	667813
莲湖区	387405	417249	449063	476825	506572	536288
未央区	435917	468082	502425	532210	564192	596132
雁塔区	812994	886095	929941	1032650	1106065	1179542
灞桥区	219464	238929	259587	277946	297483	317034

（资料来源：西安市住房与城乡建设局 2020 年停车资源统计数据）

表 6-17　西安市城六区 2020—2025 年汽车保有量增长率统计表

区域	年度增长率（%）					平均增长率（%）
	2020—2021	2021—2022	2022—2023	2023—2024	2024—2025	
新城区	6.72	6.75	5.40	5.54	5.23	5.93
碑林区	8.92	8.69	7.10	7.06	6.60	7.67
莲湖区	7.70	7.62	6.18	6.24	5.87	6.72
未央区	7.38	7.34	5.93	6.01	5.66	6.46
雁塔区	8.99	4.95	11.04	7.11	6.64	7.75
灞桥区	8.87	8.65	7.07	7.03	6.57	7.64

（资料来源：西安市住房与城乡建设局 2020 年停车资源统计数据）

表 6-18　区位修正系数 y_1 数值确定示意表

新城区	碑林区	莲湖区	未央区	雁塔区	灞桥区
1.11	1.18	1.15	1.17	1.31	1.08

表 6-19　机动车分担率 y_2 数值确定示意表

所在街区内地铁及公交线路数量 > 2	所在街区内地铁及公交站点数量 ≤ 2	所在街区内无地铁及公交站点数量
0.90	0.95	1

表 6-20　职住距离 y_3 数值确定示意表

住区毗邻所在单位	住区部分毗邻所在单位	住区不毗邻所在单位
0.90	0.95	1

6.2.3.1　企业型老旧小区近期（2025 年）和远期（2030 年）停车需求预测

表 6-21、表 6-22 为西安市企业型老旧小区近、远期停车需求预测表。

表 6-21　西安市企业型老旧小区未来汽车拥有率预测统计表（辆 / 千户）

样本名称	2025 年汽车拥有率（近期）	2030 年汽车拥有率（远期）
华山 17 街坊	337	450
昆仑 15 街坊	802	1070
昆仑 35 街坊	228	304

续表

样本名称	2025年汽车拥有率（近期）	2030年汽车拥有率（远期）
机械勘察设计院家属院	757	1009
昆仑36街坊	327	437
昆仑16街坊	230	307
黄河14街坊	223	297
昆西15街坊	282	376
西光新区	429	573
广场小区	225	301
黄河东区	380	507
东方101街坊	194	259
东方102街坊	146	195
东方103街坊	145	193

表6-22 西安市企业型老旧小区未来停车高峰需求数修正后预测及需求差值统计表

样本名称	近期停车需求预测值（2025年）	远期停车需求预测值（2030年）	现状停车位数量	近期需求差值	远期需求差值
华山17街坊	512	577	500	12	77
昆仑15街坊	477	634	400	77	234
昆仑35街坊	199	241	160	39	81
机械勘察设计院家属院	385	532	297	88	235
昆仑36街坊	456	512	403	53	109
昆仑16街坊	250	307	226	24	81
黄河14街坊	89	133	45	44	88
昆西15街坊	265	364	233	32	131
西光新区	346	425	168	178	257
广场小区	76	119	58	18	61
黄河东区	204	278	130	74	148
东方101街坊	274	312	230	44	82
东方102街坊	81	110	54	27	56

续表

样本名称	近期停车需求预测值（2025年）	远期停车需求预测值（2030年）	现状停车位数量	近期需求差值	远期需求差值
东方103街坊	118	146	104	14	42

6.2.3.2 高校型老旧小区近期（2025年）和远期（2030年）停车需求预测

根据表6-17西安市城六区的平均汽车保有量增长率与表6-10中各高校型老旧小区的基础数据，得出近期和远期高校型老旧小区样本的汽车拥有率预测值如表6-23所示。将表6-23中各样本的数据与表6-10中各高校小区样本的总建筑面积带入上文建立的高校型老旧小区停车需求预测模型中进行计算，根据表6-18～表6-20确定的区位修正系数、机动车分担率以及职住距离对计算结果进行修正，得出最终的未来停车需求预测值与停车需求“缺口”，如表6-24所示。通过对上述住区样本近期（2025年）和远期（2030年）的停车需求进行预测，为下文静态交通优化方法提供数据支撑。

表6-23　西安市高校型老旧小区未来汽车拥有率预测统计表（辆/千户）

样本名称	2025年汽车拥有率（近期）	2030年汽车拥有率（远期）
西安石油大学家属区	752	1092
西安外国语大学家属院	464	673
西安科技大学南院	700	1016
陕西师范大学家属区	2057	2988
西安科技大学东院	806	1171
西北工业大学西院	185	257
陕西警官职业学院家属院	591	808
西北工业大学北院	164	237
西安文理学院小区	595	867

表6-24　西安市高校型老旧小区未来停车高峰需求数修正后预测及需求差值统计表

样本名称	近期停车需求预测值（2025年）	远期停车需求预测值（2030年）	现状停车位数量	近期需求差值	远期需求差值
西安石油大学家属区	622	878	2168	−1546	−1290
西安外国语大学家属院	269	419	1700	−1431	−1281
西安科技大学南院	728	1014	600	128	414
陕西师范大学家属区	1738	2403	1540	198	863

续表

样本名称	近期停车需求预测值（2025 年）	远期停车需求预测值（2030 年）	现状停车位数量	近期需求差值	远期需求差值
西安科技大学东院	558	819	220	338	599
西北工业大学西院	202	250	102	100	148
陕西警官职业学院家属院	337	484	10	327	474
西北工业大学北院	317	364	220	97	144
西安文理学院小区	393	597	200	193	397

6.2.4　预测结果分析

本研究将单位型老旧小区按照小区内停车位数量需求的现状情况分为三类，即自足型老旧小区、过渡型老旧小区、依赖型老旧小区。本小节从三类老旧小区中各挑选两个典型案例，通过其停车位需求现状与近期（2025 年）停车需求预测值之间的对比，得出三类老旧小区各自的特点。

6.2.4.1　自足型老旧小区

根据上文所述，自足型老旧小区基本为高校家属区，停车位多数分布于高校主体内，且高校与家属区紧密相连。如表 6–25 所示，挑选的自足型老旧小区案例中，西安石油大学家属区（西石油）停车位总数为 2168，西安外国语大学家属区（西外）的停车位总数为 1700，而在对近期（2025 年）的停车需求预测值中，西安石油大学的停车位需求数为 622，西安外国语大学的停车位需求数为 269。从停车位数量上来看，西安石油大学与西安外国语大学均无增量的需求。根据上文中对自足型老旧小区的整体现状分析可以看出，目前现存的问题为小区在之前的改造进程中仅关注停车位增量的问题，导致现在虽然数值上显示停车位满足小区居民的实际使用需求，但仍有停车位侵占公共空间、停车位使用不便等问题，所以综上所述，目前自足型老旧小区停车改造重点不须过多关注停车位增量的问题，而应着重关注小区内的停车品质提升。

表 6–25　自足型老旧小区案例停车需求对比

名称	停车位总数（个）	教学区停车位数（个）	家属区停车位数（个）	地上停车位数（个）	地下停车位数（个）	停车需求预测值（2025）
西安石油大学家属区	2168	913	1125	1640	528	622
西安外国语大学家属区	1700	1700	0	52	1141	269

6.2.4.2 过渡型老旧小区

过渡型老旧小区中包含高校型老旧小区与企业型老旧小区，其中过渡高校型与自足型的区别在于，部分过渡型老旧小区与校区主体不相连，停车位数量相比自足型较少。过渡型老旧小区现状汽车拥有量较少，目前呈现持平甚至稍有富余的情况。如表6-26所示，挑选过渡高校型与过渡企业型各一个案例，华山17街坊现状停车位数量为500，西安科技大学南院（西科南院）的现状停车位数量为600，就现状而言，能够满足目前的居民停车需求，而在对近期（2025年）的停车需求预测值中，华山17街坊的停车位需求预测值为512，西科南院的预测值为728，对未来有停车位增量的需求，但需求不大，且目前小区内同样出现停车侵占居民活动空间、影响居民生活的情况，所以未来过渡型老旧小区的静态交通改造方向应为增量的同时提升小区的停车空间使用品质。

表6-26　过渡型老旧小区案例停车需求对比

名称	停车位总数（个）	停车需求现状（个）	家属区停车位数（个）	地上停车位（个）	地下停车位（个）	停车需求预测值（2025）
华山17街坊	500	480	500	500	0	512
西安科技大学南院	600	554	600	270	330	728

6.2.4.3 依赖型老旧小区

依赖型老旧小区中也包含企业型老旧小区与高校型老旧小区，其中单位型老旧小区占据多数。如表6-27所示，分别挑选依赖单位型与依赖高校型各一个典型案例，昆仑15街坊的现状停车位数量为400，西安科技大学东院（西科大东院）的现状停车位数量为220，目前停车位现状不能满足居民的日常需求，且在近期（2025年）的停车需求预测中，昆仑15街坊的停车位需求数为477，西科大东院的停车位需求数为558。目前来看，依赖型老旧小区静态交通的问题主要集中在停车位数量不足，具体表现为机动车乱停乱放占用小区其他空间、过度依赖街区路边停车影响城市交通等现象，所以在未来依赖型老旧小区静态交通改造方向应主要集中于停车位增量和周边街区范围的停车资源整合。

表6-27　依赖型老旧小区案例停车需求对比

名称	停车位总数（个）	停车需求现状（个）	家属区停车位数（个）	地上停车位（个）	地下停车位（个）	停车需求预测值（2025）
昆仑15街坊	400	455	400	400	0	477
西安科技大学东院	220	345	220	220	0	558

6.3 基于空间句法的老旧小区交通空间优化导向

6.3.1 三种句法模型建构及模型参数确定

6.3.1.1 研究方法及步骤

本研究所提的空间句法指的是以 Depthmap 软件作为研究工具来指导交通空间整合优化的技术性研究方法。通过提取街区轴网及小区外部空间功能分布，分别建立轴线模型、线段模型及凸空间模型来分析具体交通空间的布局结构。其研究步骤如下：

①按照空间句法轴线绘制原则提取三类老旧小区所在街区轴网，构建轴线模型。在轴线模型的基础上绘制线段模型，通过赋予不同的拓扑半径，得到人行 5 分钟、10 分钟，车行 5 分钟的模型图。另外根据小区 CAD 中将住区外部空间分成交通空间、宅前空间、绿化空间、公共活动空间以及功能设施空间，进而构建凸空间分析模型。

②选取参数进行相关指标运算分析，得出所选样本在不同参数下所呈现出的空间句法指标。

③将所选样本交通空间句法参数呈现结果分别与现状路网结构、各类空间功能布局、使用问题及特征等相结合对样本进行诊断分析，得出样本交通空间的问题位置，进而提出针对样本的优化思路。最后归纳总结空间句法分析适应于各类老旧小区的一般普适性的优化设计思路与导向，为设计人员具体利用空间句法做交通空间优化设计提供借鉴。

6.3.1.2 三种句法模型建构及模型参数确定

(1) 轴线模型

以笔者根据卫星地图及实地调研得到的 CAD 图作为基础图纸，用最长且数目最少的轴线来囊括村落内的所有道路，进而形成村落的路网结构。然后将得到的基础轴线图导入 Depthmap 中，通过分析计算，得到村落内部整体的路网轴线模型。在轴线模型中，笔者主要选取整合度、选择度及协同度参数对路网进行进一步分析。

整合度分为全局整合度与局部整合度。全局整合度表示在完整的空间区域中，某个单元与其他单元之间联系紧密程度；局部整合度是单元中任意点与其四周相邻几个拓扑半径节点之间的联系紧密程度。二者可以用来表示某空间吸引抵达交通的潜力。其中，全局整合度可以表示车行流通潜力，局部整合度可以表示人流的流通潜力。而全局选择度则计算某空间出现在最短拓扑路径上的次数，可用来表示该空间吸引穿越交通的潜力。总体而言，文本关于轴线模型的分析主要借助整合度与选择度参数来探究乡村公共空间存在的问题及特征规律。

（2）线段模型

线段分析与轴线分析作用相似，但却可以实现在动态空间层次更精确的分析。与轴线不同的是轴线分析主要分析的是路网结构以及拓扑步数，而忽略了距离因素，也过于强调长直线的作用。而在线段模型分析中，长直线会被分成多段线段来进行分析，另外会加入角度因素。目前线段模型的分析方法可分为两种：在特定距离半径下的角度分析与特定距离半径下的距离分析，本书主要运用第二种。分别以 400 米（步行 5 分钟）、800 米（步行 10 分钟）、1200 米（车行 5 分钟）为半径模拟人步行 5 分钟、步行 10 分钟、车行 5 分钟（步行 15 分钟）所行经的路线汇总。

（3）凸空间模型

凸空间分析是一种将复杂空间系统分割为可研究小尺度空间的传统研究方法。如果空间中任意两点连接的直线皆处于该空间中，此空间即被定义为凸状空间。在本研究中，由于研究对象均为外部空间，可将凸状空间进一步缩小定义为空间具有视觉连续性（暂不考虑景观遮挡）的住区外部空间区域。

绘制凸状图的方法如下：将老旧小区范围内、建筑物之外的空间作为研究对象，在 CAD 中将住区外部空间分成交通空间、宅间空间、绿化空间、公共活动空间以及功能设施空间。由此形成的能保证区域内任意两个点都视觉可达的图形即为凸状空间。

凸空间模型的主要内容旨在定量分析交通空间与其他空间的连接关系及其他各功能空间互相之间的空间联系，主要通过控制度与整合度参数来进行分析。控制度主要分析交通空间对周边其他空间的控制力度，由此判断各条道路的主次属性；整合度主要分析各功能空间全局的整体性及各个空间自身的可达性。通过具体的分析，判断可转化功能属性的节点空间，为小区补充停车节点或其余活动空间。

6.3.2 应用空间句法模型对老旧小区静态及动态交通空间问题进行诊断

依据作者前文对于西安市老旧小区的分类，将老旧小区分为嵌入型、整体性、跨越嵌入型及跨越整体性。在研究阶段，依次选取西安建筑科技大学片区（跨越嵌入型）、西安电子科技大学片区（跨越整体型）、华山 17 街坊（整体型）和陕西师范大学片区（嵌入型）作为研究对象，运用轴线模型、线段模型及凸空间模型分析各小区路网结构及道路空间与其他空间之间的关系。在笔者将几种类型的老旧小区分别建模分析后发现，小区交通空间的各项指标只与小区自身路网结构及与城市道路的连接有关，同一类型的小区可能大相径庭，不同类型的小区也可能相似，每个小区都拥有明显的个性，无法得出对应于几类小区特征性的结论。因此，本书选取西安电子科技大学片区这一跨越整体型小区为实例为研究样本，作为交通空间分析的对象，进而提出优化建议（附录 2 图 1）。

6.3.2.1 轴线分析

(1) 整合度分析

经轴线模型计算，西安电子科技大学片区街区系统全局整合度平均值为1.28767，整合度最高的轴线出现在光华路上，由光华路将校区与家属区串联。整体全局整合度不高，光华路车行交通潜力值高，交通压力大。就家属区而言，路网可分为三个区域，西侧由两条纵向道路串接了很多条成行分布的尽端路，因家属区西侧无出入口，道路全局整合度均值且不高。中间区域路网杂乱，出现了一些深度很深，可达性很低的区域，如1号区域，车辆很难进入。东侧因为存在小学、幼儿园、商业综合体等，路网被围墙阻隔，道路密度不高，车辆很难穿越此区域去往太白南路以及科技路。

西安电子科技大学片区街区系统局部整合度平均值为1.77033，最高值依然出现在光华路，其数值为3.19362。总体来说，西安电子科技大学片区的人流流通潜力、安全性和私密性较好。家属区由3号道路作为主要串接道路，基本由2、3、5号道路形成内环。

(2) 协同度分析

协同度指的是在特定片区内，所有个体空间在拓扑半径为3时的整合度与拓扑半径为 n 时的整合度之间的相关系数（R^2）。协同度反映的是局部空间与整体空间之间的互动、关联情况，变化范围为0～1。协同度越高，说明局部人流与整体人流的关联性越密切，整体空间结构拥有单一的核心空间，更容易汇集人流；协同度越低，说明局部人流和整体人流越分散，整体空间结构属于多核心结构，更容易分散人流（附录2图2）。

协同度方面，西安电子科技大学街区的协同度值为0.708314，西安电子科技大学家属院的协同度值为0.936375，说明西安电子科技大学街区系统的整体呈现一种中度相关性，汇集人流与局部抵达人流的能力一般。而对于西安电子科技大学家属院来说，其协同度却达到了0.936375，说明小区内部拥有单一核心空间，即小区主入口附近空间。住区内部局部人流与整体人流有密切的关联性，容易汇集总体人流和局部抵达人流。

综上，根据轴线模型分析可以得出，家属区的道路结构优化可从三方面出发，小区西侧开设出入口，中间区域梳理道路结构，东侧区域减弱围墙边界的影响。另外，笔者在西安电子科技大学片区挑选主要道路及 R_n 和 R_3 差值比较大的道路，如表6-28所示，结合实际调研，对道路的问题进行梳理，进而对道路空间进行重新设计，以期住区的整体指标得到提升。

表6-28 西安电子科技大学家属院主要道路指标汇总

道路类型	街道	级别	全局整合度	局部整合度	交通组织	功能类型
城市级道路	白沙路	次干道	1.83593	2.22116	车行为主（人流量较大）	交通性
	太白南路	主干道	1.93037	2.43805	车行为主	交通性
	光华路	次干道	2.46236	3.19362	车行为主	交通性

续表

道路类型	街道	级别	全局整合度	局部整合度	交通组织	功能类型
小区级道路	1	宅间道路	0.86626	1	步行为主	生活性
	2	组团级	1.4345	2.66152	步行为主（车流量较大）	交通性
	3	小区级	2.11297	2.92676	步行为主（车流量较大）	交通性
	4	组团级	1.50587	2.0399	步行为主	生活性
	5	小区级	1.96268	2.535	步行为主（车流量较大）	交通性
	6	小区级	1.55841	2.10606	步行为主	交通性

6.3.2.2 线段分析

在西安电子科技大学线段模型分析中可以看出，在以400米为半径（步行5分钟）的分析距离下，无论从整合度还是控制度来看，西安电子科技大学家属区基本以光华路中心段、2、3、5号道路形成了5分钟步行内环，说明这几条路既是5分钟生活圈主要生活道路，也是该街区5分钟生活圈主要穿行道路。同理，我们可得出光华路、5号路以及3号路北段为10分钟生活圈主要生活道路，光华路中心段、2、3、5号道路为10分钟生活圈主要穿行道路。光华路和3号路为5分钟车行（15分钟步行）主要生活道路，光华路中心段、2、3、5号道路为15分钟生活圈主要穿行道路（附录2表1）。

综上所述，可以得出光华路中心段、2、3、5号道路所形成的内环对小区具有很重要的作用，无论5分钟、10分钟、15分钟（车行5分钟）生活圈都对其有很强的依赖性。之后的更新设计应尽可能调整路网结构，将人车所依赖的道路区分开，尽可能人车分流。另外，车行5分钟对光华路的依赖过高，可考虑在家属区西侧开车入口，南侧疏通路网，尽可能分流。

6.3.2.3 凸空间分析

在笔者通过实地调研对西安电子科技大学家属院的总体布局，功能分区等有了全面了解的基础之上，根据上文中对小区空间划分方式，对小区的户外空间进行了分类，图6-3即为西安电子科技大学家属院的现状各功能空间分布图。

在此基础之上，按照空间句法凸空间模型的建模原则对其进行建模。另外需要说明的是对于道路空间的抽象化，首先，将道路根据其宽度抽象为细长矩形，并从道路交界处进行分割，将其化为多段，使每个道路空间都是独立的凸空间；其次，笔者只提取小区主要道路及组团道路等具有过境交通功能的道路，而削弱宅间道路；之后依次将小区各个空间连接，进而生成凸空间模型（附录2图3）。在凸空间模型生成之后，分别展开对控制度及整合度参数的具体分析，并结合现状对小区交通空间及其他节点空间的设置提出意见及建议。

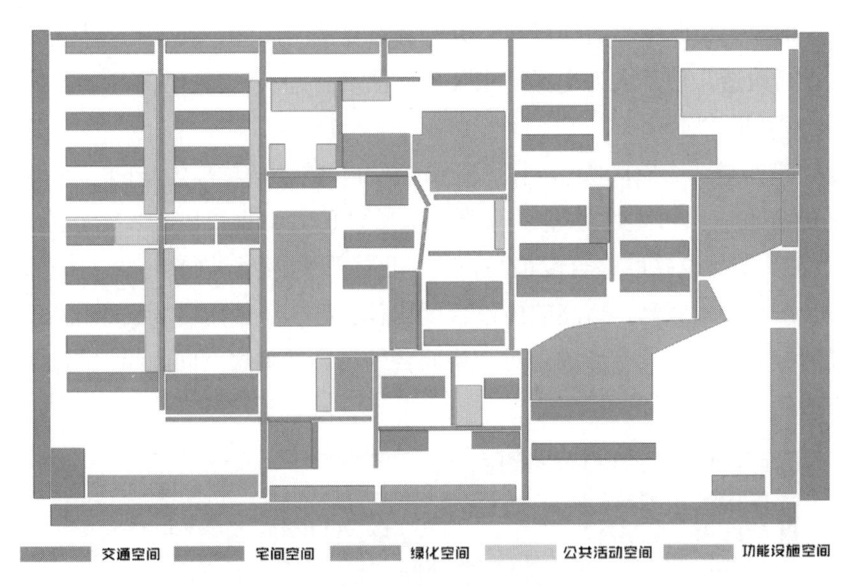

图 6-3 西安电子科技大学家属院各类空间分布

(1) 控制度分析

与该空间直接相连的凸空间数量越多，意味着该空间节点对周边的控制程度越高，则该空间吸引人车流的潜力就越高。基于此，笔者展开两方面的分析：a. 交通空间对其他空间的控制力度分析；b. 各功能空间的控制度分析。

由西安电子科技大学家属院的空间控制度分析结果（图 6-4）可以看出，道路空间的控制度值整体高于其他功能空间。就道路空间的控制度值来说，小区①号路、②号路、④号路及⑤号路作为小区内部的主要道路，其控制值远高于其他，拥有比较良好的控制力度。而③、⑥、⑦号路作为小区主要横向连接道路，控制力度不足，需加以调整，⑦号路尽可能直接打通，使小区主要连接道路连续整体。就小区内其他功能空间而言，整体控制度值均很低，1、2 号场地因是学校区域，需要比较安静且独立的空间，控制度小较为合

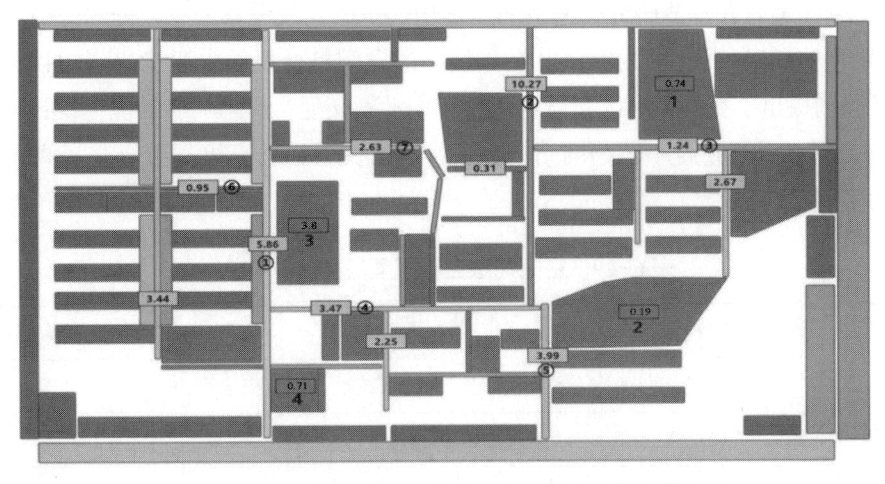

图 6-4 西安电子科技大学家属院凸空间控制度分析图

理，但3号场地作为小区中心活动场地，因为其自身的封闭性，缺乏与其他空间的直接联系，应对其进行改造，使其成为小区的主要开放活动空间。

(2) 整合度分析

整合度衡量的是一个空间吸引到达交通的潜力。整合度越高的空间，其可达性越高；整合度越低的空间，其可达性越差。就西安电子科技大学家属院的整合度分析结果（图6-5）来看，①、②号道路的整合度最高，为小区主要的两条纵向道路，小区其余主要连接道路的整合度也相对较高，道路整体整合度比较良好。小区内广场、绿化及活动场地的整合度值较为接近，小区没有形成相对全局而言的整体性集聚空间，建议将3号场地改造成为主中心活动场地。

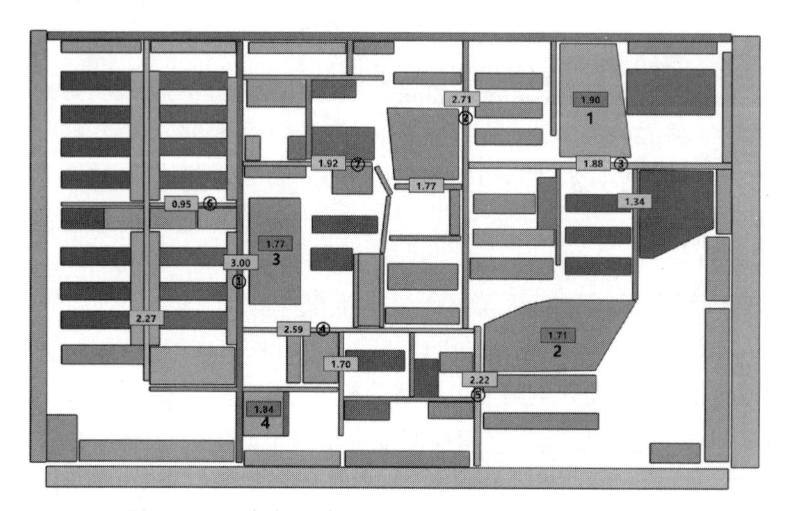

图6-5　西安电子科技大学家属院凸空间整合度分析

6.3.3　基于空间句法的交通空间整合优化设计导向分析

表6-29为笔者在本节研究交通空间所运用的空间句法参数汇总，分别说明了在三种分析模型下各参数所研究的内容以及在具体交通空间整合更新中所能达到的目的。基于此，笔者分别提出了在具体小区交通空间整合中动态交通、静态交通的优化设计导向。其中，动态交通以系统整合小区路网结构为主，静态交通以补充停车节点与提高停车节点可达性为主。

表6-29　空间句法三种模型各类参数汇总

模型	参数		研究内容	研究目的
轴线模型	整合度	全局整合度	全局路网结构的系统性；车流交通潜力	调整整体路网结构
		局部整合度	局部区域开放程度；人流交通潜力	
	协同度		重点更新道路的提取	优化个别道路

续表

模型	参数	研究内容	研究目的
线段模型	整合度	分别分析道路作为运动目的地及运动通道的潜力，进而提取车行及人行主要环线	人行、车行主要环线提取
	控制度		
凸空间模型	整合度	全局各类空间排布的合理性	停车节点、其他活动节点的重新选取及路径优化
	控制度	道路及其他空间对周边的控制力度与吸引人车流的潜力	

6.3.3.1 动态交通优化

根据老旧小区所处区域、周边状况以及轴线模型、线段模型，凸空间分析所得出的大方向规律，确定具体老旧小区优化设计的方向。笔者在分析总结大量国内外理论、优秀案例的基础上，将住区的优化设计方向分为以下四个方面：对于由多个产权边界组成的老旧小区采取打通边界，联通内部各个组团交通的优化方向；对影响周边城市交通的大型封闭小区采用街区制理念，形成大开放、小封闭的住区；对小区内部自身路网结构存在大量问题的小区重新梳理路网结构，组织各个组团之间的关系；对路网结构、密度比较合理的住区采取流线重组的优化方法。

利用轴线模型分析提取住区主要干道。主要干道的分布在整体路网结构中主导交通流的形成，不仅能够主导交通流的走向，而且其与路网中最短路径的分布以及功能结构布局有着密切的联系。因此，将其作为重新梳理路网结构的核心。

根据凸空间模型分析的结果总结提取小区内部的重要节点空间。在凸空间分析中，我们可以看到空间与空间之间的联系状况，再结合小区的户外空间功能分布图，可进一步确定小区中的一些重要节点。

根据线段模型的反馈，一方面按照人行 5 分钟，车行 5 分钟的固定距离分析结构，提取小区的主要人行、车行环道，重新建构人行、车行系统结构；另一方面，从拓扑深度以及人的行为惯性出发，将各个节点与主要干道、出入口空间的路径进行优化。当人在道路交叉口进行路径选择时，更倾向于按原有的路径方向继续前行或者选取相对平缓的方向。而对于需要转折额度方向会表现出一定的排斥心理，且随着转折角度的增加，排斥心理越强。在节点路径优化中，对需要将人流引入的节点，采取控制路径转角幅度，减少该区域拓扑深度的方式实现。对需要营造安静氛围的节点，则反之。

根据前者反馈的新路径及原有结构，划分建筑组团，进一步调整组团与组团两两之间，组团与主要干道、节点空间之间的路径关系。通过轴线模型初步确定局部整合度的拓扑步数，比如，在分析中看到各个组团之间的拓扑半径大多为 3 步，则以 R_3 为拓扑半径进行计算。将相邻组团之间的道路进行编号，并对不合理的道路进行优化。协调相邻组团的同时，关注由组团形成的小区域的整体性，在组团中间区域可设置景观节点等，加强小区域内的组团联系。

通过上述步骤，基本能够梳理出小区的路网结构，将这部分路网处理得当，能够解决小区因动态交通拥堵而产生的一系列问题。需要说明的是，各个小区因为自身路网结构的唯一性以及第一步改造大方向的不同，后面的步骤着重点会有所不同，或放大或弱化。比如有的小区并没有形成唯一的核心路网环道，则可考虑将小区内最主要的几个节点拎出来作为初步优化的主体。

6.3.3.2 静态交通优化

根据前文的分析，可将静态交通空间优化的层面分为三个方面。第一，根据停车需求预测模型的分析结果，为小区增补更多的停车位。第二，根据动态交通对于道路结构的优化结果，将优化后不宜进行道路停车的路段车位进行统计，为其提供新的停车点。第三，因路网结构导致的可达性低的停车节点，可于动态交通优化中一并进行路径优化。

在静态交通优化中，主要参考空间句法中的参数为选择度，也称为穿行度。在路网分析中一般用来预测穿越性交通潜力，即一个元素到另一个元素的最短拓扑路径。在小区中，停车点的选择应当处于路网中选择性较高的道路交汇处。因此，可根据此点，从实地调研结果得到的可支空间中选取总体选择度较高的节点进行布点设计。对于新增停车点的选取办法，首先对可支空间进行编号，进而算出其交汇道路的选择度以及节点的总选择度，再计算出该节点在小区中的总选择度排名，最后通过排名以及与其他空间的相互协调，确定具体节点设计的内容。

6.4 单位型老旧小区交通空间整合设计理念与技术框架

6.4.1 共营、共建、共享的整合设计理念

本节提出的整合设计理念（图 6-6），基于对西安市单位老旧小区交通空间的现状调研，从老旧小区动态空间与静态空间两个方面入手，首先从出入口与道路两个方面分析动态交通空间存在的现状问题，其次依托于前文中针对小区停车对街区的依赖程度的分类，分析不同类型老旧小区静态空间存在的现状问题，针对分析的现状问题，结合国内外住区优秀案例的做法，提炼案例中各个措施的出发点与侧重点，总结老旧小区交通空间更新整合设计的原则为：内外兼顾、连续完整；路权平衡，层级优化；街区协调，资源共享；多维挖掘，多样统筹。确定老旧小区整合设计的原则之后，可以针对不同类型老旧小区，提出不同的优化模式，最终实现“共营、共建、共享”。

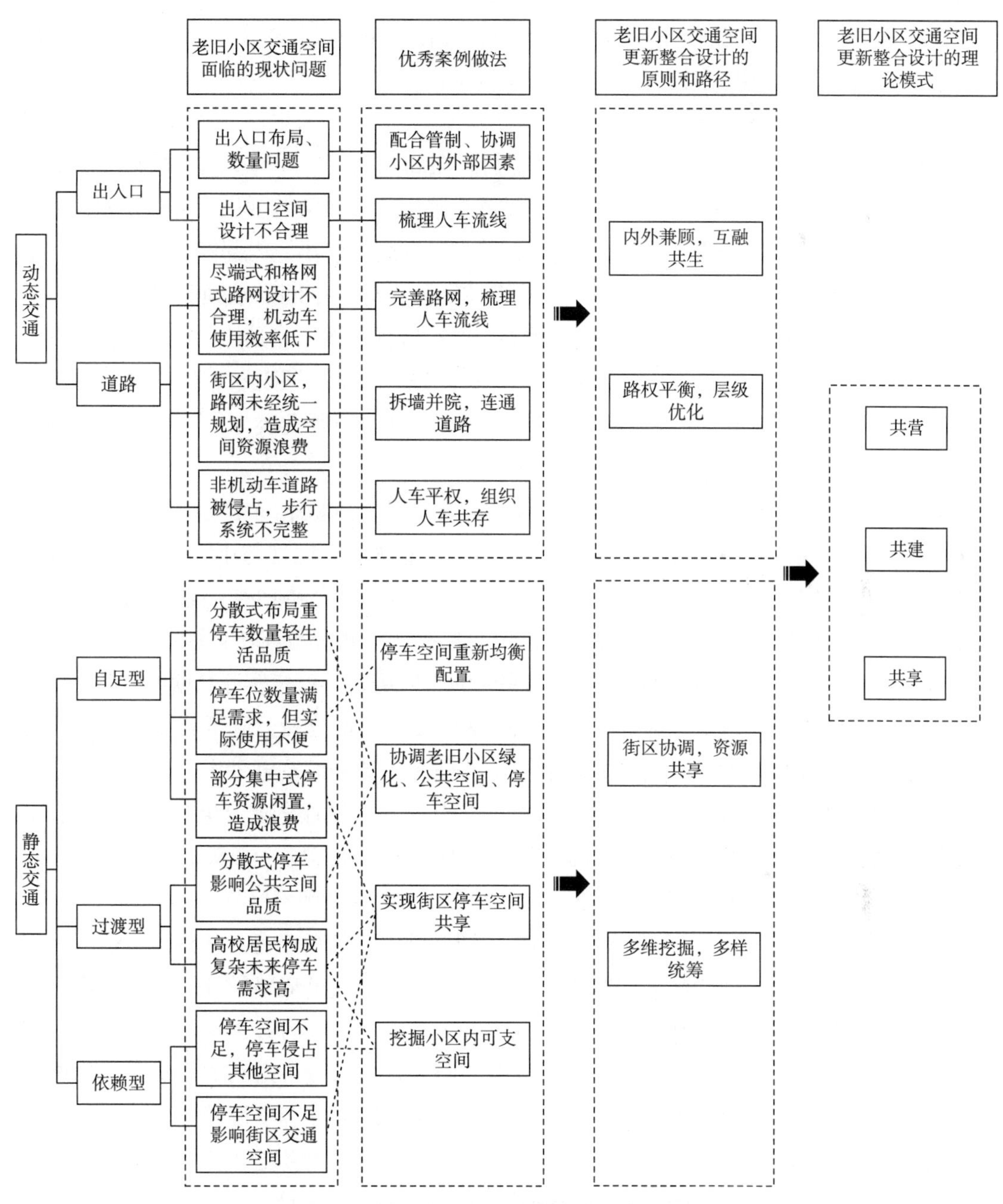

图 6-6　城市老旧小区交通空间整合理念框架

6.4.1.1　单位型老旧小区交通空间更新原则

老旧小区交通空间的更新，在动态交通方面解决路网结构、节点空间及道路空间设计不合理带来的问题。街区层面旨在加强小区与街区的有机联系，实现街区层面资源共享；小区层面，旨在合理分配人车路权，有效挖掘停车潜力空间。在此目标下，提出老旧小区交通空间优化原则，为老旧小区交通空间的模式与方法提供思路。本小节从街区和小区层面分别对动态交通空间及静态交通空间进行归纳总结，根据其不同的特征要素，提出老旧小区交通空间更新原则及目标，包括以下四个方面。

(1) 街区协调，资源共享

“街区协调，资源共享”原则强调街区与街区层面联动，在动态交通空间与静态交通空间均有体现，主要针对跨越型、依赖型、过渡型老旧小区。跨越型住区规模较大，中间相隔城市道路，与城市空间关系影响较大；依赖型住区规模较小，内部停车空间较少，主要依赖道路停车，影响街区交通空间，依赖型住区静态交通空间需求预测表明现状停车位数量不能满足需求，通过交通评价可得此类老旧小区优化的重点是停车位数量；过渡型高校老旧小区居民构成复杂，停车需求持续增长，需求预测表明现状车位数量与需求基本持平，未来车位数量无法满足停车增长，通过交通评价可得此类老旧小区优化的重点是停车空间使用。

老旧小区停车资源矛盾不可将眼光局限于小区本身，应从空间维度上推进街区及社区的共商共建，加强区域层面（城区、街区、社区）整体更新规划与小区层面停车设施、停车资源的整合完善。经过小区及所在街区的资源挖掘、整合和联动，提高居民参与度，建立基层群众自治机制，使停车资源共享，切实扩大从空间资源到社会资本的增量红利，完善多方协动机制，以成熟的政策引导构建完善的小区更新及停车资源数据库；鼓励相邻小区与周边地区的协同改造，为存量资源挖掘提供规模化的支持，降低各方物业运营成本。街区资源协调及停车资源共享的体系构建均是在区域层面及管理层面，停车资源的共享建立在政策主导—资源汇编—平台搭建—公共参与的流程之上。老旧小区的静态交通空间优化整合，需着重于资源的协调与分配，提高各个停车场、停车设施的使用效率，组织各方平台联动，搭建共享停车资源，共营多维静态交通空间网络。

“街区协调，资源共享”的目标包含动态交通和静态交通两个方面的内涵：街区之间动态交通优化目标是加强街区之间联系，一方面住区由于城市道路的分隔，导致住区之间受到城市道路的影响联系减弱；另一方面城市交通由于住区的跨越式联系极易产生拥堵现象，因此动态交通的目标是加强住区联系的同时减少对城市道路的影响，达到城市空间整体提升。街区之间静态交通优化目标是实现街区层面停车资源整体联动。从街区空间层面优化停车资源布局，根据住区人口、规模、区位条件等综合考虑停车资源辐射半径，实现区域层面停车资源全覆盖，并加强可达性、管理手段、政策引导等辅助手段。对停车需求加以引导和限制，建立绿色出行为导向的公共交通网络，通过引导住区车位对外开放，公建车位对外共享，建立资源共享平台和系统，实现停车设施与资源管控的均衡化发展。

(2) 内外兼顾，互融共生

“内外兼顾，互融共生”原则强调小区与街区的互融共生，在动态交通空间和静态交通空间均有体现，主要针对嵌入型、自足型、依赖型住区。嵌入型老旧小区规模较小，与城市空间联系较少，内部路网多为尽端路，导致街区层面可达性低，路网系统不完整。通过动态交通空间句法分析可得，动态交通街区层面优化重点在于不同小区之间的路网连通、加强路网与街区之间的联系。自足型住区规模较大，内部分散式停车侵占其他公共空间，并且部分停车位使用不便，利用率低，空余的车位难以为街区服务，造成停车资源的浪费，停车预测需求表明停车数量满足基本需求，并且能满足未来停车需求，通过交通评价可得此类老旧小区优化的重点是停车空间使用和停车场分布。依赖型住区规模较小，内部停车空间较少，依赖街区内停车资源。通过对依赖型住区静态交通空间进行需求预测可得现状停车位数量不能满足需求，通过交通评价可得此类老旧小区优化的重点是停车位数量。

老旧小区动态交通空间由路网结构及出入口两个要素组成。首先，老旧小区内路网结构特点包括形式多样且较为均质、多存在围墙和尽端路，无法构成连续循环的路径及较为整体开放的空间。所以，路网结构的整体连续是构建老旧小区交通网络需要首先解决的问题。其次，老旧小区出入口的数量及布局与城市道路及所在街区具有很高的关联性，如出入口数量设置的合理性、与城市影响要素之间的拥堵矛盾，出入口布局之间的间距等问题，因此，独立地将老旧小区本身作为一个整体来考虑老旧小区出入口优化问题会忽略城市空间的影响要素，仍无法妥善解决老旧小区的发展滞后于城市发展的问题。总之，路网结构及出入口的优化需考虑小区及所在街区两个尺度，兼顾小区内外的影响要素，组织老旧小区动态交通空间循环畅通、整体连续，使小区内部路网结构融入城市交通网络，用城市发展的繁盛带动老旧小区交通环境的优化及生活品质提升。静态交通空间方面，实现小区与街区停车位的共享是主要问题。通过梳理小区周边功能情况，选择适合的更新模式。

“内外兼顾，互融共生”的目标包含动态交通和静态交通两方面的内涵：动态交通方面优化目标是加强小区与周边住区、城市空间的联系，要求不能将小区看作一座“孤岛”，应将小区和街区看作一个整体，打破小区的封闭性，将路网合理衔接城市交通，优化出入口数量及布局。以街区为研究单元，对街区路网进行疏导，缓解街区拥堵，加强街区内空间联系，达到街区空间品质整体提升。静态交通方面优化目标是实现街区内停车空间的共享，其内涵是加强小区与街区之间的开放程度，充分挖掘街区内临近空间停车潜力，统筹街区内不同人群、不同时段对停车资源的需求，充分利用闲置资源，促进街区内停车资源的高效、循环、共享。具体可分为两种情况：一是小区内停车位富余，对外开放为街区服务；二是小区停车位不足，内部挖潜难度大，利用街区内停车资源解决。

(3) 路权平衡，层级优化

“路权平衡，层级优化”强调小区层面动态交通优化原则，针对嵌入型、跨越型、整体型住区。老旧小区在规划之初并没有考虑到机动车流对行人造成的影响，因此人车路权问题是“先天性”的共性问题，也是老旧小区内部动态交通空间亟待解决的核心问题。老旧小区动态交通空间评价表明动态交通应对路网结构设计和交通组织进行重点优化。通过动态交通空间句法分析可得，动态交通小区层面优化重点在于梳理路网结构和流线，加强组团之间的联系。

道路空间是老旧小区交通空间中路网结构的重要一环，而路网结构形式多样化及均质化的特征，使得老旧小区内道路空间所承担的功能要素更为多样，道路宽度较为均衡，无主次之分。对于道路空间的梳理及优化，应侧重于明确其交通功能与使用特征，合理划分道路层级，使各个功能要素尽量分离，互不干扰。人车和谐共存是道路空间优化的目标，而老旧小区内部“行车难”及“人行难”问题导致人车矛盾频发，包括机动车违停乱放、居民活动空间被侵占以及行人安全无法保障等问题，老旧小区内车行为主导的价值占据道路大部分权益。因此，路权平衡是道路空间整合设计的落脚点，重视“人行”在道路空间的权益，将被机动车侵占的道路空间还给行人，通过构建完整的人行系统，规划连续合理的步行路径，结合公共空间设计尺度宜人的步行空间和有特色的节点空间，考虑行人在道路中的安全性、趣味性和公共性，在小区内创造良好的行车环境和步行空间，共同促进老旧小区人车和谐发展。

“路权平衡，层级优化”的整体目标是解决老旧小区道路先天设计性问题，将人行空间和车行空间在老旧小区的比例重新配置，完善机动车道路系统，明确机动车行驶空间，将机动车占用的空间还给居民，实现小区动态交通空间整体提升。该目标包括人车路权、路网结构、道路空间和出入口空间四个层面：对人车路权进行清晰划分，重新梳理住区内被机动车道占领的步行空间、绿化、广场、私人空间，协调机动车道所占住区空间的比例，统筹规划机动车道位置、流线、面积、与其他空间的连接，提升住区内部步行和公共空间品质；对小区内部路网结构进行优化完善，形成连续完整、层次分明的路网系统，从人的行为需求出发优化路径；对道路空间进行功能提升，将人车系统区分，根据具体情况结合节点空间营造特色步行空间；对出入口空间人车流线进行梳理，与小区内部路网系统共同形成有机联系的整体，并且缓解对小区外部城市交通拥堵的压力。

(4) 多维挖掘，多样统筹

“多维挖掘，多样统筹”强调小区层面静态交通优化原则，针对自足型、过渡型、依赖型老旧小区。老旧小区在规划之初未设计停车空间，未考虑适应停车数量增长的空间需求，造成停车对小区道路空间、公共活动空间、绿地空间和私密空间的侵占，降低生活品质，此问题为静态交通的核心问题。住区规模、停车数量需求、停车空间对街区的依赖程度、街区空间关系、单位属性、人口构成和区位交通是老旧小区静态交通空间优化目标定位的必要条件，通过静态交通空间预测和评价可得每种住区优化的侧重点，主要有三类：一是住区品质提升类，此类型住区主要以自足——高校型为主，规模较大，停车数量满足基本需求，并且能满足未来停车需求。但分散式停车侵占其他公共空间，并且部分停车位使用不便，利用率低，空余的车位难以为街区服务，造成停车资源的浪费，此类老旧小区优化的重点是停车空间使用和停车场分布；二是空间使用提升类，此类型住区主要以过渡型高校和过渡型企业为主，规模较小，过渡型高校人口结构复杂，过渡型企业老龄化程度高，出行方式单一，停车数量基本满足现状需求，预测数据表明难以满足未来发展需求，此类老旧小区优化的重点是停车空间使用和停车位数量；三是停车数量提升类，此类型住区主要以依赖型企业为主，规模较小，内部停车空间不足，停车设施建设落后，停车数量难以满足现状需求，主要依赖街区内道路空间，此类老旧小区优化的重点是停车位数量和停车空间使用。

机动车数量的激增引起老旧小区“停车难”现象，停车位供需矛盾的普适性使老旧小区静态交通空间优化设计意义重大。针对需求层面停车位“短缺”问题，应侧重于潜力空间挖掘多维化，停车空间统筹多样化。充分发掘小区、所在街区以及跨街区的潜力停车空间，增补可支空间，利用小区内外功能异质性的特征，多维度充分挖掘资源，扩充停车位数量。停车空间分布多位于小区内不同布点，各要素的停车空间及停车模式统筹合理性影响停车资源的使用效率，“不够停”及“停不满”等停车资源调配不均匀现象频发，因此，对于小区内各停车空间，应进行多样化地统筹，同时完善停车模式，改善老旧小区停车空间的失衡现状，有效缓解居民的出行与现有停车需求冲突。

“多维挖掘，多样统筹”的目标包含两方面的内涵：一是充分挖掘潜力空间，包括小区内部空间挖潜和街区层面空间挖潜。住区品质类优化目标是从居民对公共空间需求出发，将被停车空间侵占的公共空间归还给居民，在现有的状态下提高公共空间及停车空间品质，提升与街区的开放程度；空间使用提升类优化目标是抑制停车需求，鼓励绿色出行，促进停车空间集约化；停车数量提升类优化目标是通过小区内部空间挖潜和街区停车资源共享实现停车位的增量，通过空间整合共同提升小区空间品质和街区空间品质。二是统筹小区停车空间与小区内部其他空间以及所在街区空间的关系。统筹规划小区内停车空间、道路空间、公共空间、绿地空间和废弃空间的整体关系，同时将街区内停车空间纳入研究范围，考虑不同空间类型的特点，对现有外部空间进行空间重构，综合考虑各空间的面积、配比、位置及各空间之间的联系，从解决停车空间的问题为出发点整合小区的外部空间及街区内停车空间。

6.4.1.2　共营、共建、共享视角下单位型老旧小区交通空间整合理念

共营、共建、共享的老旧小区交通空间整合理念是以城市发展的大背景来指引老旧小区交通空间的更新整合。小区是城市的基本构成单元，将小区和所在街区作为一个整体，二者是有机融合的关系，解决老旧小区交通空间本身的问题可以进一步提升所在街区整个的交通空间环境品质，进而对城市交通空间产生良性循环。小区内部功能要素也是一个整体，解决好老旧小区交通空间的问题不仅需要考虑交通空间，还要考虑其他相关联的空间要素，由点及面，提升小区整体环境，达到小区内部的和谐。加强街区层面整体更新规划与小区层面改造实践的整合，有助于实现城市空间“增量”和“增效”。

(1) 共营——整体统筹

①街区层面，推进街区更新统筹。

动态交通方面，小区出入口作为城市和小区的过渡空间，其位置、数量、门体空间的

合理布置能有效缓解街区层面交通环境的拥堵，老旧小区内部交通系统过于独立，使得小区与所在街区割裂，对城市交通环境具有消极影响。因此，将研究视角停留在解决老旧小区本身的交通问题上是片面的，应该将小区的出入口、道路系统和城市的慢行系统、车行系统、公交系统形成一个整体，组织交通循环有序化。

静态交通方面，老旧小区的“停车难”问题是城市发展面临的难题之一，解决老旧小区停车问题不仅要从小区内部入手，还应该提出区域层面更新整体性的统筹指导，不局限于小区狭窄用地，有效利用和激活区域潜在空间资源，评估区域机动车发展水平和机动车拥有量，结合区位、用地条件和周边公共交通综合确定。同时老旧小区本身停车问题的解决和优化，也能为街区停车提供有效帮助，加强小区与周边地区联动改造。小区和街区的停车系统应形成体系，可采用智慧停车等信息化手段从城市管理的角度统筹资源。

②小区层面，强化小区有机联系。

动态交通方面，老旧小区内部在建设之初多为尽端式路网，以保证良好的私密性和内向性。现有老旧小区大多存在断头路的情况，道路宽度多变，没有设置独立的步行空间，人车秩序混乱。通过梳理路网形态，重组人车流线，将路网系统形成整体，构建完整的人行、车行系统，形成有序的流线循环。

静态交通方面，现有研究基本上仅针对停车问题进行解决，没有综合考虑其他外部空间。然而老旧小区外部空间是有机的整体，“牵一发而动全身”。解决好老旧小区“停车难”问题，不仅要以停车空间为切入点，还要将其他空间作为考虑因素，和其他空间统筹考虑，充分挖掘可支空间，考虑居民不同特征和需求，弹性协调老旧小区绿化、公共空间、停车空间，共同提升小区整体环境。

(2) 共建——多维建设

①街区层面，停车建设打破小区边界。

停车设施建设考虑的因素应不局限于老旧小区本身问题，还应该服务于老旧小区周边小区、学校等。停车设施的建设应在合理的步行范围内尽可能服务周边小区，方便使用，遵循统筹开放、兼顾发展的原则，以实现停车设施均等化为目标，打破小区边界范围，在街区范围内联合集约建设。应根据服务人口和服务半径合理确定停车设施位置和布局，停车设施的建设应考虑街区内不同性质的人群，不局限于老旧小区人口，实现服务主体多元化。

②小区层面，综合考虑多种停车方式。

老旧小区现有停车方式较为单一，大多以地上停车和分散式布局为主，导致停车位侵占公共空间，影响活动空间品质，以及部分停车位使用不便等问题，因此，对老旧小区停车位的建设和改造应重新梳理现有停车空间，采用分散式和集中式停车相结合的方式，综合考虑停车楼、地下车库、半地下车库、机械式停车设施等多种停车方式，对现有停车设施重新整理和分配，节约集约利用土地。

(3) 共享——整体提升

①街区层面，停车资源共享。

老旧小区内部停车资源的挖潜是有限的，老旧小区通常与周边配套医院、学校、写字楼等公共用地相交错，虽然停车供需矛盾尖锐，但是办公楼、企事业单位、商业等却存在着大量停车资源在部分时段闲置的现象，而老旧小区夜间车位严重不足，很多车辆占道停放，且商区与社区相距较近。政府通过主动牵线搭桥，引导学校、商业、办公楼等内部停车场在满足自身停车需求的基础上向周边居民错时开放，把商居双方资源提供和停车需求信息连接互通起来，整合资源，小区停车和公建停车可在时间和空间上实现错时共享，实现有限资源的优化配置，提高车位利用率。

②小区层面，人车和谐共存。

老旧小区在规划之初并未单独规划车行道路，所以目前老旧小区保留下来的道路形式大多为人车混行的模式。老旧小区目前的路权分配大多偏向于机动交通，车辆的无序停放压缩了人行道和活动空间。小区道路空间不仅要服务于机动车，还要维护人的通行和交往权利，道路空间改造应尽可能考虑老旧小区弱势群体的出行需求，以及居民慢跑等健身活动，因此小区道路系统应从以车为主的道路模式转向人车并重的道路模式。路权平衡的核心在于不同交通方式在同一道路空间上的和平共处和空间共享，在道路改造时要根据现状道路等级合理分配路权，结合景观设计和道路设施设计保证通行安全性、便捷性和舒适性，采用多种方式构建平等共享的交通空间。目标在于保持机动车通达性的基础上提升小区道路的空间环境品质，达到人车和谐共存，进而激发老旧小区整体活力。

6.4.2 单位型老旧小区交通空间整合设计技术框架

通过对上文的分析，本节的研究目标为建立老旧小区交通空间整合设计的技术框架，如图 6-7 所示。

目前本书所研究的老旧小区交通空间区别于已有的交通空间的定义，是一个较为复杂的体系，老旧小区的交通空间现状问题主要集中于老旧小区的既有交通空间之中，但在研究老旧小区交通空间现状时，发现除问题所在的空间之外，有较多交通空间以外的外部空间可以作为潜力空间进行优化，整合既有交通空间与潜力交通空间，建立完善的老旧小区交通空间的构成体系。基于现状的分析，目前老旧小区静态交通空间的问题主要集中于停车空间的品质、停车位数量以及二者与居民需求的不符造成的使用问题；动态交通空间的问题主要集中于路网结构的不合理、各个节点空间以及道路空间设计得不合理所带来的问题。所以引入停车需求预测以及空间句法两种技术手段辅助老旧小区的交通空间优化，为本研究提供客观的量化分析手段。明确老旧小区的优化目标：微观层面应解决居民停车需求及道路拥堵问题，实现小区人车和谐共存；宏观层面将小区和所在街区作为一个整体，二者是有机融合的关系，通过解决老旧小区交通空间本身的问题提升所在街区交通空间环境整体品质，进而对城市交通空间产生良性循环。基于此目标下提出指导交通空间优化的原则与理念，建立老旧小区更新整合设计的技术框架，为下文着手老旧小区的具体优化奠定基础。

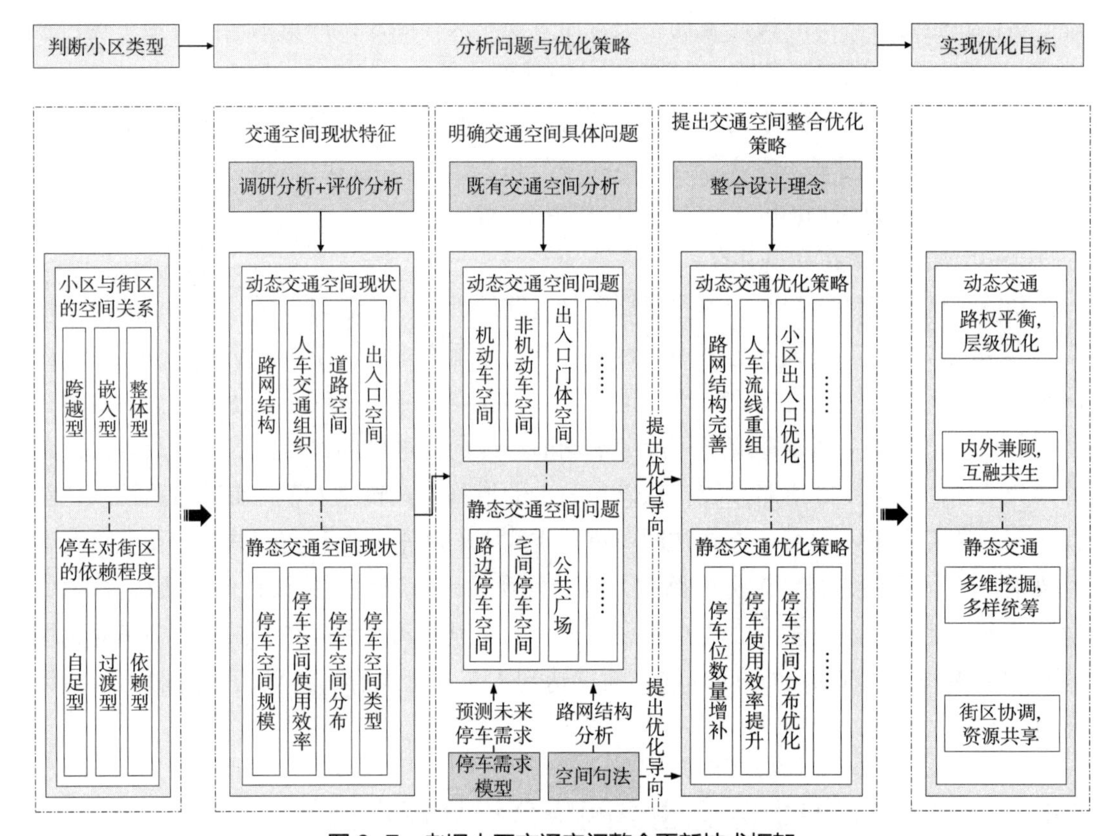

图 6-7　老旧小区交通空间整合更新技术框架

如图 6-7 所示，老旧小区的更新可以大致从以下几个方面展开：a. 依据对老旧小区的分类与特征评价，确定该类型老旧小区动态交通空间与静态交通空间的现状问题；b. 选取老旧小区交通空间体系中的相关要素进行具体分析，利用停车需求预测模型对小区未来停车需求进行预测，并结合空间句法对小区的交通空间进行分析；c. 基于整合设计理念，提出老旧小区具体的优化策略，最终实现老旧小区交通空间的优化目标。

6.5　本章小结

首先，根据上文中对老旧小区交通空间现状的梳理与总结，分别描述了各个层级的构成要素的组成与内涵，并分析了老旧小区中既有交通空间、小区内潜在的交通空间以及街区范围内交通空间三者之间的关系，探讨整合设计的可能性与可行性，建立较为完整的老旧小区交通空间构成体系。

其次，结合前期对西安各区的老旧小区的实地调研，将小区的基础数据利用统计学方法建立停车需求预测模型，并以2020年9月西安市住房与城乡建设局统计的《2020年西安市停车资源信息普查报告》中对2021—2025年西安市城六区的汽车保有量预测值为参考，对西安市未来五年老旧小区的停车需求数进行预测，为老旧小区静态交通改造提供数值参考。

再次，通过提取老旧小区所在的街区网络，构建空间句法模型。基于轴线分析法、线段分析法以及凸空间分析法对西安老旧小区的交通空间进行研究。其中，轴线模型主要针对街区层面路网结构及道路优化分析；线段模型针对街区层面特定距离下人车行经路径；凸空间模型针对小区层面交通空间与其他空间的联系。然后通过模型呈现的各项空间句法参数指标分析具体老旧小区的特征及相关问题，为后文提出策略措施提供依据。

最后，基于城市更新大背景下提出了“共营、共建、共享”的老旧小区交通空间整合理念，将小区和所在街区作为一个整体，加强街区层面整体更新规划与小区层面改造实践的整合，使二者成为有机互融、良性循环的整体。建立老旧小区更新整合设计的技术框架，为老旧小区展开具体的更新设计奠定基础。

7 单位型老旧小区交通空间优化设计方法与实证研究

7.1 静态交通空间优化方法与措施

笔者在借鉴国内外优秀案例及实践经验的基础上，从不同的优化角度总结出静态交通空间的更新方法及措施，如表 7-1 所示。具体从以下六个方面出发：a. 挖掘潜力空间；b. 停车空间布局统筹；c. 优化停车模式；d. 街区范围错时停车；e. 停车资源共享；f. 街区资源综合管理。这六项从小区内部自我更新到街区协同更新，从停车位的空间布置到街区停车管理，涵盖了目前国内外所应用到的方法与措施。

表 7-1 单位型老旧小区静态交通空间的更新方法及措施总结

更新方法	更新措施	
a. 挖掘潜力空间	既有潜力空间挖掘（A Ⅰ）	(1) 依赖城市道路、公园绿地停车 (2) 利用周边公建、学校等停车 (3) 利用广场、活动场地停车
	可支空间增补（A Ⅱ）	(1) 利用可支空间增补停车节点 (2) 利用新增道路及拆后空地增补停车位
b. 停车空间布局统筹	(1) 道路停车空间布局统筹 (2) 宅间空间布局统筹 (3) 停车节点空间布局统筹	
c. 优化停车模式	(1) 集中式停车模式更新 (2) 分散式停车模式更新	
d. 街区范围错时停车	(1) 小区依赖街区 (2) 街区依托住区	
e. 停车资源共享	(1) 地块共享 (2) 道路街区化	
f. 街区资源综合管理	(1) 信息统筹 (2) 智慧停车	

7.1.1　挖掘潜力空间

7.1.1.1　既有潜力空间挖掘

既有潜力空间挖掘指的是将街区内外的停车资源及可支空间充分利用起来，以缓解老旧小区内部停车压力。该方法具体分为三项基本措施（表 7–2），分别从跨街区层面、街区层面及小区层面出发去实施。跨街区层面主要依赖城市道路、公园绿地；街区层面利用周边公建、学校等停车；小区层面利用广场活动场地停车。

表 7–2　既有潜力空间挖掘

措施	依赖城市道路、公园绿地停车	利用周边公建、学校等停车	利用广场、活动场地停车
更新说明	在小区周边存在城市公共停车资源的情况下，充分利用街区空余公共停车资源，也可利用停车高峰时间差，在固定时间段解决停车问题	在小区周围，往往存在大量的公建、学校等设施，居民可借助周边既有空余停车位就近停车。同时，有大面积空地的设施可新建停车场，为街区解决停车问题	小区内往往存在使用率不高的广场空地，可通过优化通往这些节点的路径，解决部分停车。同时夜间使用率不高的空地可划临时停车位
更新示意图	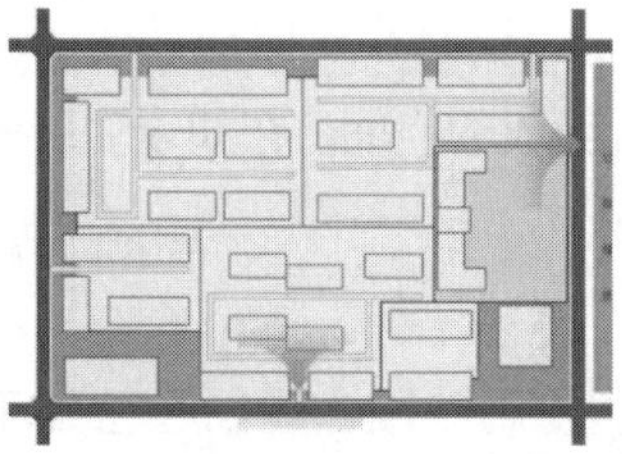	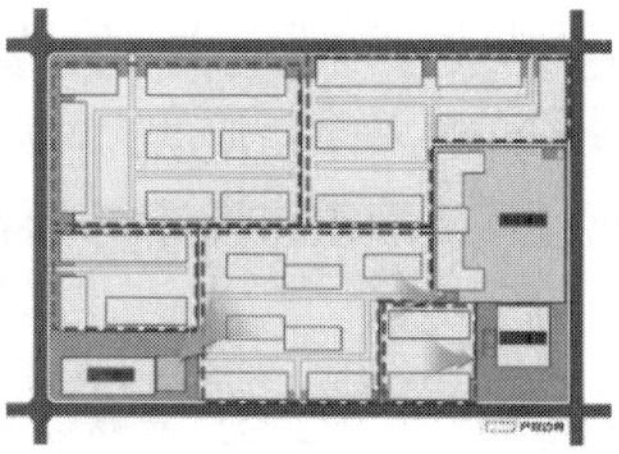	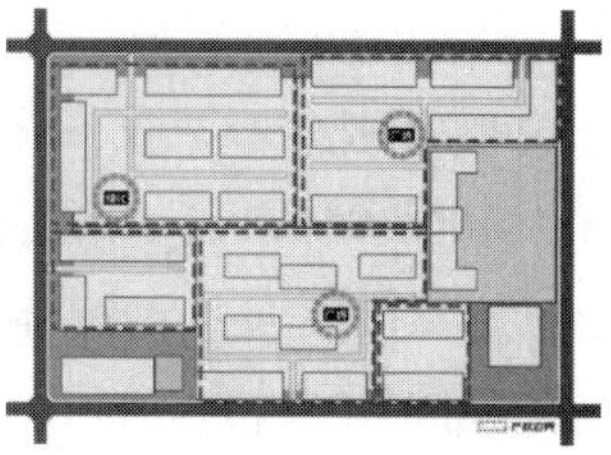

(1) 依赖城市道路、公园绿地停车

近年来，随着停车需求的不断上升，老旧小区内地表的原有空地基本都停满了车辆，在小区内部低成本挖掘更多的停车空间已难以实现。而在政府的主导下，属于城市公共空间的公园绿地等相继开始挖掘地下空间，来为城市提供更多的停车空间，小区可借助周边的城市公共服务空间，来解决部分停车需求，缓解小区自身的停车压力。使用该方法的基本前提是：城市的主干道不能用于停车，次干道和支路划线停车不能影响夜间通行，公园绿地内的停车资源以解决出行交通为前提。该方法的基本思路是：根据不同时段的高峰停车需求，组织城市次干、城市支路及公园绿地的停车资源错峰使用。根据我们的调研，老旧小区的停车高峰一般出现在夜间 20：00—早晨 8：00，而这一阶段的城市次干道及支路已不再繁忙，另外随着出行交通的不断减少，公园绿地内的空余停车位也不断增加。因此，可同市政及交通有关部门协商，在夜间固定时间段，将城市道路、公园绿地的停车资源供周边住区使用，在一定程度上缓解小区内部停车压力。

(2) 利用周边公建、学校等停车

依据统计调研的数据，纯粹占据整个街区的老旧小区特别少，基本所有的街区内都存在大量的学校、公建等功能服务设施。在老旧小区自身短时间内无法增加更多停车位的前提下，小区可借助于这些功能服务设施的空间来修建停车设施。以学校操场为例，学校操场作为街区内为数不多的拥有大面积地下潜力空间的场地，通过挖取其地下空间建停车场，不仅能解决很多周边小区的停车需求，承担一部分的城市停车需求，还能为学校增加营收，做到互利共赢。

(3) 利用广场、活动场地停车

依据实地调研观察，小区内地表空间停放了大量的车辆，小区中的广场很多也已被划线作为停车场地，严重影响了居民的日常使用及公共活动空间。因此，对于借助广场、活动场地停车，笔者提出以下两点建议：一是充分利用广场、主次中心绿地及其他较大活动场地的地下空间，在地下建停车库；二是在老旧小区中经常看到是铺装千篇一律的广场，建议通过重新设计广场地面或者喷漆，在广场上形成色彩分明的纹理图案，此图案要包含停车位的布置方案，使得广场能在夜间使用低峰期错时停放一些车辆，既能在一定程度上满足居民的停车需求，也能增添广场的趣味性。

7.1.1.2 可支空间增补

可支空间指的是除了上文提到的一些既有潜力空间之外，还有小区内外其他可供支配的空间，包括废弃建筑、低效使用角落乃至打通断头路后所形成的空间。在如今住区停车需求日渐增长的情况下，可将这些空间提取重新设计用于停车。

(1) 利用可支空间增补停车节点

老旧小区因为建设年代早，小区中有一些建筑已到达使用年限，现如今已处于废弃的状态，另外，还有一些角落因为可达性低等原因利用率很低。将这些废弃的建筑物拆除用于建设停车设施及绿化等，而不是在原有的宅基底上去建设新的住宅也符合当今时代的需要，人们已经开始追求更高质量的生活方式而不是追求更多的住宅面积。该方法是从老旧小区自身出发去解决停车问题的最直接有效的方法之一，能有效地解决大量的停车需求，缓解小区随处停车的现状。具体更新措施见表 7-3。

表 7-3 利用可支空间增补停车节点

变动	更新前	更新后
更新说明	通过现状调研对小区的停车节点和低效使用空间进行统计，并结合停车节点所能服务范围的现状违停乱停数量，通过低效使用空间更新来补充停车位数量	在将老旧小区有限的低效使用空间更新后，有的组团能够满足现状使用需求，有的片区仍无法满足，则需要通过其他方式对该区域进行进一步更新

续表

更新示意图	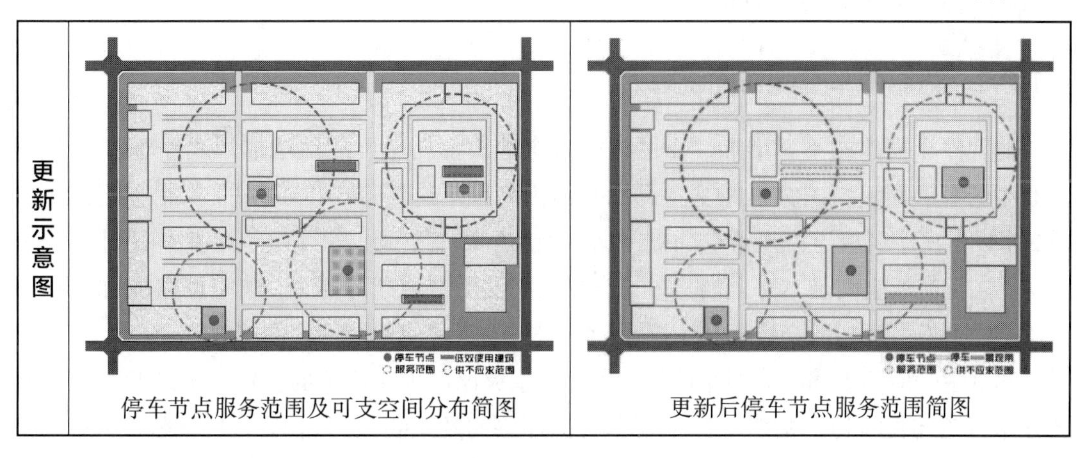	
	停车节点服务范围及可支空间分布简图	更新后停车节点服务范围简图

(2) 利用新增道路及拆后空地增补停车位

在我们的调研中，发现在一个街区中往往存在多个小规模分属不同产权的企业单位型老旧小区，这些小区往往没有规整的边界形状，或大或小，甚至在同一个小区中会存在住宅分属两个单位的情况。这些单位大院的出入口往往只有一到两个，内部道路多为枝状散开的断头路。另外因为规模较小，绿化景观也相对较少，只有一两栋住宅的大院拥有景观。基于此，笔者建议通过拆墙并院将产权边界打破，使街区呈现出一种“小封闭，大开放”的有机整体。这点在动态交通有具体说明，这里不再赘述。利用新增的道路及原尽端路尽头空间，可分别布置一些道路停车及停车节点。具体更新措施见表 7-4。

表 7-4　利用新增道路及拆后空地增补停车位

变化	更新前	更新后
更新说明	因早期单位属性的不同，有的街区存在多个小规模不同产权边界的老旧小区，各个小区各自为政，互不来往。对于此类小区，可通过“打破围墙，拆墙并院”的方式来使街区内部整体连续，缓解停车拥堵及补充停车位	通过“拆墙并院”，将各个小区的断头路连通，使街区内部路网整体连续，一方面能够使人流及车辆在街区内部流通，另一方面可增加道路停车以及由原有两侧尽端尽头低效使用空间形成的新的节点，根据所需赋予不同的功能
更新示意图	产权边界 街区产权边界划分简图	景观　停车 更新后新增服务功能

7.1.2 停车空间布局统筹

7.1.2.1 道路停车空间布局统筹

随着停车需求的不断增加，小区内的各个地方都在尽可能地增加划线停车位，小区内的小区级道路、组团级道路基本都已在路内划线。这使得小区道路的可通过宽度均缩减2米以上，小区级道路人行空间被占据，剩余双车道空间；组团级道路基本只剩单车道空间，人行交通空间基本完全消失，与车辆共同使用剩余穿行空间。狭窄且拥挤的穿越性交通空间引发了区内的交通拥堵，严重影响居民的正常使用及小区的美观。

本书主张应逐步缩减老旧小区级、组团级道路路内停车泊位的设置，还路于民。道路区分车行道与慢行道，构建小区主要车行循环路网及主要人行路网，进而保证小区交通空间有序、安全、畅通。具体更新措施见表7-5。

表7-5 利用新增道路及空间增补停车位

阶段	更新前	过渡期	更新后
更新说明	下图为一张小区十字交叉口的照片，可以看到，交叉口各个方向停了大量的车辆，甚至有车辆长期停留，严重影响了小区的公共交通	因老旧小区大量的停车需求，很难快速实现路内划线停车的全部替代，因此在初期，首先关注道路十字交叉口的停车泊位的减少，如在道路交叉口十米范围内禁止停车	后期在通过停车库、机械停车、错时共享停车等解决了大量的停车需求后，一步步缩减路内划线停车，重新划分道路，构建完整的慢行、车行网络。若小区难以实现，可采用夜间慢行道停车共享，在规定时间段内停车
图片示例			
更新示意图	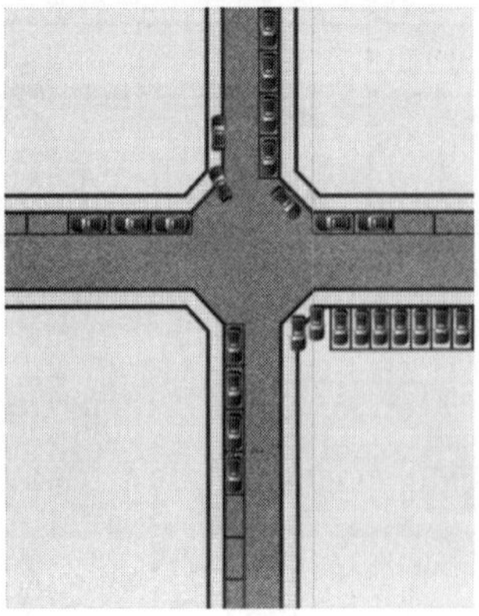	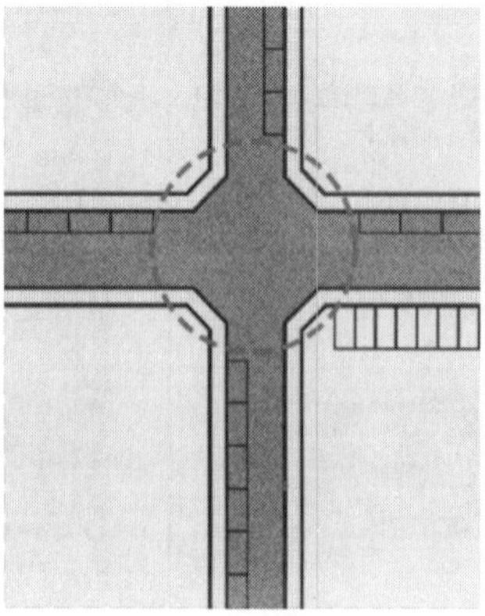	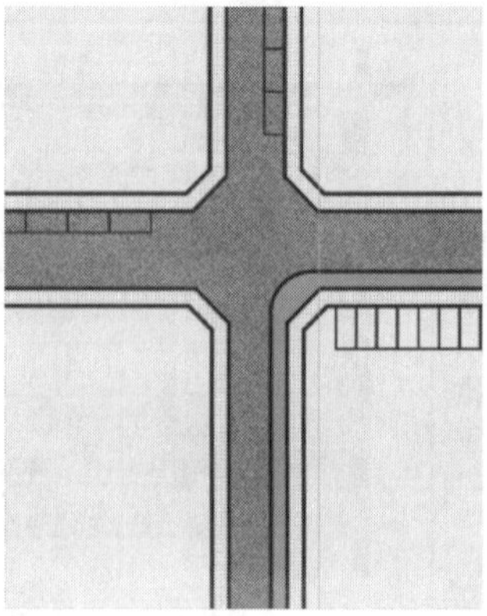

续表

7.1.2.2 宅间空间布局统筹

表7-6为笔者总结的四种老旧小区宅间常见的四种布局类型，通过重新规划设计，使各功能空间布局和谐。“绿地转移”指将被借用的绿地通过盆栽、墙面绿化、铺植草砖等方式进行补充。

表7-6 宅间空间布局统筹

种类	类型①	类型②	类型③	类型④
宅间现状				
宅间断面	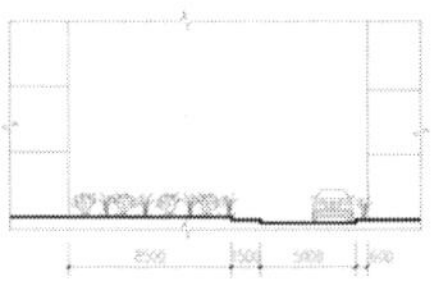	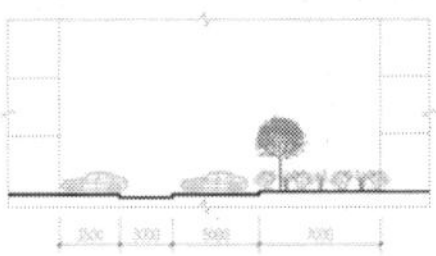	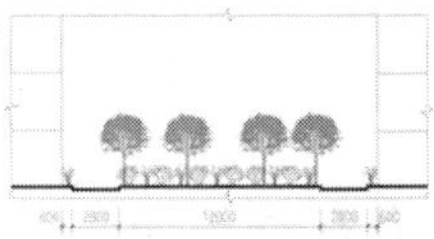	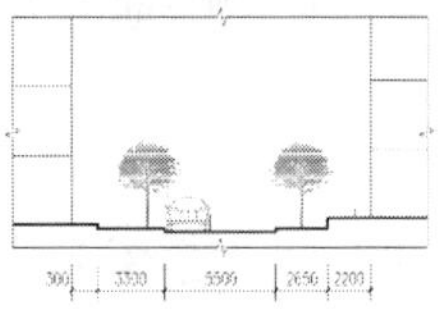 300 3300 5500 2650 2200
宅间平面	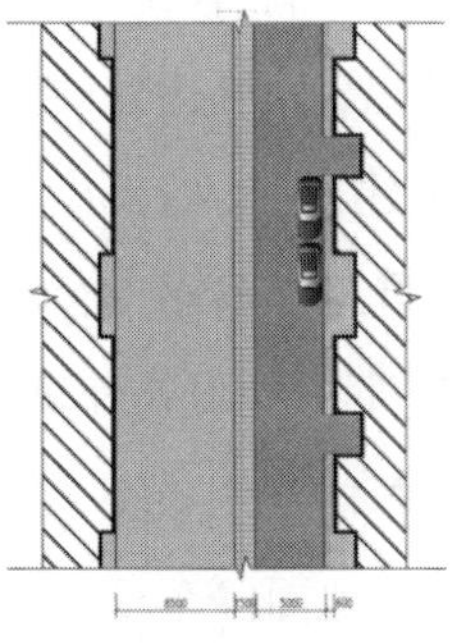	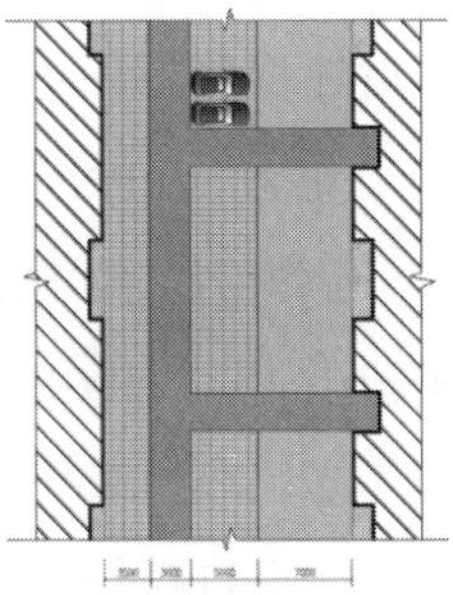	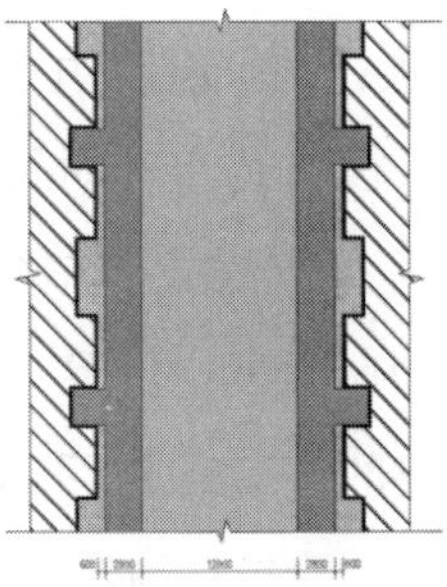	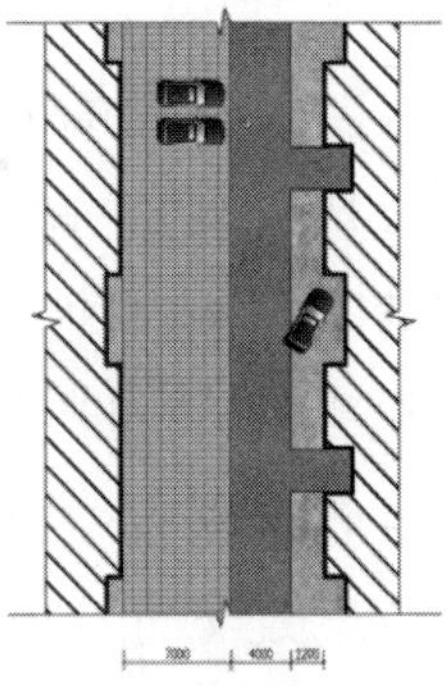
重新设计	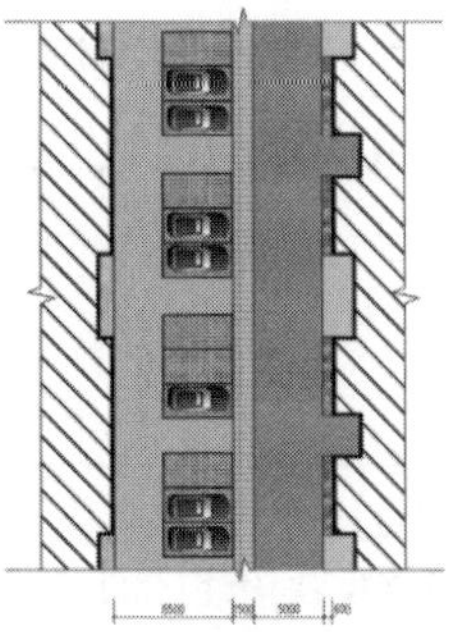	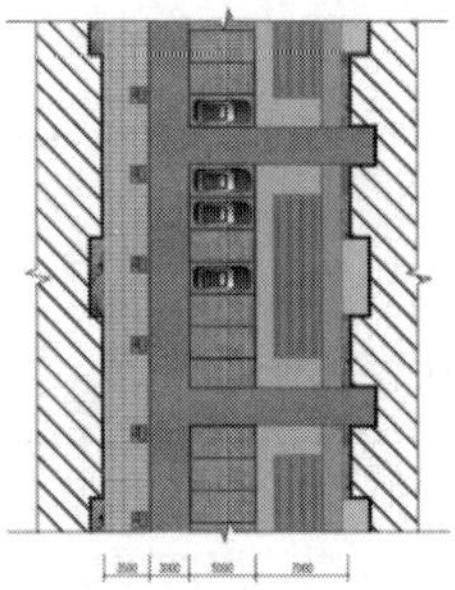	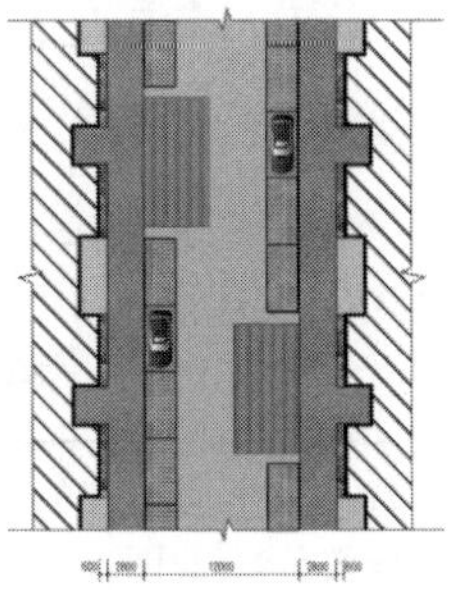	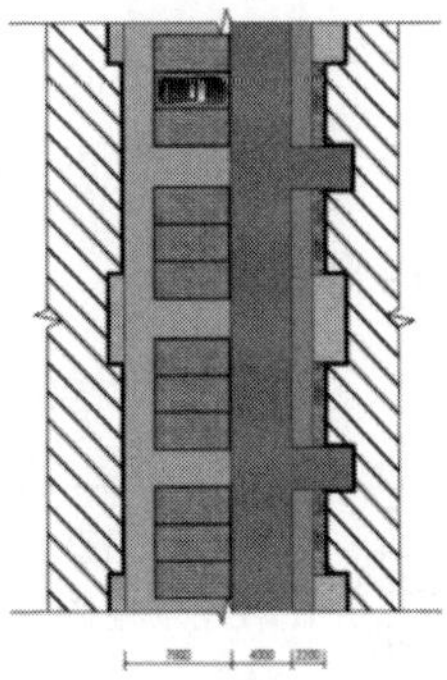

续表

设计说明	类型①为单元楼背面有大片绿地的宅间平面，对于该类型的处理方式为占用部分绿化，布置停车位，铺设植草砖；在入户面增加花池及非机动车停车位	类型②为单元楼入户前有大片绿地的宅间类型。对该类型采取人车分离的更新方法。可利用绿化设立慢行道，并挖取绿化空间作为小型活动空间，将人车完全分离开	类型③为少量小区外围双面入户，中间有大片绿地的宅间类型。从中挖取一些停车及活动场地来增加设施类型，入户面同样设花池及非机动车停车位	类型④为宅间只有几颗树木，其余全停车的类型。对其的处理为结合停车位补充绿化，入户面设慢行道，非机动车停车位，进而提升宅间品质

笔者通过走访调研发现，老旧小区因为建设年代早，早期的规划并未考虑车行交通，宅间存在大面积纯绿化用地，这些绿化占据了宅间大量的面积。同时，随着时间的流逝，小区内行道树日渐繁茂，小区的户外空间基本都覆盖于树阴之下。而小型活动空间在宅间基本没有设置，停车也是通过占据人行道或者通过路内划线停车解决。另外，从居民使用角度方面出发，居民更愿意将车辆停放于宅前，以便使用。因此，本书拟采用“绿地转移”及借用绿地的方式，在保证基础绿化率的前提下重新设计宅前空间，协调各功能空间的关系。

7.1.2.3 停车节点空间布局统筹

现状的停车节点在布局上基本可以分为四种：a. 位于出入口附近的停车节点；b. 紧邻小区主要道路的停车节点；c. 处于组团内部，可达性较好的停车节点；d. 可达性较差，使用效率不高的停车节点。因其自身不同的特点，笔者分别提出以下建议：a. 处于出入口附近的停车节点应进一步优化流线或停车模式，避免与出入口附近的人流车辆冲突，可与绿化景观结合提升出入口附近的空间品质。在小区停车自足的情况下可向城市车辆开放。b. 对于紧邻小区主要道路的停车节点，应增加更多停车位或提高停车位利用效率，错时向城市开放。c. 组团内部可达性较好的停车节点应注重自身停车品质，地面停车场可将停车位划线与趣味纹理图案结合，在使用低峰可供居民活动使用，增加趣味性。d. 对于可达性差、使用效率不高的停车节点，首先最重要的是优化其流通路径，或调整路网结构，将尽可能多的停车节点串联在车行主要环线，或加强与小区主要道路、组团路的连接。具体更新措施见表 7–7。

表 7–7 停车节点空间布局统筹

更新说明	简图为西安电子科技大学家属院的现状空间句法轴线模型全局整合度分析图（具体说明见第五章空间句法分析部分），此图反映了住区全局道路的可达性，能够反映该住区的车行交通潜力。通过在此图上点出停车节点的位置，分析其布局状况并提出意见

续表

更新示意图	可以看到，西安电子科技大学的轴线全局整合度不是很高，左侧三分之一处纵向道路为小区内的主要道路。图中，①、②两处停车节点都紧邻主要道路分布，将来可考虑将其向城市开放；③号停车场位于场地中央，与主要道路之间相连，但为了避免外来车辆影响居民生活及安全，只对内开放；④号停车节点处在周围道路可达性低的地段，其自身可达性比较低，应注重与主要道路的连接，高效利用停车位	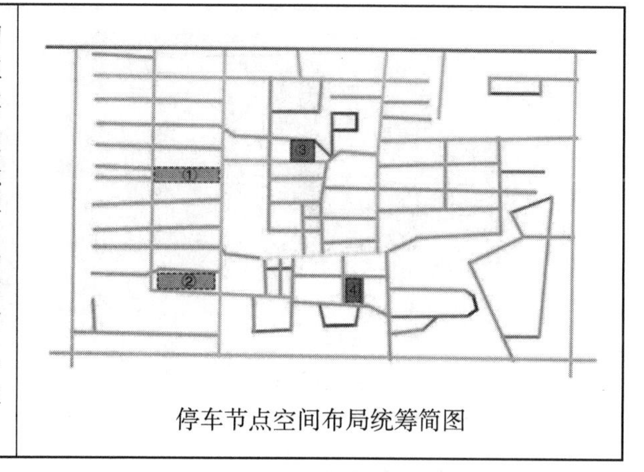 停车节点空间布局统筹简图

7.1.3 优化停车模式

此项措施主要针对停车位数量严重不足的老旧小区，在小区没有更多的潜力空间挖掘的情况下，或者挖掘完后仍然无法为服务范围内提供足够多的停车位时，可对原有停车设施的停车模式进行优化提升。这里分为两点：集中式停车模式更新与分散式停车模式更新。

7.1.3.1 集中式停车模式更新

集中式停车模式更新（表 7–8）即对原有的地面停车场进行改造，将其更替为停车楼或是增加机械式升降设备，在原有的场地上增加两倍甚至更多的停车位。在具体的更新形式上，建议采用设备结构简单，紧凑的垂直升降式停车方式，通过升降载车板来存取车辆。

表 7–8 集中式停车模式更新

更新说明	在简图中，设置了四处停车场，其中两处虚线框内假设满足服务范围内的停车需求，实线框代表不满足，在将住区内的潜力空间挖掘后，右上角假设满足所需，但左边仍无法满足，那么就需要对其的停车模式进行更新	
更新示意图	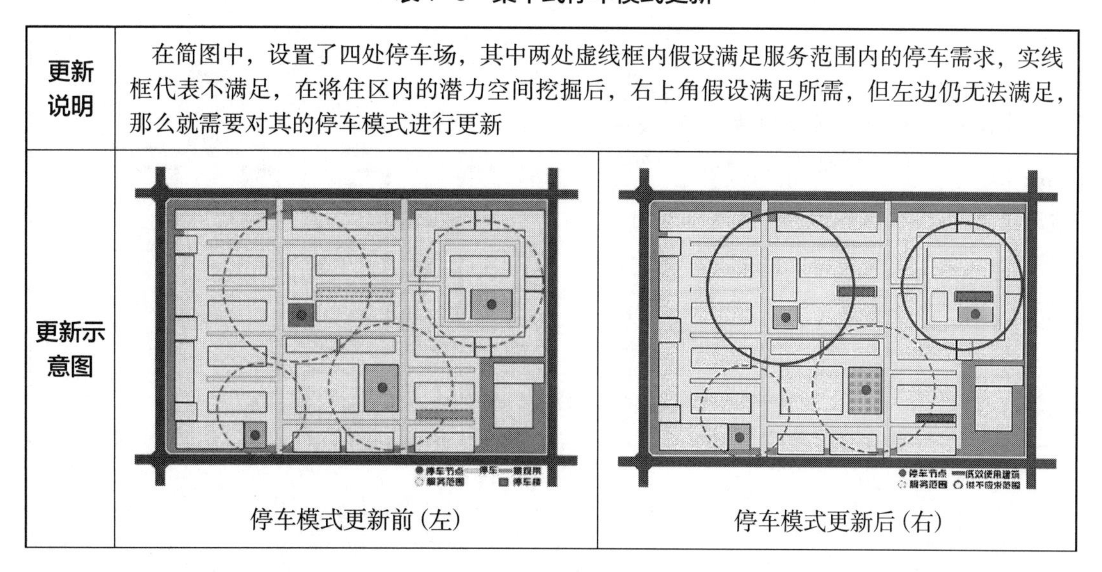 停车模式更新前（左）	停车模式更新后（右）

续表

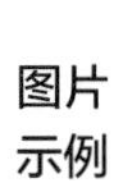 图片示例	 机械式停车设备（左）	 停车楼（右）

7.1.3.2　分散式停车模式更新

分散式停车模式更新主要是对老旧小区路边划线停车位的更新改造。此更新方法是在既有用地之上进行的停车模式更新。通过建立三层简易立体式停车设施，为小区提供两倍左右的分散式停车位数量，既能有效解决当下道路停车“违停乱停”的现象，也符合居民更愿意将车辆停在离家比较近位置的停车需求。此更新方法的前提是：该路边划线停车位旁边有足够的缓冲空间，要留给车辆足够的转弯半径，能使其垂直倒车入库，建议停车缓冲距离大于6米。此方法的基本思路是：挖掘原有停车位地下空间，建设三层升降式设备，将设备沉入地下，不影响地面活动及绿化面积。每个设备都有三个停车位，通过停车位旁边的智能设备扫码或刷卡来控制升降板上下移动，完成停车取车流程，示意图见表7-9。

表7-9　分散式停车模式更新

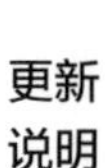 更新说明	简图为三层升降式停车的示意图，左边为停放状态，在将车辆停放好后，设备沉入地下，只留顶层车辆在外；右边为存取车状态，车主通过扫码，设备自行检索升至目标层，完成存取	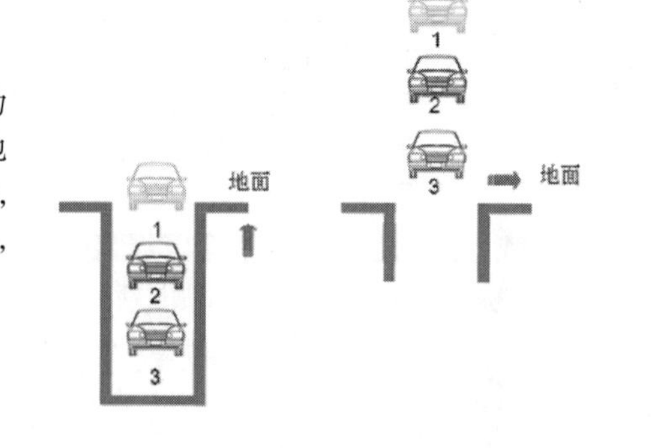
	停车取车流程（图片来源：《城市停车设施建设指南》）	

续表

<table>
<tr><td>图片示例</td><td> 
升降式停车设备实景图(图片来源:《城市停车设施建设指南》)</td></tr>
</table>

7.1.4 街区范围错时停车

错时停车是指因停车场停车位使用高峰不同，利用空闲时段，吸纳外来车辆，或对外开放，或降低收费标准，从而有效利用停车场空档期。老旧小区的停车高峰期一般出现在晚上20：00—早晨8：00，在晚上对车位需求远高于白天，而办公及公共建筑恰恰相反，因此，可利用停车场使用高峰期的差异及住区和办公昼夜停车需求在时间上的互补，可以在不同时间段互相借用停车场车位来缓解住区停车难问题，同时提高城市停车资源利用率，实现资源的合理配置。不同的是，在白天错峰停车时，住区只开放局部大型停车节点，杜绝外部车辆影响内部居民的正常生活及活动空间。

错时停车不仅高效解决了民众的停车需求，解决民众“一位难求”的难题，而且能够降低车主的停车支出，盘活停车场车位的利用率，增加停车场的营收，进而实现单位、居民及社会三方共赢。表7-10介绍了小区依赖街区及街区依托住区的具体更新方法。

表7-10 错时停车更新说明

形式	更新说明	更新示意图
小区依赖街区	基于主要车行循环网络并结合街区内主要停车节点剩余车位及错时共享时间指示牌的建构，让车主能够直观有效地看到停车位供给数量及时间，从而快速地将车辆就近停靠。在简图中，虚线代表的是小区内的主要循环路网，在环道中可多处布置停车节点剩余车位及错时共享时间指示牌，让车主方便地看到街区内每一处停车节点的具体情况，进而快速选择停车位置	地下车库入口 ● 停车节点 ——→ 夜间内部车流 ▲ 地下车库入口 小区依赖街区更新示意图

续表

形式	更新说明	更新示意图
街区依托住区	街区依托住区同前者一样，也是通过停车节点剩余车位及错时共享时间指示牌的指示来进行停车。在简图中，住区内只为街区提供了离主入口近的两处停车场，主要还是依据“小封闭，大开放”的开放式街区建构理念，既要一定程度上缓解街区停车压力，增加小区营收，也要尽可能地消除安全隐患，保障居民生活品质	地下车库入口 ● 停车节点 → 日间外部车流 ▲ 地下车库入口 小区依赖街区更新示意图

7.1.5 停车资源共享

关于老旧小区内的停车资源共享，现针对自足型的老旧小区而提出资源共享措施。在将小区停车资源整合的基础之上，对自足型老旧小区提出两点停车共享建议：a. 共享地块，供街区停车。关于此点，主要依据于对周边停车需求最大的位置和数量的评判，将小区内临近的地块匀出来为周边服务。b. 开放道路，让车停进住区。这点主要是对跨越自足型老旧小区提出。这种类型的老旧小区在我们的调研统计中只出现在高校型老旧小区中，其最主要的问题是对于两街区中间城市道路的过分依赖，道路两侧的街区人流大量汇聚于此，业态繁多，交通压力也非常大。而这种类型的老旧小区一般规模都比较大，所以本书希望通过拆分小区，形成内街。一方面对中间城市道路的车辆进行分流，另一方面让城市车辆停进小区内有多余停车位的停车节点内。具体措施见表 7-11。

表 7-11 停车资源共享措施

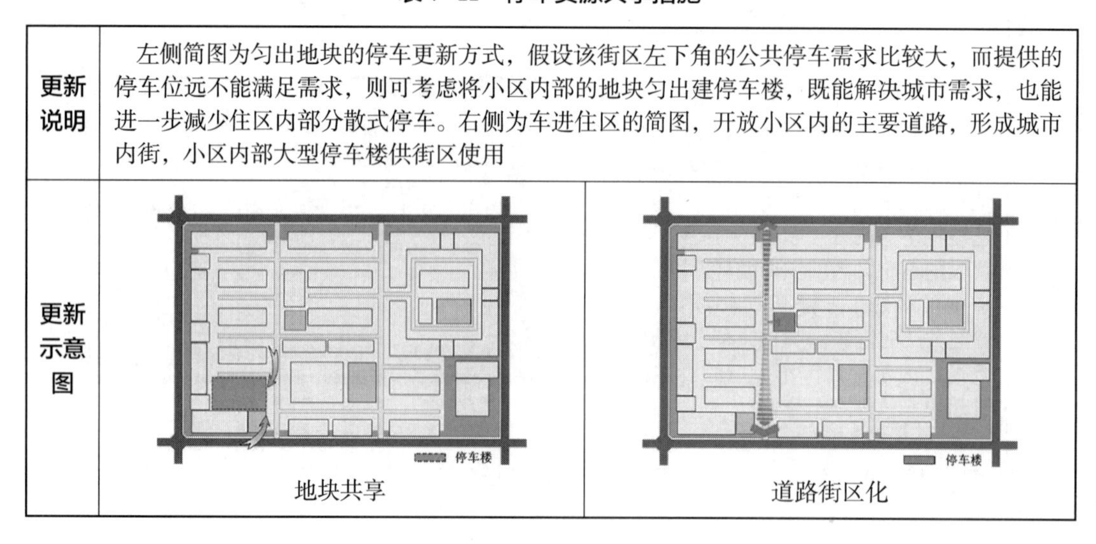

更新说明	左侧简图为匀出地块的停车更新方式，假设该街区左下角的公共停车需求比较大，而提供的停车位远不能满足需求，则可考虑将小区内部的地块匀出建停车楼，既能解决城市需求，也能进一步减少住区内部分散式停车。右侧为车进住区的简图，开放小区内的主要道路，形成城市内街，小区内部大型停车楼供街区使用	
更新示意图	停车楼 地块共享	停车楼 道路街区化

7.1.6 街区资源综合管理

前文从提供更多的停车位方面出发去更新的策略，重点在于挖掘停车位，提升住区品质。而不可忽视的是，对于小区乃至于街区来说，除停车位数量不足、交通拥堵之外、停车信息的封闭，停车管理的不当也是急需解决的问题。

随着“停车难”问题的日益突出及国家政策文件的相关要求，各地都开始将智慧停车、停车信息综合管理纳入更新范畴，目前国内的智慧化停车行业正处于一个快速发展的阶段。智慧停车及停车信息共享能够极大地统筹、充分利用停车资源，建立智慧停车综合管理平台势在必行。

对于城市智慧停车综合管理平台的构建，笔者认为，应该从街区层面出发，将每一个街区作为一个单元，由小及大，由个体到整体，进而由这些单元共同构建城市智慧停车综合管理平台。

街区智慧停车综合管理平台的构建应从以下几个方面出发：a. 在综合管理方面，统筹街区内停车资源，建立街区停车资源信息库，整合街区资源，街区综合管理；b. 在信息发布方面，一方面在城市及住区主要道路设立停车节点剩余车位及错时共享时间指示牌，另一方面通过手机 APP 推送实时停车信息，让车主能快捷便利地了解停车位使用状况，高效停车；c. 在收费管理方面，逐步将停车位智慧化，通过设备采集停车信息，实现 APP 扫码支付；d. 在 APP 建构方面，建立集车位预约、车位导航、实时车态、在线支付于一体的停车信息共享应用平台，真正做到全面、高效、智慧停车。

7.2 单位型老旧小区静态交通空间优化对策

7.2.1 静态交通空间优化框架

在静态交通空间的研究之中，停车位的数量占据绝对的主导地位，停车位的数量能否满足居民的需求，满足到什么程度，是本研究采取不同优化模式更新的基础。因此，在静态交通空间的优化分类中，首先以自足型、过渡性、依赖型为主导。其次是单位属性的影响，高校型和企业型因单位属性的差异，小区内的人群构成，居民出行方式选择等有比较大的差异。基于此，在将停车位数量及单位属性综合考虑的基础上，应对于笔者调研的四种老旧小区类型，分别提出以下四种优化设计对策：高校—自足型静态交通空间优化对策、企业—过渡型静态交通空间优化对策、高校—过渡型静态交通空间优化对策及企业—依赖型静态交通空间优化对策。(企业—自足型和高校—依赖型因在统计的西安单位型老旧小区中很少甚至没有，故不予研究)，如图 7-1 所示。

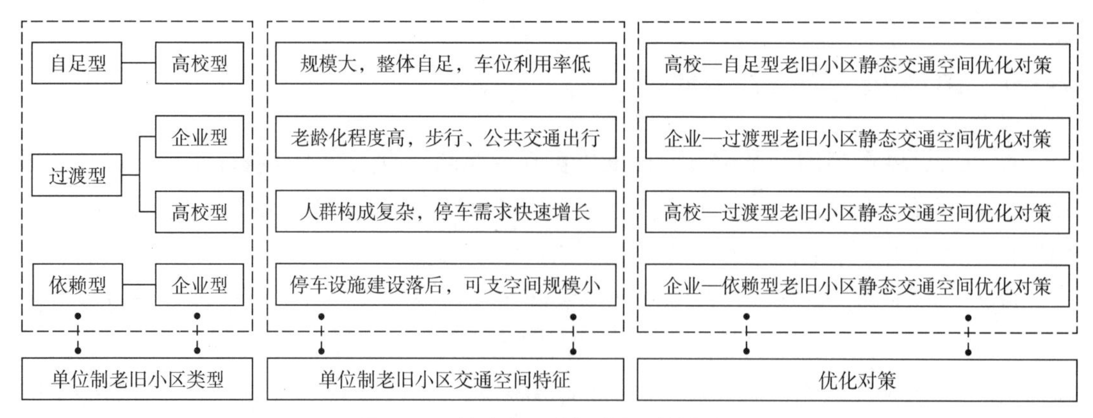

图 7-1　静态交通空间优化对策框图

7.2.2　高校—自足型老旧小区静态交通空间优化对策

对于高校—自足型老旧小区，静态交通空间更新的过程中以保持车位数不变，通过协调停车空间与其他空间的空间关系，停车空间自身分散式停车和集中式停车的配比，提升小区公共空间品质及停车品质，满足居民需求。同时从管理及空间优化层面将多余停车位向城市共享，实现街区高效高质量运营。

该类型的老旧小区规模大，停车位较为充足，且供居民停车的不仅限于居住区，教学区也能提供大量的停车位。此处跨越型住区和嵌入型住区又有所区别，嵌入型因教学区就在同一区域，整体自足；而跨越式因将教学区的车位数量计算在内，总体是自足型，但居住区自身不自足，属于过渡型或依赖型。通过第六章数据汇总，笔者归纳出以下几点特征：a. 在停车位总数上，该类型提供的停车位总数远大于停车需求值（2025）；b. 教学区为居住区提供了大量的停车位，甚至在嵌入型高校中停车位完全依赖教学区；c. 在停车方式上，小区因建设程度不同，以集中式停车为主的小区和以分散式停车为主的小区都有，但总体集中式偏多。

此外，经笔者分析归纳：在高校—自足型老旧小区之中，影响其静态交通空间的二级影响因素排名为：停车空间分布（55.77%）>停车空间使用（25.94%）>停车空间类型（11.24%）>停车空间数量（7.05%）。；三级影响因素排名为：小区外停车空间停取车便利度的权重最高（20.17%）>小区停车资源向街区共享（9.39%）>小区集中式停车空间分布合理（5.39%）>地面集中停车（2.97%）>其他。因此，对于该类型小区静态交通空间的更新，应将小区的停车品质及公共空间品质的提升放在主导地位，在此基础上区域统筹，智慧共享。图 7-2 为该类型老旧小区静态交通空间的具体优化对策框架。

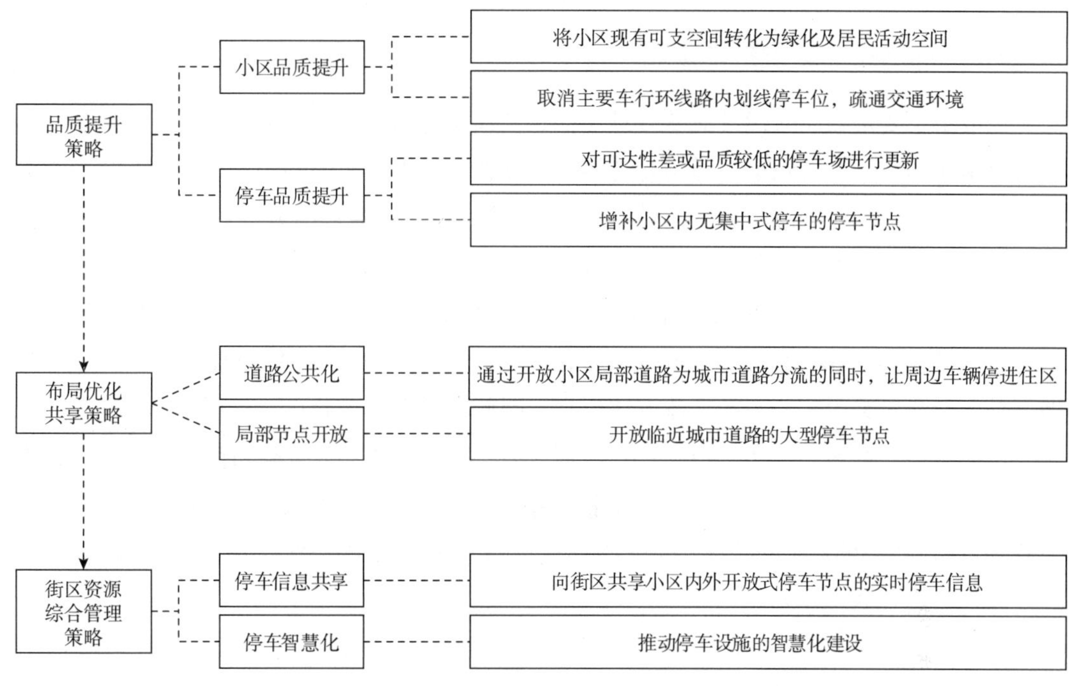

图 7-2　高校—自足型老旧小区静态交通空间优化对策框架

7.2.2.1　品质提升策略

该策略主要应对于小区公共空间品质的提升及停车品质的提升。在公共空间品质提升方面：a. 主要通过提取小区内的可支空间为居民新增活动及绿化节点；b. 将分布不合理的停车位取消，形成小区车行及人行环线。在停车品质提升方面：a. 通过停车空间布局统筹优化现有停车位的停车品质；b. 统筹全局，一方面做到“小区域点覆盖”，尽可能让居民在合理的距离范围内停车，做到停取车便捷；另一方面对通达性弱的集中式停车节点的车行路径进行优化。

7.2.2.2　布局优化共享策略

布局优化共享策略主要应对于该类型小区如何将空余的大量停车位高效高质量的向街区进行共享。具体分为两种路径：a. 将家属区或教学区靠近城市道路的大型集中式停车设施单独开设出口向街区开放；b. 对于大型集中式停车设施在家属区内部的老旧小区而言，可通过主要道路城市化的“开放式街区”更新方法，为街区主要道路分流的同时让街区车辆停进小区。这两种更新路径以尽可能不影响内部居民使用为前提，在此基础上为街区缓解停车压力，为居民创收。

7.2.2.3　街区资源综合管理策略

该策略主要是顺应时代潮流从管理层面出发，统筹街区停车资源，智慧化、高质量地解决停车问题。一方面停车资源信息统筹，通过整合建立街区内的停车资源信息库，对各区域各时段的停车数据总体把控；另一方面停车智慧化：a. 通过前者的数据建立 APP 手机导航，让车主实时查看停车动态，有选择的停车；b. 停车设备智慧化，减少人员成本。

目前国内的智慧化停车行业正处于一个快速发展的阶段，笔者认为各类型老旧小区都应采取该策略，不同的是该策略在不同类型的老旧小区中所占的重要性有所差别。但因不是本专业研究内容，不予具体方法研究。因此，后文关于此点，不再进行赘述。

总体而言，高校—自足型老旧小区以品质提升策略作为交通空间优化的主导；以布局优化共享策略作为自足型老旧小区将剩余停车位向周边开放的共享手段；以街区资源综合管理策略作为从管理方面做出的手段补充。图 7-3 是该类型老旧小区所对应的静态交通空间优化模式图。

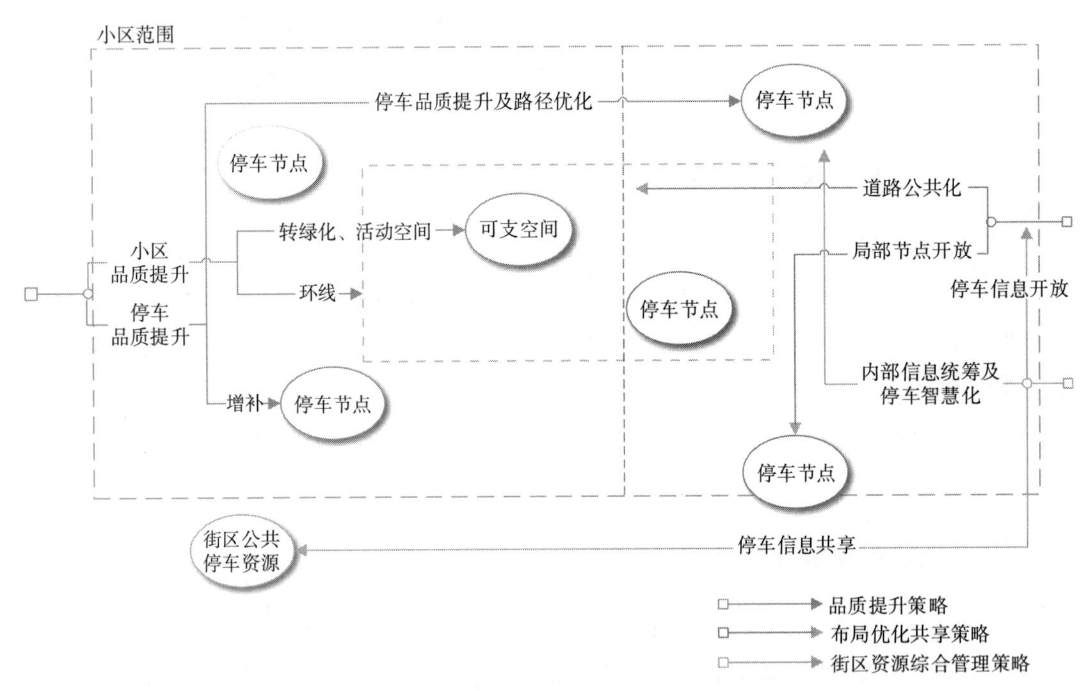

图 7-3　高校—自足型老旧小区静态交通空间优化模式图

表 7-12 为高校—自足型老旧小区更新方法与措施总结，以 AⅡ1，B1、B2、B3 优化措施作为基础，提升小区停车空间及其他公共空间品质；以 E1、E2 作为共享手段，解决城市交通问题的同时为居民带去额外收入；以 F1、F2 作为智慧指导，引导居民高效率、高质量停车。

表 7-12　高校—自足型老旧小区更新方法与措施总结

<table>
<tr><th>策略</th><th>要素</th><th colspan="3">适用更新方法及措施</th><th>出发点</th></tr>
<tr><td rowspan="2">品质提升策略</td><td>小区可支空间分配</td><td>A挖掘潜力空间</td><td>可支空间增补（AⅡ）</td><td>利用可支空间增补绿化、活动节点</td><td>小区内部自我更新</td></tr>
<tr><td>小区停车品质提升</td><td>B停车空间布局统筹</td><td colspan="2">（1）道路停车空间布局统筹
（2）宅间空间布局统筹
（3）停车节点空间布局统筹</td><td>小区内部自我更新</td></tr>
<tr><td rowspan="2">布局优化共享策略</td><td>集约用地局部开放</td><td rowspan="2">E停车资源共享</td><td colspan="2" rowspan="2">（1）地块共享
（2）道路街区化</td><td rowspan="2">街区协同更新</td></tr>
<tr><td>街区分流引导停车</td></tr>
<tr><td rowspan="2">街区资源综合管理策略</td><td>信息统筹</td><td rowspan="2">F街区资源综合管理</td><td colspan="2" rowspan="2">（1）街区综合信息管理系统构建
（2）停车智慧化</td><td rowspan="2">街区协同更新</td></tr>
<tr><td>智慧停车</td></tr>
</table>

7.2.3　企业—过渡型老旧小区静态交通空间优化对策

对于目前人口老龄化严重的企业—过渡型老旧小区，其优化主导在于通过交通空间优化，将更多的小区户外公共空间还于居民。一方面提倡绿色出行，对公共交通服务及步行环境作优化处理；另一方面将停车位尽可能集中，把广场、宅间空出来做公共服务设施，用于居民公共活动。最后，从资源管理层面协同街区，充分利用街区公共停车位。

该类型老旧小区居民老龄化程度高，出行方式也以步行、公共交通出行为主，而非私家车。相对于停车空间，居民更在意的是公共活动空间。在笔者对该类型作交通需求预测时，发现该类型现状停车位基本满足于当下需求，且未来对于停车需求的增长也很低。因此，对于该类型老旧小区静态交通空间的更新，应将居民的日常生活使用放于主导地位，注重对于老年人的适应性设计。

另外，在过渡型老旧小区之中，影响其静态交通空间的二级影响因素排名为：停车空间使用（48.67%）>停车空间数量（36.35%）>停车空间分布（8.98%）>停车空间类型（5.82%）；三级影响因素排名为：小区停车空间周转效率高（14.44%）>小区可支空间挖掘充分（10.37%）>街区公共停车资源周转效率高（8.30%）>小区外公共停车资源利用充分（6.10%）>其他。综合该类型老旧小区现状问题及需求，笔者特提出以下对策（图 7-4）。

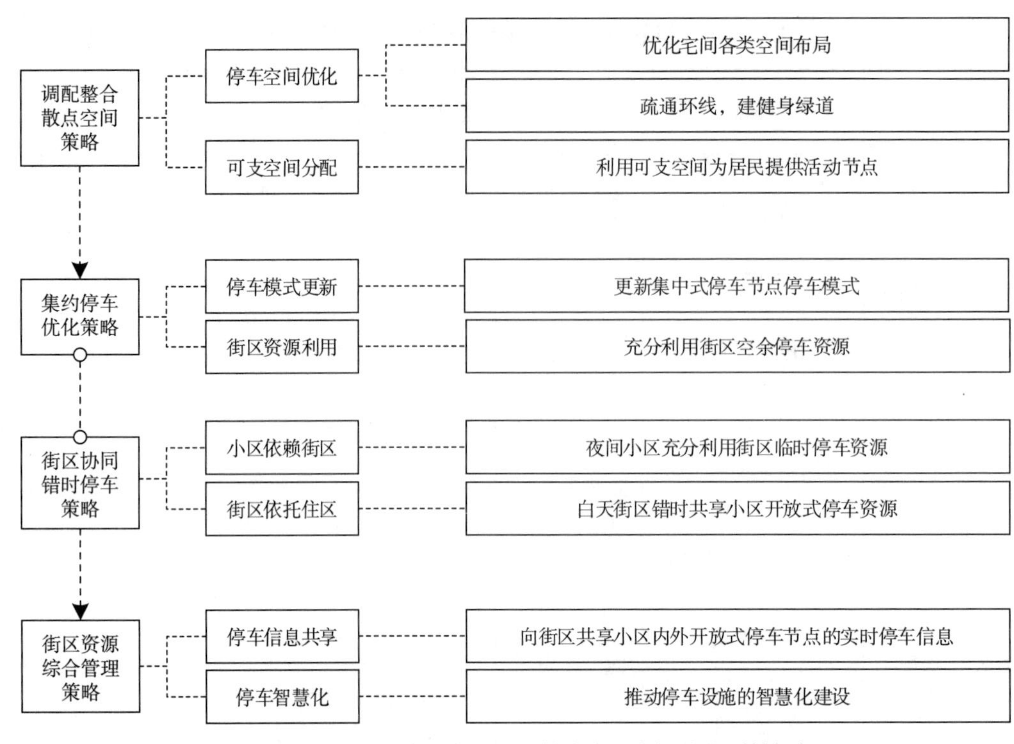

图 7-4　企业—过渡型老旧小区静态交通空间优化对策框架

7.2.3.1　调配整合散点空间策略

该策略以减少居民分散式停车，如何将空间高效利用，把公共活动空间还于居民为主导，具体从两方面展开。在停车空间优化方面：a. 道路空间，因居民出行以步行和公共交通为主，提倡将位于小区主要道路及内部车行环线的停车位取消，疏通小区内部主要交通的同时优化步行环境，让居民在相对舒适宜人的空间中活动或出行。b. 宅间空间重新优化布局，通过绿地转移、铺植草砖、盆栽等方式分割宅间空间，尽可能减少停车对居民影响的同时，隔离出宅间小型活动空间，供居民日常休憩。在可支空间增补方面，除必须要增加停车节点的地块外，其余均用于增补绿化、设施及居民活动节点。

7.2.3.2　集约停车优化策略

该策略主要以满足现有需要调整布局的停车位及未来停车的停车需求为目的，具体从两方面出发：a. 充分挖掘街区剩余停车位，在街区层面，拥有比较多的公园绿地、公建学校等，这些设施的停车位很多都未得到充分使用，小区可借此及城市道路的公共停车给自身挖掘一些距离比较近的停车位；b. 优化现有集中式停车模式，将地面停车场改为停车设施或地下停车场。

7.2.3.3 街区协同错时停车策略

该策略是通过利用停车高峰时间差来为小区及街区提供临时停车点。小区的停车高峰一般出现在晚上，而公建恰好相反。一方面，小区部分上班族夜间回家可将车辆停于公建停车场，于早晨驶离；另一方面，街区公共车辆在白天也可将车辆停进小区，但为不影响居民生活，住区只开放靠近城市道路的局部大型停车场。实现车位高效配置的同时，为双方带去额外收入。

总体而言，该类型老旧小区以调配整合散点空间策略作为优化的主导，为居民提供丰富的公共空间活动内容；以集约停车及街区协同停车策略作为该类型停车位数量的补充手段；以街区资源综合管理策略作为该模式下从管理方面做出的手段补充。图 7-5 是该类型老旧小区所对应的静态交通空间优化模式图。

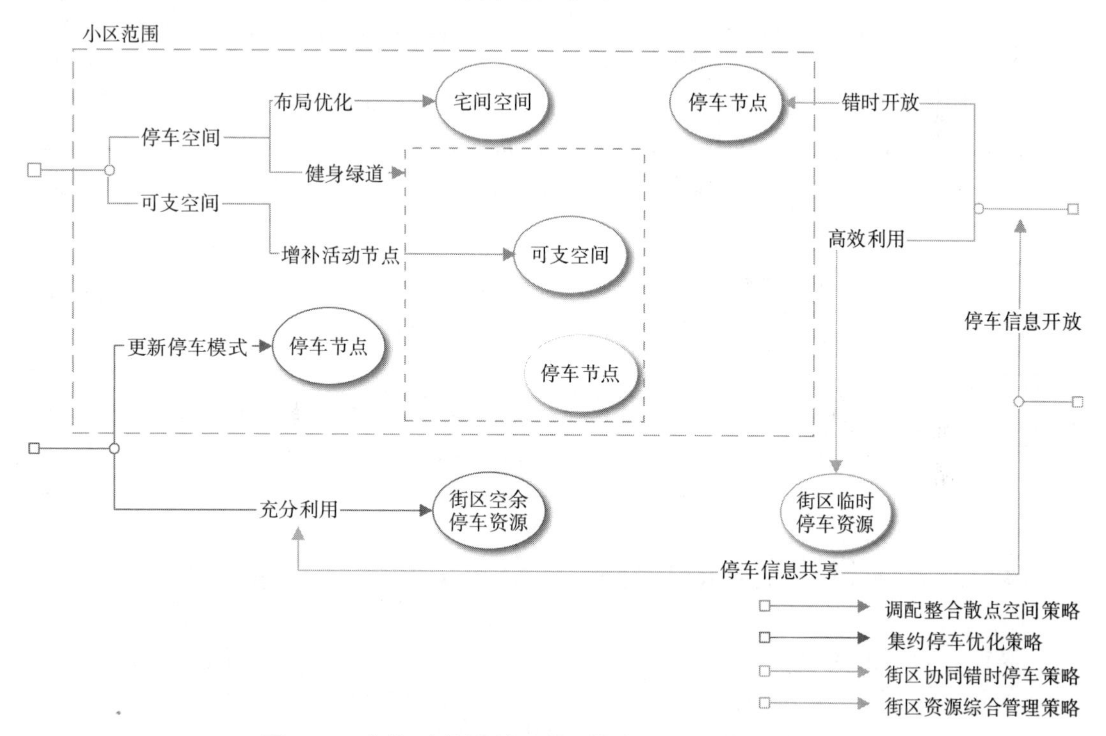

图 7-5 企业—过渡型老旧小区静态交通空间优化模式图

表 7-13 为企业—过渡型老旧小区更新方法与措施总结。其中，以 AⅠ1、AⅠ2、B3、C1 优化措施作为停车数量的增补及整合；以 AⅡ1、AⅡ2、B1、B2 作为停车品质提升及小区公共空间的节点增补；以 D1、D2 作为停车补充，充分满足街区内的停车需求；以 F1、F2 作为智慧指导，引导居民高效，高质量停车。

表 7-13　企业—过渡型老旧小区更新方法与措施总结

<table>
<tr><th>策略</th><th>要素</th><th colspan="3">适用更新方法及措施</th><th>出发点</th></tr>
<tr><td rowspan="2">集约停车优化策略</td><td rowspan="2">街区剩余停车位挖掘</td><td rowspan="4">A挖掘潜力空间</td><td rowspan="2">既有潜力空间挖掘（AⅠ）</td><td rowspan="2">(1) 依赖城市道路、公园绿地
(2) 利用周边公建、学校等停车</td><td>街区协同更新</td></tr>
<tr><td>住区融合更新</td></tr>
<tr><td rowspan="3">调配整合散点空间策略</td><td rowspan="2">可支空间增补活动节点</td><td rowspan="2">可支空间增补（AⅡ）</td><td rowspan="2">(1) 利用可支空间增补绿化、活动节点
(2) 利用新增道路及拆后空地增补绿化、节点</td><td>小区内部自我更新</td></tr>
<tr><td>住区融合更新</td></tr>
<tr><td>分散式停车空间优化</td><td>B停车空间布局统筹</td><td colspan="2">(1) 道路停车空间布局统筹
(2) 宅间空间布局统筹
(3) 停车节点空间布局统筹</td><td>小区内部自我更新</td></tr>
<tr><td>集约停车优化策略</td><td>整合分散，集约化停车</td><td>C优化停车模式</td><td colspan="2">集中式停车模式更新</td><td>小区内部自我更新</td></tr>
<tr><td rowspan="2">街区协同错时停车策略</td><td>小区借助于街区</td><td rowspan="2">D街区范围错时停车</td><td colspan="2" rowspan="2">(1) 小区依赖街区
(2) 街区依托住区</td><td rowspan="2">街区协同更新</td></tr>
<tr><td>街区依托于小区</td></tr>
<tr><td rowspan="2">街区资源综合管理策略</td><td>信息统筹</td><td rowspan="2">E街区资源综合管理</td><td colspan="2" rowspan="2">(1) 街区综合信息管理系统构建
(2) 停车智慧化</td><td rowspan="2">街区协同更新</td></tr>
<tr><td>智慧停车</td></tr>
</table>

7.2.4　高校—过渡型老旧小区静态交通空间优化对策

高校—过渡型老旧小区静态交通更新对策从停车需求管理、停车空间优化、停车管理三方面综合考虑。其中，停车需求管理是从源头上对停车位划线进行控制，而非一味地通过占用其他空间增补停车节点。停车空间优化指通过停车模式的更新，停车路径的优化解决停车问题。停车管理综合统一是指高效协调街区资源，充分利用现有的停车位。三者互为补充，互相依赖。

该类型老旧小区人群构成复杂，以高校学生、教职工及其家属、中小学生及其家长、周边办公租户为主。这四类人群出行方式多样，包含步行、非机动车、公共交通和私家车。同时也因人群年轻化，收入高，消费能力强，对停车需求的量会进一步持续增长。另外，依据关于过渡型静态交通空间的影响因素排名，特提出高校—过渡型老旧小区静态交通更新对策（图 7-6）。

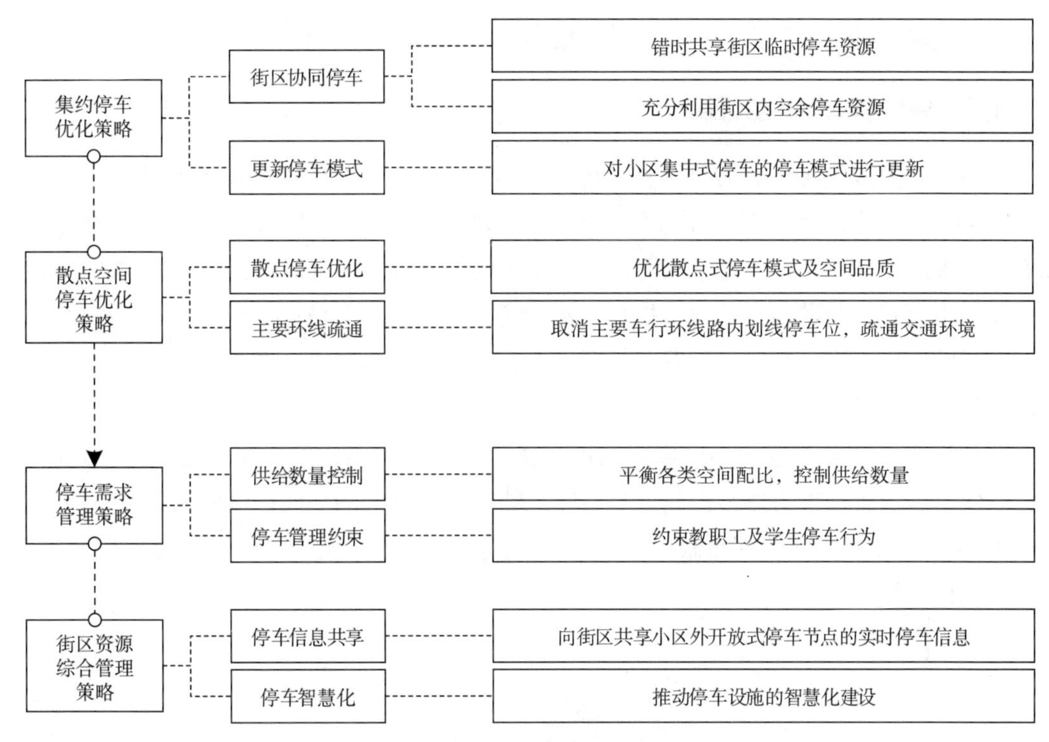

图 7-6 企业—过渡型老旧小区静态交通空间优化对策框架

7.2.4.1 停车需求管理策略

现阶段，随着越来越多的教职工自驾车通勤，学生驾车上学及外客访问，学校已将很多的公共空间用于停车。但对于建校已久的老旧校区，校园空间不可能一直为快速增长的停车需求配建越来越多的停车设施，急需从源头进行控制。该策略就是在这种背景下提出的意见建议。一方面，学校在车位供给方面，通过现有停车模式的优化为居民提供较多停车点；另一方面，倡导绿色出行，以步行、非机动车及公共交通代替，另外设立停车许可证制度，限制居民停放，进而影响居民购车欲望，控制车辆大量增长。因此条策略不属于本专业研究内容，不做具体描述及方法研究。

7.2.4.2 散点空间停车优化策略

该策略以优化分散式停车布局为主导，已形成小区内部车行环道、慢行道，集中式停车节点布局及路径优化为手段展开，具体从以下两方面展开。在分散式停车空间优化方面：a. 道路空间，将主要环道及通往大型集中式停车节点的路内划线停车位取消，并划定边界，构建机动车道和慢行道。将其余道路停车与绿化结合设计，或改为停车设施，根据需求增补停车位。b. 宅间空间方面，同过渡—企业型老旧小区一样，通过绿地转移、铺植草砖、盆栽等方式分割宅间空间，尽可能减少停车对居民的影响。同时，隔离出宅间小型活动空间。在可支空间增补停车节点方面，通过挖掘可支空间，为小区内没有集中式停车设施的地块增补停车节点，尽可能做到集中式停车均衡分布。

7.2.4.3 集约停车优化策略

该策略主要以满足现有需要调整布局的停车位及未来停车的停车需求为目的，基本与企业—过渡型一致。具体从以下三方面出发：①充分挖掘街区剩余停车位，在街区层面，拥有比较多的公园绿地，公建学校等，这些设施的停车位很多都未得到充分使用，小区可借此及城市道路的公共停车给自身挖掘一些距离比较近的停车位；②街区协同，利用高峰时间差错时使用，高效高质量运营；③优化现有集中式停车模式，将地面停车场改为停车设施或地下停车场。

总体而言，该类型老旧小区以集约停车优化策略及散点空间优化策略作为优化的主导；以停车需求管理策略作为控制该类型停车数量大量增长的手段；以街区资源综合管理策略作为该模式下从管理方面做出的手段补充。图 7-7 是该类型老旧小区所对应的静态交通空间优化模式图。

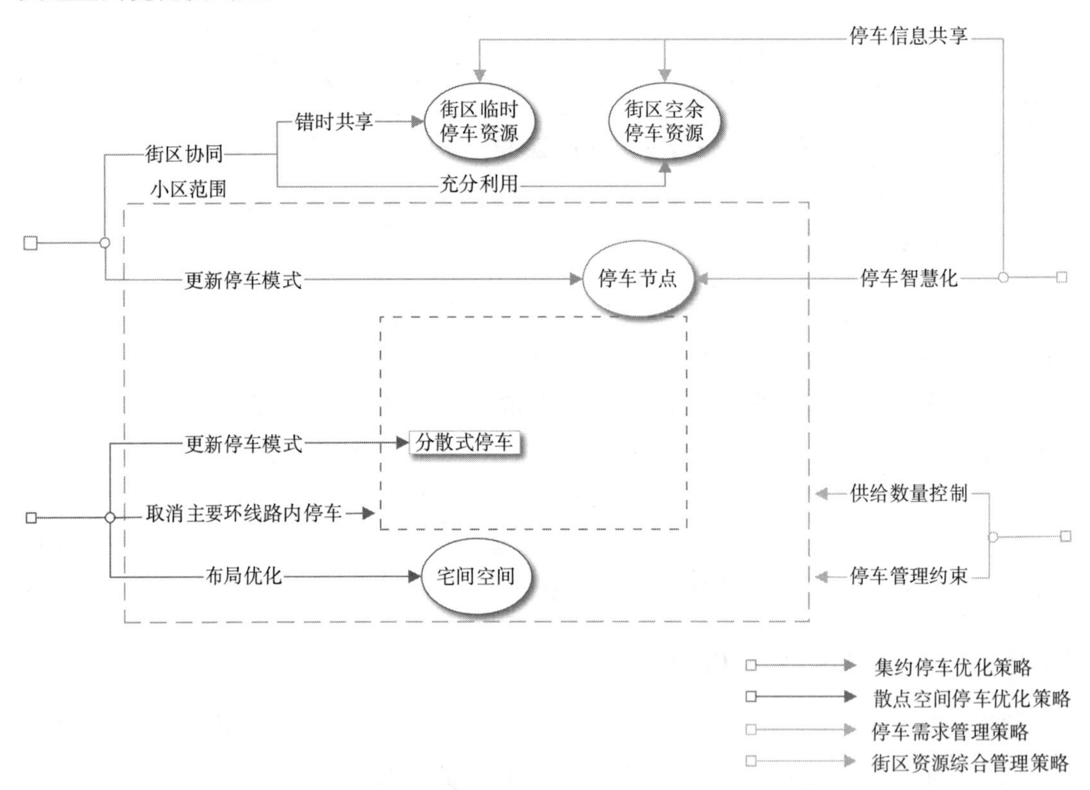

图 7-7 高校—过渡型老旧小区静态交通空间优化模式图

表 7-14 为高校—过渡型老旧小区更新方法与措施总结。以学校的车位供给及停车限制控制该类小区大量的停车需求增长；以 AⅠ1、AⅠ2、AⅡ1、B3、C1、D1 优化措施作为停车数量的增补及整合；以 B1、B2 作为停车品质提升及小区车行人行道路的构建基础；以 F1、F2 作为智慧指导，引导居民高效率、高质量停车。

表 7-14 高校—过渡型老旧小区更新方法与措施总结

<table>
<tr><th>策略</th><th>要素</th><th colspan="3">适用更新方法及措施</th><th>出发点</th></tr>
<tr><td rowspan="2">集约停车优化策略</td><td rowspan="2">街区协同，高质量运营</td><td rowspan="3">A挖掘潜力空间</td><td rowspan="2">既有潜力空间挖掘（AⅠ）</td><td rowspan="2">（1）依赖城市道路、公园绿地
（2）利用周边公建、学校等停车</td><td>街区协同更新</td></tr>
<tr><td>住区融合更新</td></tr>
<tr><td rowspan="2">散点空间停车优化策略</td><td>可支空间增补停车节点</td><td>可支空间增补（AⅡ）</td><td>利用可支空间增补停车节点</td><td>小区内部自我更新</td></tr>
<tr><td>分散式停车空间优化</td><td rowspan="2">B停车空间布局统筹</td><td colspan="2" rowspan="2">（1）道路停车空间布局统筹
（2）宅间空间布局统筹
（3）停车节点空间布局统筹</td><td rowspan="2">小区内部自我更新</td></tr>
<tr><td rowspan="3">集约停车优化策略</td><td rowspan="2">整合分散，集约化停车</td></tr>
<tr><td>C优化停车模式</td><td colspan="2">集中式停车模式更新</td><td>小区内部自我更新</td></tr>
<tr><td>街区协同，高质量运营</td><td>D街区范围错时停车</td><td colspan="2">小区依赖街区</td><td>街区协同更新</td></tr>
<tr><td rowspan="2">街区资源综合管理策略</td><td>信息统筹</td><td rowspan="2">E街区资源综合管理</td><td colspan="2" rowspan="2">（1）街区综合信息管理系统构建
（2）停车智慧化</td><td rowspan="2">街区协同更新</td></tr>
<tr><td>智慧停车</td></tr>
</table>

7.2.5 企业—依赖型老旧小区静态交通空间优化对策

企业—依赖型老旧小区静态交通空间更新对策以满足老旧小区停车需求，解决小区因停车难而导致的一系列问题为主导。在小区内部自我更新层面，充分挖掘停车空间，并统筹优化停车模式；在街区融合层面，化围墙阻隔空间为交通联系空间，并置入新的停车位；在街区协同层面，充分利用街区剩余公共停车位，并通过利用使用高峰期时间差进行错时停车；在管理层面，整合街区停车资源，智慧化高效高质量停车。

该类老旧小区停车空间严重不足。一是因为停车设施建设落后，二是停车可支空间规模小。车主找不到停车位的情况下大量占据道路空间、绿化空间和公共广场。另外，这种类型的小区多由多个产权边界共同组成，围墙的大量存在严重影响空间的通达性，进而导致了一系列的停车问题。

此外，在停车预测的研究中，笔者统计分析后发现该类小区在今后的五年内停车需求还会得到持续上升。在二级影响因素排名中，停车空间数量（55.79%）>停车空间使用（26.35%）>停车空间分布（12.19%）>停车类型（5.69%）；在三级影响因素排名中，停车位数量满足小区汽车保有量（17.38%）>小区停车空间周转效率高（7.64%）>小区可支空间挖掘充分（6.68%）>街区公共停车资源周转效率高（4.60%）>其他。居民对停车的需求已远超其他。因此，这种类型的老旧小区静态交通优化方向应主要集中于停车位增量

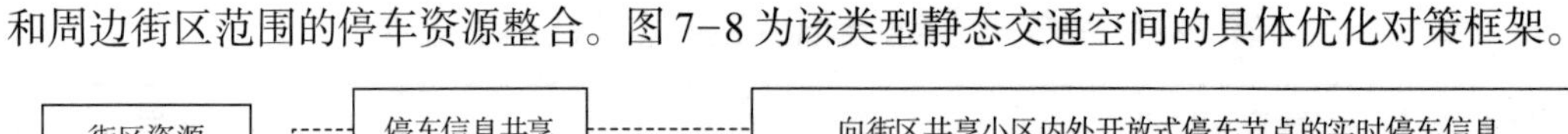
和周边街区范围的停车资源整合。图 7-8 为该类型静态交通空间的具体优化对策框架。

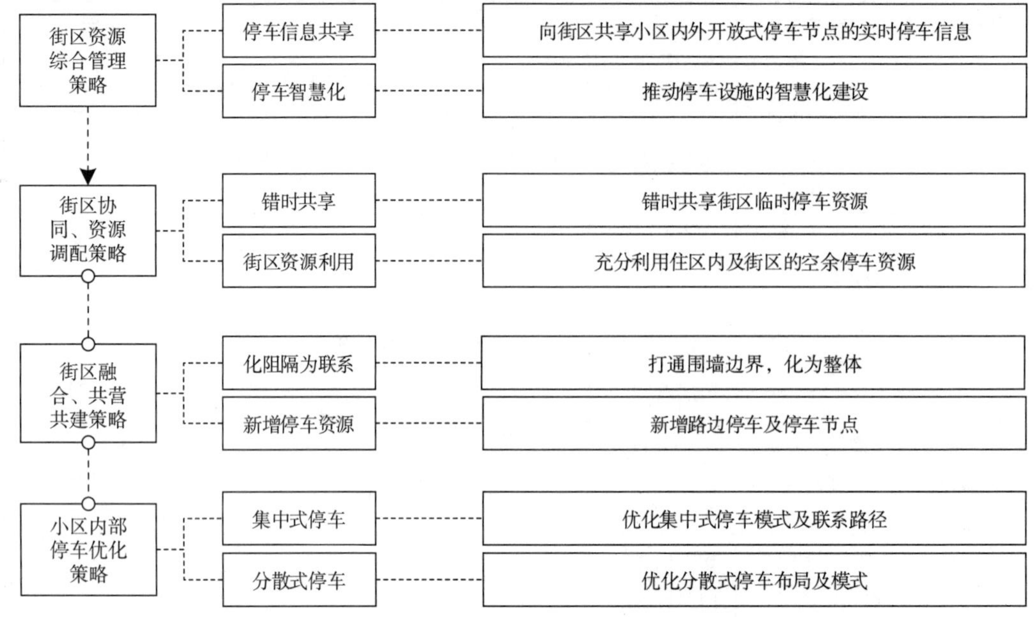

图 7-8 企业—依赖型老旧小区静态交通空间优化对策框架

7.2.5.1 街区协同，资源调配策略

该策略以小区充分利用周边停车位为主导，对街区内的“剩余”停车位进行挖掘。具体从两方面出发。一方面，对既有的停车位进行挖掘：a. 充分利用城市道路公共停车位及公园绿地的空置停车位；b. 利用周边的公建、学校等补充停车；c. 利用小区的可支空间进行停车。另一方面，利用使用时间差错时停车：a. 小区内部可借助于广场、活动场地夜间停车；b. 街区层面，夜间充分利用小区周边停车位。

7.2.5.2 街区融合，共营共建策略

该策略主要是通过化围墙空间为交通连系空间，在动态交通将产权边界打通后增补停车位。①利用新增的道路增加局部划线停车；②加强各个小区之间的联系，与汇集处建公共停车设施。该策略需各个产权居民互相让步，互相成全，进而才能将住区整合起来，打造成为整体，共同营建。

7.2.5.3 小区内部停车优化策略

该策略主要是通过对现有停车位的布局优化及模式更新，进而补充大量停车位的手段。在分散式停车优化方面，依旧建议将主循环车行道路内划线停车取消，但可在路边建分散式停车设施。宅间也可在部分人流量小的地方建停车设施。在集中式停车优化方面，建议将核心停车场转变为立体停车楼或地下停车场，通过集中式停车解决小区大量的停

车需求。第四条策略同前文，在此不再进行赘述。

总的来说，该对策分别从街区协同、街区融合及小区内部三方面出发，实现区域的停车需求。将街区资源综合管理策略作为该模式大量停车资源的统一把控手段，以实现街区内所有停车资源的充分利用。图 7-9 是该类型老旧小区所对应的静态交通空间优化模式图。

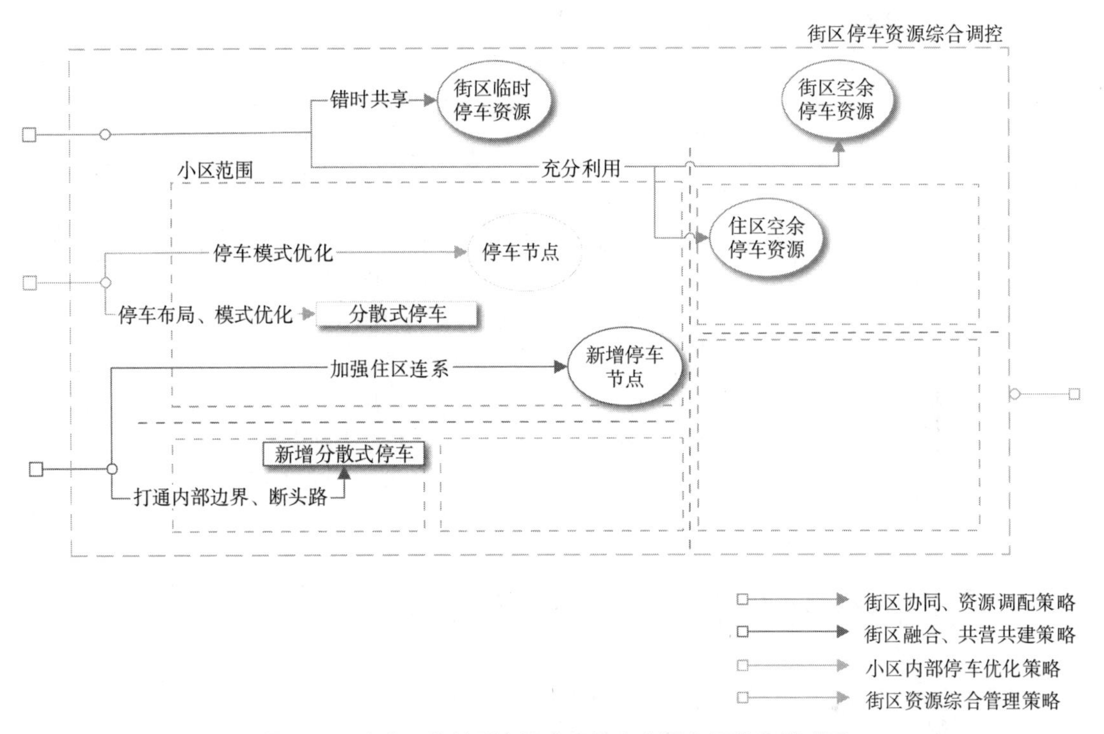

图 7-9　企业—依赖型老旧小区静态交通空间优化模式图

表 7-15 为企业—依赖型老旧小区更新方法与措施总结。其中，以 B1、B2、B3、C1、C2 小区内部优化措施作为停车数量的基础；以 AⅡ2 街区融合共建措施作为重点新增；以 AⅠ1、AⅠ2、AⅠ3、D1 街区协同方面的措施作为停车补充；以 F1、F2 作为智慧指导，引导居民高效率、高质量停车。

表 7-15　高校—过渡型老旧小区更新方法与措施总结

<table>
<tr><th>策略</th><th>要素</th><th colspan="3">适用更新方法及措施</th><th>出发点</th></tr>
<tr><td rowspan="3">街区协同，资源调配策略</td><td rowspan="2">街区剩余停车位挖掘</td><td rowspan="3">A挖掘潜力空间</td><td rowspan="3">既有潜力空间挖掘（AⅠ）</td><td rowspan="3">（1）依赖城市道路、公园绿地
（2）利用周边公建、学校等停车
（3）利用广场、活动场地停车</td><td>街区协同更新</td></tr>
<tr><td>住区融合更新</td></tr>
<tr><td>错时停车</td><td>小区内部自我更新</td></tr>
</table>

续表

策略	要素	适用更新方法及措施			出发点
街区融合，共营共建策略	化围墙为联系，增补分散车位	A挖掘潜力空间	可支空间增补（AⅡ）	利用新增道路及拆后空地增补停车位	住区融合更新
	加强住区联系，新增集中停车				
小区内部停车优化策略	分散式停车优化	B停车空间布局统筹	(1) 道路停车空间布局统筹 (2) 宅间空间布局统筹 (3) 停车节点空间布局统筹		小区内部自我更新
	集中式停车优化				
小区内部停车优化策略	集中式停车优化	C优化停车模式	(1) 集中式停车模式更新 (2) 分散式停车模式更新		小区内部自我更新
	分散式停车优化				
街区协同，资源调配策略	街区错时停车	D街区范围错时停车	小区依赖街区		街区协同更新
街区资源综合管理策略	信息统筹	E街区资源综合管理	(1) 街区综合信息管理系统构建 (2) 停车智慧化		街区协同更新
	智慧停车				

7.3 动态交通空间优化方法与措施

老旧小区的动态交通空间构成要素包含道路与出入口，对于道路的更新，首先应该梳理路网的整体结构，完善老旧小区的路径；其次应针对不同类型道路空间的功能以及宽度进行优化，形成适宜人车共存的道路截面空间；在出入口更新方面，出入口作为节点空间既与老旧小区内部的功能布局、疏散等有关，又与城市街区空间的交通紧密相连。因此，本节从路网结构、道路空间、出入口数量位置、出入口空间以及小区的总体交通组织等几方面展开对老旧小区动态交通空间的更新讨论。

7.3.1 路网结构连续整体

老旧小区的路网结构包含小区与街区两个尺度，小区尺度的路网结构指小区范围内各级道路的组织与联系，街区尺度的路网结构指由多个小区集聚形成的居住型街区的内部路网组织，街区的整体路网结构是由各个小区的路网组合而成的。通过对小区内部道路特征进行分析，各个类型老旧小区的路网结构都具备以下几点特征：一是小区内路网现状特征通常是由各个历史时期叠加的结果，路网形式多样，整体秩序比较混乱；二是老旧小区内路网的尽端路过多，小区内无法形成完整连续的交通路径；三是部分老旧小区路网相对均质，没有明显的道路分级，导致路网不能合理地组织人流与车流。从街区的视角对嵌入型老旧小区进行分析，其路网结构通常由多个老旧小区在同一个街区内组合而成，小区内部的尽端路较多，无法形成循环路径，小区之间通过围墙分隔，空间隔离性高，总体来看，街区路网的非整体性布局使小区的交通体系与城市交通衔接不畅。

对于老旧小区内部路网结构的更新，完整的路网结构可以提高道路的使用效率以及合理地组织人车流线。因此，首先应该对老旧小区的路网进行梳理，通过连通尽端路完善老旧小区的整体路径，形成连续的道路体系；其次，对于道路分级不明确的老旧小区，应从其路网特征出发，通过加宽道路、合理分级的方式构建老旧小区的主要道路体系。如表7-16所示，主要道路的形态应顺应小区的路网结构特征，同时应能便利地到达小区的各个位置，因此小区的主要道路形态通常呈现环状特征。

表 7-16　老旧小区路网结构优化措施

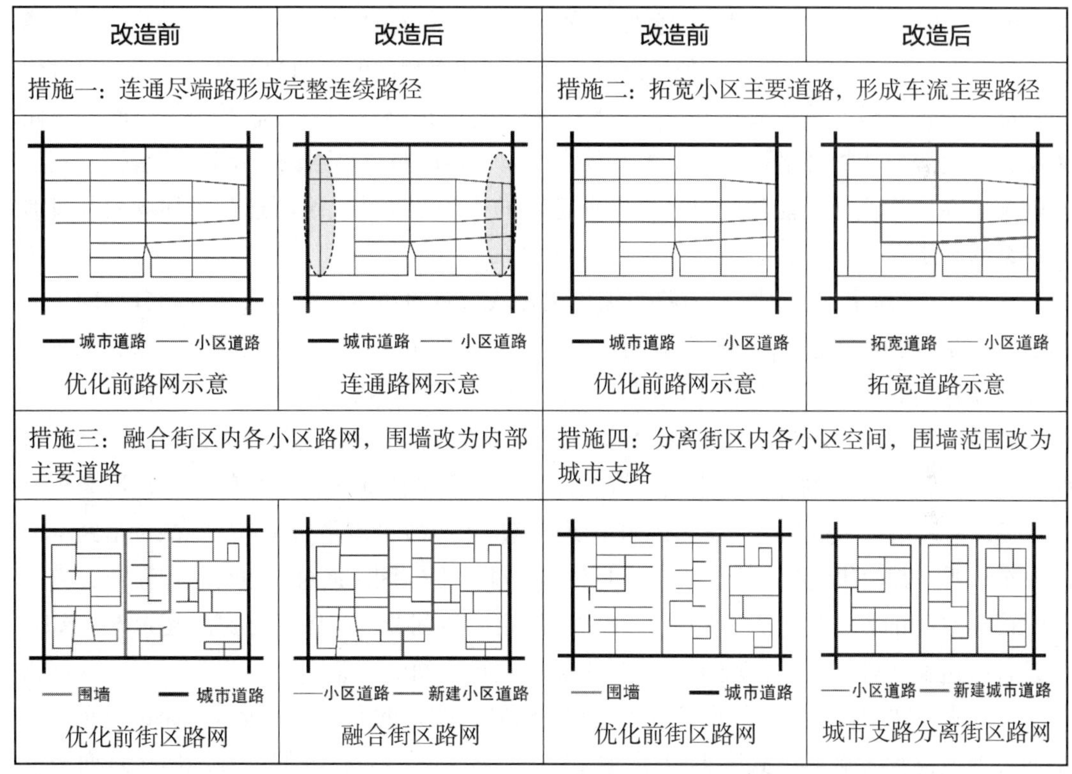

改造前	改造后	改造前	改造后
措施一：连通尽端路形成完整连续路径		措施二：拓宽小区主要道路，形成车流主要路径	
城市道路　小区道路	城市道路　小区道路	城市道路　小区道路	拓宽道路　小区道路
优化前路网示意	连通路网示意	优化前路网示意	拓宽道路示意
措施三：融合街区内各小区路网，围墙改为内部主要道路		措施四：分离街区内各小区空间，围墙范围改为城市支路	
围墙　城市道路	小区道路　新建小区道路	围墙　城市道路	小区道路　新建城市道路
优化前街区路网	融合街区路网	优化前街区路网	城市支路分离街区路网

对于嵌入型老旧小区的街区路网优化，主要有两种更新方式：一是有机融合，化围墙隔离空间为交通联系空间。当嵌入型老旧小区所在街区的尺度小于250米或围墙隔离空间的宽度不足以设置城市支路时[1]，可将集聚在同一街区的老旧小区之间的围墙空间拆除，形成各小区共同使用的道路交通空间，使街区内各个老旧小区的路网体系形成一个有机的整体。当嵌入型老旧小区所在街区尺度大于300米或街区内各小区的路网体系无法形成统一整体时，应将各小区路网合理分离，化围墙隔离空间为城市支路。当街区尺度过大时，街区的交通流会造成城市交通的拥堵且老旧小区之间的交通流会相互影响，因此通

[1] 根据《城市综合交通体系规划标准》，城市支路的道路红线宽度宜为16米。

过增设城市支路的方式分离各个老旧小区空间，形成尺度适宜的小街区，减少街区对城市交通的影响。

7.3.2　道路空间人车共存

老旧小区内道路依据其功能与空间位置可划分为小区主要道路、组团主要道路以及宅间道路。主要道路需承担小区内的主要车流与人流疏散，并且与小区各个区域联系性高，通常是小区的中心环状道路；组团主要道路须承担组团内的疏散功能以及联系主要道路与组团居住空间；宅间空间是老旧小区内最基本的空间单元，宅间道路主要联系住宅与组团道路。

对各类道路的使用特征进行分析，小区主要道路最首要的作用是组织与疏散小区内的交通流，因此，其功能要素应该至少包含车行道、慢行道以及人行道，且各个功能要素应尽量分离，互不干扰。组团主要道路除了承担居住组团内的交通疏散外，还应注重其停车功能的设置，最终形成人车共存的道路空间。宅间道路作为直接联系居住空间的道路体系，其生活型功能必不可少。总体来看，小区主要道路更加强调其承担交通流的功能，宅间道路在发挥交通功能的同时还应增加道路的生活型功能，组团道路更加倾向其过渡与联系的职能。

如表 7–17 所示，小区主要道路的优化主要从道路的功能要素与人车空间分离两个方面展开。在功能要素方面，车行道路宜为双车道，为保障小区交通流能正常疏散，双车道最低宽度宜为 6 米，同时还应至少设置一条慢行道，慢行道宽度为 1.5 米，因此小区主要道路的最低路面宽度宜为 7.5 米。在人车空间分离方面，小区主要道路的人行道通常被道路绿化切分为不连续的片段式空间，将大面积的集中道路绿化分散布局于人行道与车行道之间，使人行与车行互不干扰。组团主要道路应重点改善道路功能布局，减少道路空间的人车矛盾，其优化包含两个方面。一是调整道路停车空间，通过路边交叉停车或分离人行道停车空间的方式构建人车和谐共存的组团道路空间。当组团道路宽度超过 5.5 米时，可设置路边交叉停车，路面交叉停车既能保障人行空间的完整，又能使对向车辆顺利错车。对于路面宽度较窄、人行道较宽的道路，可拓展多余的人行空间设置为路边停车。二是通过增设路面设施等方式降低组团道路车速，减少车行对行人的影响，如在路面增设减速带、驼峰等交通设施。宅间道路的优化应将宅间空间视为一个整体，调整道路与宅间其他功能要素的空间关系，其内容包含两个方面：一是调整宅间绿化、停车以及道路的空间位置关系，形成合理的道路空间布局；二是利用闲置的绿化结合人行空间设置宅间休闲活动空间，增加宅间道路的生活化功能。

总体来看，老旧小区道路空间优化应根据不同等级道路的功能与作用不同而采取差异化的优化措施，老旧小区的道路优化在局部上能够形成人车分离的空间截面，但在小区整体层面，道路空间的优化应该遵循人车共存与共享的原则，最终达到人车路权使用的平衡点与整体的均衡性。

表 7-17 老旧小区各级道路优化措施

内容	道路空间	图示及说明	
道路类型	小区主要道路	小区范围内构成小区主要空间骨架的道路，通常是组团与组团之间的道路	
	组团主要道路	小区范围内统一组团内各宅间路的道路	
	宅间道路	小区范围内住宅与住宅之间的道路，是住宅和组团主要道路之间的联系性道路	
道路空间现状特征	小区主要道路	(1) 部分主要道路宽度不足，缺少必要的主要道路构成要素，无法承担小区主要车流 (2) 小区部分主要道路没有分离慢行与车行道路 (3) 人行道路不连续，被道路绿化等切分为不完整的空间 (4) 人行空间与车行空间相互干扰影响	
	组团主要道路	(1) 停车空间侵占人行空间，行人空间不完整 (2) 行人需较多穿越组团道路，车行对人行影响较大	
	宅间道路	(1) 停车空间与道路布局不合理 (2) 道路绿化设施使步行空间不完整 (3) 宅间道路功能单一，缺少生活型功能	
优化措施	小区主要道路	(1) 加宽主要道路宽度，形成明确的道路等级划分，主要道路最低宽度宜为 7.5 米 (2) 依据小区主要道路的现状宽度增设慢行道，慢行道宽度宜为 1.5 米 (3) 利用绿化设施隔离人行与车行空间，同时形成完整的人行空间	
	组团主要道路	(1) 优化道路停车空间布局，将停车与人行空间分离 (2) 利用减速带等道路设施降低组团主要道路的车行速度	
	宅间道路	(1) 调整绿化、停车与道路的空间位置关系 (2) 结合人行空间增加活动空间	
优化图示	小区主要道路	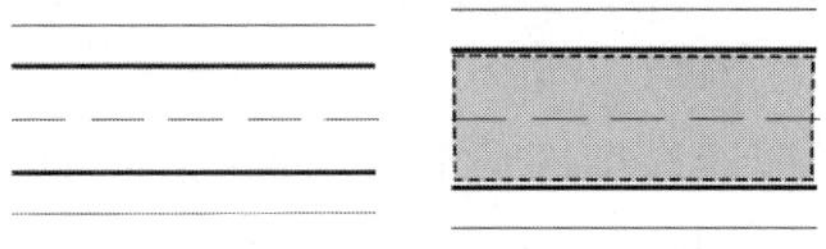 宽度不足→加宽路面至 7.5 米 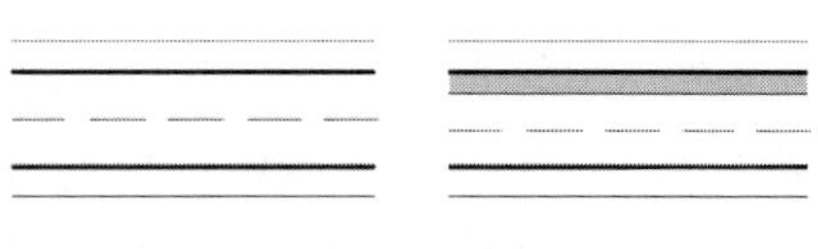	无慢行道→增加单向慢行道
		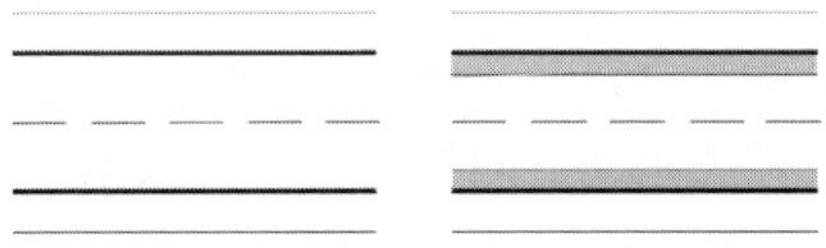 路面大于 9 米的道路，增加双向慢行道 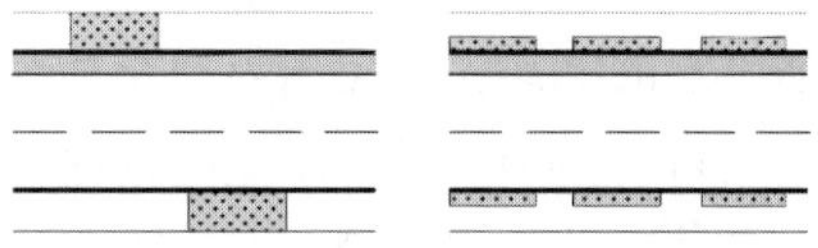	优化道路绿化，隔离车行与人行空间
	组团主要道路	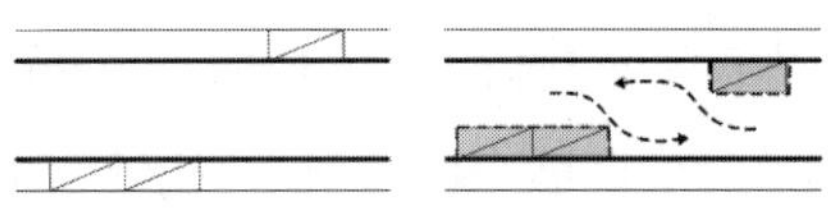 宽度达 5.5 米的道路，设置路边交叉停车 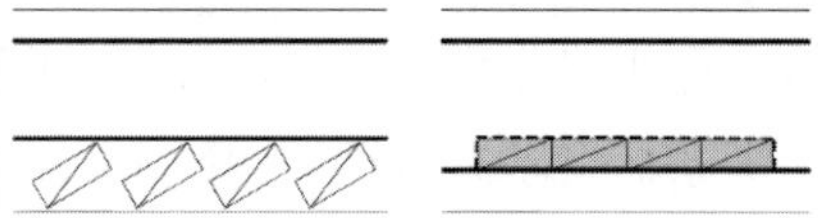	利用多余的人行空间，拓展路边停车

续表

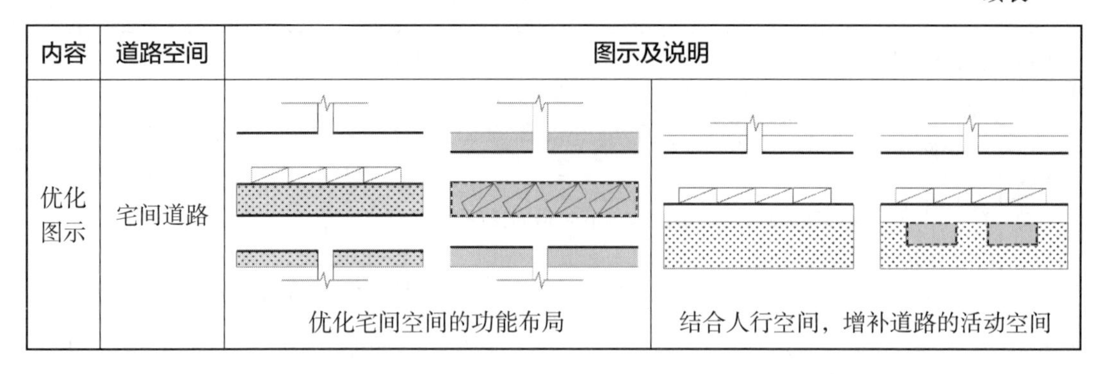

内容	道路空间	图示及说明	
优化图示	宅间道路	优化宅间空间的功能布局	结合人行空间，增补道路的活动空间

7.3.3 出入口位置与数量调整

老旧小区出入口作为小区与城市空间的过渡性节点，其空间位置与数量不但与小区内部的交通空间有关，还会与城市空间相互影响。在出入口空间位置方面，其城市影响因素包括城市道路等级、与城市主要道路交叉口的距离以及与城市交通站点的距离。根据《城市居住区规划设计规范》，车行出入口不宜直接与主干道相连，宜位于次干道及以下城市道路。车行口与主要道路交叉口距离不宜小于70米。同时，为方便居民使用公共交通出行，出入口与交通站点的间距宜位于15～300米范围内。

出入口位置的小区影响要素包含小区的路网结构、功能布局以及出入口自身的间距。首先，小区出入口应顺应其路网结构的形态特征，小区主要道路应至少与两个出入口直接相连；其次，针对小区内不同功能属性的用地应设置独立的出入口，避免不同功能用地的交通流相互影响；最后，为减少出入口之间的相互影响，小区车行出入口距离不宜过近，人行出入口距离不宜超过200米。

如表7-18所示，在城市要素方面，通过调整出入口与城市影响要素的空间位置关系，优化出入口位置，其内容主要包含三个方面：一是将位于城市主干道的出入口调整至城市次干道，当出入口无法调整位置时，应通过增加辅道或增加门前过渡空间的方式减小出入口对城市交通的影响；二是调整出入口与城市主要道路交叉口的间距，对无法满足最低间距要求的出入口，应将其位置调整至距交叉口最远端的位置；三是适当增加出入口与交通站点的距离，避免出入口交通与交通站点相互影响。在小区要素层面，主要通过调整出入口与路网、小区功能的衔接关系来优化其空间位置。一是根据小区主要道路与出入口的位置关系，对没有两个出入口相连的小区主要道路增设出入口，增加小区路网的疏散能力；二是分离小区内不同功能属性用地的出入口，如小区内的小学、幼儿园等出入口应与居住部分的出入口分离，减小不同区域交通流的相互影响；三是优化出入口本身的位置关系，将距离过近的同向出入口调整至小区的不同方向，形成合理的小区交通流疏散路线。

表 7-18 老旧小区出入口空间优化措施

影响要素	城市影响要素			小区影响要素		
	城市道路等级	道路交叉口	公共交通站点	小区路网	小区功能	出入口本身间距
具体要求	出入口宜位于等级较低的城市道路	与主要道路交叉口距离大于 70 米	与站点距离宜小于 300 米，不宜小于 15 米	小区内的主要道路需要与两个出入口连接	小区内的其他功能不能过多，影响居住功能	车出入口不宜过近；人行口不宜超过 200 米
优化措施	(1) 将主干道的车行出入口调至次干道或支路 (2) 出入口既不满足距交叉口 70 米，也无法增加至交叉口的距离 (3) 将距离过近的车行口与交通站点增加距离			(1) 对未设置出入口的主要道路增设出入口 (2) 对居住功能主要出入口与非居住功能出入口重合的出入口进行位置分离设置 (3) 对距离过近的车行出入口调整至不同方向		
图示及说明	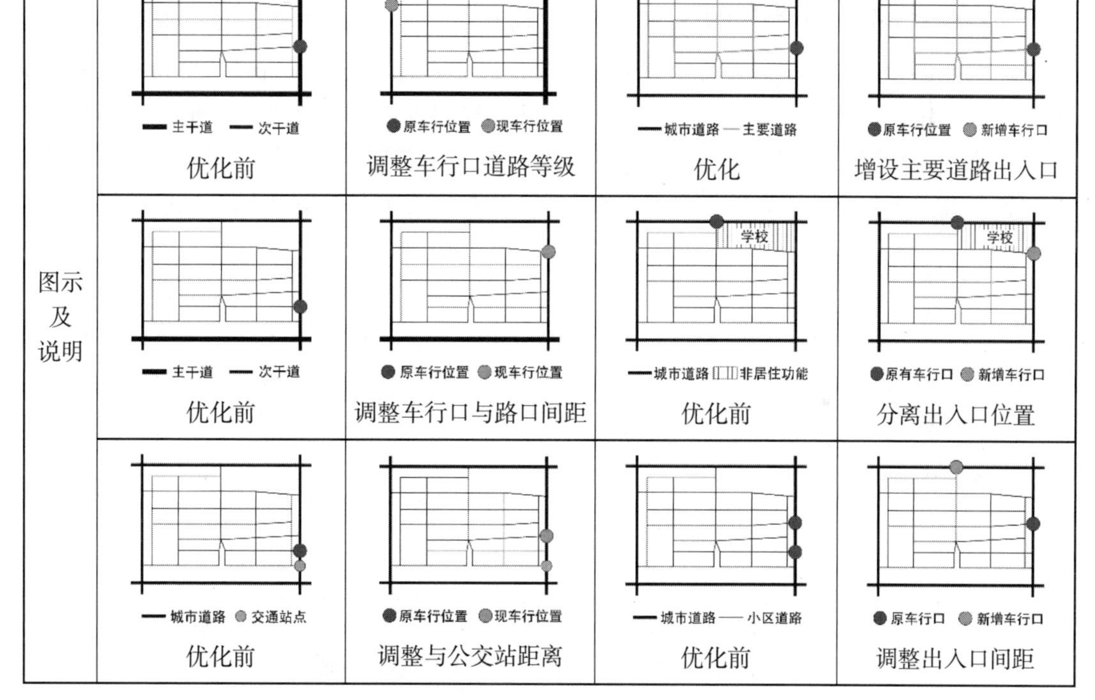					

在数量方面，应通过老旧小区的最大交通负荷以及老旧小区出入口的实际通行能力来确定是否需要增加出入口数量。由于老旧小区的车辆不会在同一时段进出小区，且城市对机动车限行比例通常为 80%，因此，老旧小区的最大交通负荷为小区机动车保有量的 80%。老旧小区出入口的实际通行能力可通过试验的方法计算出在无特殊情况影响下单个车辆通过出入口的平均时间，然后计算出入口的单位小时通行能力。另外，根据《住宅小区车辆出入口设计规范标准》，单个车行出入口的高峰小时通行量宜小于 250 辆 / 小时。

因此，对于出入口数量的优化，首先应判断老旧小区最大交通负荷与小区所有出入口的实际通行能力之和的差值，当最大交通负荷小于出入口通行能力之和时，老旧小区无须增加出入口的数量；当最大交通负荷大于出入口通行能力之和时，小区需要增加的出入口数量为二者差值与单个出入口高峰小时最大通行量（250 辆 / 小时）的比值公式（7-1）。当该比值为小数时，应取最大整数。

$$\text{老旧小区新增出入口数量}=\frac{\text{小区最大交通负荷量}-\text{小区所有出入口实际通行能力之和}}{\text{单个出入口高峰小时最大通行量（250 辆 / 小时）}} \quad (7-1)$$

7.3.4 出入口空间优化

老旧小区的出入口空间分为门体空间、外部过渡空间与内部过渡空间，其空间优化包含门体空间的流线优化、过渡空间的人车分离优化以及过渡空间的功能优化。

门体空间根据其流线组织的特点不同可划分为人车混行、单人单车、单人双车、双人单车以及双人双车 5 种类型。如图 7-10 所示，从空间流线上看，人车混行出入口不区分人行与车行，人车流线相互交叉影响，其空间流线品质最低；单人单车与单人双车型出入口人车流线能够在门体空间进行分离，但人行与车行在通过门体空间后会产生局部交叉；双人单车与双人双车型出入口的人车流线完全分离，空间流线设计合理，交通流通行效率高。总体来看，人车流线能够完全分离的双人双车与双人单车型出入口的空间流线最优，其次为局部分离人车流线的单人单车与单人双车型出入口，人车混合型出入口流线交叉最严重。

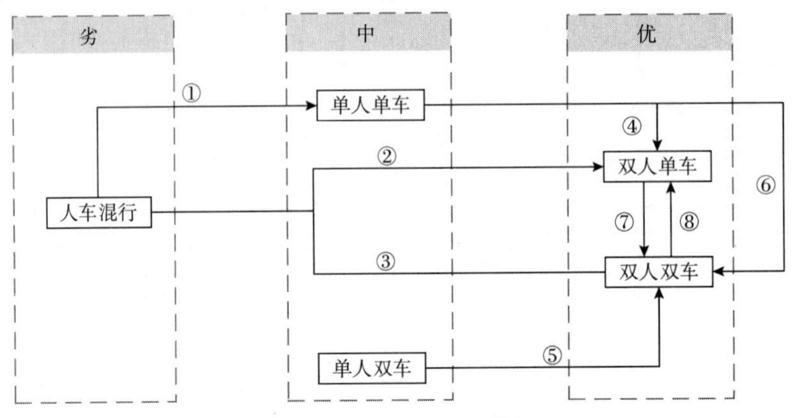

图 7-10　老旧小区出入口空间流线优化路径

不同类型出入口的优化路径如图 7-10 所示，根据老旧小区的总体交通需求以及出入口可拓展的空间宽度不同，出入口可优化为不同程度人车分离的出入口类型。如人车混行型出入口根据拓展宽度不同，可优化为单人单车、双人单车以及双人双车型出入口，单人单车出入口可优化为双人单车以及双人双车出入口。对于出入口的空间流线优化，门体空间可拓展宽度是出入口流线类型优化的重要影响因素。如表 7-19 所示，单人单车型出入口门体宽度需达到 5.1 米，其中包括车行道 3.5 米，人行道 1 米以及门体结构宽度 0.6 米；双人单车型出入口门体宽度需达到 6.3 米，包括车行道 3.5 米，人行道 2 米，门体结构宽度 0.8 米；双人双车型出入口门体宽度需达到 10 米，车行道 7 米，人行道 2 米，门体结构宽度 1 米。应根据门体空间可拓展宽度的实际情况，结合老旧小区的交通流量需求综合选择老旧小区出入口空间流线优化路径。

表 7-19 老旧小区出入口空间流线优化措施

优化前示意	优化后示意	优化前示意	优化后示意
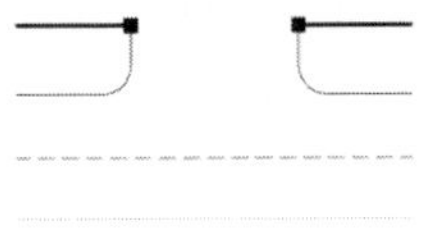	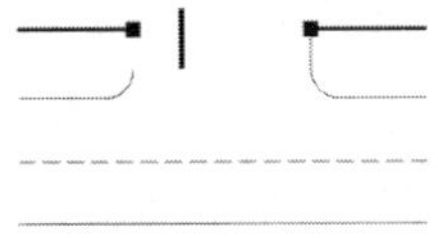	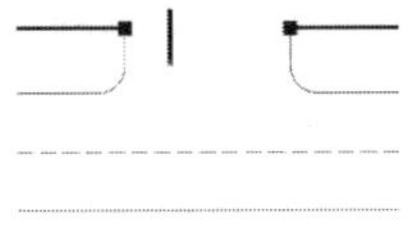	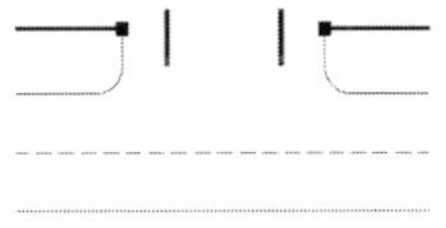
人车混行出入口	单人单车出入口	单人单车出入口	双人单车出入口
宽度达 5.1 米时，人车混行可改为单人单车出入口		宽度达 6.3 米时，单人单车可改为双人单车出入口	
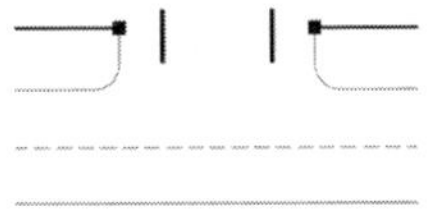	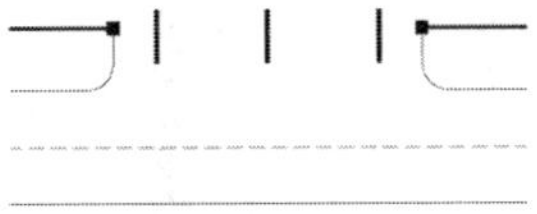	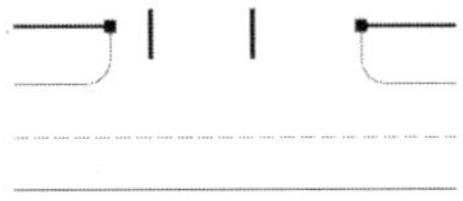	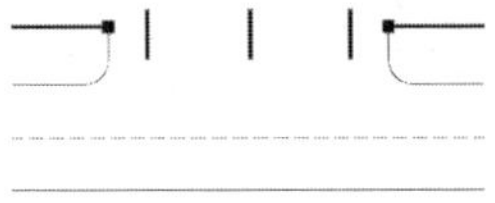
双人单车出入口	双人双车出入口	单人双车出入口	双人双车出入口
宽度达 10 米时，双人单车可改为双人双车出入口		宽度达 10 米时，单人双车可改为双人双车出入口	

出入口过渡空间分为外部过渡空间与内部过渡空间，从使用特征与空间要求来看，内部过渡空间应与门体空间有序连接，在内部过渡空间需要将人车流线分离。外部过渡空间首先需要与城市道路合理衔接，减小出入口交通流与城市交通的相互影响；其次外部过渡空间应根据出入口的类型与等级增设部分生活型功能。

因此，出入口过渡空间的优化主要包含两个方面：一是人车分离优化，内外部过渡空间都应利用高差将人行道与车行道分离，当无条件利用高差分离时，应设置隔离设施或利用地面铺装等要素形成相对独立的人车流线。另外，应根据小区出入口实际空间尺寸尽量增加外部过渡空间的进深距离，使小区的车流汇入城市道路之前有足够的缓冲距离。二是功能增设优化，应根据出入口具体的功能与等级增设相应的功能区域，如主入口的外部过渡空间应增加部分临时停车位以及流动商业区域，小区内学校出入口应增设一定规模的等候区域等。

7.3.5 交通组织人车分离

老旧小区的交通组织按照空间尺度不同可分为小区整体交通组织、路段交通组织以及节点空间交通组织。小区整体交通组织是指从小区整体交通体系出发，合理规划各类交通流线，使小区尺度的人行与车行路径互不影响；路段交通组织指小区内各级道路截面空间的交通流组织，包括道路的人行、车行与停车空间组织等；节点交通组织指老旧小区内各交通节点空间的交通流组织，包括道路交叉口交通组织以及出入口交通组织。

对老旧小区不同尺度的交通组织使用特征进行分析，在整体交通组织方面，小区内的人行流线相对均质，但在小区不同区域居民的行为侧重点有所不同，小区主要道路空间的居民主要是交通行为，宅间空间的休闲活动功能更加丰富，因此小区内车流的疏散应尽量集中在小区主要道路，避免混乱无序的车流对行人的休闲活动等生活行为产生影响。在路段交通组织方面，主要道路的交通组织需人车流线分离。其他道路由于路面宽度的限制，人行、车行与停车空间须共同使用同一路面，交通组织无法形成完全的人车分离，应形成人车共存的交通流线组织，使人车路权更加均衡。在节点交通组织方面，“十”字形道路交叉口的车流会相互冲突，且过多的“十”字交叉口会影响人行的安全性，因此应对道路交叉口的交通组织进行优化。另外，出入口通常因人车流线交叉导致出入口空间产生拥堵或出入口交通流对城市交通产生负面影响（表 7–20）。

表 7–20　老旧小区交通组织优化措施

交通组织类型	小区整体交通组织	路段交通组织	节点交通组织
交通组织内容	老旧小区整体路网的车行、人行流线组织	在老旧小区的道路空间上的人和停车空间的合理化流线组织	出入口和道路交叉口的人车流线结构
现状使用特征及要求	(1) 车行流线混乱无序 (2) 车行流线影响人行活动	(1) 主要道路须形成完全分离的人车流线组织 (2) 其余道路须形成人车共存的流线组织	(1) 出入口人车流线交叉，应分离人车流线组织 (2) 交叉口节点车流相互影响
优化措施	(1) 利用交通设施使小区车流通过主要道路进行组织疏散 (2) 主要道路体系与集中停车直接联系，减少车行对居民影响	(1) 主要道路利用绿化设施，分离人车交通组织 (2) 增设减速带、人行道驼峰等道路设施，减小人车流线影响	(1) 优化出入口门体空间流线 (2) 利用绿化环岛、减小交叉口宽度、增设交通设施等措施，降低车速，优化车行流线

对于老旧小区的整体交通组织优化，应从小区整体路网出发分离人行与车行的主要路径。其内容主要包含以下几点：一是利用交通设施将小区主要车流在小区构建的主要道路系统内疏散，避免无序的车流对小区行人产生影响；二是宜将小区的停车空间直接与主要道路相连，有序疏散主要道路车流，减小车流对居民在宅间空间的活动影响。对于老旧小区路段交通组织的优化，主要道路应通过道路截面空间的优化形成人车完全分离的交通流线组织。其余道路应形成人车流线共存的交通组织方式，在人车流线能够分离的部分利用人行道独立组织人行流线，在路面宽度不足无法人车流线分离的路段，应通过增设道路设施减小车流对人行的影响，如将需要横穿车行道路的人行横道高度升高，结合路面驼峰降低车行速度。对于节点交通组织的优化，出入口节点应通过优化空间设计分离人车流线，避免交通流线交叉引起节点空间拥堵。道路交叉口节点应利用绿化环岛、减小交叉口宽度、增设交通设施等措施优化其车流组织，降低交叉口的行车速度，提高人行的安全性（图 7–11）。

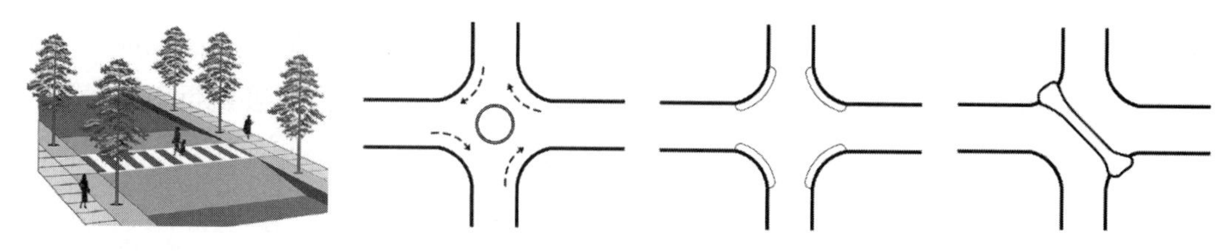

抬高人行横道，设置减速驼峰　环岛减少车流相互影响　减小宽度降低车速　增设设施改变车流流线

图 7-11　老旧小区交通组织优化措施示意图

7.4　单位型老旧小区动态交通空间优化对策

动态交通空间是连系单位型老旧小区内外空间的交通功能要素，其更新优化范围不应仅局限于小区内部空间，还应根据单位型老旧小区与街区的空间关系不同，从不同空间尺度探讨动态交通空间的更新设计。因此，本节在上述对单位型老旧小区动态交通空间优化方法阐述的基础上，从各类单位型老旧小区动态交通空间的现状特征出发，结合对典型住区动态交通空间更新方法的归纳总结，分别提出单位型老旧小区动态交通空间在街区尺度与小区尺度的更新对策，并选取企业型老旧小区更新实例进行优化设计分析。

7.4.1　整体型单位老旧小区动态交通空间更新对策

由于不同单位属性的老旧小区在建设方式与规划理念等方面具有较大差异，因此，单位型老旧小区的空间特征与其单位属性紧密相关，通过上文对各类单位型老旧小区与街区空间的位置关系分析发现，整体型老旧小区的单位属性全部为企业型。整体型企业老旧小区在动态交通空间方面的更新优化对策可以从小区内部与街区两个空间层面展开。

在小区内部层面，整体型企业老旧小区的住宅布局通常为街坊式或行列式，空间布局规整、小区路网以格网式为主，小区内部的道路空间具有两方面特征：一是小区路网均质单一，道路缺乏分级，导致小区道路的功能趋同，无法合理区分主要的人行与车行道路，车行流线遍布小区空间；二是小区内道路空间的功能要素布局混乱，人行与车行空间划分不合理，造成道路空间上人车流线混乱无序。总体而言，整体型企业老旧小区内部路网体系均质单一、缺乏合理的功能分级，在道路空间上功能布局混乱、人车流线相互影响。因此，在小区内部动态交通空间的更新优化上应主要提升道路的功能，主要包含路网与道路空间的功能布局优化：在小区路网方面，通过拓宽道路宽度对路网进行合理分级，分别构建小区的主要道路与次要道路体系，区分不同层级道路的主要功能与作用，主要道路承担疏散小区主要车行交通流的作用，减少车行流线对小区空间的影响；在道路功能方面，优化各级道路的空间截面设计，合理组织道路空间的人行空间、车行空间与停车空间等功能要素，减少道路空间的人车流线交叉，提升道路空间功能要素布局的合理性(图 7-12)。

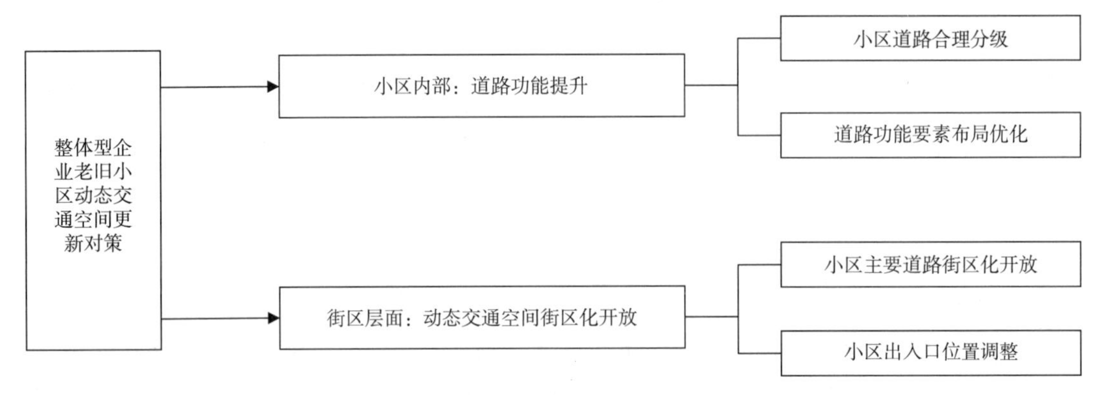

图 7-12　整体型企业老旧小区动态交通空间优化对策框架

在街区空间层面，整体型企业老旧小区空间规模较大，不利于街区交通流的疏散，小区空间与城市道路的连接性较弱。同时，整体型老旧小区比较封闭，导致小区的交通空间资源无法对街区空间开放。因此，整体型企业老旧小区动态交通空间在街区层面主要通过将动态交通空间向街区空间部分开放的对策进行优化。首先，根据小区的路网特征将部分主要道路转化为城市支路，适当缩减小区的空间规模，增加街区内城市道路的占比，使街区交通流的疏散路径更加合理多样，同时使小区动态交通空间资源能够一定程度地向街区空间开放，形成“小区—街区”一体化发展的动态交通空间体系，增强小区内外的空间联系。其次，在小区动态交通空间街区化的基础上合理调整出入口的位置，在新增的城市支路上设置出入口，有效减少小区交通流对城市主要道路交通的影响，增加小区空间到达城市空间的便利性(表 7-21)。

表 7-21　整体型企业老旧小区动态交通空间优化对策图示及说明

动态交通	动态交通空间现状特征	优化前动态交通空间模式	优化后动态交通空间模式
小区内部空间层面	小区住宅布局形态为行列式或街坊式，空间结构完整有序，道路以格网式为主	住宅建筑　小区出入口 道路体系均质单一	小区主要道路　小区次要道路 构建不同层级的道路体系
	小区道路功能布局混乱无序，造成小区内动态交通流失序，人车流线相互交叉		
	道路层级均质单一导致停车空间流线遍布住区空间		

续表

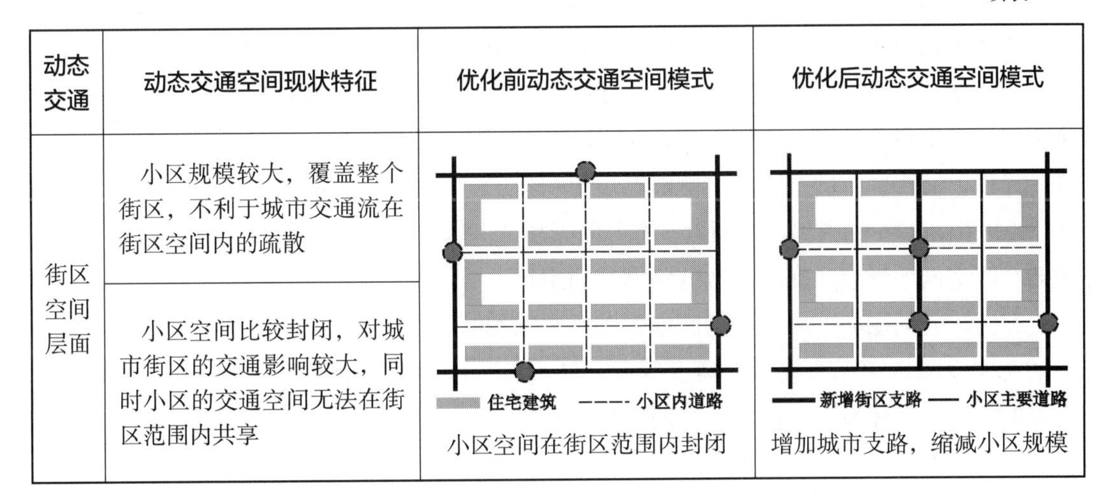

动态交通	动态交通空间现状特征	优化前动态交通空间模式	优化后动态交通空间模式
街区空间层面	小区规模较大，覆盖整个街区，不利于城市交通流在街区空间内的疏散	住宅建筑 ---- 小区内道路 小区空间在街区范围内封闭	新增街区支路 — 小区主要道路 增加城市支路，缩减小区规模
	小区空间比较封闭，对城市街区的交通影响较大，同时小区的交通空间无法在街区范围内共享		

7.4.2　嵌入型单位老旧小区动态交通空间更新对策

由于产权边界或功能属性的差异，嵌入型老旧小区所在的街区空间通常由围墙将街区划分为边界各异的空间。根据街区空间的功能组合不同，可以将嵌入型老旧小区所在街区空间分为两种类型：一是以居住功能为主的居住型街区，街区空间通常由多个居住小区集聚形成，小区之间通过不规则形状的围墙进行分隔；二是街区功能混合布局的混合型街区，街区空间由居住小区与非居住功能空间构成，各区域之间同样通过围墙进行分隔（图 7−13）。

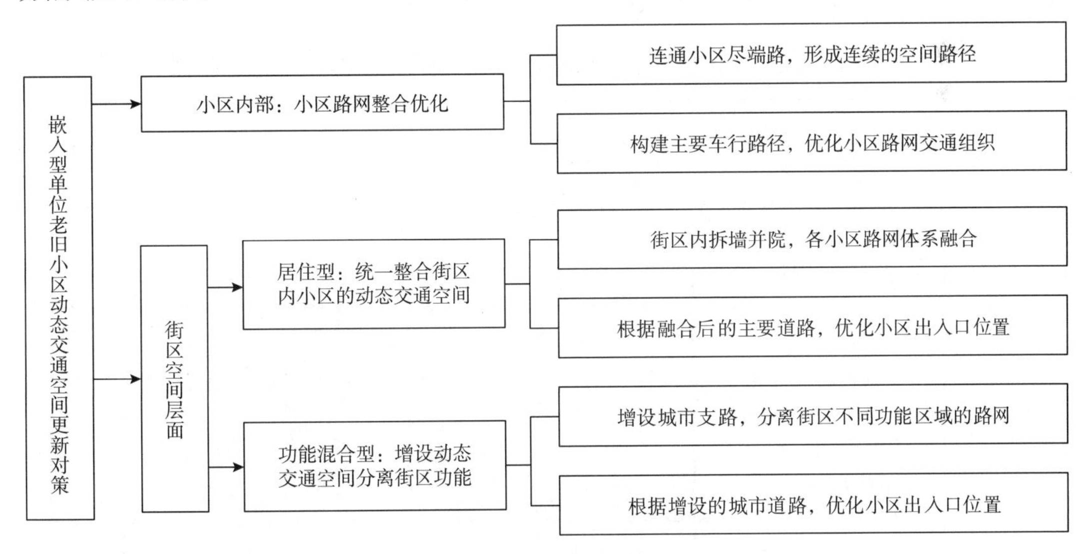

图 7−13　嵌入型企业老旧住区动态交通空间优化对策框架

在小区内部层面，嵌入型单位老旧小区的动态交通空间现状特征呈现两种趋势，一种是小区住宅建设于不同的历史阶段，空间呈现混合式的特征，小区路网混乱无序、无机断裂，无法对小区空间进行有序组织；另一种是小区内尽端路较多，小区路网体系不完整，造成小区内无法形成连续完整的空间路径。总体来看，嵌入型单位老旧小区的内部路网缺乏系统性与整体性，因此，其小区内部的动态交通空间优化对策以小区路网整合优化为主，主要包含两方面内容：一是连通小区尽端路，小区空间能够通过连续完整的路径进行连接，使小区内的交通流线能够有序组织；二是通过构建小区内的车行主要路径，构建“小区出入口—主要车行路径—集中停车场”一体的小区交通组织方式，减少车行流线对小区空间的影响，优化小区的路网交通组织。

在街区空间层面，居住型街区内各小区空间相互隔离，路网体系互不连通，造成街区内的交通空间资源无法共享，通过融合街区内各小区的动态交通空间形成街区空间一体发展的交通空间体系，其内容包含两个方面：一是将各小区之间的围墙拆除，融合连接各小区内的路网体系，并根据街区的空间特征重新优化各级小区道路的布局；二是根据融合后的路网体系优化各小区的出入口位置，将出入口与空间融合后形成的小区主要道路相连，使街区范围内的出入口空间分布更具整体性。

混合型街区由居住小区与非居住功能通过围墙分隔形成，由于居住小区与城市道路的交界面减少，小区内部的交通流无法合理有序地向街区疏散。同时，街区的空间规模过大，交通流疏散不畅。通过增设动态交通空间分离街区内不同功能属性的空间区域，优化混合型街区内单位型老旧小区的动态交通空间。首先，通过增设城市支路分离街区内不同功能区域的路网，适当缩减街区规模尺度的同时，减小各功能区域间交通流线的相互影响。其次，根据街区内单位型老旧小区的空间特征与路网结构在新增的城市支路上开设小区出入口，合理疏散小区内的交通流线（表 7−22）。

表 7−22　嵌入型单位老旧小区动态交通空间更新优化对策图示及说明

动态交通	动态交通空间现状特征	优化前动态交通空间模式	优化后动态交通空间模式
小区内部空间层面	小区建筑建设于不同阶段，空间呈现混合式	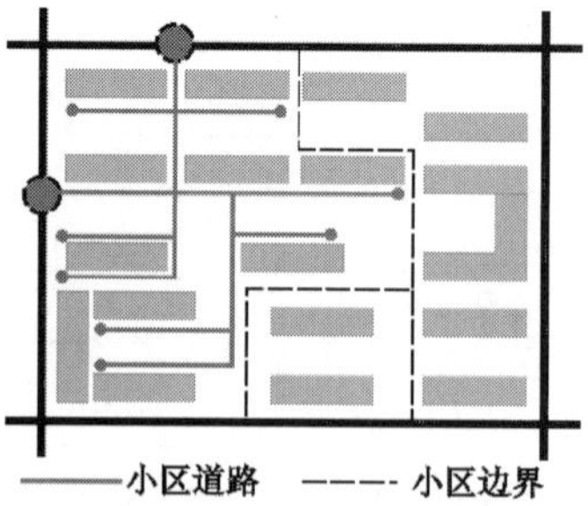 小区道路　小区边界 路网呈现碎片化与不连续的特征	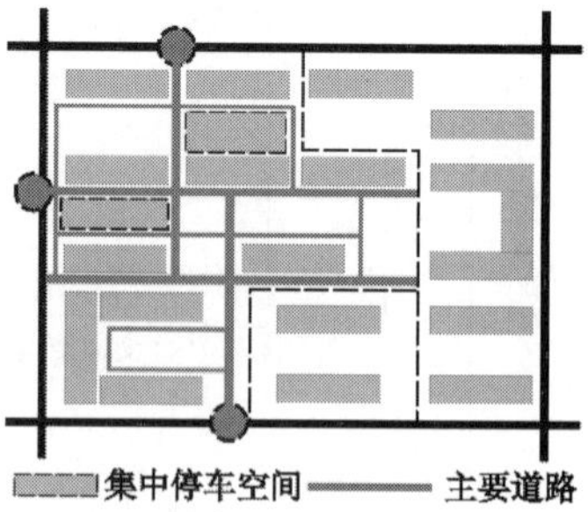 集中停车空间　主要道路 连通尽端路，构建主要道路体系
	小区路网混乱无序，无法将小区空间有机串联，人车流线相互影响程度较大		
	小区内尽端路较多，道路体系与路径不连续		

续表

动态交通		动态交通空间现状特征	优化前动态交通空间模式	优化后动态交通空间模式
街区空间层面	居住型街区	街区空间由多个小区集聚形成；街区内各小区之间由围墙分隔，各小区空间之间相互隔离 街区内道路体系无机断裂，交通资源在街区内分布不均，街区路网体系缺乏整体性	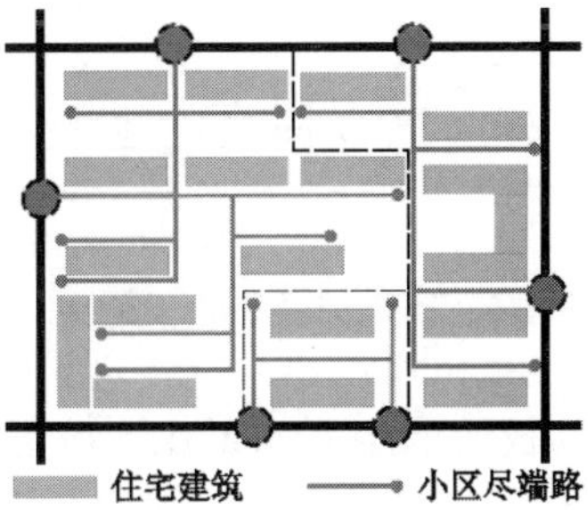 住宅建筑 小区尽端路 街区空间隔离，资源分布不均衡	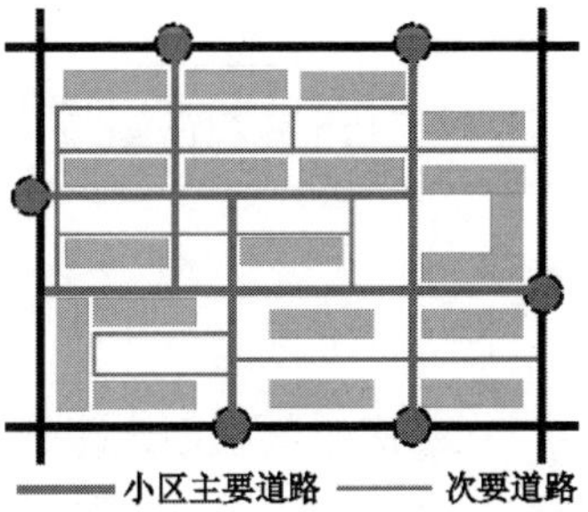 小区主要道路 次要道路 融合街区空间，重构街区路网
	混合型街区	街区空间由居住小区与其他城市功能空间集聚形成，通过围墙分隔 小区内部的交通流无法合理地向街区疏散，且街区空间尺度过大，导致街区交通疏散不畅	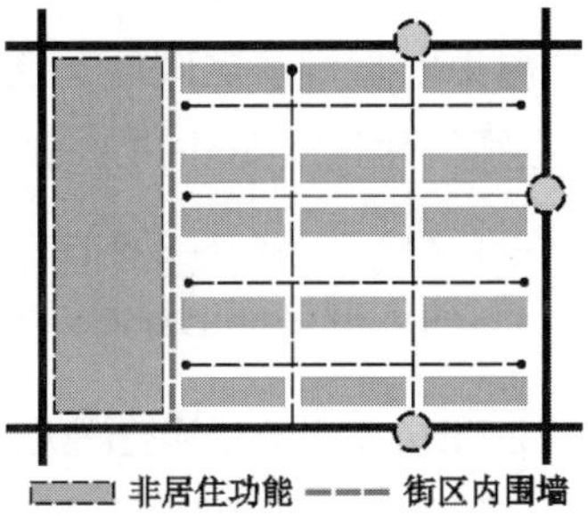 非居住功能 街区内围墙 小区与非居住功能通过围墙分隔	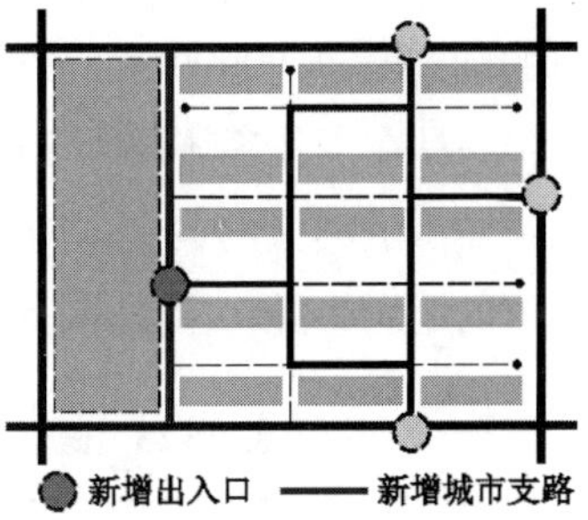 新增出入口 新增城市支路 动态交通空间体系分离

7.4.3 跨越型单位老旧小区动态交通空间更新对策

由于高校型老旧小区从建设至今其单位主体不断加强、空间规模持续增加，因此，在跨越型单位老旧小区中，小区的单位属性全部为高校型。跨越型高校老旧小区主要是通过分区改造的方式对小区空间进行更新优化，小区住宅建筑是不同时期建设要素综合叠加的结果，小区内建造于不同时期的各空间区域道路连接不畅、小区路网缺乏整体性。在功能构成方面，高校型老旧小区除了居住功能以外通常还设置了中小学、幼儿园等具有对外性质的空间功能，小区内非居住功能的空间流线通常与小区的居住空间流线混合设置，各区域之间相互影响，造成小区交通流线混乱。因此，跨越型单位老旧小区内部的动态交通空间优化以空间流线梳理为主，主要包含两方面内容：一是将小区内各部分空间区域的路网有序连接，通过疏通路网的方式优化小区各区域之间的空间连接，增强小区路网的整体性；二是将小区内非居住功能的出入口单独设置，分离小区不同功能属性的空间流线，避免流线混杂，降低小区的居住品质（图 7−14）。

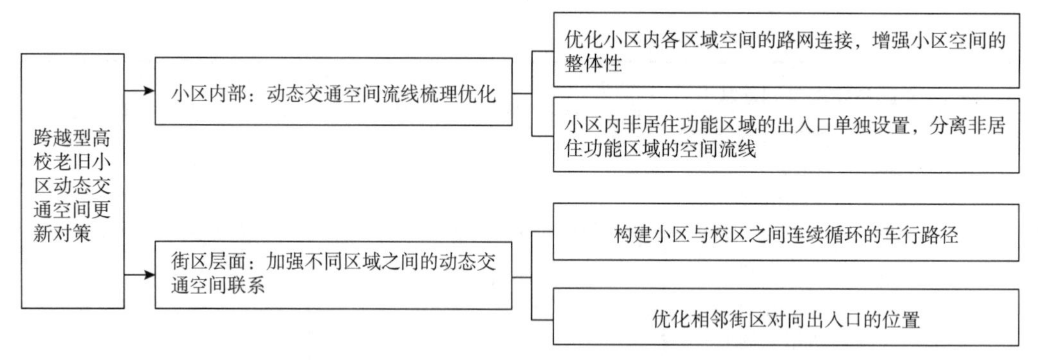

图 7-14 跨越型高校老旧小区动态交通空间优化对策框架

在街区空间层面，跨越型高校老旧小区的工作区域与生活区域通过城市道路进行分隔，校区与小区之间通常由对向出入口进行连接，两区域之间的空间联系方式单一，不利于工作区域与生活区域交通空间的共享使用，同时两区域之间的车行流线在城市道路上过于集聚，造成城市道路拥堵。因此，跨越型高校老旧小区在街区层面应加强不同区域之间的动态交通空间联系，统筹管理小区与校区之间的交通空间资源，其内容主要包含两点：一是在工作区域与生活区域之间构建连续循环的车行路径，减少两区域之间的车行流线在城市道路上的集聚，增强小区与校区之间的空间联系；二是适当增加原有对向车行出入口的距离，并将主要车行出入口与两区域之间的循环车行路径结合设置（表 7-23）。

表 7-23 跨越型高校老旧小区动态交通空间优化对策图示及说明

动态交通	动态交通空间现状特征	优化前动态交通空间模式	优化后动态交通空间模式
小区内部空间层面	小区空间经过不断的更新改造，呈现混合式	非居住功能 小区内部道路 小区内功能混杂，流线混乱	新增出入口 小区主要道路 分离各区域动态交通空间
	小区功能混杂，除了居住功能外还有中小学、幼儿园等交通流量大的非居住功能		
	小区内各区域道路连接不畅，缺乏整体性，不同功能区域的流线相互影响		
街区空间层面	居住区域与校区之间通过城市道路分隔，通常由对向的出入口连接	校区空间 小区内部道路 住区与校区空间联系弱	车行出入口 循环车行路径 构建循环车行路径
	校区与住区之间空间联系方式单一，空间流线集聚，对向出入口距离过近，造成城市道路拥堵		

7.5 街区融合导向下单位型老旧小区交通空间优化设计实证研究

从上文的分析可以看到，本书构建了一条从老旧小区现状使用问题出发，结合停车需求预测与空间句法解析，最终提出了单位型老旧小区交通空间优化方法与对策的合理路径。为了验证该优化路径的现实价值与可操作性，本节选取了西安16街坊住区与西安电子科技大学家属区，对其交通空间进行更新设计，以探讨单位型老旧小区交通空间优化方法与对策的可实施性。

7.5.1 西安16街坊住区交通空间优化设计

通过前文对单位型老旧小区交通空间优化技术框架的搭建，本节从16街坊住区交通空间的使用现状总结出发，分析动、静态交通空间的现状问题，根据现状使用评价提出动、静态交通空间的优化方向，结合空间句法与停车需求预测的分析，最终提出16街坊住区动、静态交通空间的优化对策与措施。

7.5.1.1 老旧小区交通空间现状问题与优化方向

16街坊住区位于西安市东面的幸福林带区域，四个封闭居住小区通过不规则的围墙分隔形成16街坊住区，住区所在街区长约400米、宽约234米，总用地面积9.35公顷，住区内共有居民2655户，总建筑面积21.56万平方米（表7−24）。通过前文对16街坊住区内各小区的现状分析可以看出，其现状交通空间主要存在以下三方面问题。

表7−24 16街坊各老旧小区交通空间基础数据

老旧小区指标		16街坊住区	西光16小区	昆仑16小区	华山16小区	黄河16小区
老旧小区概况	用地面积（公顷）	9.35	3.54	3.41	1.23	1.17
	总建筑面积（万平方米）	21.56	6.88	10.26	2.47	1.94
	建筑栋数（栋）	51	19	18	8	6
	户数（户）	2655	970	1091	330	264
静态交通空间	居民汽车拥有量（辆）	698	330	200	87	81
	户均汽车拥有量（辆）	0.26	0.34	0.18	0.26	0.3
	停车位总数（个）	643	295	220	63	65
	地面停车位数量（辆）	521	295	98	63	65

续表

老旧小区指标		16街坊住区	西光16小区	昆仑16小区	华山16小区	黄河16小区
静态交通空间	地下停车位（个）	122	0	122	0	0
	地面停车率（个）	19.6%	30.4%	8.9%	19.1%	24.6%
动态交通空间	路网结构形式	混合式	混合式	混合式	混合式	混合式
	车行出入口数量（个）	5	2	1	1	1
	人行出入口数量（个）	6	1	3	1	1

（1）16街坊住区静态交通空间现状问题与分析

①小区内停车位数量不足，无法满足居民的现状停车需求，且外溢的私家车严重影响街区的交通空间。

16街坊住区内机动化发展水平较低，居民汽车拥有总数为698辆，户均车辆数量仅为0.26辆。如图7-15（a）所示，对各小区的停车位数量进行统计发现，西光16小区、华山16小区与黄河16小区内的停车位数量皆不满足居民的现状停车需求，由于昆仑16小区的居民汽车拥有量水平过低（户均拥有量仅为0.18辆），其停车位数量与小区汽车数量基本持平。由此可以看出，即使16街坊住区内居民的汽车拥有量水平较低，各小区内停车位数量仍旧无法满足居民的现状停车需求。

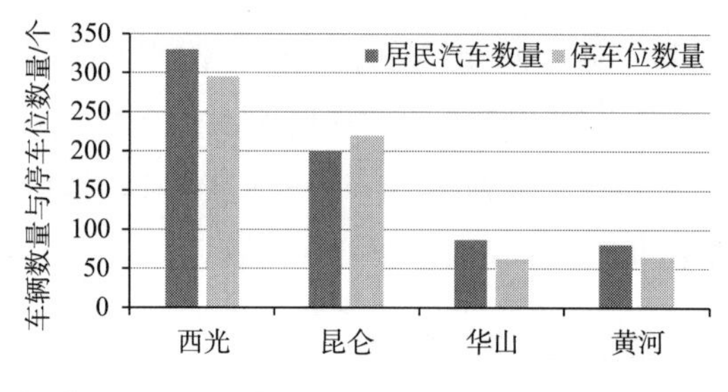

（a）各小区居民汽车数量与停车位数量对比　（b）各小区停车位配置与规范最低标准对比

图7-15　16街坊住区停车位数量统计图

16街坊住区内每100平方米建筑面积配置车位数量为0.29个，其中西光16小区最高，数量为0.42个；昆仑16小区最低，数量仅为0.21个，与规范规定的每100平方米建筑面积配置0.6个车位的最低标准具有较大差距。因此，16街坊住区内各小区的停车位数量严重不足[图7-15（b）]。老旧小区内部分私家车外溢到街区空间，通过占用小区周边的城市道路暂时解决小区民居的停车需求，但造成街区交通流线混乱，严重影响街区交通空间的正常使用。

②小区内地面停车空间大量占用小区其他空间，影响居民对小区其他空间的正常使用。

通过对16街坊住区内各类型停车空间的数量统计发现，地面停车位总数为521个，占住区停车位总数的81%。地面停车位中利用专门停车场地进行停车的停车位数量为132个，仅占住区停车位总数的20%，其余停车位是通过侵占道路空间与活动广场等空间进行建设（图7-16）。由此可以看出，各小区内停车空间大量侵占小区其他空间，严重影响居民对小区其他空间的正常使用。

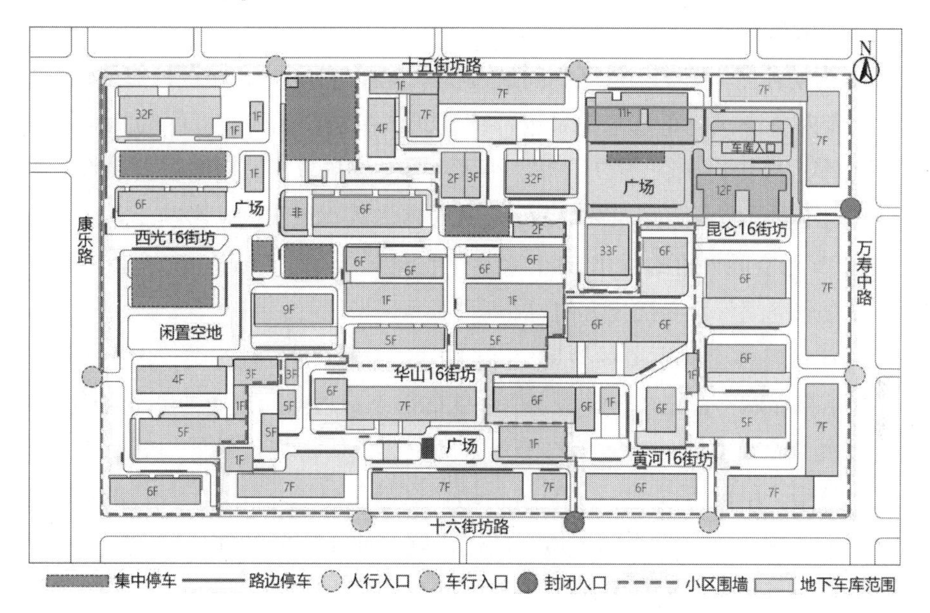

图7-16　16街坊住区停车空间分布图

（2）16街坊住区动态交通空间现状问题与分析

①各小区路网体系相互隔离、互不连通，导致各小区交通空间无法共享使用。

如图7-17所示，16街坊住区内多条不规则的围墙将住区分隔为4个封闭的老旧小区，

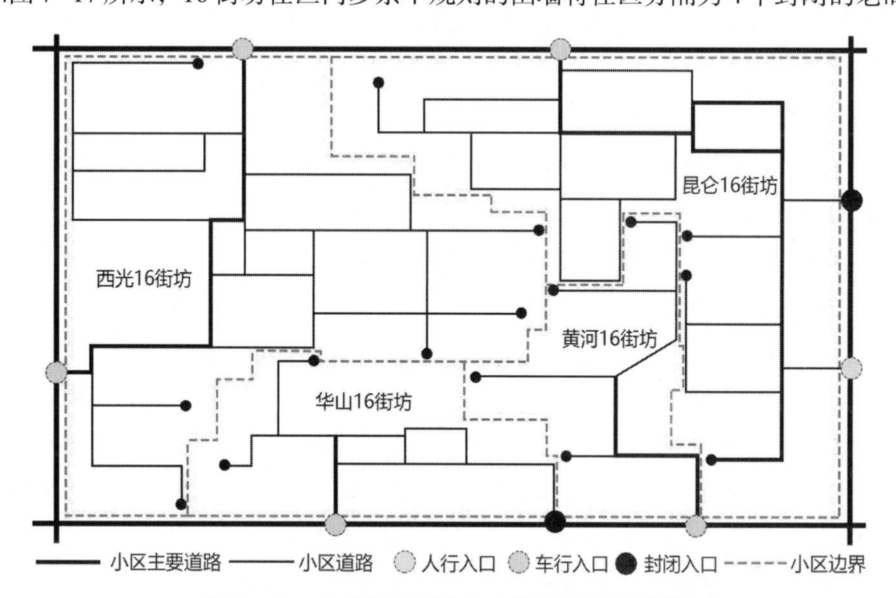

图7-17　16街坊住区动态交通空间资源现状图

其中西光16小区空间规模最大，交通空间资源较多，昆仑16小区内拥有一个能容纳122个停车位的地下停车场，相互隔离的小区空间导致街区内各小区的交通空间资源无法共享使用，造成街区内停车空间资源分布不均。同时，围墙的分隔导致街区内各小区的路网体系无法连通，围墙两边同时设置道路空间造成动态交通空间资源浪费。

②小区内尽端路较多，道路层级混乱，路网布局缺乏连续性，造成小区交通流线混乱、人车流线相互影响。

由于16街坊住区内各老旧小区空间经过了不断的更新改造，小区内部的路网结构呈现混合式。笔者对各小区的尽端路数量进行统计，16街坊住区内共有尽端路16条，其中西光16小区最多，数量为6条（图7-17）。小区内尽端路导致小区路网缺乏整体性与连续性，加之各小区内不同等级的道路布局混乱，造成小区内人车流线相互影响、交通流线混乱。

(3) 基于交通空间评价的优化方向

①静态交通空间评价与优化方向。

16街坊住区整体上属于依赖型单位老旧小区，根据前文对各类单位型老旧小区交通空间评价的结果显示：首先在依赖型老旧小区的静态交通空间方面，停车空间规模所占权重最高，其次为停车空间使用效率与停车空间分布，所占权重最低的静态交通空间要素是停车空间类型。由此可以看出，在16街坊住区静态交通空间更新设计的过程中，应优先解决由于停车规模不足带来的矛盾与问题，提高停车空间的使用效率，在此基础上进一步缓解停车空间布局方面的矛盾与问题。

16街坊住区静态交通空间的优化设计包含近期与远期两个阶段的内容。从近期来看，由于各小区的停车空间数量严重不足，16街坊住区应通过在不同空间尺度的停车空间潜力挖掘，增加停车空间规模，提高小区停车空间使用效率，满足居民停车需求，减少阻塞街区交通空间的停车空间外溢影响；从远期来看，16街坊住区内停车空间大量侵占小区其他空间会降低小区整体的空间品质，应通过减少停车空间对小区绿地、广场、道路等空间的干扰，改善提升老旧小区的空间品质。

②动态交通空间评价与优化方向。

根据动态交通空间的评价结果显示：在依赖型老旧小区的动态交通空间中，路网结构所占权重最高，其次为人车交通组织与出入口空间设计，权重占比最低的为道路空间设计。加之16街坊住区具有路网混乱无序、道路层级主次不清、各小区动态交通空间相互隔离等问题，其动态交通空间优化应以小区的动态交通空间整合优化为主。

动态交通空间整合优化方向主要包含三个方面：一是在街区层面融合各小区的动态交通空间，连通各小区的路网体系，小区出入口结合街区与小区两个空间层面进行数量与位置的优化；二是在小区空间层面连通各小区内的尽端路，形成连续整体的路网体系；三是重新构建融合后的小区空间的主要车行路径与主要人行路径，使小区内的交通流线能够合理分布。如图7-18所示，根据各小区的路网现状特征，可通过在融合后的小区内构建两个交通环线重新规划小区路网，减小人车流线的相互影响。

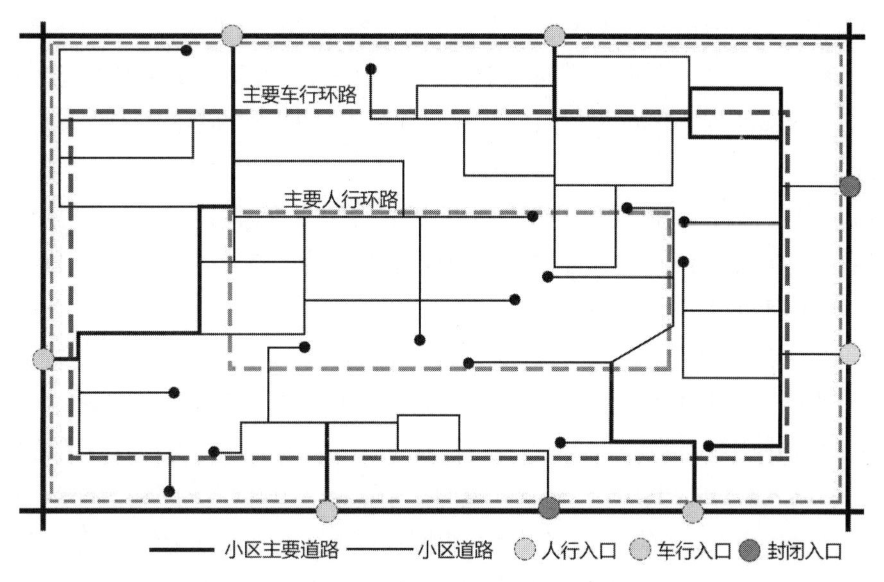

图 7-18 16 街坊住区动态交通空间整合优化方向图

7.5.1.2 基于空间句法的 16 街坊住区交通空间分析

(1) 化围墙阻隔空间为交通连系空间，打通街区路网

附录 2 图 4 左侧为 16 街坊住区现状全局整合度与全局选择度的呈现结果，从图中可以看到，因大量围墙的存在，几个区域之间的联系被切断，使小区内轴线分析的全局整合度与全局选择度结果数值都非常低。因本研究提出消除区域产权边界，将围墙阻隔空间转化为交通联系空间，因此，首先将围墙打破，连通内部区域。因原小区部分围墙两边都存在道路，可对其进行合并化处理。

(2) 通过轴线模型分析，提取适合小区现状不同层级的主次干道

道路是小区空间的骨架，小区主干道是联系小区与城市的核心要素，故先从小区的主干道路优化着手。希列尔等将全局整合度与全局选择度叠加起来，全局整合度反映空间吸引抵达交通的潜力，全局选择度反映空间穿越交通的潜力，二者综合就能客观反映该道路空间吸引“交通”的潜力。基于此，小区的主干路网就可通过空间句法运算提取出来。本研究利用 Arcgis 中的灰度值代替句法指标，具体叠加规则如下：

$$I_g = \frac{225(I_v - I_{\min})}{I_{\max} - I_{\min}} \tag{7-2}$$

$$S = 0.5I_g + 0.5C_g \tag{7-3}$$

式中，I_v 代表该轴线的整合度值，I_g 代表该轴线转换完毕后的灰度值，$I_{\max}$ 与 $I_{\min}$ 分别代表该轴网系统中的最大值与最小值。C_g 的转换规则同 I_g，S_g 代表二者叠加后的灰度值。

附录 2 图 5 为通过拆墙连通内部区域后的分析结果图。由右侧拆墙后叠加灰度值图可以看出，小区的路网可分为三级，第一级为图中白色的小区主要道路，第二级为灰色的连

通各组团的组团道路，第三级为图中最浅且大量存在的小区次要道路。从呈现结果来看：小区主要道路只有四条南北向的道路与中间一条东西向的道路，小区主要道路自身连通性不强。组团级道路为小区主要道路作了一定程度上的补充，但还有区域未实现主干道路的连通。

总体上，在打通围墙后，小区的路网密度基本适宜。但小区路网在主干层级上连通性不好，道路系统序列性不强；小区次要道路中尽端路与转折路较多，还有个别冗余道路。

（3）优化小区路网结构

①小区路网结构调整。

针对上述问题，可对路网做出以下调整：a. 完善小区主干路网结构。将原小区部分组团级道路拓宽为小区级道路，形成连续的主干路网。图中，将①、②、③号道路贯通并升级道路等级，将④号原围墙两边道路合并成为一条道路。另外，将北侧边缘⑤、⑥、⑦号道路拓宽，总体使小区实现外圈通畅循环，内圈连续成环，拥有连续的主干路网。b. 对小区内部存在的尽端路，转折路作以调整，使得路网结构整体有序、合理。c. 去掉小区冗余的道路，精简道路结构。

附录 2 图 6 为优化后的句法分析结果。从结果来看，小区路网结构呈现为向中心聚集的样态，具有明显的向心性。主要道路在外圈大致形成了一个环，但北部区域的外环道路层级不高。中间区域与北侧城市道路联系密切，自身形成了一个内环，但只有一条道路层级较高。后文将在此基础上结合动态交通组织要求进一步细化小区路网结构。

②依据线段模型，提取主要车行、人行道路。

关于主要车行、人行道路的提取，本研究利用线段模型的 400 米、1200 米分析半径来模拟人行 5 分钟与车行 5 分钟的运动路径。从附录 2 图 7 左侧的分析可以看出，400 米分析半径下无论是选择度结果还是整合度结果，都以内环为主要运动穿越区域与运动抵达区域，说明人在 5 分钟生活圈内倾向于向中心区域聚集。同理，1200 米的选择度结果与整合度结果倾向于外环，故可将车行主要道路布置于外环。总体通过线段模型提取人行、车行主要道路，后文动态人车流线的组织提取科学借鉴。

③重要空间节点分布与主次道路的分布关系。

笔者将路网结构梳理完毕，依据轴线模型中的全局整合度系数与全局选择度系数，并结合现状外部空间各功能节点分布状况，对重要公共活动节点、停车节点进而布局优化处理。因全局整合度能反映人员到达每条道路空间的潜力，故选取空间句法中全局整合度的分析结果来查看各条道路吸引到达交通的能力，后经过分析选取总体整合度高的节点为活动节点布点空间。同理，因全局选择度能反映人员经过每条道路空间的潜力，故选取空间句法中全局选择度的分析结果来查看各条道路吸引穿越交通的能力，后选取全局总体选择度高的节点作为停车节点选址。总体而言，在人流较为密集的中间区域减少停车空间的设置，在车流密集的外围区域适当增补停车节点。后文将结合现状既有各类公共活动空间分布、停车节点分布及可支空间的分布，对停车空间进行序列布置（附录 2 图 8）。

7.5.1.3 16街坊住区交通空间优化对策

(1) 动态交通空间优化对策

在上述对16街坊住区交通空间现状问题总结归纳与空间句法分析的基础上，结合嵌入型单位老旧小区的动态交通空间优化对策与方法，本书从三个方面对16街坊住区的动态交通空间进行优化设计。

①拆墙并院，各老旧小区路网融合。

在小区路网融合方面，如图7-19所示，首先将16街坊住区内各封闭小区之间的围墙拆除，融合各小区的路网体系，并根据小区的路网现状特征取消围墙两边重复设置的道路，使融合后的小区路网能够合理设置。在出入口方面，将街区南面与东面原有的封闭出入口调整为开放的出入口，使出入口的空间位置在街区的各个方向分布相对均衡，有利于加强融合后小区交通流与城市道路的交通联系。

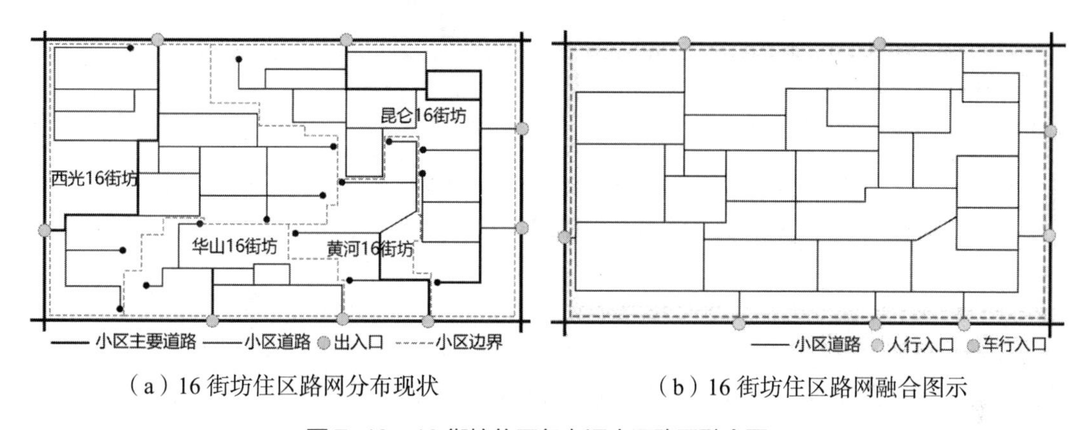

（a）16街坊住区路网分布现状　　（b）16街坊住区路网融合图示

图7-19 16街坊住区各老旧小区路网融合图

②连通小区内尽端路，形成连续完善的小区路网。

如图7-19（b）所示，各小区的路网融合后，根据各小区对路网的实际使用需求，结合道路的现状布局特点，在充分利用现状道路的基础上将老旧小区内的尽端道路连通，形成具有连续性与整体性的路网体系。融合后的路网体系可将原来相互隔离的各小区空间统一整合，增强各小区的空间连系与交通联系，有利于街区内交通空间资源的共享使用。同时，融合后的小区路网体系总体占地面积有所减少，有利于老旧小区节约动态交通空间资源。

③根据空间句法分析，构建住区的主要车行路径。

通过上述对16街坊住区路网体系的轴线模型分析，综合叠加全局整合度与全局选择度的灰度值可以发现，小区灰度叠加值较高的道路呈现两个不连续的环状，且外环与各小区现有的小区主要道路位置重合度较高。因此，结合16街坊住区动态交通空间的优化方向，首先将综合叠加灰度较高的外环道路连通并拓宽其宽度，利用外环道路构建小区的主要车行路径，使小区车流能快速地疏散至城市道路，减少车流对小区空间的影响。其次，根据融合后的小区路网体系，将灰度叠加值较高的内环道路构建为小区主要人行路径，并将内环与外环道路进行连接，形成“出入口—主要车行路径—停车空间—主要人行道路”的小区交通空间体系（图 7-20）。

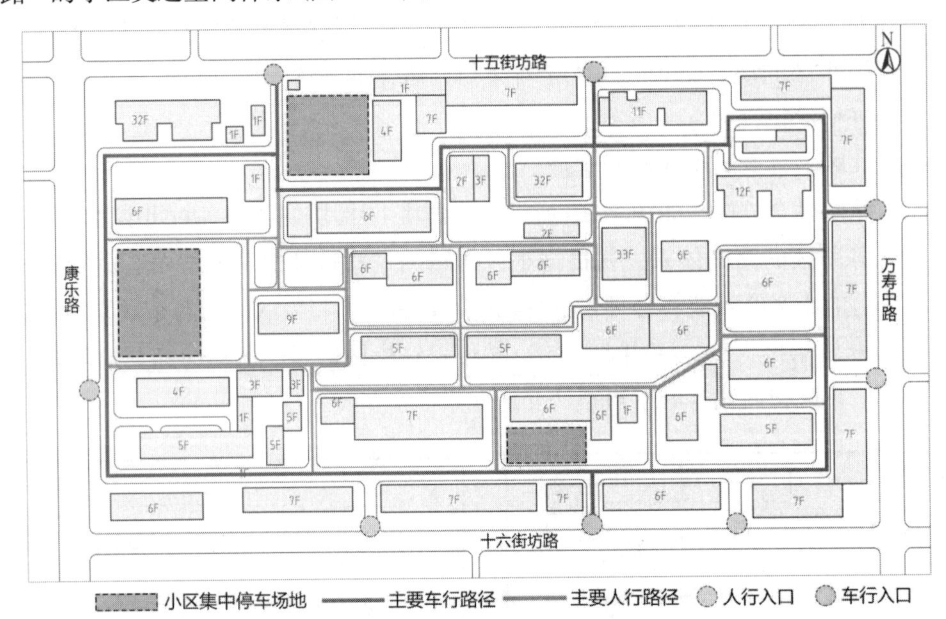

图 7-20　16 街坊住区路网与出入口优化设计图

融合后老旧小区的出入口设置主要考虑两点因素：一是出入口在充分利用现状的基础上，使出入口在街区空间的各个方向分布相对均衡合理，便于老旧小区内交通流的疏散；二是将靠近小区集中停车场地与地下车库的出入口设置为车行出入口，其余出入口可设置为人行出入口，合理疏散小区内的人车流线。

(2) 静态交通空间优化对策

①停车需求预测。

依据前文第六章建立单位型老旧小区的未来高峰停车需求预测模型，将 16 街坊住区的基础数据代入高校型老旧小区的停车需求预测模型，预测该样本未来高峰停车需数值，并分析其停车需求状态。因产权边界的存在，先对四个区域分别进行预测，最后将几个数据叠加得到 16 街坊住区的数据。从样本数据呈现结果来看（表 7-25），四块区域的停车位数量均不能满足停车需求。

表 7-25　16 街坊住区停车需求预测表

样本名称	近期停车需求预测值（2025 年）	远期停车需求预测值（2030 年）	现状停车位数量	近期需求差值	远期需求差值
西光 16 街坊	369	444	319	50	125
昆仑 16 街坊	326	410	280	46	130

续表

样本名称	近期停车需求预测值（2025 年）	远期停车需求预测值（2030 年）	现状停车位数量	近期需求差值	远期需求差值
华山 16 街坊	104	169	63	41	106
黄河 16 街坊	121	197	65	56	132
16 街坊住区	920	1220	727	193	493

总体来看，近期（2025 年）高峰停车位需求预测数值为 920，远期（2030 年）高峰停车位需求预测数值为 1220；近期停车位需求欠缺 193 个，远期停车位需求欠缺 493 个。根据前文提出的设计导向，将围墙拆除，使小区成为一个整体，新增的道路可为小区提供一定数量的停车位。

②静态交通空间优化设计。

依据小区对近期、远期的停车需求预测，分别提出近期与远期满足停车需求的方案。显然，目前小区停车严重侵占其他空间，达到饱和状态，仍不能满足当下居民停车需求。如果仅考虑在小区内补足停车位预测需求数量，按照传统的停车位挖潜思路，在已饱和的空间内继续增加停车位将会导致老旧小区居民居住空间环境品质进一步恶化。

因此，解决问题的思路是以改善老旧小区居住空间环境品质为最终目标，从小区与街区融合共建的视角解决小区停车问题，寻找一处场地通过集中、立体化停车方式，可以满足近期停车预测需求量，并能把小区停车位侵占的空间还于居民。远期结合小区和街区的建设规划，按照远期的停车预测需求将停车空间列入规划建设项目中，从而实现满足未来停车预测需求，而又改善了居住空间环境品质。

近期主要增补停车数量，首先，将现有的空地与地面停车场更新成为立体式停车。假定将图 7-21 中①号地面停车场建设成为四层的停车设施，可为小区提供 200 余停车位，加上现有的几个小型地面停车场与地下停车场，总共为小区提供 800 个左右停车位，以此解决绝大多数的近期停车需求。其次，沿着车行主要路线划定一些固定停车位，方便居民使用。最后，在外环内部的小区级道路与组团级道路处与小区周边的城市支路设置临时停车位，允许居民短暂停留，方便居民使用。

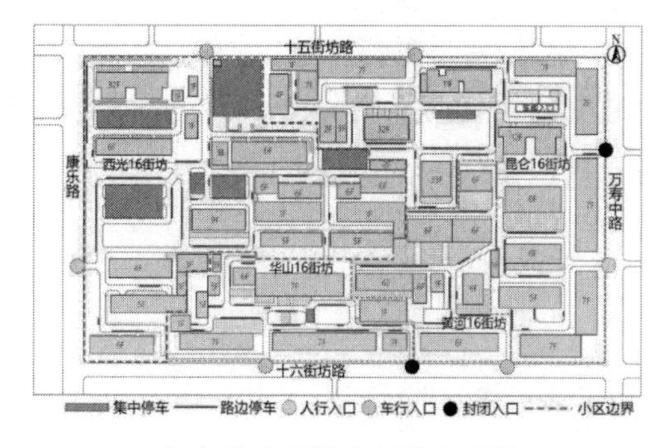

（a）静态交通空间停车现状

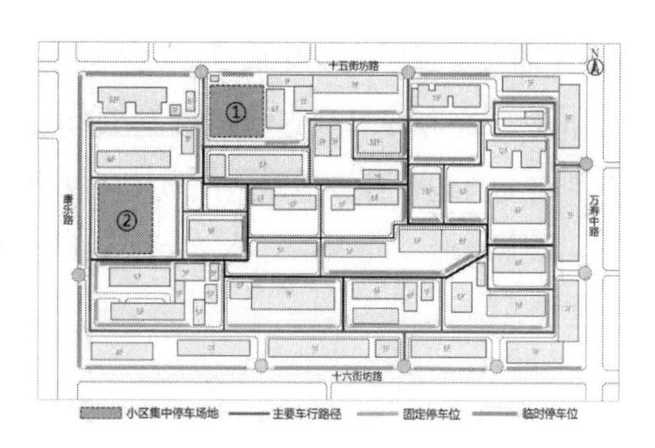

（b）近期静态交通空间优化设计

图 7-21　16 街坊住区静态交通空间近期优化设计示意图

对于远期静态交通空间的优化，还是倾向于集中式停车，不过不以完全新建停车楼作为导向。而是结合新建建筑，在其地下或高层为小区增补一部分停车位。设计人员可结合空间句法中所选取的总体选择度高的位置［图 7-22（a）］，在对小区某块区域进行重建时，对其进行停车位增补［图 7-22（b）］。总体利用集中式停车将远期居民的停车需求充分满足，将小区其他空间还与居民，提升小区生活品质。小区在满足自身的情况下，远期也可将临街面的大型集中式停车向街区开放，为街区公共停车做出贡献。

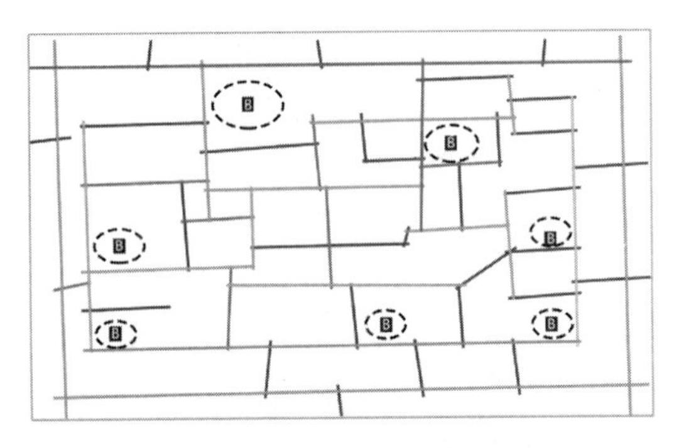

（a）静态交通空间集中式停车节点位置选取

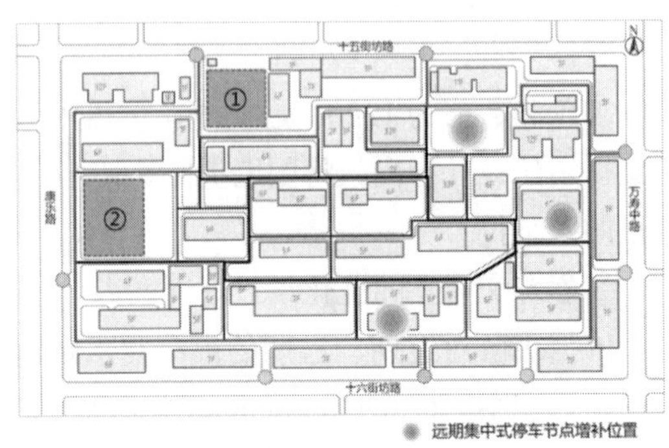

（b）远期静态交通空间优化设计

图 7-22　16 街坊住区静态交通空间远期优化设计示意图

③街区资源综合管理。

街区停车资源的综合管理在前文已述及，分别通过街区停车信息库建立，APP 及指示牌实时指示，停车位智慧化及车位预约、导航、在线支付来实现。通过数据网络的建构，便捷且有效地让车主看到每块区域的停车位剩余量，进而做出选择并根据导航指引快速停车。充分解决现在某些区域因可达性不高，停车位空余而车主却找不到停车位的问题。对于依赖型老旧小区，不提倡让外部车辆停进住区。远期在停车位充分满足居民需求的情况下可适当将沿街大型集中式停车场向街区开放。

7.5.1.4　16 街坊住区交通空间优化措施

(1) 动态交通空间优化措施

如表 7-26 所示，通过上述对 16 街坊住区交通空间优化对策的分析，动态交通空间的优化措施主要包含各级道路空间宽度的拓展与各小区道路空间的融合两方面内容。

表 7-26　16 街坊住区动态交通空间优化前后对比表

要素	优化前图示	优化后图示
动态交通空间优化前后对比	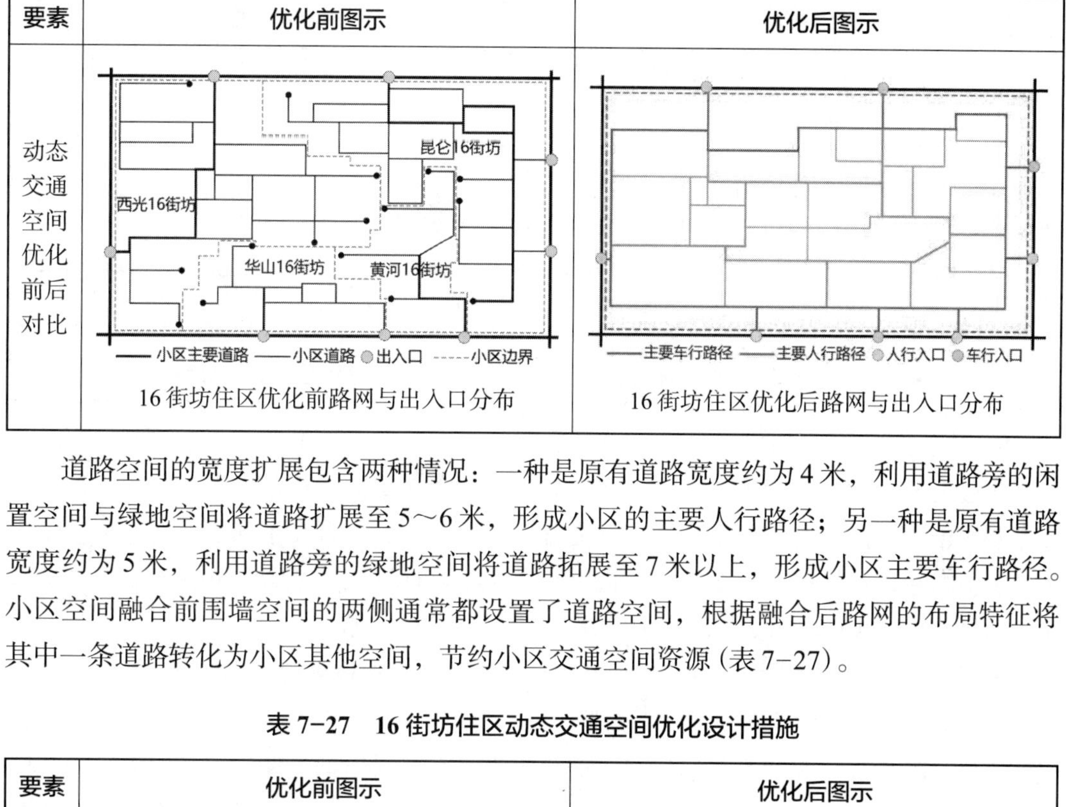 16 街坊住区优化前路网与出入口分布	16 街坊住区优化后路网与出入口分布

道路空间的宽度扩展包含两种情况：一种是原有道路宽度约为 4 米，利用道路旁的闲置空间与绿地空间将道路扩展至 5～6 米，形成小区的主要人行路径；另一种是原有道路宽度约为 5 米，利用道路旁的绿地空间将道路拓展至 7 米以上，形成小区主要车行路径。小区空间融合前围墙空间的两侧通常都设置了道路空间，根据融合后路网的布局特征将其中一条道路转化为小区其他空间，节约小区交通空间资源（表 7-27）。

表 7-27　16 街坊住区动态交通空间优化设计措施

要素	优化前图示	优化后图示
小区主要人行道路截面优化	7000　1800　4300　3600 道路拓宽前宽度约为 4 米	6500　1600　5000　3600 利用道路旁的闲置空间与绿地拓展道路至 5 米
小区主要车行道路截面优化设计	路边停车 8600　4500　1600　3600 道路拓宽前宽度为 4～5 米	人行道 2600　3500　7000　1600　3600 将主要车行道路拓宽至 7 米

续表

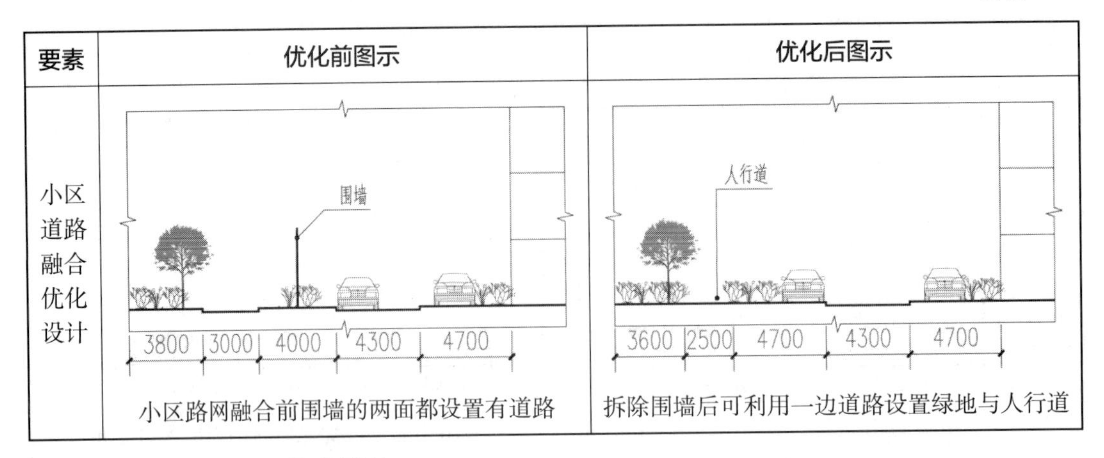

要素	优化前图示	优化后图示
小区道路融合优化设计	小区路网融合前围墙的两面都设置有道路	拆除围墙后可利用一边道路设置绿地与人行道

(2) 静态交通空间优化措施

通过上述对16街坊住区静态交通空间的优化对策的分析，静态交通空间的优化一者在于利用新增道路结合道路层级设计补充分散式停车位，二者在于利用地面停车场或潜力挖掘空间建设集中式停车节点。分散式停车主要是布局规划，此块不再进行赘述。笔者主要通过优化两块现状地面停车场来增补近、远期需求停车位。

如图7-23所示，笔者在16街坊住区内部选取了两个地块来解决小区近、远期的停车问题。①、②号区域均位于外环，也就是车行主要道路边上，居民可快速将车停放。可首先将①号区域更新，快速满足居民当下的停车需求。然后根据远期需求与地面影响其他空间的分散式停车总和，集中利用②号区域解决未来停车所需。通过这种集中式优化办法，将小区其他各类空间还于居民，提升居民生活品质。同时，因①、②号区域均紧邻城市道路，在小区停车位充分满足自身需求的时候，可将这两个集中式停车区域向街区开放，部分解决街区停车问题。图7-24为其改造后的平面图。

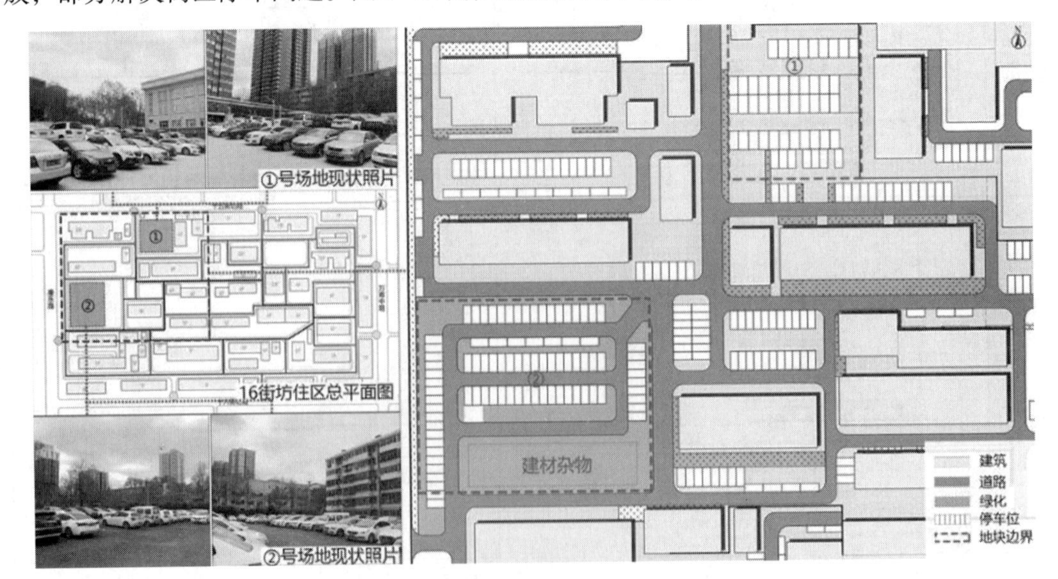

图7-23　16街坊住区地块更新前示意图

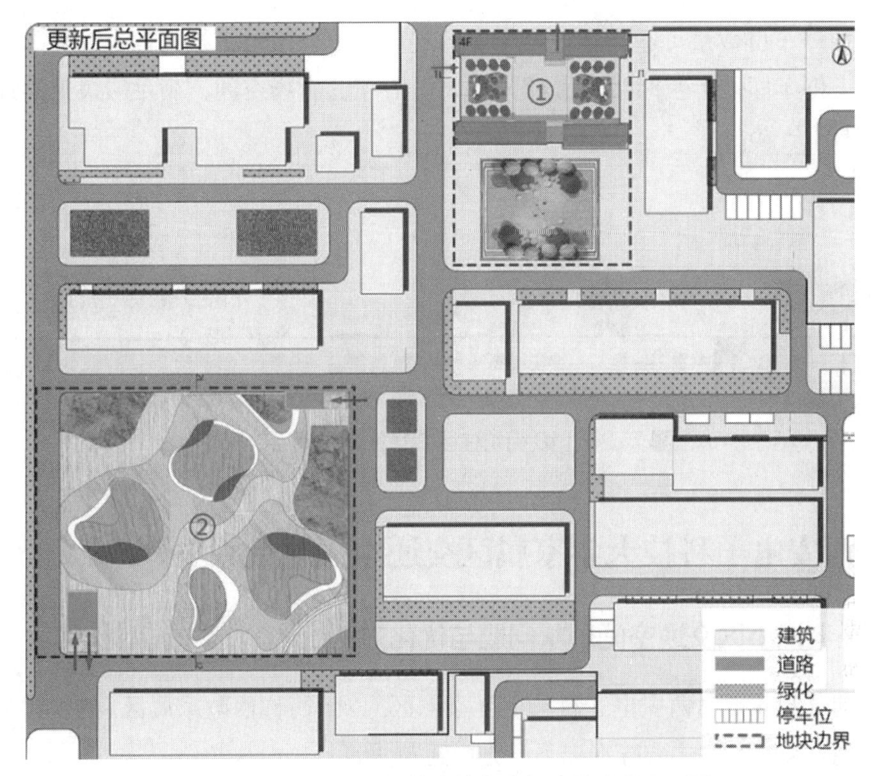

图 7-24 16 街坊住区静态停车空间改造方案平面图

①号区域为立体停车楼设计。因其紧贴小区车行主入口，周边停车需求非常大，现状设置了大量分散式停车与小型地面集中停车，严重影响小区居民的生活品质，通过立体停车楼的设计，可解放周边所占用的空间，还能解决小区近期停车需求。地块面积约2000平方米，通过四层停车楼的建设，共可为小区解决220个停车位（图7-25）。

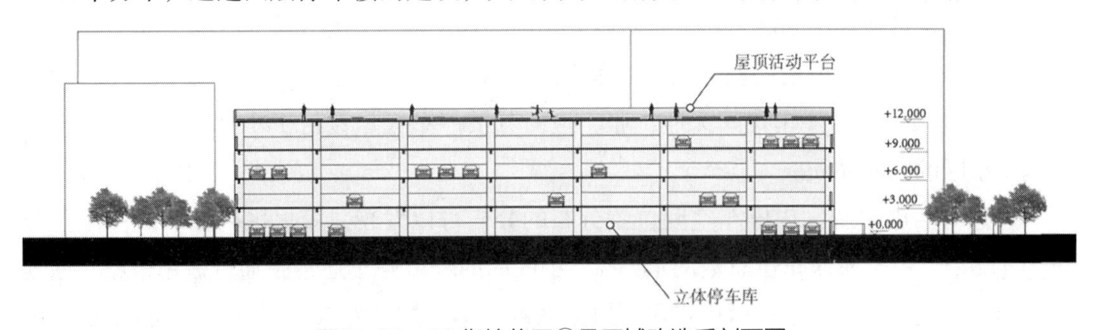

图 7-25 16 街坊住区①号区域改造后剖面图

②号区域为地下停车场设计，图7-24总平面图西侧为该区域地下停车场的设计意向图。现状②号区域为一块空地，北侧布置了80余停车位，南侧堆放了大量的垃圾。地面停车并没有解决多少停车位却严重影响居民的活动及使用。设计师可将停车转移至地下，把地面场地建成公共空间留给居民进行日常活动。场地原来的用地是3360平方米，地上停车位数量是87辆；改良后的两层地下停车库是2160平方米，可容纳停车位192个，如果

还需要增加停车位数量可适当增加停车库的层高，结合两层机械式停车，停车位数量会再翻两倍。停车库地上空间可设置成为供居民活动的广场空间，满足居民聚集性室外活动的需求（图 7-26）。

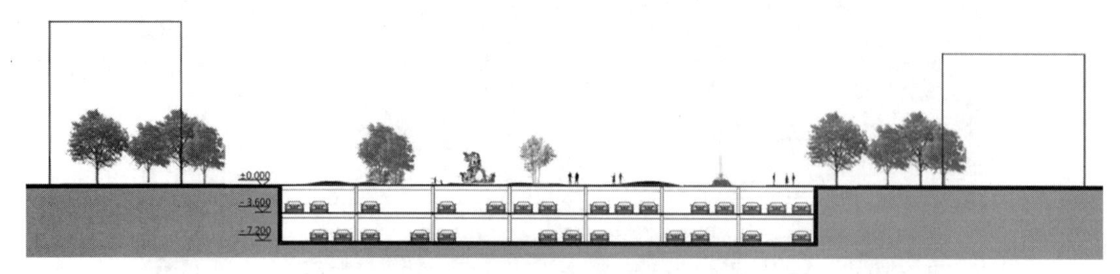

图 7-26　16 街坊住区②号区域改造后剖面图

7.5.2　西安电子科技大学家属区交通空间优化设计

7.5.2.1　老旧小区交通空间现状问题与优化方向

通过前文第 4 章对西安电子科技大学家属区（以下简称西电家属区）的现状分析可以看出，其现状交通空间主要存在以下三方面问题。

（1）西电家属院静态交通空间现状问题与分析

①西电家属区及教学区现有的停车位数量完全能满足小区内居民的现状停车需求，但大量的停车位分布在教学区域，小区居民需要到教学区停取车辆。

如表 7-28 所示，西电家属区内居民的汽车拥有量总数为 1906 辆，西安电子科技大学社区内停车位总数为 2257 个，其中教学区停车位数量为 1595 个，占停车位总数的 70.7%；家属区停车位数量仅为 662 个。虽然西电家属区整体上属于自足型老旧小区，但家属区居民大量的停车需求需要借助教学区的停车空间进行解决。

②西电家属区内停车空间无序扩张，地面分散停车大量侵占了小区其他空间，严重影响了小区的空间品质。

通过对西电家属区内停车空间位置分布的分析可以发现，家属区内分散式停车位数量为 472 个，占家属区车位总数的 71.3%。小区内的分散停车通常是通过占用道路、绿地与广场等空间形成的，家属区内占用道路空间的停车位数量为 360 个，占用小区道路空间的面积约为 6480 平方米；绿化停车位数量为 62 个，占用绿地空间面积约为 1116 平方米；广场停车位 50 个，占用广场空间面积约为 900 平方米。由此可以看出，西电家属区内大量的停车空间是随着居民汽车拥有量的增加，通过占用小区其他空间进行建设，大量停车空间的无序增长影响了居民的日常活动，降低了小区的空间品质。

表 7–28 西安电子科技大学家属区基础数据与交通空间图示表

老旧小区基础指标			老旧小区总平面图
老旧小区概况	小区性质	高校型老旧小区	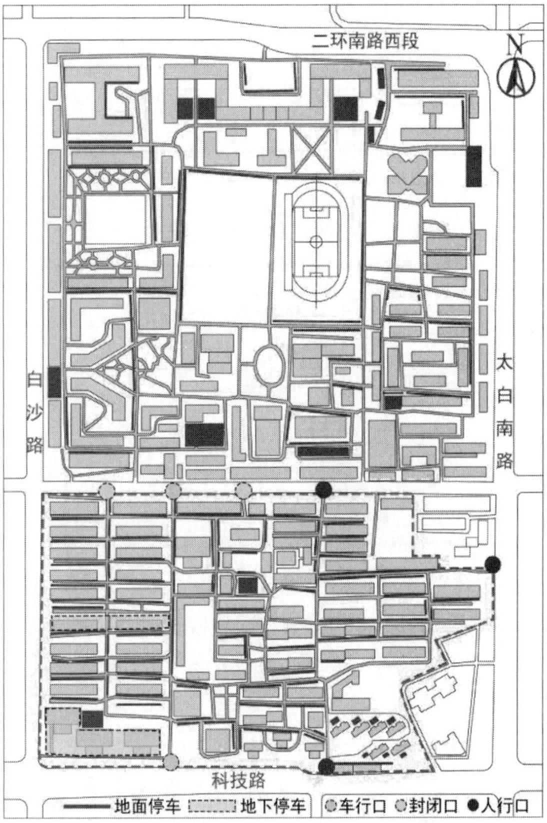 西安电子科技大学家属区交通空间图示
	家属区总用地面积	21.5 公顷	
	总建筑面积	18.82 万平方米	
	建筑栋数	51 栋	
	户数	3100 户	
小区静态交通空间	居民汽车拥有量	1906 辆	
	户均汽车拥有量	0.6 辆 / 户	
	停车位总数	2257 个	
	地面停车位数量	2117 个	
	地下停车位	140 个	
	地面停车率	68.3%	
小区动态交通空间	小区路网结构形式	混合式	
	车行出入口数量	2 个	
	人行出入口数量	3 个	

(2) 西电家属区动态交通空间现状问题与分析

①西电家属区路网可划分为三个区域，小区路网整体上主次不清、道路层级混乱，小区内三个区域之间缺乏横向主要道路的联系，小区主要道路系统不连续，造成小区内无法形成合理连续的交通流线。

根据道路的宽度不同，可将小区道路分为小区主要道路（宽度大于 7 米）、组团主要道路（宽度 5～7 米）与小区次要道路（宽度小于 5 米）。对西电家属区内现状道路等级进行分析发现，两条南北向的主要道路将小区空间划分为三个区域，各个区域内有断断续续的组团主要道路，总体上看，组团主要道路不连续，且与小区主要道路缺乏联系，小区主要道路之间缺乏横向联系，造成小区内三个区域的空间联系不通畅，主要道路也无法在小区内形成连续的环线［图 7–27（a）］。

②小区内公共建筑与城市道路的交通联系较弱，其交通流线与居住功能的交通流线混合设置，造成小区整体的交通流线组织混乱。

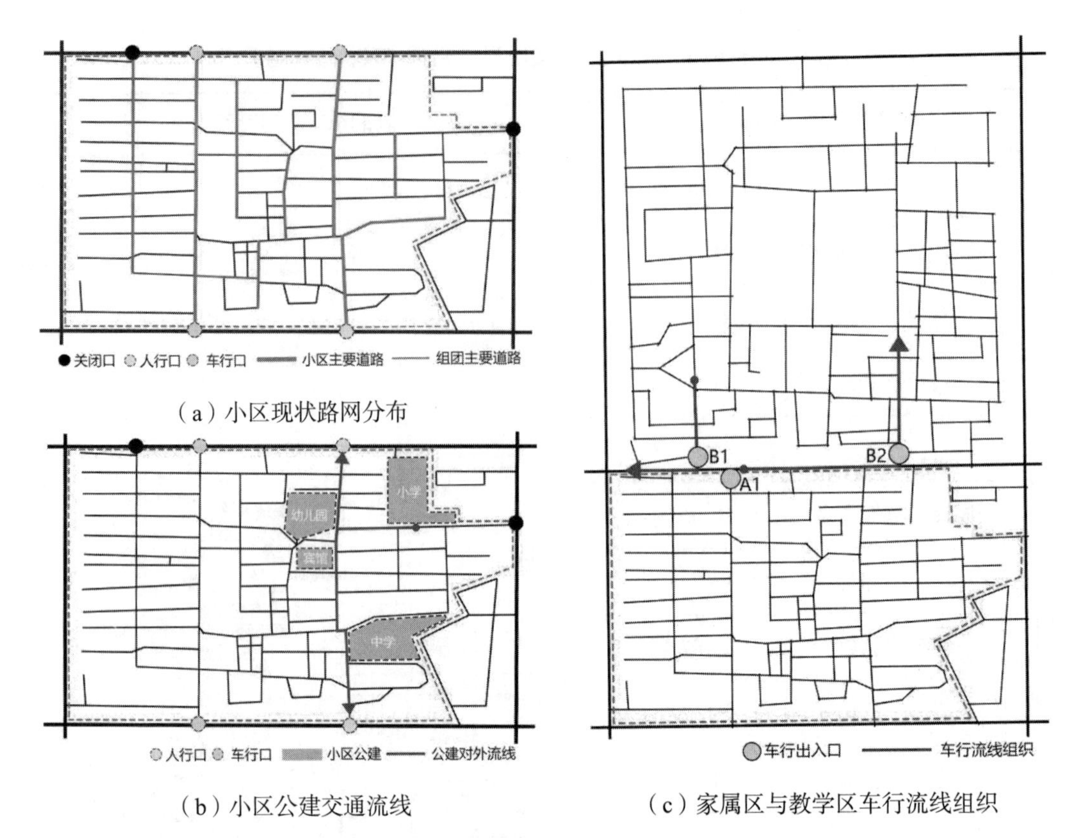

（a）小区现状路网分布

（b）小区公建交通流线

（c）家属区与教学区车行流线组织

图 7-27　西电家属区动态交通空间现状示意图

西电家属区内除了居住建筑外，还设有幼儿园、中小学、宾馆等对外的公共建筑，如图 7-27（b）所示，小区内各公建的交通流主要通过小区东侧的主要道路进行疏散，该主要道路同时也是居住空间的主要交通流线之一，因此，学生与家长进出学校的交通流线与小区居民的交通流线重合度过高，造成小区内东侧的主要道路拥堵，小区整体的交通流线组织混乱。

③教学区与家属区之间的交通联系较弱，两区域之间缺乏合理连续的车行路径，不利于小区居民对教学区交通空间的使用，同时小区与校区之间的交通流集聚于光华路上，加重城市道路的拥堵问题。

如图 7-27（c）所示，西电家属区在北侧的车行出入口为 A1 出入口，教学区车行进口为 B2 口、车行出口为 B1 口，家属区与教学区的车行流线通过开向光华路的三个出入口进行组织，家属区的车流从 A1 口出，经过光华路从 B2 口进入校园。虽然教学区与家属区通过出入口的组织建立了一定的空间联系，但由于缺乏对两个区域车行流线的统一规划，小区与校区之间的空间联系较弱，交通流线组织混乱，进一步加重了光华路的拥堵问题。

(3) 基于交通空间评价的优化方向

①静态交通空间评价与优化方向。

西电家属区属于自足型老旧小区，根据前文 4.4 节中对各类单位型老旧小区交通空间评价的结果显示：在自足型老旧小区的静态交通空间方面，停车空间分布所占权重最高，其次为停车空间使用效率与停车空间类型，所占权重最低的静态交通空间要素是停车空间规模。由此可以看出，在自足型老旧小区停车空间的更新过程中，停车空间的位置分布优先级高于其数量规模。从西电家属区停车空间的现状使用情况来看，小区内大量的分散式停车严重影响了居民对小区其他空间的正常使用，所以应通过立体化等方式尽量减少小区内分散式的停车布局，提升西电家属区静态交通空间的空间品质。

西电家属区停车空间品质提升包含近期与远期两个阶段目标。从近期来看，西电家属区通过整合分散停车使停车空间适当集中，减少车辆对小区其他空间的干扰，提升小区居住空间品质；从远期来看，西电家属区停车空间规模较大，其静态交通空间优化应在满足小区居民停车需求的同时，能适当开放闲置停车位，将小区停车资源向街区空间共享使用。

②动态交通空间评价与优化方向。

动态交通空间的评价结果显示：在自足型老旧小区的动态交通空间中，路网结构所占权重最高，其次为人车交通组织与出入口空间设计，权重占比最低的为道路空间设计。由此可以看出，西电家属区的动态交通空间应以路网结构与交通组织优化为主，结合上述对西电家属区动态交通空间现状使用问题的总结分析，西电家属区在路网结构方面应完善小区路网体系，如图 7-28 所示，首先，在小区三个组团区域之间增加横向的主要道路联系，使小区的主要道路系统更加完善。其次，将各区域内的组团主要道路进行连通，形成完整连续的路网体系。

西电家属区在交通组织方面，小区内公建于居住空间交通流线混杂、教学区与生活

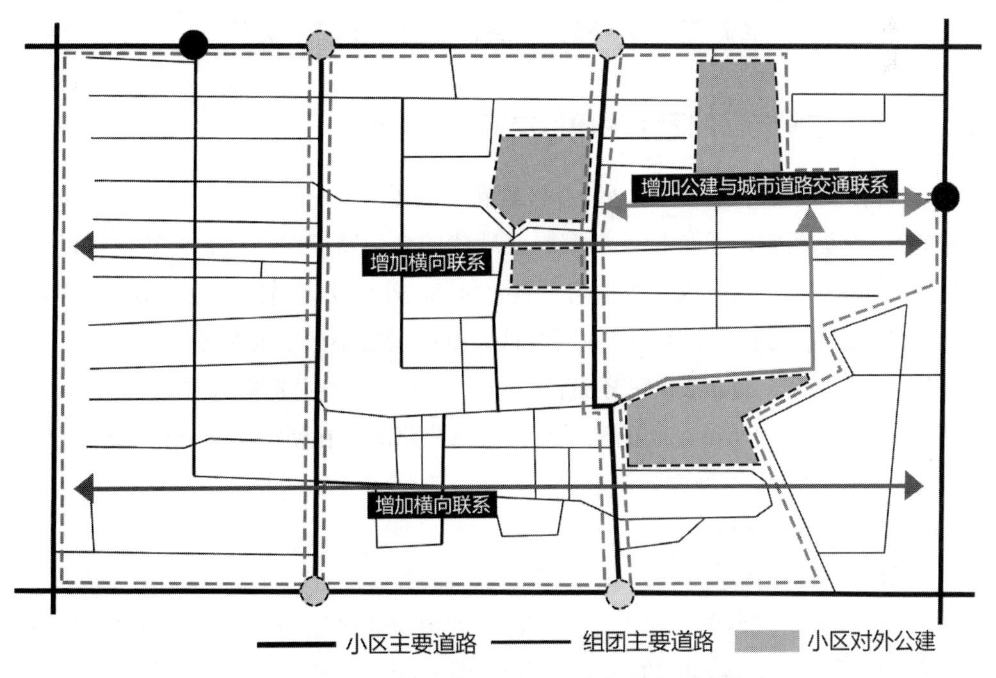

图 7-28　西电家属区动态交通空间优化思路图

区交通联系不畅，其交通组织优化主要包含两点内容：一是梳理小区的交通空间流线，优化小区内各功能空间的交通组织，增强小区公建与城市道路的交通联系，减少小区内交通流线冲突（图 7-28）；二是加强家属区与教学区的交通联系，使小区居民对教学区交通空间的使用更加便利。

总体来看，通过对西电家属区交通空间使用现状的分析发现，静态交通空间的问题主要为位置分布不均、分散停车过多，造成空间品质较低；动态交通空间的现状问题主要为缺乏连续路网与交通流线混乱，结合交通空间评价权重的排序提出静态交通空间优化方向为空间品质提升、动态交通空间优化方向为整合空间流线，在此基础上展开对西电家属区停车需求预测与空间句法分析，最终提出交通空间的优化对策与措施（图 7-29）。

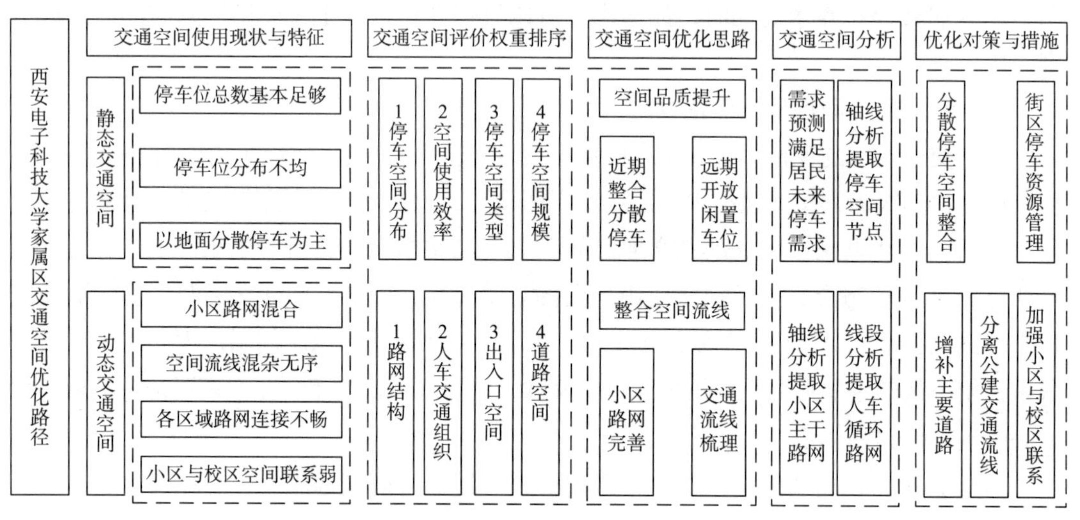

图 7-29　西电家属区交通空间更新设计框架步骤图

7.5.2.2　基于空间句法的西电家属区交通空间分析

（1）通过轴线模型分析，提取适合小区现状不同层级的主次干道

附录 2 图 9 为西安电子科技大学家属区现状的叠加路网图。从右侧所呈现的结果来看，小区的路网结构大致分为三级，第一级为白色的小区主要道路，第二级为灰色的连通各组团的组团道路，第三级为图中特别淡且大量存在的小区次要道路。从分析结果可以看出，小区主要道路只有断裂的三条道路，没有形成连续的主要路网结构；组团级道路数量较少，且缺乏东西向与街区间的联系；大量断头路的存在使很多次要道路可达性较低，各条道路之间缺乏联系。

（2）优化小区路网结构

①小区路网结构调整。

结合笔者前面对现状的总结与空间句法对西电家属区路网结构的分析，对西电家属区路网结构做了以下调整。在西侧中间部分增补一条主干道，增加小区与白沙路之间的联系，同时为了增强小区东西向的联系，形成小区的循环路网，将中间宽窄不一的道路扩充成为主干道，使小区整体形成一个内环。除了主干道的连通，还对小区的部分尽端路及可支空间做了调整及补充。附录2图10为笔者对小区内部路网结构初步优化后所得到的叠加路网图，后文将在此基础上结合动态交通组织要求进一步细化小区路网结构。

②依据线段模型，提取主要车行、人行道路。

在小区动态交通空间的使用中，人车流线混杂是引发小区交通空间拥堵的重要原因。主要干道路内停车及小区重要节点门前空间的阶段性人流聚集则是引发人车拥堵的直接影响因素。笔者通过建构优化后的线段模型，以400米、1200米为分析半径代替小区人行5分钟与车行5分钟的运动路径。通过提取控制度、整合度参数分析的结果，分别提取人行、车行的主要环道，为后文动态人车流线的组织提取科学借鉴(附录2图11)。

③重要空间节点分布与主次道路的分布关系。

同16街坊住区一样，将路网结构梳理完毕，依据轴线模型中的全局整合度系数与全局选择度系数，并结合现状外部空间各功能节点分布状况，对重要公共活动节点、停车节点进而布局优化处理。因全局整合度能反映人员到达该目的地的潜力，故选取总体整合度高的节点为活动节点布点空间。同理，选取全局总体选择度高的节点作为停车节点选址。后文将结合现状既有各类公共活动空间分布、停车节点分布及可支空间的分布，对各空间节点进行序列布置(附录2图12)。

7.5.2.3 西电家属区交通空间优化对策

(1) 动态交通空间优化对策

在上述对西电家属区交通空间现状问题总结归纳与空间句法分析的基础上，结合跨越型单位老旧小区的动态交通空间优化对策与方法，从三个方面对西电家属区的动态交通空间进行优化设计。

①增补主要道路，完善小区路网。

通过上述对西电家属区路网体系的轴线模型分析，综合叠加全局整合度与全局选择度的灰度值可以发现，小区组团区域之间的道路灰度叠加值最高，成为小区主要道路的潜力最大；组团区域内部灰度叠加值较高的道路宜设置为组团主要道路。根据空间句法的分析结果显示，小区主要道路需要在东西方向增加横向联系，组团主要道路缺乏连续路径。

在小区主要道路增补方面，如图7-30所示，在空间句法提取主干路网的基础上，首先通过加宽道路宽度将A1至A4道路转化为小区主要道路。在小区的西部区域，A1道路位于组团区域的中心，且道路旁设置有绿地空间，有条件设置为小区主要道路，在拓宽后的A1道路与白沙路的交接处增设一个出入口，合理疏散小区交通流。A2至A4主要道路的设置主要考虑两点要求：一是道路有条件拓宽为主要道路宽度；二是道路可以加强小区三个组团区域东西方向的联系，并均衡的划分小区空间。增设小区主要道路使小区内现有的独立主要道路发展为网格状的路网体系，交通流在小区内的疏散更加合理均衡。

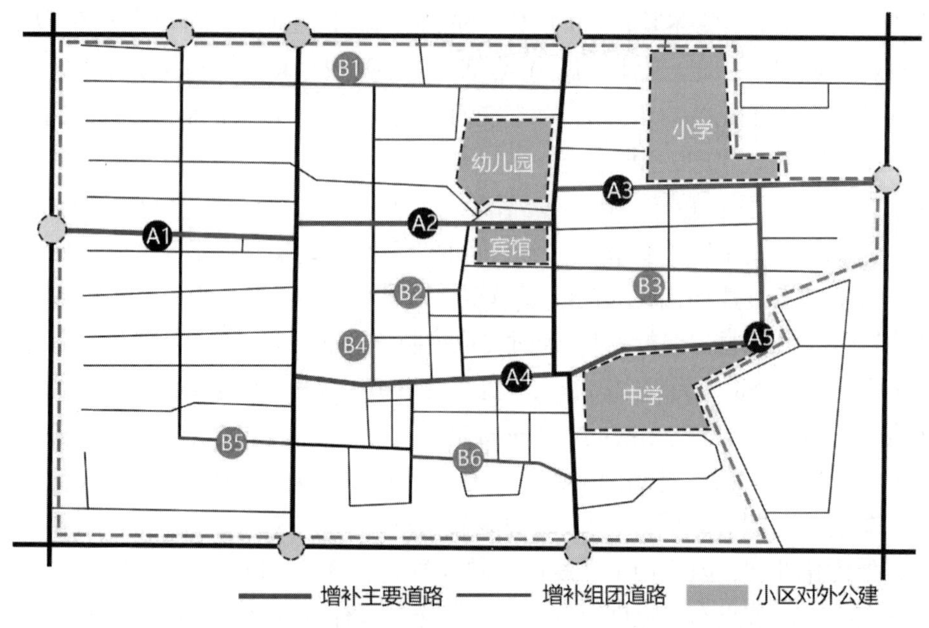

图 7-30　西电家属区动态交通空间优化思路图

在组团主要道路增补方面，根据小区路网的灰度叠加值与各区域的路网特征，对西电家属区内三个区域的组团主要道路进行梳理与完善，如图 7-30 所示，B1 至 B6 为增补的组团主要道路。组团主要道路的设置主要有两点要求：一是为了提升组团区域内的空间可达性与交通流疏散的合理性，应通过加宽组团区域内灰度叠加值较高道路的宽度形成组团主要道路；二是组团主要道路应与小区主要道路或出入口直接相连，使小区路网体系能够完整连续。

②加强小区内部公建与城市道路的交通联系。

为了加强小区公建与城市道路的交通联系，在上述小区主要道路增补与路网完善的基础上，将与学校直接相连的小区道路改造为小区主要道路，并设置与之相连的出入口。如图 7-30 所示，将 A3 道路设置为主要道路，并设置与之相连的出入口，增强小学与城市道路的交通联系。A5 道路可以使中学增加一个疏散方向，减少中学交通流线对小区空间的影响。优化后的小区公建交通流线能快速合理地疏散至 A3、A5、A6 三条小区主要道路与三个出入口，且疏散的方向不同，与小区主要的车行路径和主要人行路径的重合度较低［图 7-31（a）与图 7-31（b）］，缓解了西电家属院内不同功能空间交通流线的相互影响。

③加强教学区与生活区的交通联系。

西电家属区教学区与生活区的交通流线主要通过车行流线与出入口的合理组织进行优化。如图 7-31（c）所示，首先，通过加宽小区道路在小区与校区之间构建一条连续的车行路径，便于两区域之间动态交通空间流线的交换。其次，将家属区原有的人行出入口A2转化为车行出口，形成A1与B1、A2与B2相联系的车行出入口体系，加强教学区与家属区的空间联系，同时减小小区车流在光华路上的集聚，缓解城市道路的交通拥堵问题。

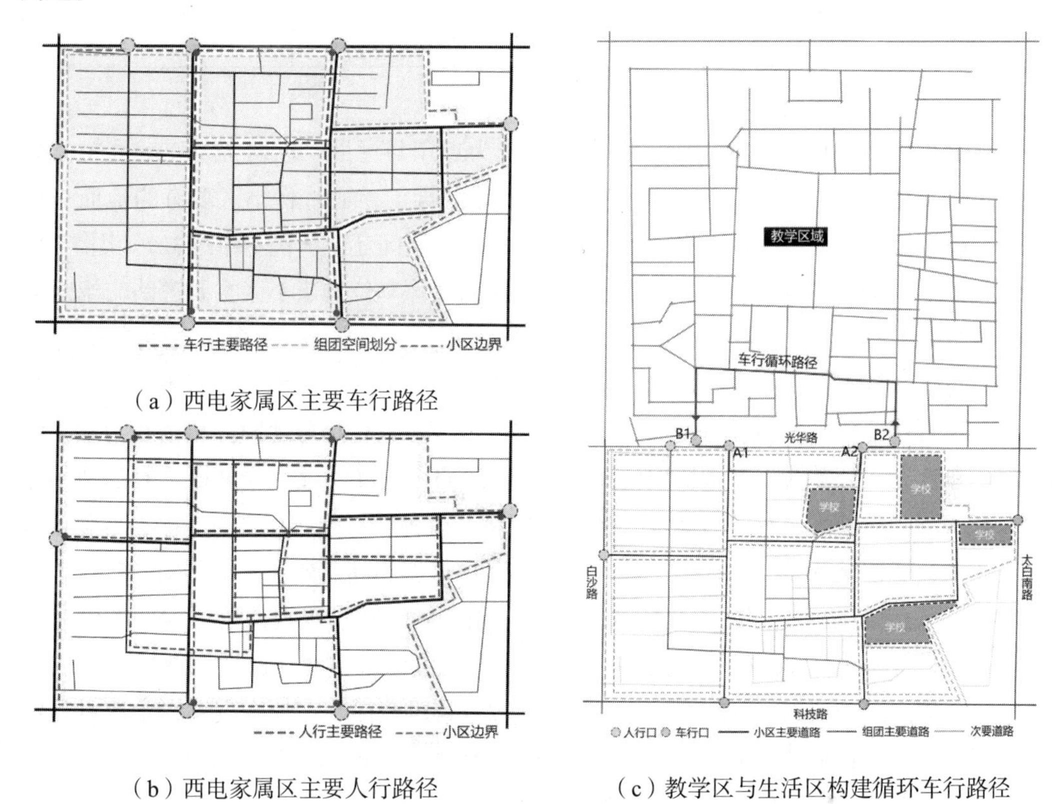

（a）西电家属区主要车行路径

（b）西电家属区主要人行路径

（c）教学区与生活区构建循环车行路径

图7-31　西电家属区路网现状与优化设计图

(2) 静态交通空间优化对策

①停车需求预测。

依据前文第六章建立单位型老旧小区的未来高峰停车需求预测模型，将西电家属区的基础数据代入高校型老旧小区的停车需求预测模型，预测该样本未来高峰停车需求数值，并分析其停车需求状态。从样本数据呈现结果来看（表7-29），近期（2025年）高峰停车位需求预测数值为954辆，远期（2030年）高峰停车位需求预测数值为1089辆；近期停车位需求欠缺292个，远期停车位需求欠缺427个。小区高度依赖于教学区的停车位，但因教学区为其补充了大量的停车位，片区整体自足。因此，对于西电家属区这种自足型老旧小区，笔者对其的优化在于逐步将分散式停车转化为集中式停车，将小区大量的宅间空间、道路空间、广场空间空余出来供居民生活使用，以达到小区交通空间顺畅，公共活动空间充足，居民使用方便的目的。

表 7-29　西电家属区停车需求预测表

样本名称	近期停车需求预测值（2025 年）	远期停车需求预测值（2030 年）	现状停车位数量	近期需求差值	远期需求差值
西电家属区	954	1089	662	292	427

②静态交通空间优化设计。

对于静态交通空间的优化设计，笔者将其分为近期与远期。近期主要以解决目前分散式停车大量侵占各类空间，影响居民使用的问题为导向，通过将小区现有的地面车场改为停车设施补充这些停车位，将广场、绿化、宅间等空间还于居民（图 7-32）。图 7-32（b）中，笔者将分散式停车划分为两种：第一种为固定停车位，于小区主要道路与组团道路一侧设置，且于大型公共建筑前，小区级道路汇集处不进行设置；第二种为临时停车位，于宅间空间与城市支路进行设置，小区内的停车位只允许短暂停留，城市支路的停车位除白天短暂停留外，夜间也可使用。对于集中式停车，只将局部地面停车场改为立体停车设施，来补充在分散式停车中所取消掉的停车位。图中，①、②为家属区现有的地面停车场，③、④为教学区现有的地面停车场。假定将其改为四层停车楼，可为小区提供 500 余个停车位，能够充分满足小区的需求。设计人员可根据实际需要，做出不同的应对。

对于远期静态交通空间的优化，可结合小区和街区的建设规划，按照远期的停车预测需求，将停车空间列入规划建设项目中。设计人员可结合空间句法中所选取的总体选择度高的位置 [图 7-32（c）]，在对小区某块区域进行重建时，在地下设置一定数量的停车位，或者采用天桥形式，上部活动，下部停车。教学区域也可结合大面积活动用地的更新，于地下设置大量停车位。二者总体高度集中小区车辆，将小区其他空间还与居民，提升小区生活品质。同时，大面积的集中式停车在不影响内部居民使用的情况下，也可向街区开放，解决自身的同时也为城市停车难问题提供相应的帮助。

（a）静态交通空间停车现状

（b）近期静态交通空间优化设计

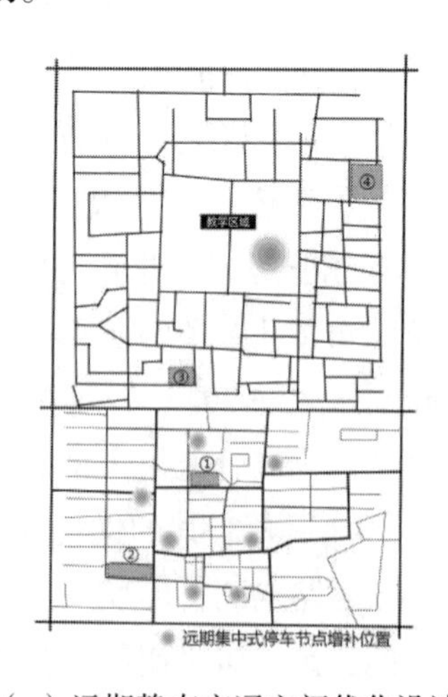

（c）远期静态交通空间优化设计

图 7-32　西电家属区静态交通空间优化设计图

③街区资源综合管理及协同共享。

街区停车资源的综合管理在前文已述及，分别通过街区停车信息库建立，APP 及指示牌实时指示，停车位智慧化及车位预约、导航、在线支付来实现。需要提出的是，在西安电子科技大学这类高校型老旧小区中，因教学区域的特殊性及共享区域的限制，在信息发布的过程中应建立两种体系。一种面向于小区内部人群，可以实时查看街区内部所有的停车资源；另一种面向外部人群，其只可将车辆停放于小区向街区共享的集中式停车区域及街区共用的停车区域，不能因为外部车辆的入驻影响内部人群的使用品质。

在西安电子科技大学这类高校型老旧小区中，整体以提升两片区域的人群使用品质为导向，在此基础上协调停车资源。因此，教学区域只向街区共享拥有独立车行系统，不影响高校人群使用的大型地下停车，如操场地下停车这类停车位。家属区也只共享内街临街面的集中式停车位。

7.5.2.4　西电家属区交通空间优化措施

(1) 动态交通空间优化措施

通过上述对西电家属区交通空间优化对策的分析，动态交通空间的优化措施主要包含各级道路空间宽度的拓展与出入口空间功能的转换两个方面内容。

在道路空间方面，如表 7−30 所示，西电家属区道路拓宽设计主要有两种情况：一种是道路原有宽度为 3～4 米，两侧人行道设置绿地空间或停车空间，将路面宽度拓展至 5 米，两侧依次展开人行道、绿地与停车空间，形成小区组团主要道路；另一种是道路原有宽度为 4～5 米，利用道路旁的绿地空间将路面宽度拓展至 7.5 米，形成小区的主要道路。在出入口方面，通过分隔人流与车流将原有 5.5 米宽的人行出入口调整为单人单车出入口（表 7−30）。

表 7−30　西电家属区动态交通空间优化设计措施表

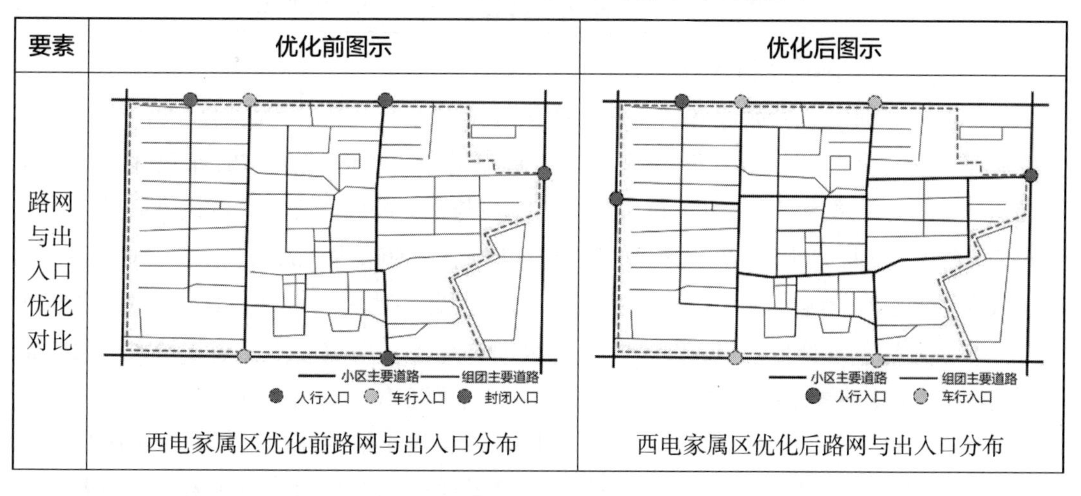

要素	优化前图示	优化后图示
路网与出入口优化对比	西电家属区优化前路网与出入口分布	西电家属区优化后路网与出入口分布

续表

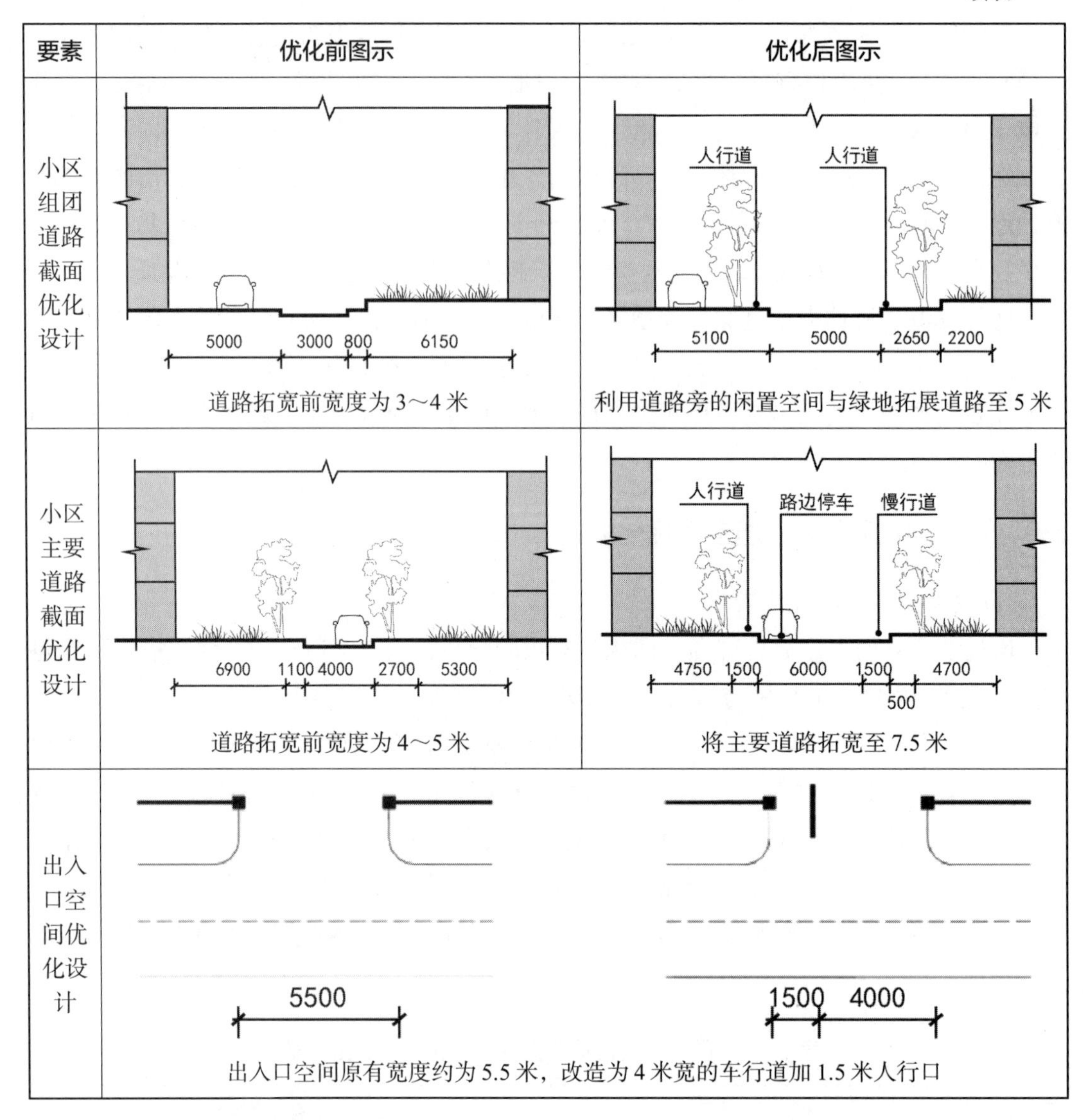

要素	优化前图示	优化后图示
小区组团道路截面优化设计	5000 3000 800 6150 道路拓宽前宽度为 3～4 米	人行道 人行道 5100 5000 2650 2200 利用道路旁的闲置空间与绿地拓展道路至 5 米
小区主要道路截面优化设计	6900 1100 4000 2700 5300 道路拓宽前宽度为 4～5 米	人行道 路边停车 慢行道 4750 1500 6000 1500 4700 500 将主要道路拓宽至 7.5 米
出入口空间优化设计	5500	1500 4000
	出入口空间原有宽度约为 5.5 米，改造为 4 米宽的车行道加 1.5 米人行口	

(2) 静态交通空间优化措施

通过上述对西电家属区静态交通空间优化对策的分析，静态交通空间的优化在于将分散式停车位转化为集中式停车。对于分散式停车的布局优化，前文 7.1 节已述及，此块不展开。对于集中式停车的优化，除了地下停车场与常见的停车楼，笔者认为还可通过以下两种方法来实现，在解决停车问题的同时，提升小区趣味性及品质。图 7-33 中①、②号区域为笔者选取的解决西电家属区近、远期停车问题的地块。其中，①号区域为现状社区服务中心旁边的地面停车场，处于小区循环路网边上，周边停车需求量较大。假如将其更新成为六层机械式停车，共可为小区提供 216 个停车位，充分补充近期的停车需求差值，缓解家属区与教学区的停车压力。②号区域现状为小区游泳馆，其处于小区最核心的位置却非常封闭，严重影响居民使用需求。笔者通过调研得知该地块未来的规划设计

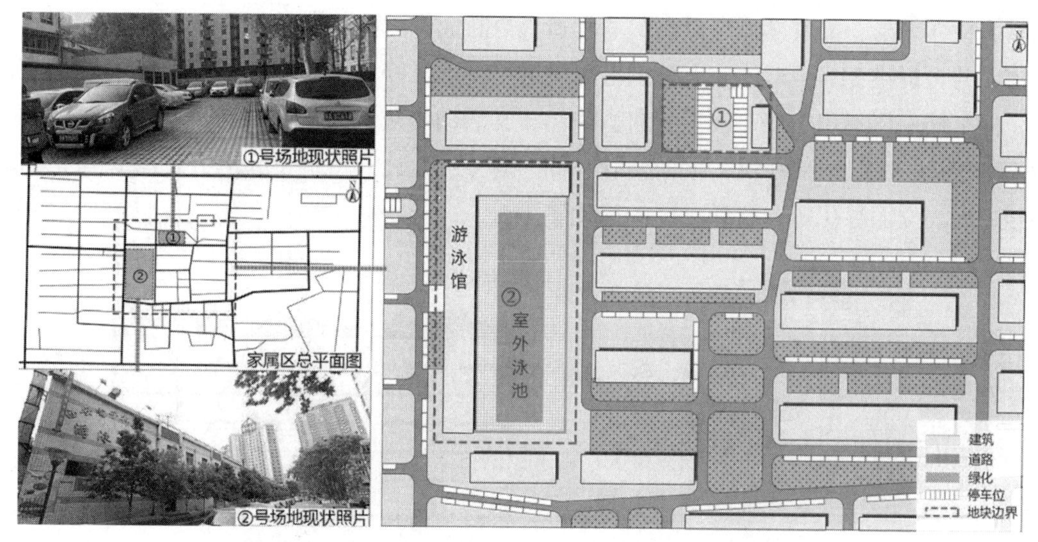

图 7-33　西安电子科技大学家属区地块更新前示意图

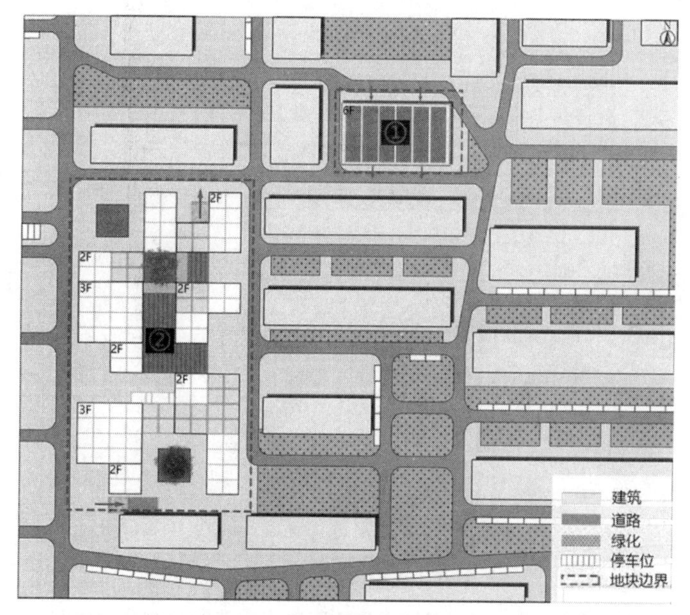

图 7-34　西安电子科技大学家属区静态停车空间改造方案平面图

方向为拆除游泳馆将，其更新为活动场地。因此，笔者设计了一种可用于未来对该地块的更新设计方法。建筑本身作为小区聚集性活动的枢纽，交通组织采用人车分离的方式，增强小区居民的交往并凸显小区的核心区域特色。同时，在其地下建立集中式停车场，满足未来小区及街区更多的停车需求，充分化解停车问题对居民生活环境品质的影响。图 7-34 为地块改造后的平面图。

①停车楼结合活动场地设计。

图 7-35 是笔者对①号地面停车场所做的更新设计图，①号区域面积约 1000 平方米，

区域为横向矩形，又紧贴循环路网，非常适合更新成为立体式机械停车。笔者将其设计为六层，共可提供216停车位，充分满足居民近期需求。停车楼的设计可采用两种方案：其一，停车楼一层不用于停车，主要充当居民日常活动的灰空间，将卖菜、卖花等各种小摊位聚集于此，满足居民所需的同时活化空间。其二，设计人员可将绿植引入停车楼，采用种植屋面、立面绿化等，增加小区的绿化率。

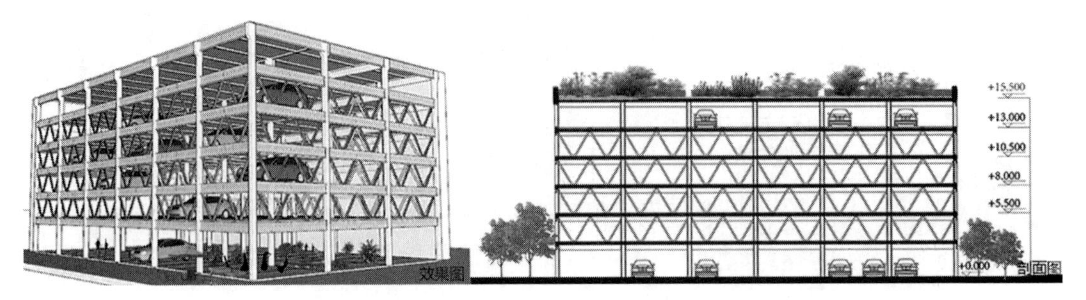

图 7-35　西安电子科技大学家属区①号区域改造后效果图

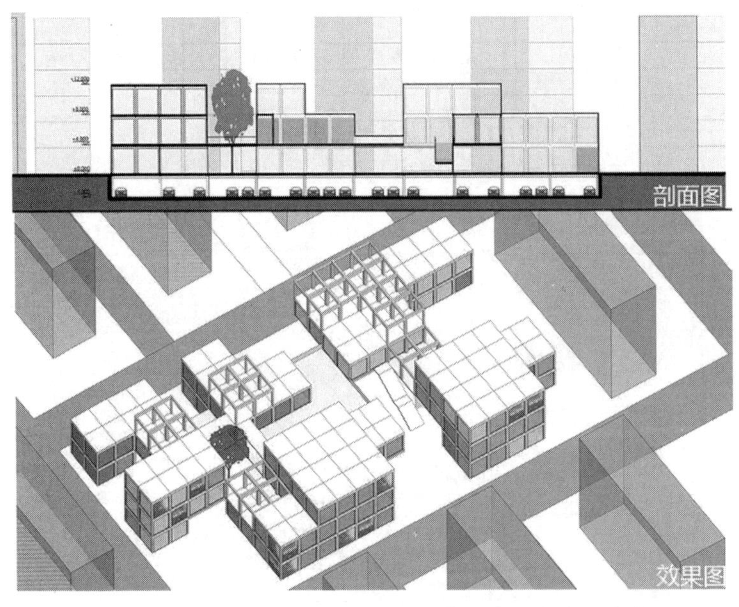

图 7-36　西安电子科技大学家属区②号区域改造后效果图

②小区立体交通空间设计。

如图 7-36 所示，设计师可通过空间交叉将人行交通与下部的绿化及车行交通区分开来，上部行人并布置居民活动场地，下部通车并增补景观绿化。人车在区域内和谐共存，彼此互视却不相互影响。同时，在新建建筑地下建停车场，一层可为小区提供140个停车位，已经能够满足小区未来的停车需求，如考虑街区停车问题，可建设二层或通过两层机械设施补足所需。未来小区整体通过这种集中式、立体化手段，将人车流线逐步分开，区分公共活动与行车、停车空间，将区域内的人群需求通过几座公共性建筑整合起来。

7.6 本章小结

通过前文对单位型老旧小区交通空间优化技术框架的建立，本章从不同交通空间功能要素入手，结合国内外优秀案例的经验启示，总结归纳动、静态交通空间的优化方法。在此基础上，静态交通空间从自足型、过渡型、依赖型的分类角度展开，对不同类别单位型老旧小区停车空间的优化对策进行分析；动态交通空间从整体型、嵌入型、跨越型的分类角度展开，对不同类别单位型老旧小区动态交通空间在小区层面与街区层面的优化对策进行分析。最后根据单位型老旧小区交通空间优化方法与对策的分析归纳，选取16街坊住区与西安电子科技大学家属区两个实际案例进行实证研究，将本研究建立的交通空间优化技术框架运用于两个案例，以验证本研究所提出的单位型老旧小区交通空间优化方法与对策的可实施性。

8 结论

8.1 主要研究结论

本书通过对西安市单位型老旧小区47个一般调研案例、5个静态交通空间调研案例和6个动态交通空间调研案例的调查研究，历时近三年的深入调查，针对案例小区的静态和动态交通空间的现状主要问题，分别从其交通空间现状特征的评价得出不同类型老旧小区交通空间优化侧重方向、老旧小区停车需求预测、国内外老旧小区交通空间优化经验智慧、小区交通空间优化理论方法等方面开展研究，形成以下主要结论：

8.1.1 建构了单位型老旧小区交通空间要素体系

本书基于老旧小区交通空间现状、居住区相关规范与标准关于交通空间内容，以及国内外住区交通空间改造优秀案例的研究，建立了老旧小区交通空间的要素体系。

单位型老旧小区交通空间构成要素包括以下两方面：

①老旧小区内部交通空间，包括既有的交通空间和潜在的交通空间。既有的交通空间，即老旧小区产权边界范围内的动态交通空间和静态交通空间；潜在的交通空间，分为动态交通潜力空间和静态交通潜力空间。

②老旧小区所在街区交通空间，分为街区既有交通空间、街区潜在的交通空间。

8.1.2 建立了单位型老旧小区交通空间评价体系

首先，对西安市单位型老旧小区进行类型划分研究。基于西安单位型老旧小区典型案例的调查，依据小区停车空间对街区的依赖程度将老旧小区划分为自足型、过渡型和依赖型，从老旧小区与所在街区的空间位置关系方面可分为嵌入型、整体型和跨越型。

其次，基于对老旧小区交通空间影响因素的分析，利用层次分析法建立单位型老旧小区交通空间现状特征评价指标集。

①依据对西安市单位型老旧小区动态交通空间现状特征评价，提出动态交通以完善路网为主导的道路空间优化侧重；

②依据单位型老旧小区静态交通空间现状特征评价，分别提出自足型、过渡型和依赖型老旧小区静态交通空间侧重优化方向：自足型老旧小区优化方向为提升停车空间品

质为主、资源共享为辅；过渡型老旧小区优化方向为提高停车效率与增加停车空间规模并举；依赖性老旧小区优化方向为以增加停车空间规模为主。

8.1.3 建立了单位型老旧小区静态停车需求预测模型

本书基于多元回归分析法分别建立了企业属性和高校属性单位型老旧小区的停车预测模型。

首先，运用该模型对西安市近期（2025 年）和远期（2030 年）单位型老旧小区停车位需求量进行预测，结合自足型、过渡型和依赖型老旧小区停车位数量及其停车现状，预测了西安市各类型老旧小区的停车需求“缺口”。

其次，基于停车需求的预测，分析提出了不同类型老旧小区未来静态交通空间优化的方向：自足型老旧小区应着重关注小区内的停车品质提升；过渡型老旧小区应在扩增停车空间的同时提升小区的停车空间使用品质；依赖型老旧小区应主要集中于停车位增加和周边街区范围的停车资源整合。

8.1.4 建构了单位型老旧小区交通空间更新整合设计的理念和技术框架

①提出了“共营、共建，共享”的街区融合设计理念。

②基于街区融合设计理念，构建了单位型老旧小区更新设计的技术框架，明确实现优化目标的实施路径如下：

a. 依据单位型老旧小区的类型进行特征评价，明晰老旧小区动态交通空间和不同类型单位型老旧小区静态交通空间的现状问题，明确优化的侧重方向；

b. 利用停车需求预测模型对小区未来停车需求进行预测，结合小区现状特征，提出静态交通空间优化策略；结合空间句法和实地调研，对小区的动态交通空间进行分析，提出动态交通空间优化策略；

c. 基于国内优秀案例的经验智慧，结合停车需求预测和现状特征，提出老旧小区近、远期发展的优化方案。

8.1.5 提出了单位型老旧小区静态交通空间的优化方法与对策

(1) 单位型老旧小区静态交通空间的优化方法与措施

①潜力空间挖掘。一方面，充分利用既有潜力空间，从街区到小区，分别依赖城市公园绿地、城市道周边共建及小区场地停车；另一方面，利用小区可支空间增补停车节点，多产权边界的老旧小区可通过“化围墙阻隔空间为交通连系空间”增补停车位。

②停车空间布局统筹。分别从道路空间、宅间空间及节点空间三方面根据各自特点

提出空间布局优化措施。

③优化停车模式。分别对集中式停车及分散式停车提出不同的立体化、设施化优化措施。

④街区范围错时停车。分别对小区依赖街区及街区依托住区提出不同的实施办法。

⑤停车资源共享。只应对于自足型老旧小区，将空余停车位高效向城市共享。

⑥街区资源综合管理。从街区层面出发构建城市智慧停车综合管理平台。

(2) 单位型老旧小区静态交通空间的优化对策

单位型老旧小区静态交通空间的优化对策从停车需求出发，以自足型、过渡型及依赖型作为静态交通空间的主导优化类型，结合各类单位型老旧小区现状问题，优化对策分为四个方面：

①针对自足型—高校老旧小区，以品质提升策略作为交通空间优化的主导，以布局优化共享策略作为自足型将剩余停车位向周边开放的共享手段，以街区资源综合管理策略作为从管理方面做出的手段补充。

②针对过渡型—企业老旧小区，以调配整合散点空间策略作为优化的主导，为居民提供丰富的公共空间活动，以集约停车优化策略及街区协同错时停车策略增加停车位数量，以街区资源综合管理策略作为补充。

③针对过渡型—高校老旧小区，以集约停车优化策略及散点空间优化策略作为优化的主导；以停车需求管理策略作为控制该类型小区停车数量大量增长的手段；以街区资源综合管理策略作为该模式下从管理方面做出的手段补充。

④针对依赖型—企业老旧小区，从街区协同＋资源调配策略、街区融合＋共营共建策略及小区内部停车优化策略三方面出发，满足区域的停车需求。将街区资源综合管理策略作为该模式大量停车资源的统一把控手段，以实现街区内停车资源的充分利用。

8.1.6 提出了单位型老旧小区动态交通空间的优化方法与对策

(1) 单位型老旧小区动态交通空间的优化方法与措施

单位型老旧小区动态交通空间优化方法分别从小区的道路、出入口和交通组织三方面出发总结：

①道路的优化方法主要包含两个方面：一是通过优化道路分级、连通尽端路、融合街区路网等方式在小区与街区层面构建整体连续的路网结构；二是通过优化各级道路的功能组织，形成人车共存的道路空间体系。

②出入口的优化方法主要包含三点：一是从小区与城市街区对出入口位置的影响要素出发，调整出入口自身的间距及出入口与城市空间中其他交通要素的间距；二是通过单位型老旧小区内车辆的总体容量及出入口空间的通行能力调整出入口的数量；三是对出入口空间的宽度、流线、功能组织等进行优化。

③交通组织优化分为小区整体交通组织、路段交通组织与节点交通组织，主要通过增设交通设施、优化流线、优化功能组织等方式构建单位型老旧小区人车分离的交通流线组织。

(2) 单位型老旧小区动态交通空间优化对策

不同类型单位老旧小区分别从小区内部层面与街区层面提出的动态交通空间优化对策：

①整体型老旧小区，在小区内部层面以道路功能提升为主，在街区层面以动态交通空间街区化开放为主。

②嵌入型老旧小区，在小区内部层面以小区路网整合优化为主。在街区层面，居住型街区的嵌入型单位老旧小区统一整合街区内各小区的动态交通空间，混合型街区的嵌入型单位老旧小区通过增设动态交通空间分离街区功能。

③跨越型老旧小区，在小区内部层面以交通空间流线梳理优化为主，在街区层面须加强不同区域之间的动态交通空间联系。

8.2 创新点

(1) 提出了“共营、共建、共享”的街区融合导向下交通空间整合设计新理念

基于小区与街区交通空间联系紧密、相互影响的现状特征，以及小区与街区协同优化的可能性，提出了“共营、共建、共享”的街区融合导向下解决小区交通空间问题的整合设计理念。

相关既有研究主要关注老旧小区的路网改造规划及通过在小区内具体挖潜改造或停车管理增加停车位。然而，目前老旧小区的静态停车空间在小区内见缝停车，侵占小区道路、绿地、公共活动场地，严重影响小区的居住空间环境品质，并向外蔓延影响到街区。因此，本研究从小区和街区的交通空间整合更新设计的思路出发，以提升老旧小区居住空间环境品质为最终目标，创新提出街区融合导向下的整合更新设计理念。

(2) 构建了单位型老旧小区交通空间现状特征评价体系

街区融合导向下，基于老旧小区交通空间的构成要素和问题影响因素分析，利用层次分析法建构了单位型老旧小区交通空间的现状特征评价体系。

该评价体系在动态交通空间方面包括路网结构、交通组织、道路空间以及出入口空间等 4 个维度下的 12 个三级指标，在静态交通空间方面包括停车空间的规模、分布、使用效率及停车设施的类型等 4 个维度下的 13 个三级指标。该体系可客观全面地描述西安市高校型和企业型单位型老旧小区动态交通空间和自足型、过渡型、依赖型三类老旧小区静态交通空间的现状特征，进而分析提出交通空间优化的侧重方向。

相关既有研究对于小区交通空间现状分析绝大多数是主观描述，涉及的要素主要是路网结构、道路尺寸和停车位规模。事实上，老旧小区交通空间现状特征在静态方面包含

停车空间的规模、分布、使用效率以及停车设施等多个构成要素，在动态方面包含路网结构、交通组织、道路空间以及出入口空间等多个构成要素。为了能够客观、全面、准确地描述动、静态交通空间的现状特征，本研究基于老旧小区交通空间的要素，创新构建了老旧小区交通空间现状特征评价体系，利用评价体系将主观判断转化为客观数据评价，基于此能够更科学的把握老旧小区交通空间现状特征的类型差异，诊断出问题所在点并针对性的分析出优化方向。

(3) 建立了单位型老旧小区交通空间整合设计技术框架

基于“共营、共建、共享”的街区整合设计理念，从三个层面建构了单位型老旧小区整合设计技术框架：首先，基于老旧小区交通空间现状问题和现状特征及老旧小区交通空间整合的可能性，确定出解决老旧小区动态与静态交通空间现状问题的侧重方向。其次，依据停车需求预测模型对小区未来停车需求预测及空间句法对小区动态交通空间分析，提出老旧小区静态和动态交通空间优化方向。最后，借鉴国内优秀案例的经验智慧，静态交通空间主要从多维挖掘、多样统筹和街区协调、资源共享方面，提出静态交通空间整合优化设计策略；动态交通空间主要从路权平衡、层级优化和内外兼顾、互融共生方面，提出动态交通空间整合优化设计策略。

既有相关研究主要关注在小区范围内的路网结构、道路尺寸和停车位规模等单一要素的优化设计。然而，前面已述及，老旧小区交通空间现状问题不仅涉及其本身，且与小区整体环境和街区环境相互影响。因此，本研究基于街区融合导向下的整合设计理念，以提升老旧小区居住空间环境品质为目标，从小区和街区两个层面的动态和静态的相关要素整合更新交通空间的思路，创新建立了单位型老旧小区交通空间整合设计技术框架。

8.3 研究展望

城市老旧小区数量巨大、类型繁多、情况复杂、区域规模大、分布广，现状资料获取难度大。本课题以2020年纳入老旧小区改造范围的2510个老旧小区为基础，调研了西安市47个单位型老旧小区，受研究时间等因素所限，实地调研案例全部采集西安市老旧小区样本，历时近三年，其他城市以总结经典案例的宝贵经验为主，因此本书现有的研究成果有一定的局限性。西安市单位型老旧小区与其他城市老旧小区有一定共性，有一定的指导意义，但对其他地区的个性问题不具有代表性。因此期待今后对其他地区的老旧小区交通空间开展研究，以拓展样本的丰富程度，增加本文结论的适用性，使优化方法和对策的应用更具有广泛性。

致谢

时光匆匆，如白驹过隙，四年的博士生涯转瞬即逝。回想当初，不愿在步入壮年后停下对知识的学习，于是毅然重返校园，开启人生的新篇章，义无反顾去迎接学业上未知的挑战。然而学业紧凑、工作繁忙，仅凭着一腔热血难以走完这条道路，在选题之初犹豫不决，充满了迷茫和无助。幸而西安建筑科技大学刘加平院士如灯塔般帮我拨开迷雾，指明方向，无数次的指导与耐心解答，将一个迷失在知识海洋中的旅人引入科研之门。在刘加平院士的引领下，笔者逐渐具备了科研视角和科研思维，懂得学术研究是螺旋式上升的过程，在此过程中需要坚忍不拔的耐力和坚持不懈的冲劲儿，一个在科研道路上初出茅庐的“小白”终于百炼成钢。笔者在此向导师刘加平致以最衷心的感谢。

感谢李志民老师，从初期对选题的构想，到完善成熟的研究方案，李老师对每一个环节都悉心关注，倾力指导，给予我巨大的启发和帮助。李老师对学术研究态度谨慎使我受益匪浅。感谢张沛老师，一路走来，离不开先生的教导，先生对研究领域敏锐的洞察力、独特的视角、丰富的研究经验以及灵活的科研思维使我终身受益。

感谢沈莹老师和胡靓老师，从选题、全面调查、深入分析、归纳总结到章节段落和图标文字，二位老师倾尽全力给予帮助，对本书的结构逻辑、方法内容和论证分析等所有环节提出宝贵的意见，将多年积攒的研究经验悉数传授，助我顺利度过博士生涯。二位老师不仅是作者的学术道路上的老师，更是今生的挚友。感谢研究小组成员刘一凡、孙翌源、徐剑成、蒋媛媛、蒙贵虎、肖灿、李苗壮、杨柳和赵子墨，大家一起开展的老旧小区调研、资料统计和整理工作，为本研究提供了重要的基础资料，没有他们的工作支持，就没有本研究的顺利开展。

感谢妻儿和亲人，他们的无私奉献和默默支持是我最坚固的后盾和动力源泉！

最后，深深感谢各位专家对本书的辛劳评阅，谢谢你们！

参考文献

[1] 张佳丽. 城镇老旧小区改造实用指导手册 [M]. 北京：中国建筑工业出版社，2021.

[2] 滕尼斯. 共同体与社会——纯粹社会学的基本概念 [M]. 林荣远，译. 北京：商务印书馆，1999.

[3] 洪亮平，赵茜，等. 从物质更新走向社区发展——旧城社区更新中城市规划方法创新 [M]. 北京：中国建筑工业出版社，2015.

[4] 楚超超，夏健. 住区设计 [M]. 南京：东南大学出版社，2011.

[5] 清华大学建筑学院万科住区规划研究课题组，万科建筑研究中心. 万科的主张：城市住区（1988—2004）[M]. 南京：东南大学出版社，2004.

[6] 郑杭生. 社会学概论新修 [M]. 北京：中国人民大学出版社，2003.

[7] 江立华，沈洁，等. 中国城市社区福利 [M]. 北京：社会科学文献出版社，2008.

[8] 王笑梦. 住区规划模式 [M]. 北京：清华大学出版社，2009.

[9] 杨贵庆. 城市社会心理学 [M]. 上海：同济大学出版社，2000.

[10] 王静. 城市住区中住宅环境评估体系指导作用研究 [D]. 北京：清华大学，2006.

[11] 朱玲. 旧住区人居环境有机更新延续性改造研究 [D]. 天津：天津大学，2013.

[12] 张祥智. "有机 · 互融"：城市集聚混合型既有住区更新研究 [D]. 天津：天津大学，2014.

[13] 李杨. 城市老旧小区管理中居民参与激励机制研究 [D]. 西安：西安建筑科技大学，2019.

[14] 张丽梅. 社会调控体系下单位社区发展研究 [D]. 武汉：华中科技大学，2004.

[15] 刘浩文. 西安市企业单位型老旧小区室外环境更新改造策略与方法研究 [D]. 西安：西安建筑科技大学，2018.

[16] 梅磊，黄泽柳，王琪，等. 单位制老旧小区改造研究——以武汉市青山区通达社区空间重构为例 [J]. 城乡建设，2020,20:44−47.

[17] 张艳，柴彦威，周千钧. 中国城市单位大院的空间性及其变化：北京京棉二厂的案例 [J]. 国际城市规划，2009,5(24):20−27.

[18] 乔永学. 北京"单位大院"的历史变迁及其对北京城市空间的影响 [J]. 华中建筑，2004,5:91−95.

[19] 李晨. 南昌单位大院与城市物质空间形态的关联性 [D]. 南京：东南大学，2016.

[20] 吕飞，康雯．哈尔滨市企业单位大院更新与保护策略研究 [J]．城市发展研究，2017,10(24):41−47.

[21] LURIA G, BOEHM A, MAZOR T. Conceptualizing and measuring community road-safety climate[J]. Safety Science, 2014.

[22] LIM J, LEE S, CHOI J, et al. The comparative study on travel behavior and traffic accident characteristics on a community road-with focus on Seoul Metropolitan City[J]. Journal of the Korean Society of Civil Engineers, 2016.1(36):97−104.

[23] KONOVALOVA T V, NADIRYAN S L, MIRONOVA M P, et al. Optimization of pedestrian traffic in residential areas of large cities.IOP[C]//IOP Conference Series: Materials Science and Engineering. Britain, Wales: IOP Publishing, 2021:12−19.

[24] DAINOTTI A, DE DONATO W, PESCAPÉ A. Tie: A community-oriented traffic classification platform. TMA[C]//International Workshop on Traffic Monitoring and Analysis. Berlin, Heidelberg: Springer, 2009:64−74.

[25] 陈晨．西安市居住区停车设计现状及优化策略研究 [D]．西安：西安建筑科技大学，2011.

[26] 西安市地方志编纂委员会．西安市志：城市建设志 [M]．西安：西安出版社，2000.

[27] 邓述平，王仲谷．居住区规划设计资料集 [M]．北京：中国建筑工业出版社，1996.

[28] 朱家瑾．居住区规划设计 [M]．2 版．北京：中国建筑工业出版社，2007.

[29] 李晨．南昌单位大院与城市物质空间形态的关联性 [D]．南京：东南大学，2016.

[30] 舒平，尹若竹．疗愈视角下天津老旧住区户外空间更新策略 [J]．建筑学报，2020,S2:67−72.

[31] 连晓刚．单位大院：近当代北京居住空间演变 [D]．北京：清华大学，2015.

[32] 柴彦威，刘天宝，塔娜，等．中国城市单位制研究的一个新框架 [J]．人文地理，2013,4(28):1−6.

[33] 张磊，张楠．人车分流背景下对居住区道路人车混行的思考 [J]．中外建筑，2009,7:53−55.

[34] 宋越．居住区“人车分流”交通组织模式探讨 [J]．中国高新区，2017,15:13.

[35] 韩续曦．万科模式的居住小区设计研究 [D]．哈尔滨：哈尔滨工业大学，2008.

[36] 许建和，严钧．对当前住区人车交通组织模式的思考 [J]．华中建筑，2008,10:179−182.

[37] 白亚萍．基于空间句法的成都旅游型小城镇公共空间特征研究 [D]．成都：西南交通大学，2018.

[38] 段进，杨滔，盛强，等．空间句法教程 [M]．北京：中国建筑工业出版社，2019.

[39] HILLIER B, YANG T, TURNER A. Normalising least angle choice in Depthmap and how it opens new perspectives on the global and local analysis of city space[J]. Journal of Space

Syntax, 2012,2(3):155−193.
[40] 王灿，李铌．基于空间句法的大型住区街区化改造研究——以长沙市柏家塘小区为例 [J]．城市住宅，2020,4(27):81−86.
[41] 汤宇卿．住区交通流理论与虚拟仿真实验 [M]．上海：同济大学出版社，2020.
[42] 张晓东，陈从建．老旧小区更新策略与机制研究 [M]．南京：江苏人民出版社，2019.
[43] 杜栋，庞庆华，吴炎．现代综合评价方法与案例精选 [M]．3 版．北京：清华大学出版社，2015.
[44] 凤凰空间 · 华南编辑部．开放式街区规划与设计 [M]．南京：江苏凤凰科学技术出版社，2017.
[45] 胡毅，张京祥．中国城市住区更新的解读与重构：走向空间正义的空间生产 [M]．北京：中国建筑工业出版社，2015.
[46] 格兰特．良好社区规划：新城市主义的理论与实践 [M]．北京：中国建筑工业出版社，2010.
[47] 常江，陶勇，孙勇，等．居住区规划设计 [M]．徐州：中国矿业大学出版社，2012.
[48] 冉奥博，刘佳燕．政策工具视角下老旧小区改造政策体系研究——以北京市为例 [J]．城市发展研究，2021,4(28):57−63.
[49] 公伟．“开放社区”导引下的老旧社区公共空间更新——以北京天通苑为例 [J]．城市发展研究，2019,11(26):66−73.
[50] 操小晋，邓元媛，任宇佳．城市转型视角下我国单位大院研究进展与述评 [J]．中外建筑，2019,7:31−33.
[51] 崔嘉慧，陈天，臧鑫宇．基于健康导向的街区修补方法研究——以巴塞罗那超级街区计划为例 [J]．西部人居环境学刊，2020,2(35):43−51.
[52] 殷滋言，刘肖利，汪文静，等．健康导向下的开放住区交通空间优化策略研究——以合肥市琥珀山庄为例 [J]．合肥学院学报 (综合版)，2020,4(37):45−51.
[53] 张倩，张雪妮，李蕊，等．新中国城市住宅 70 年（1949—2019）之西安 [J]．城市住宅，2019,11(26):5−13.
[54] 彭忠益，王艳．城市老旧居住小区交通环境评价指标与评价方法 [J]．运筹与管理，2020,7(29):144−155.
[55] 张明慧，史小辉 . 城市级智慧停车综合管理系统的研究与应用 [J]. 计算机应用与软件，2021,6(38):345−349.
[56] 张献发，白艳，李和平．基于空间句法的老旧住区空间导向性研究——以合肥蜀山新村为例 [J]．建筑与文化，2019,8:96−97.
[57] 许定源，李迅，翟凯鸿，等．既有城市住区停车设施建设技术与策略 [J]．城市交通，2020,6(18):18−27,93.
[58] 陈铭，郭步华．基于空间潜力挖掘的城市老旧小区交通环境改善研究 [J]．建筑与文

化，2020,11:61−62.
[59] 杜春兰，柴彦威，张天新，等. “邻里”视角下单位大院与居住小区的空间比较 [J]. 城市发展研究，2012,5(19):88−94.
[60] 谭文勇，张楠. 20世纪美国住区道路形态的变迁与启示 [J]. 建筑学报，2019,10:110−114.
[61] 吴小凡. 难以兑现的承诺——美国新城市主义理论发展困境刍议 [J]. 国际城市规划，2020,3(179):19−23,45.
[62] 王锦辉，沈濛，陈扬. 新城市主义理论在中国语境下的实践与反思 [J]. 城市住宅，2019,8(26):114−116.
[63] 蔡少燕，徐国良. 街区制：未来国内住区规划实践初探 [J]. 城市观察，2016,4:24−31.
[64] 刘辰阳，田宝江，刘忆瑶. “空间正义”视角下老旧住区公共空间更新实施机制优化研究 [J]. 现代城市研究，2019,12:33−39.
[65] 邓元媛，操小晋. 我国单位大院街区化更新技术体系研究 [J]. 中国名城，2020,5:33−39.
[66] 陈虹羽，高凯，雷叶舒. 基于POE的单位大院社区公共开放空间微更新设计研究——以昆明中铁居住大院为例 [J]. 园林，2021,8(38):73−81.
[67] CERVERO R, DUNCAN M. Which Reduces vehicle travel more: Jobs housing balance or retail-housing mixing[J]. Journal of the American Planning Association, 2006,4:475−491.
[68] 连晓刚. 单位大院：近当代北京居住空间演变 [D]. 北京：清华大学，2015.
[69] 朱怿. 从“居住小区”到“居住街区” [D]. 天津：天津大学，2006.
[70] 张玲. 旧居住区改造问题研究——以天津为例 [D]. 天津：天津大学，2017.
[71] 浦敏. 实例剖析西安近50年城市住区肌理及其演变 [D]. 西安：西安建筑科技大学，2006.
[72] 魏琰. 苏联援建对西安现代工业城市建设影响的历史研究 [D]. 西安：西安建筑科技大学，2016.
[73] 刘淑虎. 西安城市空间结构演进研究（1978—2002）[D]. 西安：西安建筑科技大学，2016.
[74] 王彦君. 西安市居住空间分异及其效应评价研究 [D]. 西安：西北大学，2018.
[75] 刘洪营. 城市居住停车理论与方法研究 [D]. 西安：长安大学，2009.
[76] 刘怡. 基于小汽车保有量的城市停车需求预测研究 [D]. 镇江：江苏大学，2018.
[77] 崔欢欢. 长安大学渭水校园交通空间使用后评价研究 [D]. 西安：长安大学，2016.
[78] 张伟健. 城市大型住区出入口优化设计研究 [D]. 哈尔滨：哈尔滨工业大学，2015.
[79] 王玺. 城市住区入口空间研究 [D]. 郑州：郑州大学，2015.
[80] 刘改林. 城市住区入口空间组织方式探析 [D]. 西安：长安大学，2011.
[81] 张宇. 城市住区停车问题研究 [D]. 西安：西安建筑科技大学，2006.

[82] 王俊．当代居住入口空间研究 [D]．大连：大连工业大学，2009.
[83] 罗昊．广州住区入口设计研究 [D]．广州：华南理工大学，2014.
[84] 程茂春．居住片区路网规划与交通组织研究 [D]．大连：大连理工大学，2017.
[85] 柴旭．我国城市居住区内部交通问题规划策略初探 [D]．重庆：重庆大学，2005.
[86] 刘一凡．拥堵缓解下西安高校型单位大院出入口空间优化研究 [D]．西安：西安建筑科技大学，2021.
[87] 孙翌源．拥堵缓解下西安企业单位大院出入口空间 [D]．西安：西安建筑科技大学，2021.
[88] 胡靓．内外使用者并重的城中村社区建筑空间计划研究 [D]．西安：西安建筑科技大学，2017.
[89] 张芮．基于开放街区的企业单位型住区更新改造策略研究 [D]．西安：西安建筑科技大学，2020.
[90] 张濛．基于空间句法的中小学校园外部空间形态研究 [D]．南京：东南大学，2018.
[91] 霍俊青．居住区“人车和谐”的道路系统研究 [D]．天津：天津大学，2004.
[92] 申洁．需求视角下城市住区建成环境步行性评价研究 [D]．武汉：武汉大学，2019.
[93] 王玲．破解城市老旧社区停车难问题的对策研究 [D]．重庆：重庆大学，2019.
[94] 卞洪滨．小街区密路网住区模式研究 [D]．天津：天津大学，2010.
[95] 盛帅．基于开放式社区理念的长沙市老旧住区公共空间更新研究 [D]．长沙：湖南大学，2019.
[96] 刘晓庆．大连市老旧住区街区化更新方法研究 [D]．大连：大连理工大学，2017.
[97] 刘子琪．多元主体视角下城市住区更新需求评价与规划应对 [D]．西安：西北大学，2020.
[98] 彭昊．基于“城市修补”理念的老旧住区街道开放空间改造研究 [D]．北京：北京建筑大学，2018.
[99] 陈昶岑．基于韧性理念的老旧住区公共空间改造策略研究 [D]．合肥：合肥工业大学，2021.
[100] 李阳．单位大院特色传承视角下中关村科学城东区更新规划研究 [D]．哈尔滨：哈尔滨工业大学，2019.
[101] 周益赟，方艳，颜丽琴，等．基于居民活动需求的老旧住区交通空间微更新——以武汉紫崧花园小区为例．中国城市规划学会 [C]// 活力城乡 美好人居——2019 中国城市规划年会论文集（20 住房与社区规划）．北京：中国建筑工业出版社，2019: 991-1007.
[102] 刘丙乾．共享街道背景下的北京老旧小区慢行网络研究．中国城市规划学会城市交通规划学会 [C]// 创新驱动与智慧发展——2018 年中国城市交通规划年会论文集．北京：中国建筑工业出版社，2018:13-27.

[103] 张建，阮智杰. 北京老旧小区骑行环境质量改善的若干思考. 中国城市规划学会 [C]// 共享与品质——2018 中国城市规划年会论文集 (20 住房建设规划). 北京：中国建筑工业出版社，2018:274-282.

[104] 张茜，云华杰，杨国阳，等. 路权共享导向的老旧社区交通安宁化策略研究——以长沙市咸嘉新村社区为例. 中国城市规划学会 [C]// 共享与品质——2018 中国城市规划年会论文集 (6 城市交通规划). 北京：中国建筑工业出版社，2018:913-921.

[105] 单伟娜，宁超. 天津城镇化进程中老旧小区停车治理研究. 中国城市科学研究会 [C]//2019 城市发展与规划论文集. 北京：中国城市出版社，2019:1514-1518.

[106] 李星星，纪书锦，戴维思，等. 老旧小区综合改造中交通治理实践——以镇江市桃花坞花山湾片区为例. 中国城市规划学会城市交通规划学会 [C]// 创新驱动与智慧发展——2018 年中国城市交通规划年会论文集. 北京：中国建筑工业出版社，2018:1554-1566.

[107] 邹可人，金云峰. 传统街巷式住区到街区——历史视角下我国开放式住区生长的途径. 中国风景园林学会 [C]// 中国风景园林学会 2019 年会论文集 (上册). 北京：中国建筑工业出版社，2019:434-437.

[108] 张姚钰，陈超. 新时期单位大院视角下的城市空间重构研究——以南京老城西北片区为例. 中国城市规划学会 [C]// 新常态：传承与变革——2015 中国城市规划年会论文集 (11 规划实施与管理). 北京：中国建筑工业出版社，2015:784-793.

[109] 李彦潼，陈筠婷，朱雅琴. 街区视角下大院有机更新与活力重塑探究——以南宁市绿塘里为例. 中国城市规划学会 [C]// 活力城乡 美好人居——2019 中国城市规划年会论文集 (2 城市更新). 北京：中国建筑工业出版社，2019:1808-1822.

附录1　老旧小区调研基本情况及交通空间实态记录

<table>
<tr><td colspan="4">调研对象名称：西安建筑科技大学社区片区　编号：A1</td></tr>
<tr><td>调查时间：2020年11月—2021年3月</td><td colspan="2">调查地点：西安市碑林区雁塔路中段13号</td><td>调查参与人数：7人</td></tr>
<tr><td colspan="4">调查内容：访谈调查，问卷调查，道路空间测绘及现状记录，停车空间现状记录，停车位数量及机动车保有量统计，居民出行动线拍摄记录，小区构成关系调查，照片拍摄</td></tr>
<tr><td colspan="4">调查对象基本数据</td></tr>
<tr><td>区位：碑林区</td><td>建成年份：1956年</td><td>总户数：3166户</td><td>总栋数：43栋</td></tr>
<tr><td>占地面积：47.43公顷</td><td>小区规模：大型</td><td colspan="2">小区性质：高校型</td></tr>
<tr><td>车辆总数：1500辆</td><td>停车位总数：1955个</td><td colspan="2">街区关系类型：跨越嵌入型Ⅱ</td></tr>
<tr><td colspan="4">动、静态交通空间</td></tr>
<tr><td colspan="2">
小区出入口现状</td><td colspan="2">
小区道路及停车现状</td></tr>
<tr><td colspan="4">小区现阶段平面示意图</td></tr>
<tr><td colspan="4">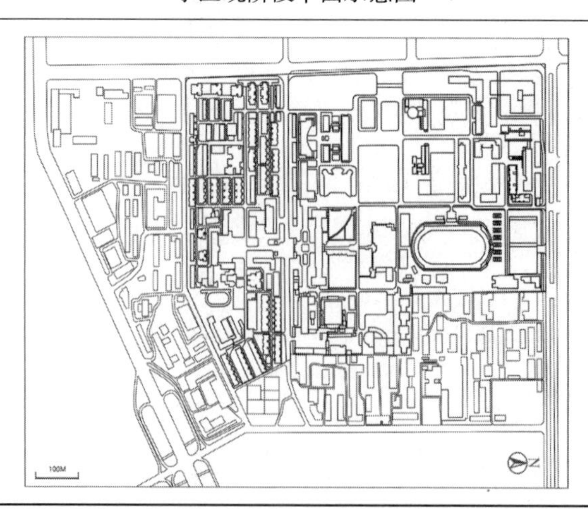</td></tr>
</table>

<table>
<tr><td colspan="4">调研对象名称：西安交通大学一、二、三村　编号：A2</td></tr>
<tr><td>调查时间：2020年11月—2021年3月</td><td colspan="2">调查地点：西安市碑林区咸宁路</td><td>调查参与人数：7人</td></tr>
<tr><td colspan="4">调查内容：访谈调查，问卷调查，道路空间测绘及现状记录，停车空间现状记录，停车位数量及机动车保有量统计，居民出行动线拍摄记录，小区构成关系调查，照片拍摄</td></tr>
<tr><td colspan="4">调查对象基本数据</td></tr>
<tr><td>区位：碑林区</td><td>建成年份：1991年</td><td>总户数：2068户</td><td>总栋数：52栋</td></tr>
<tr><td>占地面积：121.1公顷</td><td>小区规模：大型</td><td colspan="2">小区性质：高校型</td></tr>
<tr><td>车辆总数：1873辆</td><td>停车位总数：1760个</td><td colspan="2">街区关系类型：跨越整体型Ⅱ</td></tr>
<tr><td colspan="4">动、静态交通空间</td></tr>
<tr><td colspan="2">
小区出入口现状</td><td colspan="2">
小区道路及停车现状</td></tr>
<tr><td colspan="4">小区现阶段平面示意图</td></tr>
<tr><td colspan="4">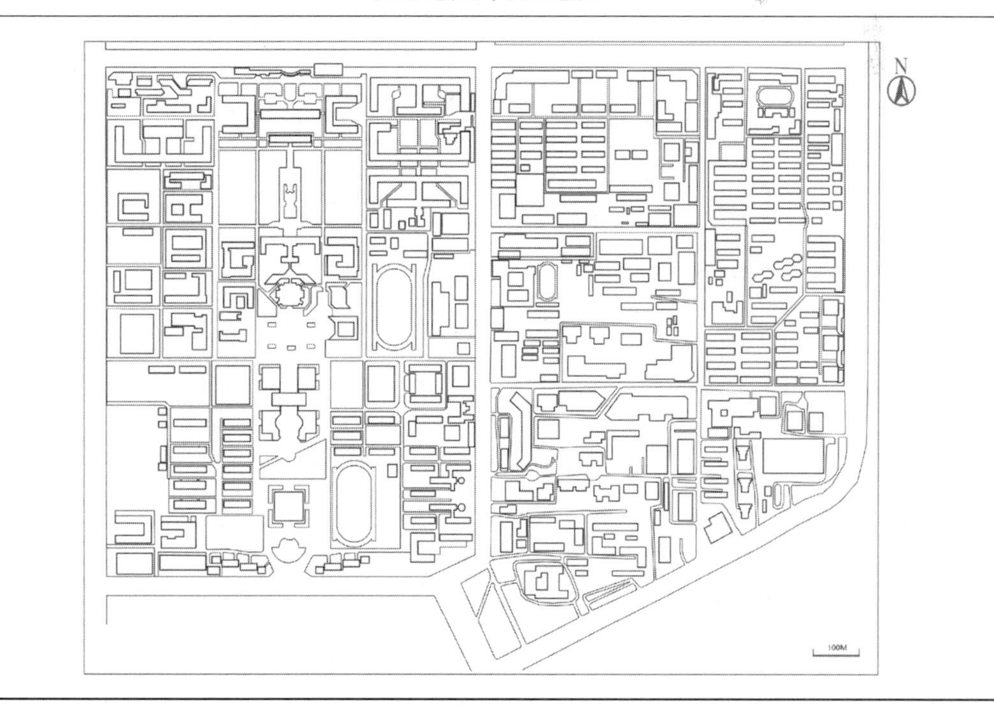</td></tr>
</table>

<table>
<tr><td colspan="4">调研对象名称：陕西师范大学家属区　编号：A3</td></tr>
<tr><td>调查时间：2020年9月—2021年2月</td><td colspan="2">调查地点：西安市雁塔区翠华路16号</td><td>调查参与人数：7人</td></tr>
<tr><td colspan="4">调查内容：访谈调查，问卷调查，道路空间测绘及现状记录，停车空间现状记录，停车位数量及机动车保有量统计，居民出行动线拍摄记录，小区构成关系调查，照片拍摄</td></tr>
<tr><td colspan="4">调查对象基本数据</td></tr>
<tr><td>区位：雁塔区</td><td>建成年份：1983年</td><td>总户数：806户</td><td>总栋数：23栋</td></tr>
<tr><td>占地面积：48.06公顷</td><td>小区规模：大型</td><td colspan="2">小区性质：高校型</td></tr>
<tr><td>车辆总数：1230辆</td><td>停车位总数：1540个</td><td colspan="2">街区关系类型：嵌入型Ⅱ</td></tr>
<tr><td colspan="4">动、静态交通空间</td></tr>
<tr><td colspan="2">
小区出入口现状</td><td colspan="2">
小区道路及停车现状</td></tr>
<tr><td colspan="4">小区现阶段平面示意图</td></tr>
<tr><td colspan="4">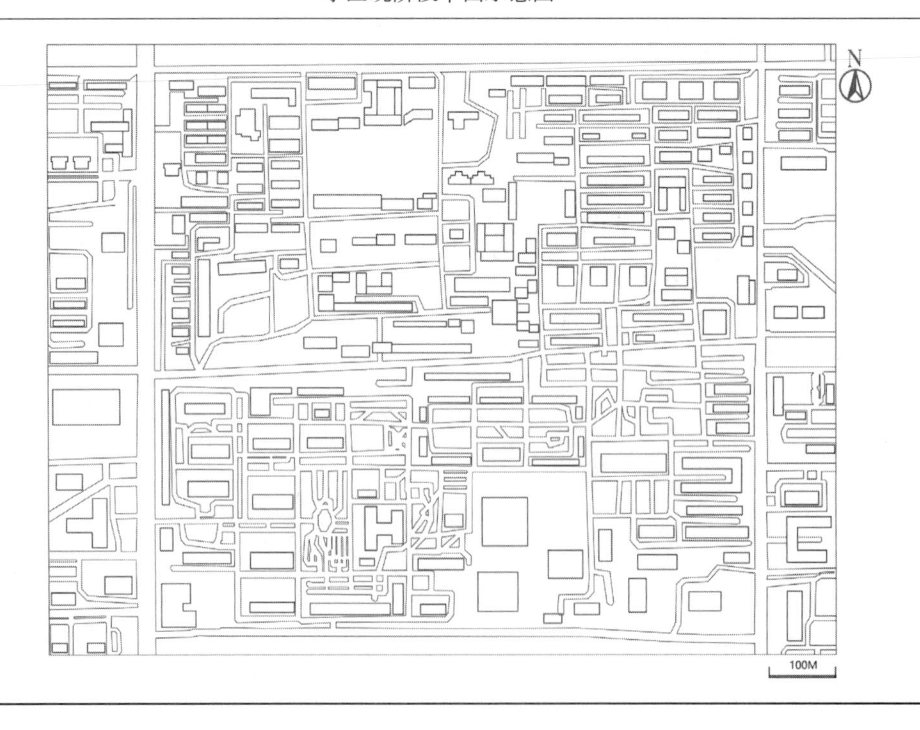</td></tr>
</table>

<table>
<tr><td colspan="4">调研对象名称：西安电子科技大学社区　编号：A4</td></tr>
<tr><td>调查时间：2020 年 9 月—2021 年 2 月</td><td colspan="2">调查地点：西安市雁塔区太白南路 2 号</td><td>调查参与人数：7 人</td></tr>
<tr><td colspan="4">调查内容：访谈调查，问卷调查，道路空间测绘及现状记录，停车空间现状记录，停车位数量及机动车保有量统计，居民出行动线拍摄记录，小区构成关系调查，照片拍摄</td></tr>
<tr><td colspan="4">调查对象基本数据</td></tr>
<tr><td>区位：雁塔区</td><td>建成年份：1996 年</td><td>总户数：3100 户</td><td>总栋数：51 栋</td></tr>
<tr><td>占地面积：47.43 公顷</td><td>小区规模：大型</td><td colspan="2">小区性质：高校型</td></tr>
<tr><td>车辆总数：1906 辆</td><td>停车位总数：2257 个</td><td colspan="2">街区关系类型：嵌入型Ⅱ</td></tr>
<tr><td colspan="4">动、静态交通空间</td></tr>
<tr><td colspan="2">
小区出入口现状</td><td colspan="2">
小区道路及停车现状</td></tr>
<tr><td colspan="4">小区现阶段平面示意图</td></tr>
<tr><td colspan="4">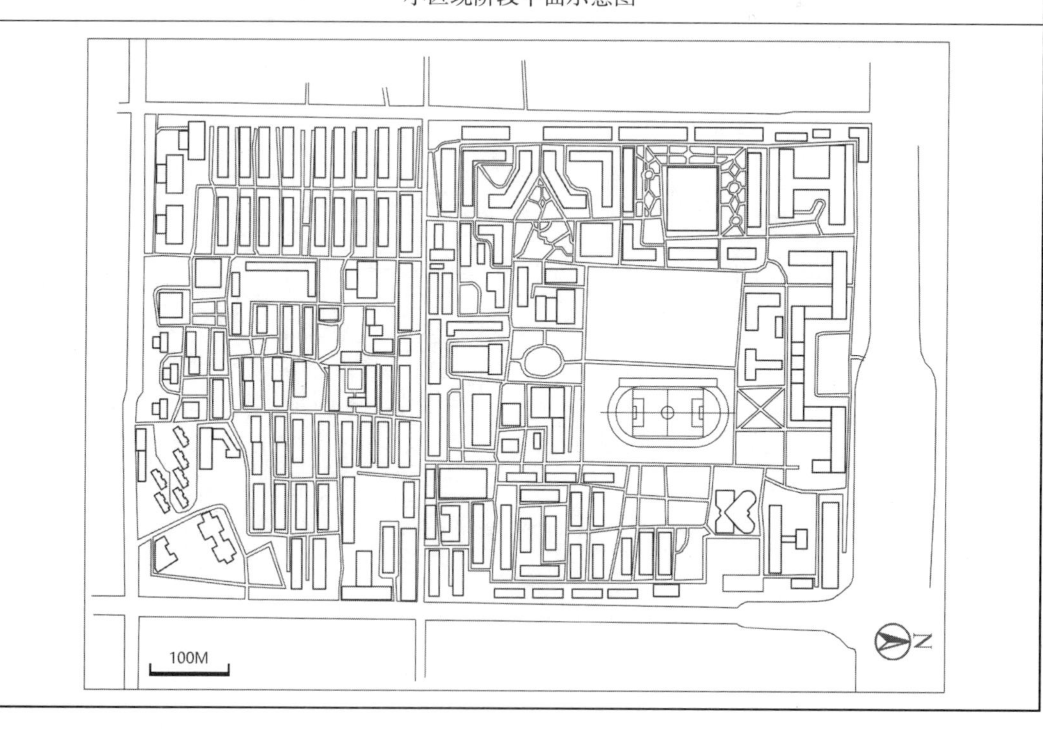</td></tr>
</table>

<table>
<tr><td colspan="6">调研对象名称：庆安社区　编号：B1</td></tr>
<tr><td colspan="2">调查时间：2020年7月—2020年9月</td><td colspan="3">调查地点：西安市莲湖区丰镐一路</td><td>调查参与人数：7人</td></tr>
<tr><td colspan="6">调查内容：访谈调查，问卷调查，道路空间测绘及现状记录，停车空间现状记录，停车位数量及机动车保有量统计，居民出行动线拍摄记录，小区构成关系调查，照片拍摄</td></tr>
<tr><td colspan="6">调查对象基本数据</td></tr>
<tr><td colspan="2">区位：莲湖区</td><td colspan="2">建成年份：1955年</td><td colspan="2">小区规模：大型</td></tr>
<tr><td colspan="2">占地面积：25.38公顷</td><td colspan="2">停车位总数：700个</td><td colspan="2">小区性质：企业型</td></tr>
<tr><td colspan="2">总栋数：48栋</td><td colspan="2">总户数：4600户</td><td colspan="2">街区关系类型：嵌入型Ⅱ</td></tr>
<tr><td colspan="6">动、静交通空间</td></tr>
<tr><td colspan="3">
小区出入口现状</td><td colspan="3">
小区道路及停车现状</td></tr>
<tr><td colspan="6">小区现阶段平面示意图</td></tr>
<tr><td colspan="6">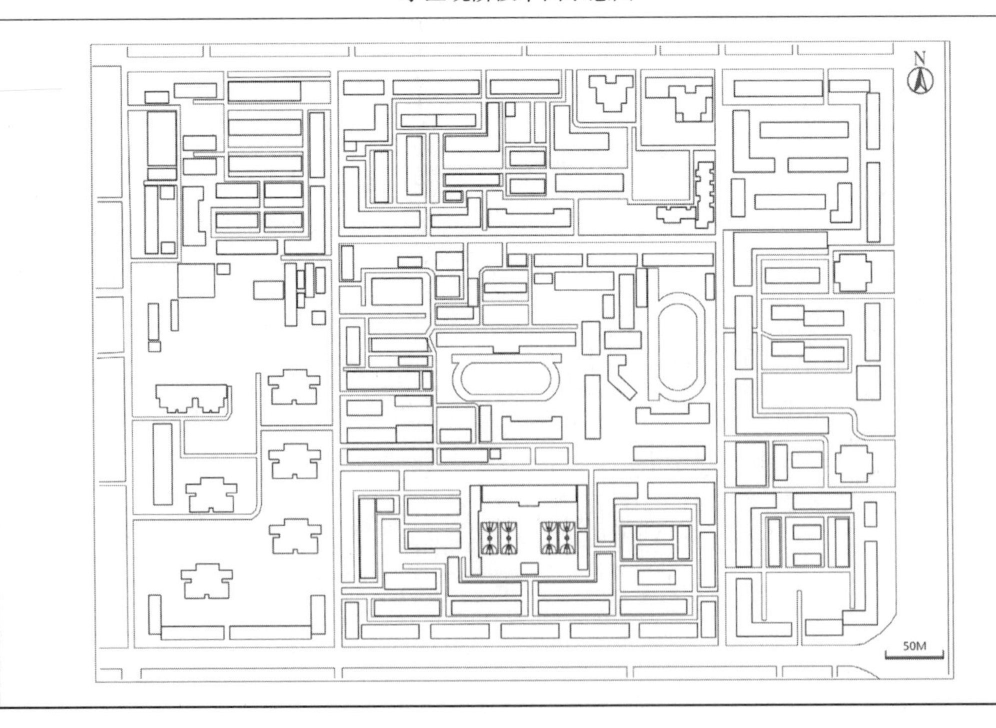</td></tr>
</table>

<table>
<tr><td colspan="4">调研对象名称：秦川28街坊　编号：B2</td></tr>
<tr><td>调查时间：2020年10月—2020年2月</td><td colspan="2">调查地点：西安市新城区韩森路101号</td><td>调查参与人数：7人</td></tr>
<tr><td colspan="4">调查内容：访谈调查，问卷调查，道路空间测绘及现状记录，停车空间现状记录，停车位数量及机动车保有量统计，居民出行动线拍摄记录，小区构成关系调查，照片拍摄</td></tr>
<tr><td colspan="4">调查对象基本数据</td></tr>
<tr><td>区位：新城区</td><td>建成年份：1980年</td><td>总户数：1299户</td><td>总栋数：20栋</td></tr>
<tr><td>占地面积：4.80公顷</td><td>小区规模：中型</td><td colspan="2">小区性质：企业型</td></tr>
<tr><td>车辆总数：90辆</td><td>停车位总数：110个</td><td colspan="2">街区关系类型：嵌入型Ⅱ</td></tr>
<tr><td colspan="4">动、静态交通空间</td></tr>
<tr><td colspan="2">
小区出入口现状</td><td colspan="2">
小区道路及停车现状</td></tr>
<tr><td colspan="4">小区现阶段平面示意图</td></tr>
<tr><td colspan="4"></td></tr>
</table>

<table>
<tr><td colspan="4">调研对象名称：华山 17 街坊　编号：B3</td></tr>
<tr><td>调查时间：2020 年 9 月—2020 年 2 月</td><td colspan="2">调查地点：西安市新城区康乐路</td><td>调查参与人数：7 人</td></tr>
<tr><td colspan="4">调查内容：访谈调查，问卷调查，道路空间测绘及现状记录，停车空间现状记录，停车位数量及机动车保有量统计，居民出行动线拍摄记录，小区构成关系调查，照片拍摄</td></tr>
<tr><td colspan="4">调查对象基本数据</td></tr>
<tr><td>区位：新城区</td><td>建成年份：1950 年</td><td>总户数：1942 户</td><td>总栋数：28 栋</td></tr>
<tr><td>占地面积：7.58 公顷</td><td>小区规模：中型</td><td colspan="2">小区性质：企业型</td></tr>
<tr><td>车辆总数：500 辆</td><td>停车位总数 500 个</td><td colspan="2">街区关系类型：整体型Ⅱ</td></tr>
<tr><td colspan="4">动、静态交通空间</td></tr>
<tr><td colspan="2">
小区出入口现状</td><td colspan="2">
小区道路及停车现状</td></tr>
<tr><td colspan="4">小区现阶段平面示意图</td></tr>
<tr><td colspan="4">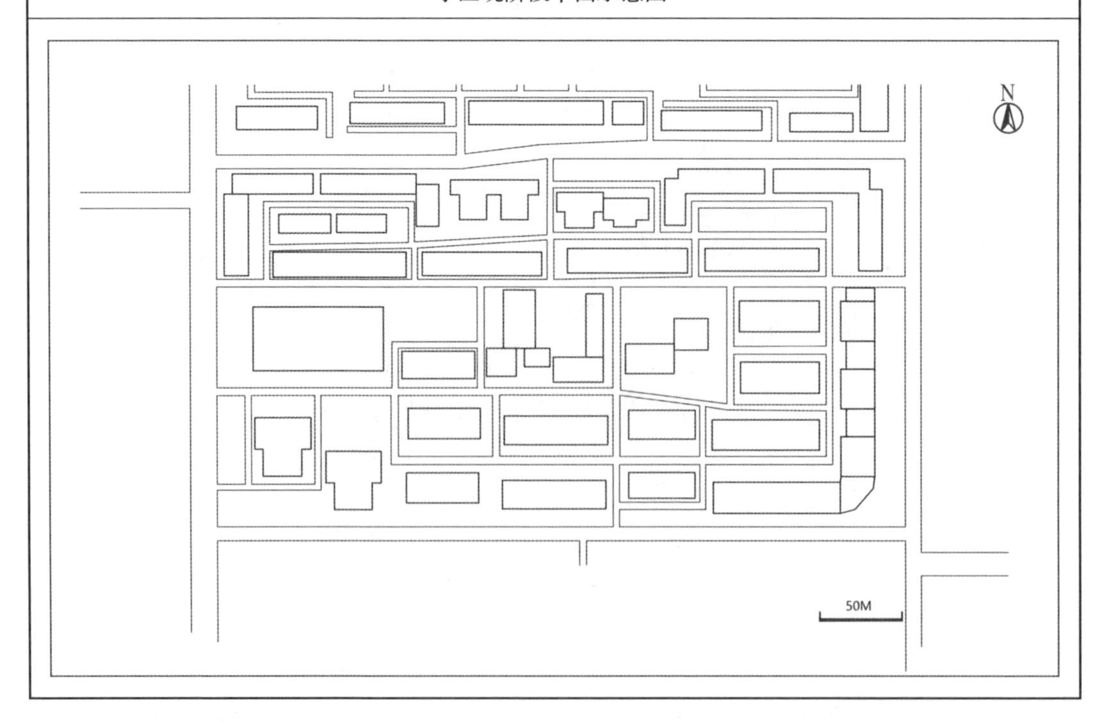
</td></tr>
</table>

<table>
<tr><td colspan="4">调研对象名称：黄河14街坊　编号：B4</td></tr>
<tr><td>调查时间：2020年10月—2020年3月</td><td colspan="2">调查地点：西安市新城区万寿中路</td><td>调查参与人数：7人</td></tr>
<tr><td colspan="4">调查内容：访谈调查，问卷调查，道路空间测绘及现状记录，停车空间现状记录，停车位数量及机动车保有量统计，居民出行动线拍摄记录，小区构成关系调查，照片拍摄</td></tr>
<tr><td colspan="4">调查对象基本数据</td></tr>
<tr><td>区位：新城区</td><td>建成年份：1958年</td><td>总户数：1988户</td><td>总栋数：20栋</td></tr>
<tr><td>占地面积：5.22公顷</td><td>小区规模：中型</td><td colspan="2">小区性质：企业型</td></tr>
<tr><td>车辆总数：45辆</td><td>停车位总数45个</td><td colspan="2">街区关系类型：整体型Ⅱ</td></tr>
<tr><td colspan="4">动、静态交通空间</td></tr>
<tr><td colspan="2">
小区出入口现状</td><td colspan="2">
小区道路及停车现状</td></tr>
<tr><td colspan="4">小区现阶段平面示意图</td></tr>
<tr><td colspan="4">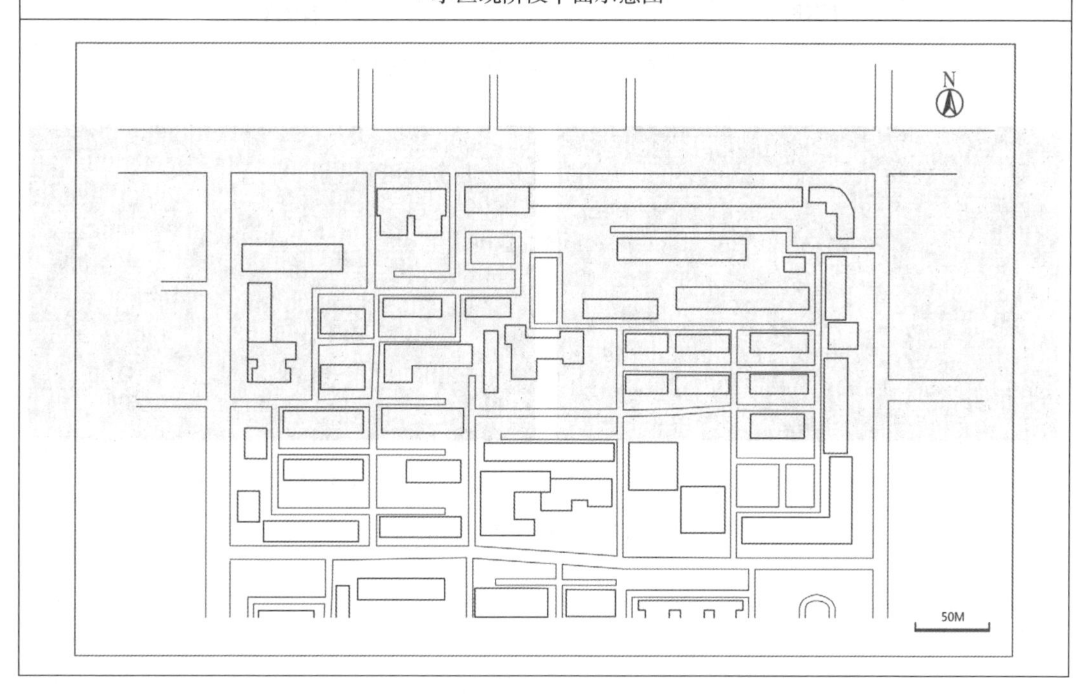
</td></tr>
</table>

附录2 文中对应彩图

图1 西安电子科技大学全局整合度及局部整合度

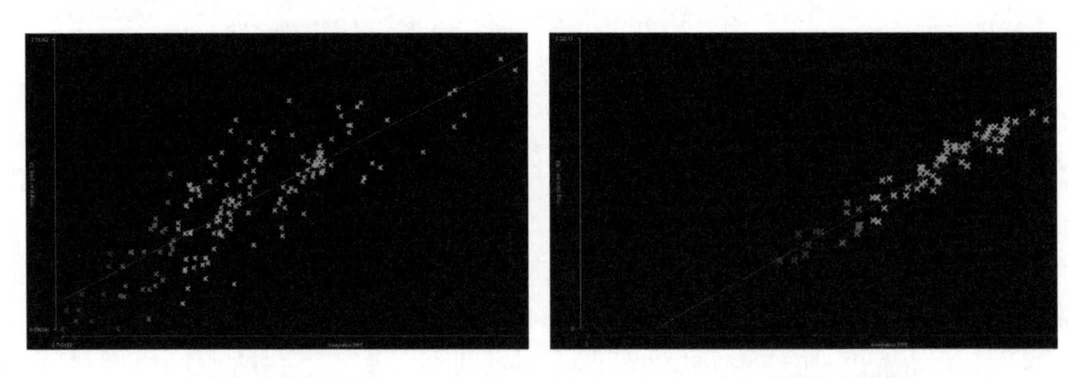

（a）街区尺度参数值

（b）家属院参数值

图2 西安电子科技大学协同度

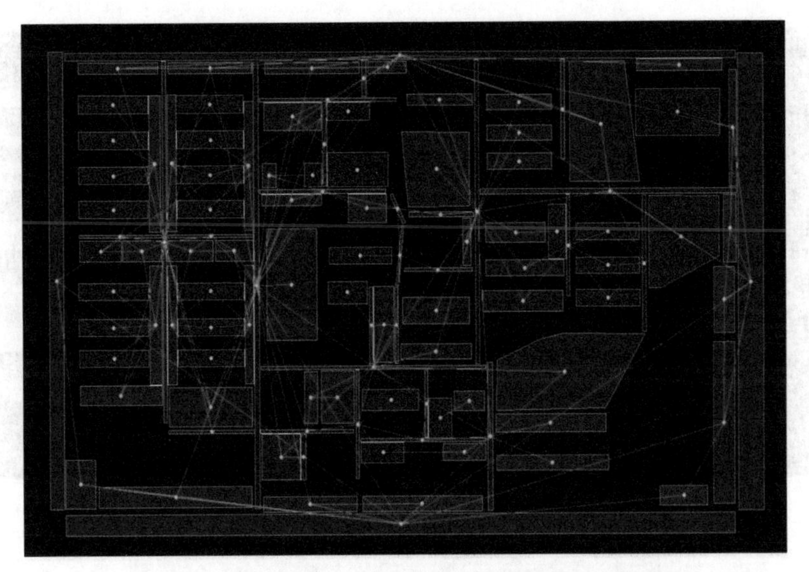

图 3　西安电子科技大学家属院凸空间连接关系缩略图

表 1　西安电子科技大学家属院线段模型分析

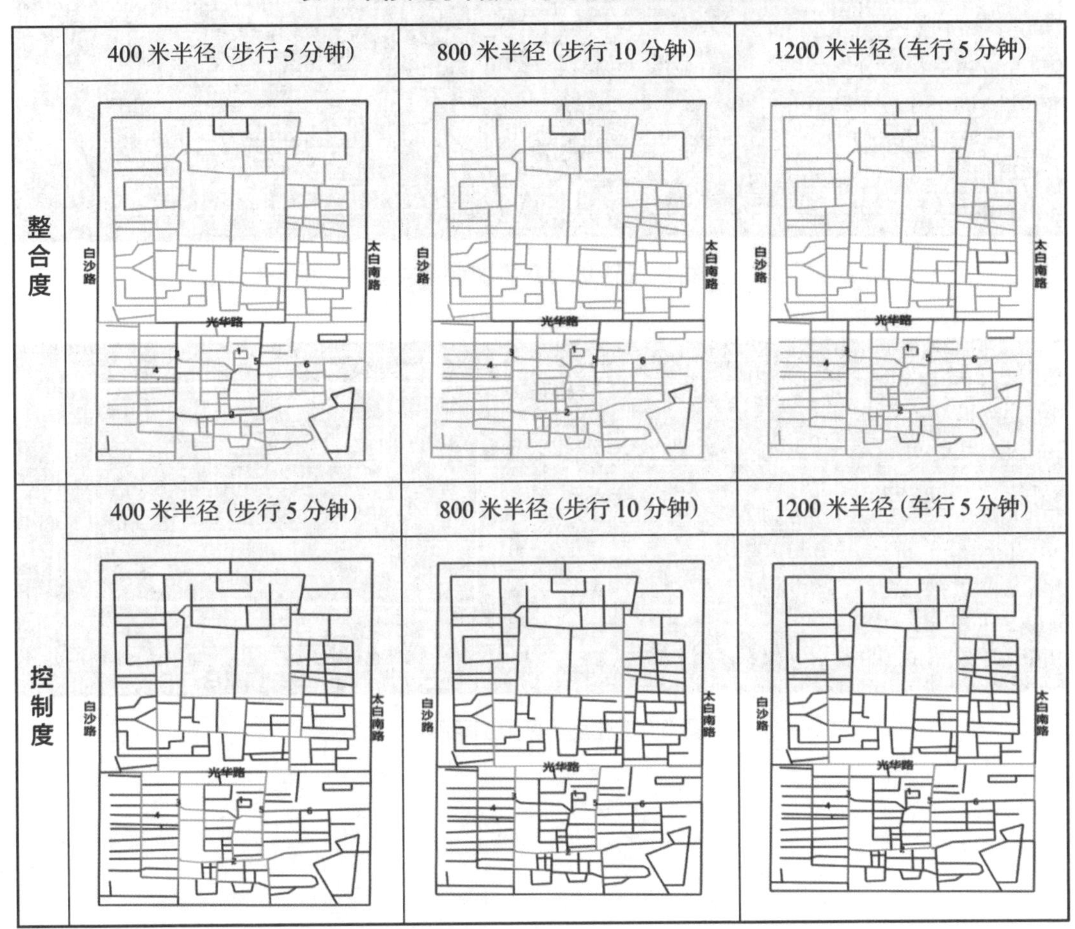

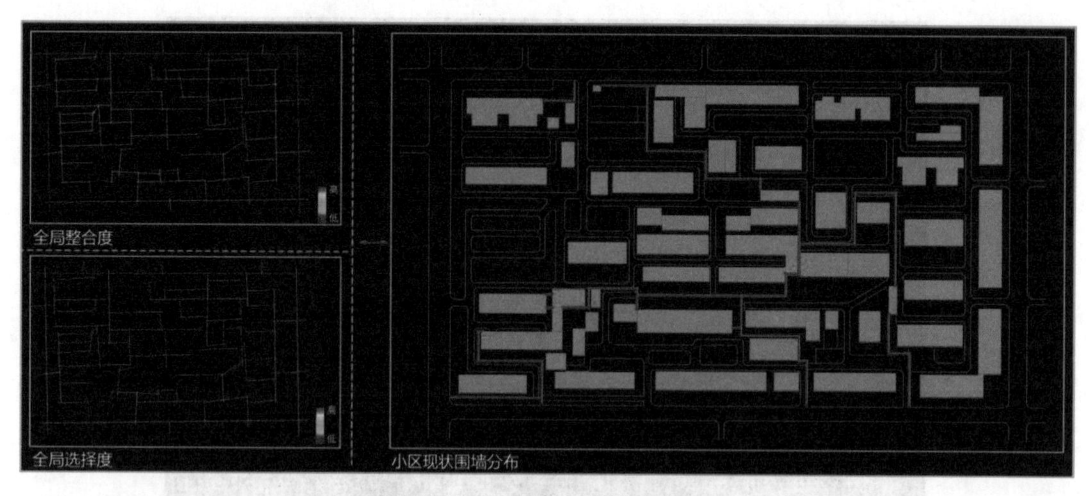

图 4　小区现状路网结构分析图

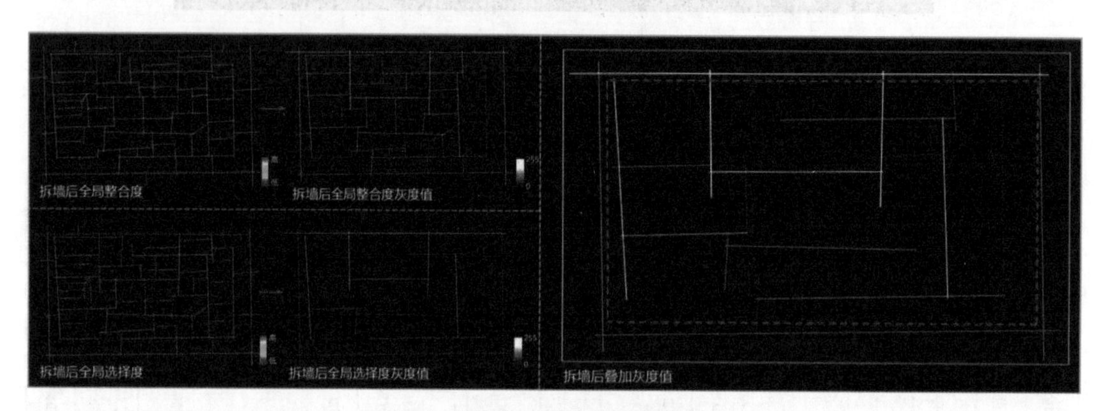

图 5　拆墙后小区叠加路网结构

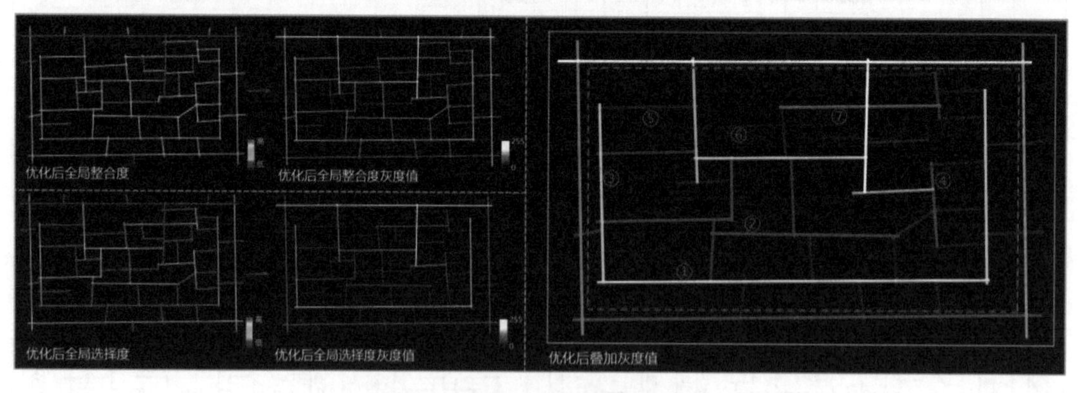

图 6　优化后小区叠加路网结构

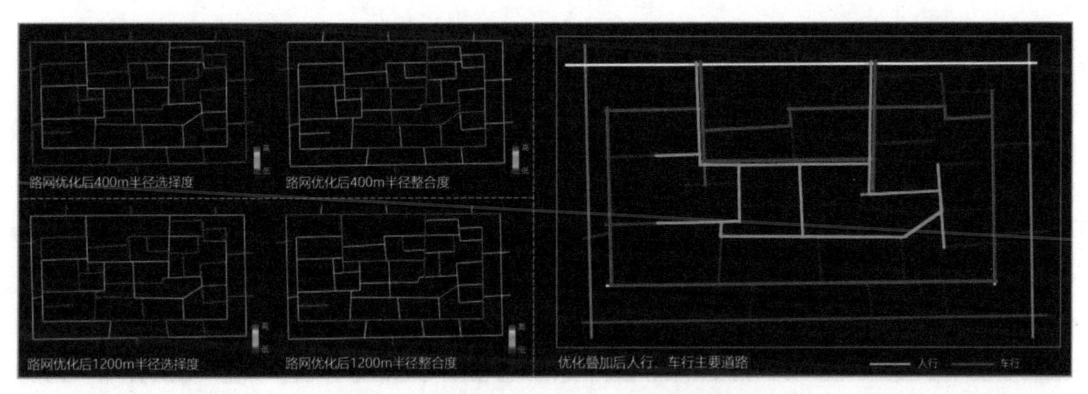

图 7　优化后人行、车行主要道路提取

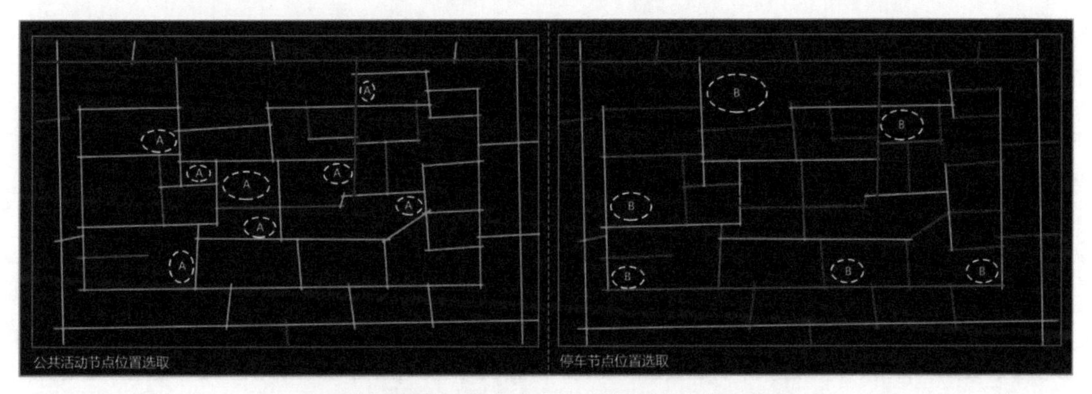

图 8　重要空间节点分布与主次道路的分布关系

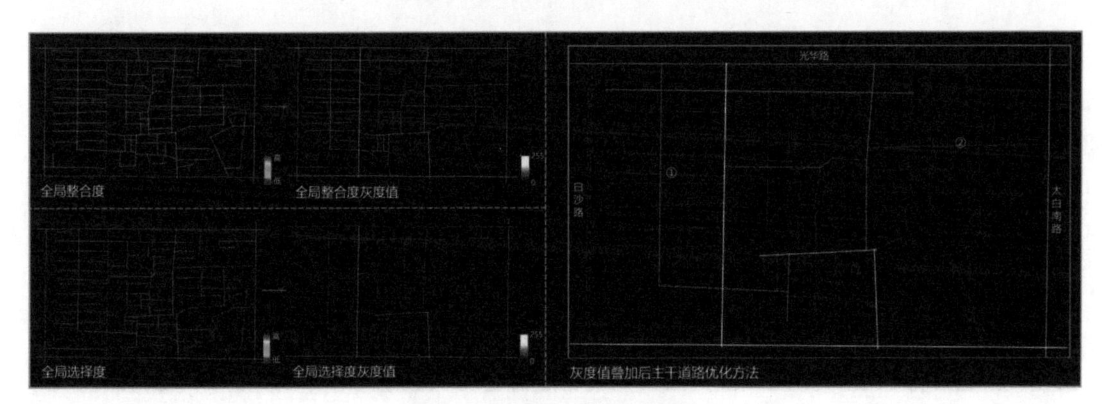

图 9　小区现状叠加路网结构

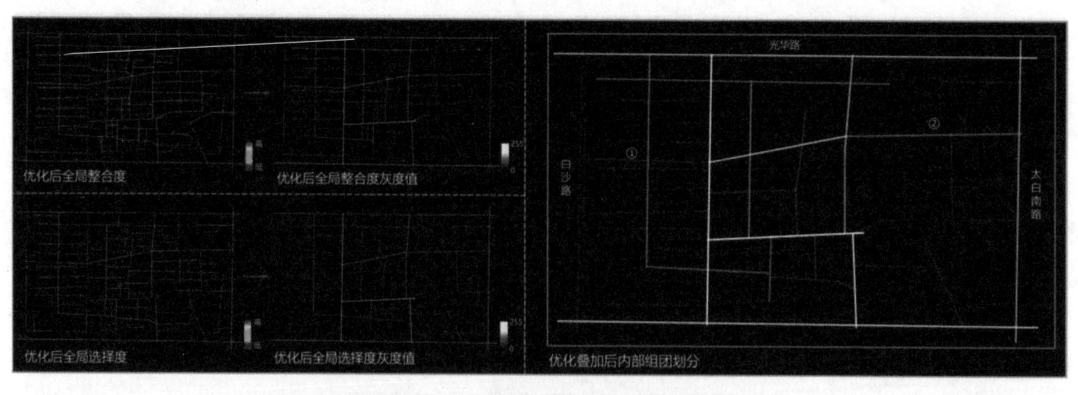

图 10　小区优化后主干路网提取

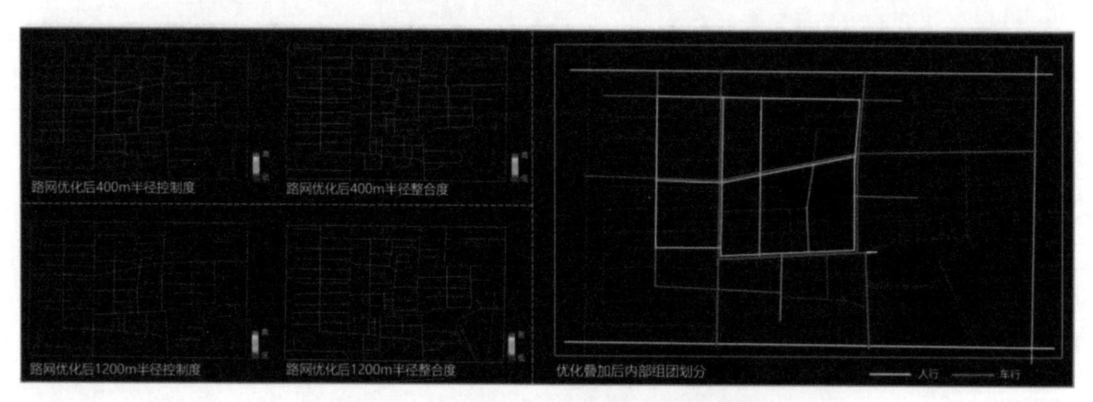

图 11　优化后人行、车行主要道路提取

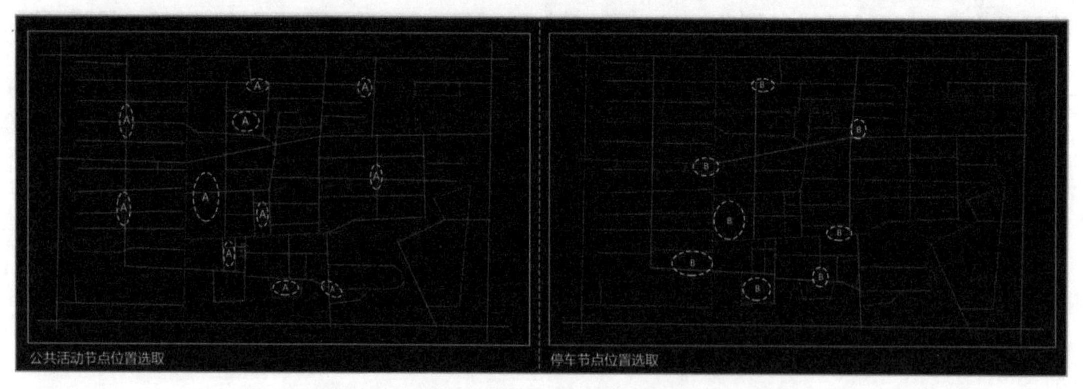

图 12　重要空间节点分布与主次道路的分布关系